OPUSCULES

MATHÉMATIQUES,

O U

MÉMOIRES fur différens Sujets de GÉOMÉTRIE, de MÉCHANIQUE, D'OPTIQUE, D'ASTRONOMIE, &c.

Par M. D'ALEMBERT, de l'Académie Françoife, des Académies Royales des Sciences de France, de Pruffe & d'Angleterre, de l'Académie Royale des Belles-Lettres de Suéde, & de l'Inftitut de Bologne.

TOME TROISIÉME.

A PARIS,

Chez BRIASSON, Libraire, rue Saint Jacques, à la Science.

M. DCC. LXIV.
AVEC APPROBATION ET PRIVILÉGE DU ROI.

AVERTISSEMENT.

CE troifiéme Volume de mes Opufcules eft
principalement deftiné à des Recherches fur les
moyens de perfectionner les Lunettes ; matiere
dont plufieurs favans Géometres & habiles Artiftes fe font occupés dans ces derniers temps,
& fur laquelle j'ai cru pouvoir auffi m'exercer.

Les lentilles dont les lunettes font compofées, font fujettes, comme l'on fait, à deux efpéces d'aberration qui empêchent les rayons de
fe réunir exactement au même foyer. L'une,
que j'appelle *Aberration de Sphéricité*, vient de
la figure fphérique de ces verres ; l'autre, que
je nomme *Aberration de Réfrangibilité*, vient de
la diverfe réfrangibilité des rayons qui produifent les différentes couleurs.

M. Newton paroît avoir le premier penfé à
employer des verres de deux matieres différentes pour détruire l'aberration de fphéricité.
Il donne dans fon Optique les dimenfions d'une
lentille, compofée de deux matieres dont l'une

a ij

feroit renfermée au-dedans de l'autre, & qui par la courbure de fes différentes parties anéantiroit cette aberration.

Il étoit naturel que ce grand Homme employât le même moyen pour détruire l'aberration de réfrangibilité; auffi y avoit-il penfé. Mais la proportion qu'il fuppofoit entre le rapport des différentes réfrangibilités dans différentes matieres, lui fit connoître que dans cette fuppofition la deftruction de l'aberration étoit impoffible.

La proportion que M. Newton avoit établie comme principe, n'étoit qu'une fuppofition; M. Euler en fit une autre, & trouva dans fa nouvelle hypothèfe les dimenfions qu'il falloit donner aux lentilles pour les rendre exemptes de l'aberration de réfrangibilité

Mais cette proportion fuppofée par M. Euler, n'étoit encore elle-même qu'une fuppofition; elle avoit d'ailleurs un autre inconvénient; c'eft que les courbures qui en réfultoient pour les lentilles, étoient trop grandes, & par conféquent l'aberration de fphéricité qui en réfultoit, trop confidérable. Car (ce qui eft affez furprenant) M. Euler n'avoit point penfé à détruire tout-à-la-fois dans ces verres compofés l'aber-

ration de fphéricité & celle de réfrangibilité,
quoique dans fes formules il reftât plus d'indéterminées qu'il ne falloit pour réfoudre à-la-
fois ces deux queftions, & que la folution de
celle qu'il négligeoit, déja réfolue par M. Newton, ne fût d'aucune difficulté.

M. Dollond eft le premier qui après avoir
trouvé par expérience le rapport entre les différentes réfrangibilités des rayons, a conftruit
des lentilles exemptes à-la-fois des deux efpéces d'aberration. Mais il n'a point donné les
formules qu'il avoit trouvées pour les dimenfions
de ces fortes de lentilles; plufieurs habiles Géometres y ont fuppléé depuis, & ont trouvé facilement ces formules, plus utiles en elles-mêmes, que difficiles à découvrir, après ce que Mrs.
Newton, Euler & Dollond avoient fait pour
applanir la folution de ce genre de Problêmes.

L'Ouvrage que je préfente aux Géometres,
contient ces mêmes formules, trouvées & expofées par une méthode qui m'eft propre, &
préfentées fous la forme la plus fimple, la plus
commode & la plus exacte qu'il m'a été poffible. Mais les recherches particulieres que j'ai
faites fur cette queftion déja traitée, m'ont conduit à l'examen de plufieurs autres queftions qui

y font relatives, & qui n'avoient point encore
été difcutées (*a*) ; c'eft principalement à cel-
les-ci que je me fuis appliqué ; ce font elles
qui compofent la plus grande partie de ce Volume, & dont je vais rendre un compte abrégé
dans cet Avertiffement.

Dans le premier Chapitre, je donne les formules néceffaires, non-feulement pour anéantir
l'aberration qui provient de la diverfe réfrangibilité des rayons, mais encore pour diminuer
cette aberration en raifon donnée ; recherche
qui peut, ce me femble, être utile, lorfque
l'aberration de réfrangibilité fuppofée égale à
zéro, donne une trop grande aberration de
fphéricité, ou trop de courbure aux furfaces.

(*a*) Lorfque cet Ouvrage a été remis aux Commiffaires nommés
pour l'examiner (en Janvier 1764) il n'y avoit encore de lû
à l'Académie que les deux Mémoires imprimés dans les Vol.
de 1756 & 1757. Ainfi ce qui a été lû depuis (en Mars & Avril
1764) & dont je n'ai point d'ailleurs entendu la lecture, n'a
pû m'être d'aucun fecours pour les recherches analogues qu'on
pourra trouver dans cet Ouvrage, & qui ont été imprimées aux
mois de Juillet & d'Août 1763, pendant que j'étois en Allemagne ; comme l'Errata ne le prouve que trop. D'ailleurs les
principales de mes formules ont été dépofées au Secrétariat de
l'Académie, aux mois de Juillet 1762, & Janvier 1763 ; &
l'impreffion de ce troifiéme Volume a commencé il y a plus
d'un an & demi ; la difficulté & la lenteur de l'impreffion font
caufe qu'il n'a pas paru plutôt.

Cette queſtion eſt réſolue pour trois eſpéces de lentilles, 1°. pour une lentille compoſée de deux différentes matieres contigues ; 2°. pour une lentille qui en renferme une autre d'une matiere différente ; 3°. pour deux lentilles de différente matiere ſuppoſées très-proches l'une de l'autre.

J'examine à cette occaſion les raiſons qui peuvent avoir engagé M. Euler à ſuppoſer 4 ſurfaces au lieu de trois ſeulement, pour détrui-re l'aberration ſeule de réfrangibilité , & je montre les modifications qu'il faut apporter à la ſolution de ce Problême. Car quoiqu'il ſoit en lui-même indéterminé, & que des trois ou quatre inconnues qu'il renferme , il y en ait toujours une ou deux à volonté ; cependant il y a des cas, où en donnant à ces indéter-minées certaines valeurs que j'indique , on ne détruiroit pas l'aberration de réfrangibilité.

Dans le Chapit. e II. j'examine l'effet que l'épaiſſeur des lentilles peut produire dans l'a-berration de réfrangibilité ; je donne le rapport des épaiſſeurs que doivent avoir les différentes parties de la lentille , pour que l'aberration qui réſulteroit de cette épaiſſeur ſoit nulle ; & je réſous d'ailleurs beaucoup d'autres queſtions relatives à cet objet, & d'où il réfulte plufieurs conféquences utiles.

En réfolvant ces queftions pour les lentilles, j'ai fuppofé l'épaiffeur très-petite par rapport aux diftances focales & aux rayons des furfaces, ainfi qu'elle l'eft en effet dans les lunettes; mais comme dans l'œil l'épaiffeur des matieres réfractives n'eft pas très-petite par rapport aux rayons de leurs courbures, j'ai employé le troifiéme Chapitre à déterminer rigoureufement le foyer d'une lentille, en ayant égard à l'épaiffeur; je fais à cette occafion plufieurs remarques analytiques effentielles à la folution de ce Problême; je donne enfuite les moyens d'appliquer ma Théorie à la réfraction dans les humeurs de l'œil, en prouvant néanmoins, contre l'opinion d'un favant Géometre, qu'il n'eft pas néceffaire pour la vifion diftincte, que les aberrations des images tracées au fond de l'œil, foient abfolument nulles.

Le quatriéme Chapitre contient les formules non-feulement pour détruire l'aberration de fphéricité dans les trois efpéces de lentilles dont il eft parlé au premier Chapitre, mais encore pour diminuer cette aberration en raifon donnée, ou pour la rendre la plus petite qu'il

eft

est possible, lorsqu'on ne peut pas l'anéantir entiérement; ce qui arrive quand il y a entre les rapports de réfraction, certaines équations dont je donne les formules. De plus je détermine les cas où l'aberration de sphéricité peut être détruite dans les microscopes formés d'une lentille simple; je compare les aberrations de sphéricité, tant avec les aberrations de réfrangibilité, qu'avec elles-mêmes, dans différentes lunettes ou Télescopes; enfin je détermine les cas où la somme des deux aberrations (de sphéricité & de réfrangibilité) est la moindre qu'il est possible. Cette derniere recherche peut surtout être utile, lorsque l'anéantissement supposé de l'une des deux aberrations rendroit l'autre trop grande, ou lorsque l'anéantissement supposé de toutes les deux, donneroit trop de courbure aux rayons des surfaces. De-là je passe à quelques réflexions sur la maniere la plus avantageuse de déterminer les rayons des surfaces, lorsqu'il y a quatre indéterminées, & qu'on veut anéantir les deux aberrations; & je termine toute cette Théorie par quelques remarques sur l'aberration de sphéricité dans certaines lentilles particulieres, analogues à celles dont M. Newton a parlé dans son Optique, & qui

b

renfermeroient dans leur intérieur, ou de l'air, ou une lentille de matiere différente.

Le cinquiéme chapitre a pour objet l'aberration des rayons, lorsque le point rayonnant est hors de l'axe de la lentille. Cette question est traitée avec beaucoup d'étendue & avec toute la simplicité & l'exactitude dont j'ai été capable ; je donne, soit en négligeant l'épaisseur, soit en y avant égard, les formules nécessaires pour détruire cette aberration, autant qu'il est possible ; car je fais voir qu'on ne doit pas se flatter de l'anéantir entiérement, quoiqu'à la vérité la partie restante & indestructible de l'aberration soit peu considérable, & d'autant moins que le foyer de la lentille est plus éloigné d'elle.

L'objet du sixiéme Chapitre est l'aberration des lunettes, eu égard à l'effet que cette aberration produit dans l'œil, & à la proportion qui doit en résulter entre les objectifs, les oculaires & les ouvertures des lunettes & des Microscopes ; matiere que les Opticiens ont traitée, mais avec bien peu de détail &, si j'ose le dire, encore moins d'exactitude ; comme je crois qu'on en sera persuadé par la lecture de mes Recherches sur ce sujet. Ces Recherches font

une des principales parties de mon Ouvrage,
& je me flatte que l'Optique pourra en tirer
quelque fruit pour déterminer la forme la plus
convenable des oculaires, & l'ouverture la plus
avantageuse des objectifs, lorfqu'on aura trouvé
les formes de ces objectifs les plus propres à
réduire l'aberration prefqu'à rien, & qu'on aura
fixé par le calcul la petite partie d'aberration
qui y refte encore. Je dis *la petite partie d'aber-*
ration qui y refte encore. Car je fais voir en
détail dans le Chapitre fuivant par des confidérations affez délicates, & fondées fur l'expérience, que pour les rayons mêmes qui partent
d'un point pris dans l'axe, il refte toujours une
partie de l'aberration, que l'art le plus fubtil
ne peut parvenir à détruire.

Cette derniere difcuffion n'eft pas le feul
objet du feptiéme Chapitre. J'y donne les valeurs arithmétiques des dimenfions des trois efpéces de lentilles compofées, dont il a été fait
mention au Chapitre premier, & les moyens
d'employer l'épaiffeur de ces lentilles à les rendre plus parfaites. Je fais d'ailleurs plufieurs remarques, 1°. fur la précaution qu'on doit apporter aux quantités qu'on néglige dans ces
fortes de Problêmes. 2°. Sur les fuppofitions les

plus favorables qu'on puisse faire, quant à l'aberration des rayons de différentes couleurs, pour rendre l'aberration restante, la moindre qu'il est possible. 3°. Sur les moyens qu'on peut employer dans les Télescopes catoptriques pour y diminuer encore l'aberration, déja si petite dans ces Télescopes. 4°. Sur la construction d'une lunette dont l'oculaire & l'objectif seroient chacun en particulier d'une seule matiere, mais l'un d'une matiere différente de l'autre; les formules en sont fort simples, & ces lunettes, exemptes de l'aberration de réfrangibilité, pourroient être utiles dans plusieurs occasions.

Enfin dans le huitiéme Chapitre, après avoir montré l'insuffisance des raisonnemens mathématiques par lesquels on a combattu les hypothèses de Mrs Newton & Euler sur la proportion de réfrangibilité entre les différentes couleurs, je développe dans le plus grand détail les moyens que Mrs Newton & Dollond ont trouvé pour trouver la loi de la réfraction des différentes couleurs, soit par le moyen des lentilles, soit par le moyen des prismes. Les formules que je donne sur ce sujet, ne sont assujetties à aucune hypothèse particuliere, & fournissent

les moyens les plus généraux & les plus sûrs
de déterminer cette réfraction par l'expérience.
Ce Chapitre qui eft le dernier de l'Ouvrage,
eft terminé par des réflexions fur la nature de
la lumiere, & fur les Loix de la réfraction.

La Table de ce troifiéme Volume marquera
plus en détail les différens objets que j'y ai exa-
minés, & dont je me contente ici d'indiquer
légérement les principaux ; & la lecture de l'Ouvrage fera connoître ce que je puis avoir ajouté
du mien aux connoiffances qu'on avoit déja
fur la matiere que j'ai traitée.

. On ne doit pas s'attendre à trouver ici des
recherches d'analyfe favantes & profondes. La
plûpart des queftions que j'ai difcutées dans cet
Ouvrage, ont plus d'utilité que de difficulté.
C'eft auffi le premier de ces motifs qui m'a engagé à les approfondir. Leur nombre s'eft aug-
menté à mefure que je penfois à cette matiere,
& s'eft accru jufqu'à former un jufte Volume.
Il s'en faut pourtant beaucoup que la matiere
foit épuifée ; & je ne doute pas qu'on ne par-
vienne à perfectionner de plus en plus les lunettes dioptriques, foit par la combinaifon des
matieres dont on formera les objectifs, foit peut-
être en formant les oculaires eux-mêmes de

différentes matieres, foit en faifant les objectifs avec certaines matieres, & les oculaires
avec d'autres, foit en multipliant les objectifs &
les oculaires. Déja un favant Phyficien de Pé-
terfbourg a trouvé le moyen de compofer des
matieres réfringentes, qui doivent beaucoup
contribuer à la perfection des lunettes, comme
on le verra dans l'Appendice que j'ai ajoutée
à la fin de ce troifiéme Volume.

Enfin il y a tout lieu de croire que cette
Partie fi utile & fi curieufe de l'Optique re-
cevra encore de nouveaux dégrés de perfection par les travaux réunis des Géometres &
des Artiftes. Si les Recherches qu'on trouvera
dans cet Ouvrage, peuvent y contribuer en
quelque chofe, & fournir aux Opticiens des
lumieres ou des vûes utiles, je ferai fuffifamment récompenfé de mon travail.

Ce Volume devoit contenir beaucoup d'autres Mémoires fur différens Sujets; mais je fuis
obligé de les renvoyer au Volume fuivant, pour
ne pas trop groffir celui-ci. Cependant des
raifons particulieres m'engagent à indiquer ici
les Sujets de ces Mémoires, dont la plûpart
feroient dès-à-préfent en état de paroître. Ce
font :

√1°. De Nouvelles Réflexions fur les Vibrations des Cordes Sonores, pour appuyer celles du premier Mémoire de mes Opufcules, *Tom. I.* & pour répondre aux nouvelles objeƈtions qui m'ont été faites fur ce Sujet. J'ai communiqué ces nouvelles réflexions à un très-grand Géometre, qu'elles intéreffent particuliérement ; il les a jugées dignes d'attention, & m'a promis de les examiner.

√2°. Des Recherches fur les Loix du Mouvement des Fluides, tendantes à confirmer ce que j'ai avancé dans le premier Volume de mes Opufcules, Mémoire IV ; que fouvent la détermination de ces loix doit fe refufer au calcul analytique. On trouvera même dans ces nouvelles Recherches des paradoxes encore plus finguliers & dignes de l'attention des Géometres.

√3°. De nouvelles Réflexions fur l'application du calcul des probabilités à l'Inoculation de la Petite Vérole, tendantes auffi à confirmer les principes que j'ai établis fur ce fujet dans mon onziéme Mémoire, *Tom. II.* de mes Opufcules (*a*).

(*a*) Un très-grand Géometre a attaqué ces principes, que d'autres très-grands Géometres ont fort approuvés. Si cet illuftre

4°. De nouvelles réflexions fur la Théorie des Probabilités, tendantes encore à confirmer les principes que j'ai établis fur cela dans mon dixiéme Mémoire. J'avertirai à cette occafion ceux qui pourroient avoir des objections à me faire fur ces principes, qu'il ne s'agit pas d'envifager la queftion fous un point de vûe purement abftrait, métaphyfique & mathématique. Il s'agit de favoir fi les régles *Mathématiques* des probabilités (que perfonne ne contefte) doivent s'appliquer (fans modification ni reftriction) aux événemens *Phyfiques*; fi ces régles ainfi appliquées, fans modification ni reftriction, ne feroient pas en défaut dans plufieurs circonftances; par exemple, dans le cas propofé au commencement de mon dixiéme Mémoire. Je ferai voir que de très-grands Géometres, qui font peut-être (ou qui fe croyent) fort éloignés de mon opinion à ce fujet, me fourniffent, par leurs Ouvrages même, de quoi l'appuyer.

5°. De nouvelles Recherches fur le mouvement d'un Corps de figure quelconque fol-

---

Adverfaire, qui à la vérité eft fort intéreffé à me combattre, juge à propos de donner au Public fes objections, je tâcherai d'y répondre, ou de me corriger.

licité

licité par des forces quelconques.

6°. Des Solutions de différens Problêmes de calcul intégral, dont quelques-unes me font communes avec M. Euler, qui les a trouvées par une route différente, dans un Mémoire que ce favant Géometre a bien voulu me communiquer.

7°. De nouvelles Réfléxions fur le Problême des trois Corps, & fur les ufages qu'on en peut faire par rapport à certaines circonftances du mouvement des planetes. J'avertirai à cette occafion qu'on trouvera dans les Journaux Encyclopédiques de Février & Août 1762, les réponfes aux objeétions qui m'ont été faites fur le 12ᵉ, 13ᵉ, & 14ᵉ Mémoires de mes Opufcules (*a*).

8°. Des Recherches fur les loix particulieres de certaines altérations, que les Planetes & les Cometes peuvent éprouver dans leurs mouvemens.

9°. Des moyens pour rendre plus exaétes les

(*a*) Je ne répondrai que dans les Volumes fuivans de mes Opufcules, aux objeétions qu'on pourroit me faire dorénavant fur quelque Sujet que ce puiffe être; bien entendu que ces objeétions vaudront la peine qu'on y réponde, ou par elles-mêmes, ou du moins par la réputation & le mérite de ceux qui me les feront. Si les objeétions étoient folides, je ferois le premier à en convenir.

Tables de la Lune de feu M. Mayer. J'avois déja commencé un travail pour perfectionner celles que j'ai données dans le fecond Volume de mes Opufcules; mais ayant appris que les Tables laiffées par M. Mayer à fa mort, plus exactes encore que celles qui ont été publiées par lui de fon vivant, ne different pas d'une minute des obfervations; j'ai borné mon travail à chercher fi on ne pourroit pas encore les rendre meilleures. Ce travail, dont le réfultat ne rendra l'ufage des Tables de M. Mayer, ni plus long, ni plus difficile, confifte à corriger deux de fes équations, & à y en ajouter deux, chacuue de 24 fecondes. Les raifons de ces corrections font détaillées dans le 14ᵉ Mémoire de mes Opufcules. Si les nouvelles Tables de M. Mayer s'accordent avec les changemeus que je propofe d'y faire, ce fera la preuve complette de la jufteffe de mes réflexions; fi ces changemens ne s'y trouvent pas, il y a tout lieu de croire que les Tables dont il s'agit, deviendront encore plus exactes, en y ayant égard.

Au refte, quoiqu'on foit parvenu dans ces derniers temps à déterminer les inégalités de la Lune beaucoup plus exactement qu'on n'avoit encore fait, il ne faut pas croire que la

Théorie de cette Planete, envifagée du côté analytique, c'eft-à-dire, du côté qui intéreſſe particuliérement les Mathématiciens, ne laiſſe rien
à défirer. C'eft ce que j'ai fuffifamment prouvé
dans le 14ᵉ Mémoire de mes Opuſcules, *Tom. II.*
Tous les Géometres doivent donc être invités à
donner à cette théorie fi intéreſſante les dégrés
de perfection qui y manquent encore.

TABLE
DES TITRES

Contenus dans ce troisiéme Volume.

DIX-SEPTIÉME MÉMOIRE.

Suite des Recherches sur les moyens de perfectionner les Verres Optiques.

DIX-HUITIÉME MÉMOIRE.

Suite des Recherches précédentes.

d

DIX-NEUVIÉME MÉMOIRE.

Suite des Recherches sur les Verres optiques.

VINGTIÉME MÉMOIRE.

Suite des Recherches précédentes.

Fin de la Table.

OPUSCULES

OPUSCULES
MATHÉMATIQUES.

SEIZIÉME MÉMOIRE.

Essais sur les Moyens de perfectionner les Verres Optiques.

CHAPITRE PREMIER.

Formules générales relatives au foyer d'une lentille composée de plusieurs matieres.

§. I. *Détermination générale du foyer d'une surface sphérique quelconque.*

1. SOIT BD (*fig.* 1.) une surface sphérique, dont BC soit l'axe, & C le centre, A un point rayonnant placé dans l'axe, AD un rayon incident qui tombe assez près du rayon ou de l'axe AB, pour que les angles BAD, BCD puissent être regardés & traités comme assez pe-

tits, DFG le rayon rompu qui concourt avec l'axe en
G; soient menées les perpendiculaires CE, CF aux rayons
AD, DG; soient nommés ensuite

AB . . . . δ;

CB . . . . r,

L'angle BCD . . . . x,

Le rapport du sinus de CDE au sinus de CDF . . $\dfrac{1}{m}$;

Enforte que sin. $CDF = m$ sin. CDE;

D'où il s'enfuit que si on nomme

Le sinus CE pour le rayon r, ... u;

Ou aura le sinus CF . . . . mu;

Il est visible de plus qu'on aura

Le sinus OD . . . . $= r$ sin. x

$BO = $ à très-peu-près . . . . $\dfrac{r \text{ sin. } x^2}{2}$

$$AD = \sqrt{\left(r + \frac{r \text{ sin. } x^2}{2}\right)^2 + rr \text{ sin. } x^2}\ ;$$

$$\frac{CE}{AC} = \frac{OD}{AD}\ ;$$

$$\text{Ou } \frac{u}{\delta + r} = \frac{r \text{ sin. } x}{\sqrt{\left(\delta + \frac{r \text{ sin. } x^2}{2}\right)^2 + rr \text{ sin. } x^2}}\ ;$$

D'où en faisant $\delta + r = \omega$, & négligeant les quatriémes puissances de sin. x, on aura

$$u = \frac{r\, \omega \text{ sin. } x}{\delta + \frac{\omega r \text{ sin. } x^2}{2\,\delta}} = \text{à-très-peu-près } \frac{r\, \omega \text{ sin. } x}{\delta} - {}$$

$$\frac{r^2\, \omega^2 \text{ sin. } x^3}{2\,\delta^3}\ .$$

Donc CF ou $mu = \dfrac{mr\omega \sin x}{\delta} - \dfrac{mr^2\omega^2 \sin x^3}{2\delta^3}$.

On aura de plus $\dfrac{CF}{CG} = \sin CGF = \sin BCD$ $- CDF = \sin BCD \cos CDF - \sin CDF \times \cos BCD$; or $\sin BCD = \sin x$; $\cos CDF = $ à très-peu-près $1 - \dfrac{CF^2}{2rr} = 1 - \dfrac{m^2\omega^2 \sin x^2}{2\delta^2}$; $\sin CDF$ $= \dfrac{mu}{r} = \dfrac{CF}{r} = \dfrac{m\omega \sin x}{\delta} - \dfrac{mr\omega^2 \sin x^2}{2\delta^3}$; $\cos BCD$ $= 1 - \dfrac{\sin x^2}{2}$. Donc

$$CG = \dfrac{mu}{\sin x - \dfrac{m^2\omega^2 \sin x^3}{2\delta\delta} - \dfrac{mu}{r} + \dfrac{mu \sin x^2}{2r}},$$

$$\text{Et } BG = \dfrac{r + \dfrac{mr\omega \sin x^2}{2\delta} - \dfrac{m^2 r\omega^2 \sin x^2}{2\delta\delta}}{1 - \dfrac{m\omega}{\delta} + \left(\dfrac{mr\omega^2}{2\delta^3} + \dfrac{m\omega}{2\delta} - \dfrac{m^2\omega^2}{2\delta\delta}\right)\sin x^2}.$$

Cette quantité, en remettant pour ω sa valeur $\delta + r$, est à peu-près égale à celle-ci $1 : \left[\dfrac{1-m}{r} - \dfrac{m}{\delta} + \left(\dfrac{m(\delta+r)^2}{2\delta^3} + \dfrac{m^2(r+\delta)^2}{2\delta\delta r} - \dfrac{m^3(r+\delta)^3}{2\delta^3 r}\right)\sin x^2\right].$

2. Telle est l'expression de la valeur de BG, que j'ai mise sous cette forme, parce qu'elle m'a paru plus commode pour les conséquences que j'en tirerai dans la suite.

3. Si l'on veut avoir la valeur de BG, sans rien négliger, on considérera que le rayon incident AD est
$= \sqrt{\delta\delta + 2r\delta(1-\cos x) + 2rr - 2r^2\cos x} = \sqrt{\delta\delta + 2r\omega(1-\cos x)};$

d'où l'on tire

$$\frac{u}{\delta + r} = \frac{r \text{ fin. } x}{\sqrt{\delta\delta + 2r\omega(1 - \text{ cof. } x)}}; \frac{CF}{CG}$$

$$= \frac{\text{fin. } x \sqrt{\delta\delta + 2r\omega(1 - \text{cof. } x) - m^2\omega^2 \text{ fin. } x^2}}{\sqrt{\delta\delta + 2r\omega(1 - \text{cof. } x)}}$$

$$\frac{m\omega \text{ fin. } x \text{ cof. } x}{\sqrt{\delta\delta + 2r\omega(1 - \text{cof. } x)}} ; \text{ par conséquent}$$

$$CG = \frac{m\omega r}{\sqrt{[\delta\delta + 2r\omega(1 - \text{cof. } x) - m^2\omega^2 \text{ fin. } x^2]} - m\omega \text{ cof. } x},$$

$$\text{Et } BG = \frac{r\sqrt{\delta\delta + 2r\omega(1 - \text{cof. } x) - m^2\omega^2 \text{ fin. } x^2} + m\omega r(1 - \text{cof. } x)}{\sqrt{[\delta\delta + 2r\omega(1 - \text{cof. } x) - m^2\omega^2 \text{ fin. } x^2]} - m\omega \text{ cof. } x}$$

$$= \frac{1}{r} - \frac{m\omega \text{ cof. } x}{r\sqrt{\delta\delta + 2r\omega(1 - \text{cof. } x) - m^2\omega^2 \text{ fin. } x^2}}$$

$$+ \frac{m\omega r(1 - \text{cof. } x)}{\sqrt{[\delta\delta + 2r\omega(1 - \text{cof. } x) - m^2\omega^2 \text{ fin. } x^2]} - m\omega \text{ cof. } x}.$$

4. Si dans cette formule on met à la place de cof. x fa valeur approchée $1 - \frac{\text{fin. } x^2}{2}$, & qu'on néglige les puiffances de fin. x, plus hautes que la feconde (& même que la troifiéme, car cof. x ne renferme que des puiffances paires de fin. x) on aura

$$BG = 1 : \left[\frac{1 - m}{r} - \frac{m}{\delta} + \frac{m.\overline{\delta + r}^2 \text{ fin. } x^2}{2\delta^3} + \right.$$

$$\left. \frac{m^2.\overline{\delta + r}^2 \text{ fin. } x^2}{2\delta\delta r} - \frac{m^3.\overline{\delta + r}^3 \text{ fin. } x^2}{2\delta^3 r} \right] \text{comme ci-deffus.}$$

5. Si l'on vouloit pouffer encore la précifion plus loin, on n'auroit qu'à mettre au lieu de cof. x, fa valeur $\sqrt{1 - \text{fin. } x^2}$ développée en ferie ; c'eft-à-dire, $1 - \frac{\text{fin. } x^2}{2}$

$$-\ \frac{\text{fin. } x^4}{8}\ -\ \frac{1}{16}\ \text{fin. } x^6$$ &c. & l'on pousseroit l'exactitude jusqu'aux puissances fin. x^4 & au-delà. Mais dans la présente recherche ce degré de précision ne paroît pas nécessaire.

6. Soit $OD = C$, on aura fin. $x = \dfrac{C}{r}$; & l'expression de BG deviendra $1 : \left[\dfrac{1 - m}{r} - \dfrac{m}{\delta} + \dfrac{m\,C^2\,(\delta + r)^2}{2\,\delta^3\,r\,r} + \dfrac{m^2\,(r + \delta)^2\,C^2}{2\,\delta\,\delta\,r^3} - \dfrac{m^3\,C^2\,(r + \delta)^3}{2\,\delta^3\,r^3} \right].$

7. Dans cette expression on ne trouve plus la valeur de fin. x, mais celle du demi-diametre C de l'ouverture de la lentille ; & à cet égard elle est un peu plus commode que la précédente ; aussi nous nous en servirons de préférence.

8. Il est visible par cette premiere formule, qu'il n'y a que deux quantités qui puissent faire varier l'expression de BG, & empêcher qu'elle ne soit la même pour toutes les espéces de rayons, & pour tous les points de la surface BD. Ces deux quantités sont 1°. le rapport m du sinus de réfraction au sinus d'incidence ; lequel rapport est différent pour les différentes espéces de rayons ; 2°. la quantité C, ou le demi-diametre de l'ouverture de la surface. C'est-à-dire, que les deux causes qui font varier BG, sont d'une part la diverse réfrangibilité des rayons ; & de l'autre, la sphéricité de la surface BD. Nous ferons pour le présent abstraction de cette derniere cause de variation, à laquelle nous reviendrons

infiniment proches de l'axe, & partis du point lumineux. Et j'appellerai *diſtance focale*, celle où ſe réuniſſent les rayons qui tomberoient ſur la premiere ſurface
parallèlement à l'axe.

16. Soit $\frac{1}{m}$ le rapport du ſinus d'incidence à celui
de réfraction, en ſuppoſant que les rayons tombent de
l'air ſur la ſurface BD, ou en général paſſent de l'air dans
le premier milieu A, ſéparé de l'air par la ſurface BD;
ſoit auſſi $\frac{1}{M}$ le rapport du ſinus d'incidence à celui de
réfraction, en ſuppoſant que les rayons paſſent immédiatement de l'air dans un ſecond milieu B, ſéparé
du premier par la ſeconde ſurface, dont le rayon eſt
r'; enfin, ſuppoſons que les rayons repaſſent dans l'air,
après avoir traverſé la troiſiéme ſurface, dont le rayon
eſt r''; on aura par les loix de la réfraction,

Le ſinus d'incidence en paſſant du premier milieu
dans l'air, au ſinus de réfraction :: 1 : $\frac{1}{m}$.

Le ſinus d'incidence en paſſant de l'air dans le ſecond
milieu, au ſinus de réfraction, comme 1 à M.

Par conſéquent le ſinus d'incidence, en paſſant du
premier milieu dans le ſecond, ſera au ſinus de réfraction, comme 1 eſt à $\frac{M}{m}$.

Donc $m' = \frac{M}{m}$,

Et $m'' = \frac{1}{M}$.

Donc

17. Donc fubftituant pour m' & m'', leurs valeurs dans les formules des art. 12 & 13, on aura

$$\delta' = \frac{1}{\dfrac{1-m}{r} - \dfrac{m}{\delta}},$$

$$\delta'' = \frac{1}{\dfrac{m-M}{mr'} + \dfrac{M}{mr} - \dfrac{M}{r} - \dfrac{M}{\delta''}},$$

$$\delta''' = \frac{1}{-\dfrac{1}{Mr''} + \dfrac{1}{Mr'} - \dfrac{1}{mr'} + \dfrac{1}{mr} + \dfrac{1}{r''} - \dfrac{1}{r} - \dfrac{1}{\delta}},$$

18. Telle eft la diftance δ''' du foyer, lorfque les rayons paffent de l'air dans le premier milieu A, de-là dans le fecond milieu B, & de-là repaffent dans l'air.

19. Il eft aifé de voir par les formules des art. 9, 12 & 13, qui expriment les valeurs de δ', δ'', δ''' &c. à l'infini, qu'à travers quelques milieux & quelques furfaces que paffe un rayon, on aura toujours (en négligeant l'épaiffeur de la lentille) la diftance du foyer à la première furface par cette équation $\Delta' = \dfrac{1}{A + \dfrac{1}{\dfrac{B}{\Delta}}}$;

dans laquelle Δ marque la diftance de l'objet ou du point rayonnant à la lentille; Δ' la diftance du foyer à la même lentille; A & B des quantités qui dépendent de la courbure & de la réfraction des différentes furfaces; de manière que A dépend de la réfraction & de la courbure; & B de la réfraction feule.

20. De plus, fi le rayon, après avoir traverfé les différentes furfaces, repaffe enfuite dans l'air, on aura

$B = -1$; car, par exemple, fuppofons la lentille formée de trois milieux confécutifs A, B, C, tels que les
rapports des finus d'incidence au finus de réfraction,
en paffant de l'air dans chacun de ces milieux, foient

$-\dfrac{1}{m}$, $-\dfrac{1}{M}$, $-\dfrac{1}{M'}$, on aura dans la formule de l'art. 14.

$m' = -\dfrac{M}{m}$; $m'' = -\dfrac{M'}{M}$; $m''' = -\dfrac{1}{M'}$, & $m''' \times$

$m\, m'\, m'' = 1$, & ainfi du refte. Cette remarque nous
fera utile dans la fuite.

21. Mais fi le rayon, après avoir traverfé les différentes
furfaces qui féparent les milieux réfringens A, B, C, ne
repaffoit pas enfuite dans l'air, alors $m''' \times m\, m'\, m''$ ne
feroit pas $= 1$; car $m\, m'\, m''$ feroit $= M'$, & m''' ne feroit

pas $= \dfrac{1}{M'}$.

§. III. *Formules ordinaires de la Dioptrique, déduites des précédentes.*

22. Nous rappellerons ici celles de ces formules
dont nous aurons le plus de befoin par la fuite.

Suppofons donc que le Verre foit compofé d'une
feule & unique matiere, alors on aura $m' = -\dfrac{1}{M}$, & la

diftance du foyer fera (art. 12.) $A'' = \dfrac{1}{\dfrac{m-1}{m\, r'} + \dfrac{1}{m}\left(\dfrac{1-m}{r} - \dfrac{m}{\delta}\right)}$

$= ($ en faifant $\dfrac{1}{m} = P) \dfrac{1}{(P-1)\left(\dfrac{1}{r} - \dfrac{1}{r'}\right) - \dfrac{1}{\delta}}$;

Formule qui fe réduit à $\dfrac{1}{(P-1)\left(\dfrac{1}{r}-\dfrac{1}{r'}\right)}$, lorfque δ eft infinie, c'eft-à-dire, lorfque les rayons font
parallèles à l'axe.

23. Si on a un Verre convexe des deux côtés, de
convexités égales, & d'une très-petite épaiffeur, fur
lequel les rayons tombent parallèles, on aura $r' = -r$,
$\delta = \infty$, & $\delta'' = \dfrac{r}{2P-2}$.

24. Dans le Verre ordinaire, on a $P = \frac{11}{20} =$ à-peu-
près $\frac{1}{2}$; & par conféquent $\delta'' = r$ à très-peu-près.

25. On voit par les formules précédentes, que fi
une lentille eft compofée d'une feule & unique matiere
réfringente, il fera impoffible, quelque valeur qu'on
donne à r & à r', de corriger l'aberration caufée par la
diverfe réfrangibilité des rayons. Car la formule . . . .
$\dfrac{1}{(P-1)\left(\dfrac{1}{r}-\dfrac{1}{r'}\right)-\dfrac{1}{\delta}}$ fait voir que P variant, & tout le refte demeurant le même, la diftance
du foyer varie néceffairement. Ainfi il eft néceffaire,
pour corriger cette aberration, d'employer diverfes matieres réfringentes à la formation de la lentille.

§. IV. *Expreffion générale du foyer des rayons parallèles,
qui tombent fur une lentille quelconque formée de trois
furfaces.*

26. Confidérons préfentement ce qui doit arriver à

B ij

un rayon qui traverse successivement différentes matieres réfringentes, employées à la formation d'une seule
lentille ; pour cela reprenons notre formule générale de
l'art. 13, & supposons d'abord une lentille formée de
trois surfaces, dont les rayons soient r, r', r'', & de deux
milieux, dont le premier (tourné vers le point rayonnant) soit A, le second B.

27. En ce cas faisant $\dfrac{1}{m} = P$, $\dfrac{1}{M} = P'$, la valeur
de δ''' trouvée art. 13, se changera en celle-ci,

$$\delta''' = \frac{1}{-\dfrac{P'}{r''} + \dfrac{P'}{r'} - \dfrac{P}{r'} + \dfrac{P}{r} + \dfrac{1}{r''} - \dfrac{1}{r} - \dfrac{1}{\delta}},$$

Que l'on peut encore changer en celle-ci,

$$\delta''' = \frac{1}{(P-1)\left(\dfrac{1}{r} - \dfrac{1}{r'}\right) + (P'-1)\left(\dfrac{1}{r'} - \dfrac{1}{r''}\right) - \dfrac{1}{\delta}}.$$

28. Si les rayons tombent parallèles sur la premiere
surface $B\,D$, alors δ est infinie, & la valeur de δ''' se réduit à celle-ci ; $\delta''' = \dfrac{1}{(P-1)\left(\dfrac{1}{r} - \dfrac{1}{r'}\right) + (P'-1)\left(\dfrac{1}{r'} - \dfrac{1}{r''}\right)}$,
expression de la *distance focale*, ou de celle qui convient aux rayons qui tombent parallèles sur la premiere
surface de la lentille.

29. Si les rayons de lumiere passoient immédiatement de l'air dans le milieu B, de maniere que le sinus
d'incidence fût au sinus de réfraction (art. 16.) comme
1 est à $\dfrac{1}{M}$, alors la distance du foyer de la premiere

furface feroit $\dfrac{1}{\dfrac{1-M}{\varrho}-\dfrac{M}{\delta}}$, ϱ étant le rayon de cette

furface ; & fi les rayons paffent d'abord de l'air dans le milieu *A*, enfuite dans le milieu *B*, la diftance focale fera (art. 17.) $\dfrac{1}{\dfrac{m-M}{m\,r'}+\dfrac{M}{m}\left(\dfrac{1-m}{r}-\dfrac{m}{\delta}\right)}$; donc les diftances focales feront les mêmes (toutes chofes égales) fi $\dfrac{1-M}{\varrho}=\dfrac{1}{r'}-\dfrac{M}{r}+\dfrac{M}{m\,r}-\dfrac{M}{m\,r'}$; ce qui aura lieu fi $r=r'$, & fi $\varrho=r=r'$; d'où l'on voit que la réfraction eft la même, foit que les rayons paffent immédiatement de l'air dans le milieu *B* par la furface dont le rayon eft ϱ, ou qu'ils paffent d'abord de l'air dans le milieu *A* par une furface dont le rayon foit $=\varrho$, & enfuite du milieu *A* dans le milieu *B*, par une furface dont le rayon foit auffi $=\varrho$; pourvû que la diftance de ces deux furfaces, ou, ce qui revient au même, l'épaiffeur du milieu *A* foit très-petite. Cette propofition étoit connue des Opticiens ; mais comme elle nous fera utile dans la fuite, nous avons cru devoir la rappeller ici.

30. En général, quels que foient r & r' dans l'hypothèfe précédente, la condition que le foyer foit le même dans les deux cas, donnera $\varrho=(1-M):\left(\dfrac{1}{r'}-\dfrac{M}{r}-\dfrac{M}{m}\left[\dfrac{1}{r'}-\dfrac{1}{r}\right]\right)$; & ainfi, quels que foient les deux rayons r, r', pourvû que l'épaiffeur foit fort petite, on trouvera toujours à y fubftituer le rayon ϱ d'une feule furface qui fera abfolument ou fenfible-

ment le même effet ; c'eſt-à-dire, qui ſera telle, que le foyer ſera le même en paſſant immédiatement de l'air dans le milieu B, par la ſurface dont le rayon ſera $ρ$, ou de l'air dans le milieu A, par la ſurface dont le rayon eſt r, & du milieu A dans le milieu B, par la ſurface dont le rayon eſt r'.

31. Si on retourne la lentille, la diſtance de l'objet demeurant la même, la diſtance du foyer demeurera auſſi la même ; car alors il faudra mettre dans la formule de l'article 27. P au lieu de P', P' au lieu de P, $-\frac{1}{r'}$ au lieu de $\frac{1}{r}$, $-\frac{1}{r}$ au lieu de $\frac{1}{r''}$, $-\frac{1}{r'}$ au lieu de $\frac{1}{r}$; ce qui donnera

$$\delta''' = 1 : \left[(P-1)\left(\frac{1}{r} - \frac{1}{r'}\right) + (P'-1)\left(\frac{1}{r'} - \frac{1}{r''}\right) - \frac{1}{\delta} \right] ;$$

expreſſion qui eſt préciſément la même que celle de l'art. 27.

§. V. Conditions néceſſaires pour détruire l'aberration de réfrangibilité.

32. Suppoſons maintenant un Verre compoſé de deux différentes matieres, & par conſéquent formé de trois ſurfaces, telles que le rayon de la premiere ſoit r, celui de la ſeconde r', celui de la troiſiéme r'', les convexités de ces ſurfaces étant ſuppoſées toutes tournées vers l'objet ou point lumineux ; ſi ces ſurfaces, ou quelqu'une d'entr'elles avoit ſa concavité tournée vers l'ob-

jet, il n'y auroit qu'à donner au rayon de cette surface le figne —, au lieu du figne + qu'on lui fuppofe dans le calcul. Cela pofé,

33. Soit $\frac{1}{m} = P$, $\frac{1}{M} = P'$, ces valeurs étant fuppofées celles qui conviennent aux rayons de moyenne réfrangibilité ; & comme la réfraction des rayons de la plus grande & de la plus petite réfrangibilité, differe peu de celle des rayons de moyenne réfrangibilité, foient $P' + dP'$, & $P + dP$ les valeurs de P' & de P qui conviennent aux rayons de la plus petite ou de la plus grande réfrangibilité, dP étant négatif dans le premier cas, & pofitif dans le fecond ; il eft évident par la formule de l'art. 27. qui exprime la valeur de δ''', diftance du foyer au Verre, que pour détruire la variation ou l'aberration du foyer qui vient de la différente réfrangibilité des rayons,

il faut qu'on ait cette équation ;

$$-\frac{P'}{r''} + \frac{P'}{r'} - \frac{P}{r'} + \frac{P}{r} + \frac{1}{r''} - \frac{1}{r'} - \frac{1}{\delta} = -\frac{P'-dP'}{r''} + \frac{P'+dP'}{r'} - \frac{P-dP}{r} + \frac{P+dP}{r} + \frac{1}{r''} - \frac{1}{r} - \frac{1}{\delta} ;$$

& par conféquent en effaçant $\frac{1}{\delta}$, & tout ce qui fe détruit,

$$d\left(-\frac{P'}{r''} + \frac{P'}{r'} - \frac{P}{r'} + \frac{P}{r}\right) = 0,$$ c'eft-à-dire

$$\frac{dP'}{dP} = \frac{\frac{1}{r} - \frac{1}{r'}}{\frac{1}{r''} - \frac{1}{r'}}$$

34. Et il est à remarquer que si cette équation a lieu, l'aberration causée par la différente réfrangibilité sera nulle, quelle que soit la distance δ de l'objet à la lentille; c'est une suite évidente de la formule précédente.

35. Puisque $\dfrac{d\,P'}{d\,P} = \dfrac{\frac{1}{r} - \frac{1}{r'}}{\frac{1}{r''} - \frac{1}{r'}}$, on aura encore dans le cas où $\delta = \infty$, c'est à-dire, où les rayons incidens sont parallèles à l'axe, (art. 28.).

$$\delta''' = \frac{1}{\left(\frac{1}{r} - \frac{1}{r'}\right)(P-1)\left(1 - \frac{d\,P\,.\,\overline{P'-1}}{d\,P'\,.\,(P-1)}\right)}.$$

36. Par la même raison on aura encore dans la même hypothèse,

$$\delta''' = \frac{1}{\left(\frac{1}{r'} - \frac{1}{r''}\right)(P'-1)\left(1 - \frac{d\,P'\,.\,\overline{P-1}}{d\,P\,.\,\overline{P'-1}}\right)}.$$

37. Telles sont les formules qui conviennent au cas où le rayon de lumiere traverse une lentille composée de deux milieux & de trois surfaces différentes, avant que de repasser dans l'air d'où il étoit venu.

38. Supposons donc qu'on connoisse par la théorie ou par l'expérience, les valeurs de P' & de P pour deux différentes matieres réfractives, & de plus, le rapport de $d\,P'$ à $d\,P$, & qu'on veuille faire une lentille composée de ces deux différentes matieres, laquelle ne soit point sujette à l'aberration causée par la différente réfrangibilité des rayons, & dont la distance

focale

focale foit égale à celle d'une lentille quelconque homogene, de matiere & de foyer donnés; foit cette derniere lentille formée de deux Verres également convexes, dont le rayon foit R, & fuppofons que le rapport des finus, en paffant de l'air dans cette lentille,
foit celui de ϖ à 1; la diftance focale de cette lentille
homogene fera (art. 23.) $\dfrac{R}{2\varpi - 2}$; on aura donc les
deux équations

$$\frac{2\varpi - 2}{R} = \left(\frac{1}{r} - \frac{1}{r'} \right)(P - 1) \times \left(1 - \frac{dP \cdot \overline{P' - 1}}{dP' \cdot \overline{P - 1}} \right),$$

Et $\dfrac{2\varpi - 2}{R} = \left(\dfrac{1}{r''} - \dfrac{1}{r'} \right)(P - 1)\left(\dfrac{dP'}{dP} - \dfrac{P' - 1}{P - 1} \right)$;

D'où l'on tire

$$\frac{1}{R}\left[\frac{2\varpi - 2}{(P - 1)\left(1 - \dfrac{dP \cdot \overline{P' - 1}}{dP' \cdot \overline{P - 1}} \right)} \right] + \frac{1}{r'} = \frac{1}{r},$$

Et $\dfrac{1}{R}\left[\dfrac{2\varpi - 2}{(P - 1)\left(\dfrac{dP'}{dP} - \dfrac{P' - 1}{P - 1} \right)} \right] + \dfrac{1}{r'} = \dfrac{1}{r''}$;

ou bien

$$\frac{1}{R}\left[\frac{2\varpi - 2}{(P' - 1)\left(\dfrac{P - 1}{P' - 1} - \dfrac{dP}{dP'} \right)} \right] + \frac{1}{r'} = \frac{1}{r};$$

Et $\dfrac{1}{R}\left[\dfrac{2\varpi - 2}{(P' - 1) \cdot \left(\dfrac{dP \cdot \overline{P - 1}}{dP \cdot \overline{P' - 1}} - 1 \right)} \right] + \dfrac{1}{r'} = \dfrac{1}{r''}.$

39. Suppofons, pour fimplifier le calcul, que la lentille dont la diftance focale eft $\dfrac{R}{2\varpi - 2}$, foit de même

matiere que la furface dont le rayon eft r, ou que celle dont le rayon eft r'', c'eft-à-dire, fuppofons $\varpi = P$, ou $\varpi = P'$; & on aura

$$\frac{2}{R\left(1 - \dfrac{dP \cdot P' - 1}{dP' \cdot P - 1}\right)} + \frac{1}{r'} = \frac{1}{r},$$

Et $$\frac{2}{R\left(\dfrac{dP'}{dP} - \dfrac{P' - 1}{P - 1}\right)} + \frac{1}{r'} = \frac{1}{r''};$$

Ou bien,

$$\frac{2}{R\left(\dfrac{P - 1}{P' - 1} - \dfrac{dP}{dP'}\right)} + \frac{1}{r'} = \frac{1}{r},$$

& $$\frac{2}{R\left(\dfrac{dP' \cdot P - 1}{dP \cdot P' - 1} - 1\right)} + \frac{1}{r'} = \frac{1}{r''}.$$

40. Dans ces deux équations il refte une indéterminée r, ou r', ou r'', qu'on peut prendre à volonté; fur quoi nous remarquerons ;

1°. Qu'il eft impoffible de réduire le Problême à n'avoir que deux indéterminées r & r', ou r & r''. Car dès qu'on employe deux différentes matieres, comme il y aura au moins trois furfaces, il y a néceffairement trois rayons r, r', & r''; & fi on n'employe qu'une feule matiere, alors $P' = P$, $dP' = dP$, & le terme où eft

$\dfrac{1}{R}$ étant alors $= \infty$, les formules ne peuvent plus être d'aucun ufage ; auffi a-t-on vû (art. 25.) qu'on ne fauroit corriger alors l'aberration réfultante de la différente réfrangibilité.

2°. Que la fuppofition la plus naturelle eft de faire une des quantités indéterminées $\frac{1}{r}$, $\frac{1}{r'}$, $\frac{1}{r''}$, égale à zero, pour fimplifier les équations ; ce qui donne une des quantités r, ou r', ou $r'' = \infty$; & par conféquent une ou deux des furfaces feront planes ; je dis une ou deux. Car il eft évident que fi c'eft r' qui eft $= \infty$, comme ce rayon r' eft commun à deux furfaces, il y en aura deux qui feront planes.

41. La fuppofition de $r' = \infty$ eft la plus fimple de toutes, puifqu'il ne reftera plus que deux furfaces fphériques ; on aura donc alors

$$\frac{2}{R\left(1 - \frac{dP \cdot \overline{P'-1}}{dP' \cdot \overline{P-1}}\right)} = \frac{1}{r},$$

Et

$$\frac{2}{R\left(\frac{dP'}{dP} - \frac{P'-1}{P-1}\right)} = \frac{1}{r''};$$

ou bien,

$$\frac{2}{R\left(\frac{P-1}{P'-1} - \frac{dP}{dP'}\right)} = \frac{1}{r},$$

&

$$\frac{2}{R\left(\frac{\overline{P-1} \cdot dP'}{\overline{P'-1} \cdot dP} - 1\right)} = \frac{1}{r''}.$$

42. Les deux premieres formules font pour le cas où la lentille de comparaifon (celle dont la diftance focale eft $\frac{R}{2\varpi - 2}$) eft de la même matiere que le mi-

lieu antérieur ; & les deux autres font pour le cas où cette lentille eft de même matiere que le milieu poftérieur.

43. On voit par ces formules que fi $\frac{1}{r}$ eft pofitif, $\frac{1}{r''}$ fera auffi pofitif ; & que fi $\frac{1}{r}$ eft négatif, $\frac{1}{r''}$ fera auffi négatif. Car fi 1 eft $>$ ou $< \dfrac{dP \cdot \overline{P'-1}}{dP' \cdot \overline{P-1}}$, $\dfrac{dP'}{dP}$ fera auffi $>$ ou $< \dfrac{\overline{P'-1}}{P-1}$. C'eft pourquoi fi l'une des furfaces eft convexe, l'autre fera concave.

44. On voit encore que $\dfrac{1}{r''} = \dfrac{1}{r \times \frac{dP'}{dP}}$ dans les deux cas de $\varpi = P$, & de $\varpi = P'$. D'où il s'enfuit que $r'' : r :: dP' . dP$. D'où l'on voit que r'' fera $>$ ou $< r$, felon que dP' fera $>$ ou $< dP$; c'eft-à-dire, felon que P' fera $>$ ou $< P$. Car il eft naturel de fuppofer (quoique le fait ne foit pas démontré phyfiquement & en général) que fi P' eft $>$ ou $< P$, on aura $dP' >$ ou $< dP$; un milieu qui rompra plus qu'un autre les rayons moyens, rompa auffi davantage les autres rayons.

45. On voit enfin que fi on avoit $\dfrac{dP}{dP'} = \dfrac{P-1}{P'-1}$, il feroit impoffible de corriger les erreurs dûes à la différente réfrangibilité des rayons ; car alors on auroit $r'' = o$, & $r = o$. Ce qui ne feroit rien connoître. Cette vérité fe voit d'ailleurs par les formules de l'article 35.

Car si $\dfrac{dP}{dP'} = \dfrac{P-1}{P'-1}$, la distance focale δ''' devient in-finie, si $\delta = \infty$; ou $= -\delta$, si δ est finie.

46. Donc si $\dfrac{dP'}{dP} = \dfrac{P'-1}{P-1}$, le foyer des rayons rompus seroit le même que l'objet rayonnant.

§. VI. *Conditions pour diminuer, en raison donnée, l'aberration de réfrangibilité.*

47. Si on n'exige pas que l'aberration qui provient de la réfrangibilité soit $= o$, mais égale à $\dfrac{2\,d\varpi}{R} \times \theta$, $\dfrac{2\,d\varpi}{R}$ représentant l'aberration de l'objectif donné (*a*), & θ étant une fraction positive ou négative, moindre que l'unité, on auroit alors les deux équations

$$(P-1)\left(\frac{1}{r} - \frac{1}{r'}\right) + (P'-1)\left(\frac{1}{r'} - \frac{1}{r''}\right) = \frac{2\varpi-2}{R},$$

$$\text{Et } dP\left(\frac{1}{r} - \frac{1}{r'}\right) + dP'\left(\frac{1}{r'} - \frac{1}{r''}\right) = \frac{2\,\theta\,d\varpi}{R}.$$

48. Donc $\dfrac{1}{r} - \dfrac{1}{r'} = \left[\dfrac{(2\varpi-2)\,dP' - 2\,\theta\,d\varpi\,(P'-1)}{R}\right] : [(P-1)\,dP' - (P'-1).\,dP],$

Et $\dfrac{1}{r'} - \dfrac{1}{r''} = \left[\dfrac{(2\varpi-2)\,dP - 2\,\theta\,d\varpi\,(P-1)}{R}\right] : [(P'-1)\,dP - (P-1).\,dP'].$

(*a*) Comme $1 : \left(\dfrac{2\varpi-2}{R}\right)$ est la distance focale de cet objectif, il est visible que $\pm\dfrac{2\,d\varpi}{R}$, en représentera l'aberration, la distance focale étant supposée donnée.

49. Ces formules peuvent être simplifiées, en faisant, comme dans l'art. 39. $\varpi = P'$, ou $\varpi = P$.

Soit $\varpi = P'$, & on aura

$$\frac{1}{r} - \frac{1}{r'} = 2\left(\frac{1-\theta}{R}\right) : \left[\frac{P-1}{P'-1} - \frac{dP}{dP'}\right],$$

Et $\dfrac{1}{r'} - \dfrac{1}{r''} = \dfrac{2}{R}\left(1 - \dfrac{\theta\, dP'.\overline{P-1}}{dP.\overline{P'-1}}\right) : \left(1 - \dfrac{\overline{P-1}.dP'}{dP.(P'-1)}\right).$

50. Soit ensuite $\varpi = P$, & on aura

$$\frac{1}{r} - \frac{1}{r'} = \frac{2}{R}\left(1 - \frac{\theta\, dP.\overline{P'-1}}{dP'.\overline{P-1}}\right) : \left(1 - \frac{dP.(P'-1)}{dP'.(P-1)}\right),$$

Et $\dfrac{1}{r'} - \dfrac{1}{r''} = \dfrac{2}{R}(1 - \theta) : \left[\dfrac{P'-1}{P-1} - \dfrac{dP'}{dP}\right].$

51. Or dans l'une & l'autre de ces formules, on voit que $\dfrac{1}{r''} - \dfrac{1}{r'} = k\left(\dfrac{1}{r} - \dfrac{1}{r'}\right)$, k étant un nombre connu, dès qu'on connoîtra P', P, dP', dP, & θ.

52. Dans le premier cas où $\varpi = P'$, on aura

$$k = \frac{dP}{dP'}\left(1 - \frac{\theta\, dP'.(P-1)}{dP(P'-1)}\right) : (1 - \theta),$$

Et dans le second cas où $\varpi = P$, on aura

$$k = \frac{dP}{dP'}(1 - \theta) : \left(1 - \frac{\theta\, dP.\overline{P'-1}}{dP'.\overline{P-1}}\right).$$

53. Au lieu de faire disparoître dans les formules précédentes la quantité ϖ, on peut (ce qui sera plus commode en certaines occasions) faire disparoître l'une des quantités P ou P', selon que P ou P' sont supposés égales à ϖ.

54. Ainsi si $\varpi = P$, on aura en supposant $\dfrac{1}{r} - \dfrac{1}{r'} = \dfrac{1}{\lambda}$;

$$\frac{1}{\lambda} = \frac{1}{R} + \frac{1}{R}\left(\frac{\overline{1-\theta}.d\varpi.\overline{P'-1}}{\overline{\varpi-1}.dP'-d\varpi.\overline{P'-1}}\right);$$

Et $\dfrac{k}{\lambda}$, ou $\dfrac{1}{r''} - \dfrac{1}{r'} = \dfrac{1}{R}\left(\dfrac{\overline{1-\theta}.d\varpi.\overline{\varpi-1}}{\overline{\varpi-1}.dP'-d\varpi.\overline{P'-1}}\right);$

Et si $\varpi = P'$, on aura

$$\frac{1}{\lambda} = \frac{1}{R}\left(-\frac{\overline{1-\theta}.d\varpi.\overline{\varpi-1}}{\overline{P-1}.d\varpi-dP.\overline{\varpi-1}}\right),$$

Et $\dfrac{k}{\lambda} = -\dfrac{1}{R} + \dfrac{\overline{2-2\theta}.d\varpi.\overline{P-1}}{R\left(\overline{P-1}.d\varpi-dP.\overline{\varpi-1}\right)}.$

§. VII. *Conséquences qui résultent des Formules précédentes.*

55. Il est donc évident, que sans l'inconvénient qui vient de la sphéricité, on pourroit toujours trouver des surfaces propres à anéantir presqu'entiérement ou à diminuer à volonté l'aberration résultante de la diverse réfrangibilité des rayons; & même qu'il n'est pas besoin d'employer pour cela plus de trois surfaces, dont celle du milieu peut être plane.

56. M. Euler, dans les Mémoires de Berlin de 1747, employe quatre surfaces; aussi a-t-il deux indéterminées, qu'il suppose telles qu'il lui convient, pour déterminer les deux autres avec plus de facilité.

57. Deux raisons paroissent avoir déterminé ce grand Géometre à supposer quatre surfaces.

La premiere, c'est que la réfraction dans les humeurs de l'œil se fait à travers quatre surfaces; savoir, la cornée,

l'humeur aqueufe, & les deux furfaces du cryftallin. Or,
l'œil étant conftruit de maniere que la différente réfrangibilité des rayons n'empêche pas la vifion d'être
diftincte, peut-être M. Euler en a-t-il conclu que quatre
furfaces réfringentes étoient néceffaires pour corriger
l'aberration caufée par cette différente réfrangibilité.

Une feconde raifon qui peut avoir déterminé M. Euler
à fuppofer quatre furfaces, c'eft qu'il employoit l'eau
pour une des deux matieres réfringentes, & que ne
pouvant former une lentille d'eau pure, il a été obligé
d'enfermer cette lentille dans une matiere tranfparente
& folide; ce qui a produit néceffairement quatre furfaces.

58. Sur la premiere de ces raifons, nous obferve-
rons qu'il n'y a proprement dans les humeurs de l'œil
que trois réfractions; les deux qui fe font en entrant
& en fortant de la cornée équivalent à une feule réfraction, telle qu'elle fe feroit en paffant immédiatement de l'air dans l'humeur aqueufe. Plufieurs Opticiens, entr'autres M. Jurin dans fon *Effai fur la Vifion*,
imprimé à la fin de l'Optique de M. Smith, art. 110,
regardent la réfraction de la cornée comme étant la
même que celle de l'humeur aqueufe; & quand même
ces deux réfractions feroient fenfiblement différentes,
la cornée a fi peu d'épaiffeur, & fes deux furfaces,
l'une convexe, l'autre concave, different fi peu de courbure, qu'on peut regarder (art. 29.) la réfraction comme
fe faifant immédiatement de l'air dans l'humeur aqueufe.

59.

59. A l'égard de l'opinion où est M. Euler, que la figure de l'œil & l'arrangement des surfaces réfringentes y corrigent exactement la diverse réfrangibilité des rayons ; c'est un point que nous examinerons plus à fond dans la suite de ces Recherches ; nous dirons ici d'avance, que la vision pourroit rester distincte, sans que la structure de l'œil corrigeât exactement l'aberration causée par la différente réfrangibilité des rayons.

60. Quant à la seconde raison, qui a déterminé M. Euler à employer quatre surfaces réfringentes, & qui est prise de la liquidité de l'eau ; nous remarquerons ; 1°. qu'elle n'auroit pas lieu, si, comme M. Dollond, on employoit deux matieres solides transparentes, c'est-à-dire, deux Verres de différentes réfractions. 2°. Que quand même on employeroit une matiere liquide, cette liquidité ne rend pas les quatre surfaces nécessaires. Car il est évident par l'art. 29, qu'on peut substituer sans erreur sensible, à une lentille d'eau pure, une lentille de Verre, de la même courbure que la lentille d'eau, & remplie d'eau dans son intérieur. Il faut seulement que les deux surfaces de la lentille, l'extérieure & l'intérieure, soient l'une & l'autre de même courbure, ou concentriques, & que le Verre ait très-peu d'épaisseur.

61. Quoi qu'il en soit au reste des raisons qui ont engagé M. Euler à supposer quatre surfaces, nous allons résoudre le Problême dans la même hypothèse. Cette considération nous sera utile dans la suite, par des rai-

fons différentes de celles qui ont déterminé ce grand Géometre.

§. **VIII.** *Conditions pour détruire l'aberration de réfrangibilité dans une lentille composée de quatre surfaces.*

62. Si on a $m' = \dfrac{M}{m}$, $m'' = \dfrac{m}{M}$, $m''' = \dfrac{1}{m}$; c'est-à-dire, si la lumiere après avoir paffé de l'air, par exemple, dans le premier milieu A, & de-là dans le fecond milieu B, repaffe enfuite dans le milieu A, & de-là dans l'air, on aura une lentille compofée de deux milieux A, B (dont le fecond fera renfermé au-dedans du premier) & formée de quatre furfaces, dont les rayons feront r, r', r'', r''' ; & on trouvera la diftance générale du foyer

$$= 1 : \left[\frac{m-1}{m\,r'''} + \frac{1}{m\,r''} - \frac{1}{M\,r''} + \frac{1}{M\,r'} - \frac{1}{m\,r'} + \frac{1}{m\,r} - \frac{1}{r} - \frac{1}{\delta} \right].$$

Cette formule, en mettant P pour $\dfrac{1}{m}$, & P' pour $\dfrac{1}{M}$, devient

$$1 : \left[(P'-1)\left(\frac{1}{r'} - \frac{1}{r''} \right) + (P-1)\left(\frac{1}{r} - \frac{1}{r'} + \frac{1}{r''} - \frac{1}{r'''} \right) - \frac{1}{\delta} \right].$$

63. Si on retourne la lentille, tout le refte demeurant le même, on aura (art. 31.) la diftance focale

$$1 : \left[(P'-1)\left(-\frac{1}{r''} + \frac{1}{r'} \right) + (P-1)\left(-\frac{1}{r'''} + \frac{1}{r''} - \frac{1}{r'} + \frac{1}{r} \right) - \frac{1}{\delta} \right] ;$$

Ainsi la distance focale demeure la même.

64. Pour corriger dans cette lentille l'aberration causée par la réfrangibilité, il est clair (art. 33.) que $\dfrac{d\,P'}{d\,P}$ doit être égal à

$$\dfrac{\dfrac{1}{r}-\dfrac{1}{r'}+\dfrac{1}{r''}-\dfrac{1}{r'''}}{-\dfrac{1}{r''}-\dfrac{1}{r'}}.$$

65. Donc (art. 35.) la distance focale sera dans ce cas

$$1:\left[\left(\frac{1}{r'}-\frac{1}{r''}\right)\times\left(P'-1-\frac{d\,P'}{d\,P}(P-1)\right)\right]$$

$$=1:\left[\left(\frac{1}{r'}-\frac{1}{r''}\right)(P'-1)\times\left(1-\frac{d\,P'.\overline{P-1}}{d\,P.\overline{P'-1}}\right)\right];$$

ou bien

$$\dfrac{1}{\dfrac{1}{r}-\dfrac{1}{r'}+\dfrac{1}{r''}-\dfrac{1}{r'''}}\times\dfrac{1}{P-1}\times\dfrac{1}{1-\dfrac{d\,P.\overline{P'-1}}{d\,P'.\overline{P-1}}}.$$

66. On aura donc, en faisant les mêmes suppositions que dans l'art. 38.

$$\dfrac{2}{R\left(1-\dfrac{d\,P.\overline{P'-1}}{d\,P'.\overline{P-1}}\right)}+\frac{1}{r'}+\frac{1}{r'''}=\frac{1}{r}+\frac{1}{r''},$$

Et

$$\dfrac{2}{R\left(\dfrac{d\,P'}{d\,P}-\dfrac{P'-1}{P-1}\right)}+\frac{1}{r'}=\frac{1}{r''};$$

Ou bien

$$\dfrac{2}{R\left(\dfrac{P-1}{P'-1}-\dfrac{d\,P}{d\,P'}\right)}+\frac{1}{r'}+\frac{1}{r'''}=\frac{1}{r}+\frac{1}{r''};$$

Et

$$\dfrac{2}{R\left(\dfrac{d\,P'.\overline{P-1}}{d\,P.\overline{P'-1}}-1\right)}+\frac{1}{r'}=\frac{1}{r''}.$$

§. I X. *Conditions nécessaires pour diminuer l'aberration de réfrangibilité en raison donnée, dans une lentille composée de quatre surfaces.*

67. Si on veut, comme dans le §. V I. que l'aberration résultante de la réfrangibilité, soit $\dfrac{2\,d\varpi.\theta}{R}$, on aura, comme dans le même §. V I,

$$\frac{1}{r} - \frac{1}{r'} + \frac{1}{r''} - \frac{1}{r'''} = \left[\frac{(2\varpi - 2)dP' - 2\theta\,d\varpi\,(P'-1)}{R} \right] :$$
$$[(P-1)\,dP' - (P'-1)\,dP];$$

Et $\dfrac{1}{r'} - \dfrac{1}{r''} = \left[\dfrac{\overline{2\varpi - 2}\,.\,dP - 2\theta\,d\varpi\,.\overline{P-1}}{R} \right] :$
$$[(P'-1)\,dP - (P-1)\,dP'].$$

68. Si on fait, comme dans l'art. 49, $\varpi = P'$, on aura

$$\frac{1}{r} - \frac{1}{r'} + \frac{1}{r''} - \frac{1}{r'''} = 2\left(\frac{1-\theta}{R} \right) : \left[\frac{P-1}{P'-1} - \frac{dP}{dP'} \right],$$

Et $\dfrac{1}{r'} - \dfrac{1}{r''} = \dfrac{2}{R}\left(1 - \dfrac{\theta\,dP'\,.\overline{P-1}}{dP\,.\,\overline{P'-1}} \right) : \left[1 - \dfrac{\overline{P-1}\,.\,dP'}{dP\,.\,\overline{P-1}} \right].$

69. Et si l'on fait $\varpi = P$, on aura, comme dans l'art. 50,

$$\frac{1}{r} - \frac{1}{r'} + \frac{1}{r''} - \frac{1}{r'''} = \frac{2}{R}\left(1 - \frac{\theta\,dP\,.\overline{P'-1}}{dP'\,.\,\overline{P-1}} \right) :$$
$$\left(1 - \frac{dP\,.\overline{P'-1}}{dP'\,.\,\overline{P-1}} \right),$$

Et $\dfrac{1}{r'} - \dfrac{1}{r''} = \dfrac{2}{R}(1 - \theta) : \left[\dfrac{P'-1}{P-1} - \dfrac{dP'}{dP} \right].$

70. D'où l'on voit aussi, comme dans l'art. 51. qu'en général $\dfrac{1}{r} - \dfrac{1}{r'} + \dfrac{1}{r''} - \dfrac{1}{r'''} = k'\left(\dfrac{1}{r''} - \dfrac{1}{r'} \right)$;

k' étant un nombre connu, dès que P', P, dP', dP, & θ feront connues.

71. Et cette valeur de k' fera la même que la valeur de $\frac{1}{k}$, qui a été trouvée dans l'art. 52.

C'eft-à-dire, qu'on aura fi $\varpi = P'$,

$$k' = (1 - \theta) : \left[\frac{dP}{dP'} \times \left(1 - \frac{\theta\, dP' . \overline{P - 1}}{dP . \overline{P' - 1}} \right) \right],$$

Et fi $\varpi = P$,

$$k' = \left(1 - \frac{\theta\, dP . \overline{P' - 1}}{dP' . \overline{P - 1}} \right) : \left(\frac{\overline{1 - \theta} . dP}{dP'} \right).$$

72. Donc fi $\varpi = P'$, on aura auffi

$$k' = \frac{(1 - \theta)\, d\varpi . \overline{\varpi - 1}}{\overline{\varpi - 1} . dP - \theta . \overline{P - 1} . d\varpi},$$

Et fi $\varpi = P$, on aura

$$k' = \frac{\overline{\varpi - 1} . dP' - \theta\, d\varpi . \overline{P' - 1}}{(1 - \theta)\, d\varpi . \overline{\varpi - 1}}.$$

73. Donc auffi on aura fi $\varpi = P'$,

$$\frac{1}{r} - \frac{1}{r'} + \frac{1}{r''} - \frac{1}{r'''} = 2 \frac{(1 - \theta)}{R} : \left[\frac{P - 1}{\varpi - 1} - \frac{dP}{d\varpi} \right],$$

Et $\frac{1}{r} - \frac{1}{r''} = 2 \left(1 - \frac{\theta\, d\varpi . \overline{P - 1}}{dP . \overline{\varpi - 1}} \right) : \left[1 - \frac{\overline{P - 1} . d\varpi}{dP . \overline{\varpi - 1}} \right].$

74. Et fi $\varpi = P$, on aura de même,

$$\frac{1}{r} - \frac{1}{r'} + \frac{1}{r''} - \frac{1}{r'''} = \frac{2}{R} \left(1 - \frac{\theta\, d\varpi . \overline{P' - 1}}{dP' . \overline{\varpi - 1}} \right) :$$

$$\left[1 - \frac{d\varpi . \overline{P' - 1}}{dP' . \overline{\varpi - 1}} \right],$$

Et $\frac{1}{r'} - \frac{1}{r''} = \frac{2}{R} (1 - \theta) : \left[\frac{P' - 1}{\varpi - 1} - \frac{dP'}{d\varpi} \right].$

§. X. *Conféquences qui réfultent des deux §. précédens ;*
fur la forme des lentilles.

75. Dans ces différentes formules, on peut fuppofer ,
comme dans l'art. 40, que deux des quatre quantités
$\frac{1}{r}$, $\frac{1}{r'}$, $\frac{1}{r''}$, $\frac{1}{r'''}$ foient $= o$ à volonté ; c'eſt-à-dire ,
que deux des quatre furfaces foient planes ; la fuppo-
fition la plus fimple , fi elle étoit poſſible , feroit celle
de $\frac{1}{r'} = o$, & de $\frac{1}{r''} = o$, parce que les deux furfaces
auxquelles ces rayons appartiennent , étant communes
à deux différentes matieres réfringentes , s'apliqueroient
exactement l'une fur l'autre ; & qu'ainfi il n'y auroit pour
lors que deux furfaces courbes à travailler ; favoir , les
deux furfaces extérieures , celle dont le rayon eſt *r*, &
celle dont le rayon eſt *r'''*. Mais il eſt aifé de voir par
les formules précédentes (art. 67.) qu'on ne peut fup-
pofer à la fois $\frac{1}{r'}$ & $\frac{1}{r''} = o$, (quel que foit θ) parce
qu'alors il faudroit que la donnée *R* fût infinie ; ce qui
ne doit pas être. En effet, confidérant la chofe de plus
près, on voit que fuppofer $r' = \infty$, & $r'' = \infty$, c'eſt
enfermer une lentille plane entre deux autres lentilles
de même matiere , & chacune plane d'un côté ; ce qui
revient au même (art. 29.) que d'appliquer l'une contre
l'autre par leur côté plan les deux lentilles extérieures ,
en fupprimant la lentille plane ; & pour lors on n'auroit
proprement qu'une feule & unique lentille , d'une feule

& unique matiere, incapable (art. 25.) de corriger l'effet de la réfrangibilité.

76. On ne sauroit non plus supposer à la fois $\frac{1}{r'''} = 0$, & $\frac{1}{r} = 0$, au moins dans le cas de $\theta = 0$, parce qu'alors on auroit $\frac{dP'}{dP} - \frac{P'-1}{P-1} = 1 - \frac{dP.(P'-1)}{dP'.(P-1)} =$, ou $dP' = dP$, ce qui n'est pas. Donc ni les deux surfaces extérieures, ni les deux intérieures ne sauroient être planes.

77. A l'exception de ces deux cas, on peut faire $= 0$ deux quelconques des quatre rayons à volonté. Et dans cette supposition, il sera bon de faire $\frac{1}{r'} = 0$, ou $\frac{1}{r''} = 0$, parce que cette supposition rendra plane une des deux surfaces intérieures, & qu'ainsi on aura deux surfaces courbes de moins à travailler.

78. Si θ n'est pas $= 0$, la supposition de $r = \infty$, & $r''' = \infty$, donne $\theta = \frac{(dP'-dP)(\varpi-1)}{(P'-P)\,d\varpi}$.

Donc si $\varpi = P'$, on aura
$$\theta = \frac{\left(1 - \frac{dP}{dP'}\right)(P'-1)}{P'-P};$$

Et si $\varpi = P$, on aura
$$\theta = \frac{\left(\frac{dP'}{dP} - 1\right)(P-1)}{P'-P}.$$

79. Ainsi pour lors on pourra supposer $r''' = \infty$ &

$r = \infty$, pourvû néanmoins que la valeur de θ qui réfulte de cette fuppofition, foit une fraction pofitive ou
négative, plus petite que l'unité; car la condition que
θ foit plus petit que l'unité, eft indifpenfablement néceffaire.

80. Si les valeurs de P', P, dP', dP, trouvées par
l'expérience, font telles que la valeur de θ ne fatisfaffe
pas à cette condition, il ne fera pas permis de fuppofer
à la fois $r = \infty$, & $r''' = \infty$.

§. XI. *Application de nos formules à deux lentilles*
très-proches l'une de l'autre.

81. Dans les deux §. précédens, nous avons fuppofé
que la lentille étoit formée de quatre furfaces, & de
deux milieux A, B, dont le fecond B eft renfermé au-
dedans du premier A. Mais il pourroit fe faire, en
fuppofant toujours quatre furfaces, que la lentille fût
formée de deux milieux A, B, dont le fecond B ne fût
pas enfermé dans le premier A, mais en fût féparé par
une lame ou épaiffeur d'air très-petite; ce qui revient
au cas de deux lentilles, chacune de différentes matieres,
& très-proches l'une de l'autre. Comme ce cas peut
mériter auffi d'être examiné, nous allons expofer en
détail ce que la théorie donne fur ce fujet.

82. Nous fuppoferons toujours, comme ci-deffus,
que P foit le rapport du finus de réfraction au finus
d'incidence, en paffant du milieu antérieur A dans l'air,
& P' le même rapport en paffant du milieu poftérieur B
dans l'air.

83.

83. Soient r, r' les rayons des surfaces de la premiere lentille, r'', r''' ceux de la seconde, on aura pour la premiere lentille

$$\delta'' = \frac{1}{(P-1)\left(\frac{1}{r} - \frac{1}{r'}\right) - \frac{1}{\delta}},$$

Et pour la seconde

$$\delta^{IV} = 1 : \left[(P'-1)\left(\frac{1}{r''} - \frac{1}{r'''}\right) + \frac{1}{\delta''}\right]; \text{ ou}$$

$$\delta^{IV} = 1 : \left[(P-1)\left(\frac{1}{r} - \frac{1}{r'}\right) + (P'-1)\left(\frac{1}{r''} - \frac{1}{r'''}\right) - \frac{1}{\delta}\right].$$

84. Donc conservant les mêmes noms que ci-dessus (art. 38 & 47.) on aura en général

$$(P-1)\left(\frac{1}{r} - \frac{1}{r'}\right) + (P'-1)\left(\frac{1}{r''} - \frac{1}{r'''}\right) = \frac{2\varpi - 2}{R},$$

Et $dP\left(\frac{1}{r} - \frac{1}{r'}\right) + dP'\left(\frac{1}{r''} - \frac{1}{r'''}\right) = \frac{2\theta\, d\varpi}{R};$

D'où l'on tire, comme dans le §. VI, Chap. I.

$$\frac{1}{r} - \frac{1}{r'} = \left(\frac{\overline{2\varpi - 2}.\,dP' - 2\theta\,d\varpi.\overline{P'-1}}{R}\right) : (\overline{P-1}.\,dP' - \overline{P'-1}.\,dP)$$

Et $\frac{1}{r''} - \frac{1}{r'''} = \frac{(\overline{2\varpi - 2}.\,dP - 2.\overline{P-1}.\,\theta\,d\varpi)}{R} : (\overline{P'-1}.\,dP - \overline{P-1}.\,dP).$

85. Donc aussi faisant $\varpi = P'$, on aura

$$\frac{1}{r} - \frac{1}{r'} = \frac{2}{R}(1-\theta)\,d\varpi . \overline{\varpi - 1}:$$
$$[\,\overline{P-1}.d\varpi - \overline{\varpi-1}.dP\,],$$
$$\text{Et } \frac{1}{r''} - \frac{1}{r'''} = \left[\frac{\overline{2\varpi-2}.dP - \overline{2P-2}.\theta d\varpi}{R}\right]:$$
$$[\,\overline{\varpi-1}.dP - \overline{P-1}.d\varpi\,].$$

86. Et faisant $\varpi = P$, on aura

$$\frac{1}{r} - \frac{1}{r'} = \left[\frac{\overline{2\varpi-2}.dP' - 2\theta d\varpi.(P'-1)}{R}\right]:$$
$$[\,\overline{\varpi-1}.dP' - \overline{P'-1}.d\varpi\,],$$
$$\text{Et } \frac{1}{r''} - \frac{1}{r'''} = \frac{2}{R}(1-\theta)\,d\varpi . \overline{\varpi - 1}:$$
$$[\,\overline{P'-1}.d\varpi - \overline{\varpi-1}.dP'\,].$$

87. Il est visible qu'on pourra, comme dans l'art. 40; supposer $= o$ à volonté deux des quatre quantités $\frac{1}{r}, \frac{1}{r'}, \frac{1}{r''}, \frac{1}{r'''}$, pourvû que ce ne soit ni $\frac{1}{r}$ & $\frac{1}{r'}$ à la fois, ni $\frac{1}{r''}$ & $\frac{1}{r'''}$ à la fois.

88. Il est visible de plus que si on a à la fois $\frac{1}{r'} = o$, $\frac{1}{r''} = o$, les deux surfaces intérieures seront planes; on pourra alors les joindre immédiatement, ou les laisser séparées, comme on veudra, mais toujours très-proches; & ce cas reviendra à celui de l'art. 41.

CHAPITRE II.

Modifications que l'épaiffeur de la lentille apporte aux folutions du Chapitre I.

§. I. *Détermination du foyer d'une lentille quelconque ; en ayant égard à l'épaiffeur de cette lentille.*

89. Si dans les valeurs générales de δ'', δ''' &c. l'on veut avoir égard à l'épaiffeur de la lentille, qui jufqu'à préfent a été négligée, on nommera e la diftance entre les deux premieres furfaces, e' la diftance entre la feconde & la troifiéme &c; & on aura

$$\delta'' = \cfrac{1}{\cfrac{1-m'}{r'} + \cfrac{m'}{\delta'-e}}$$

$$\delta''' = \cfrac{1}{\cfrac{1-m''}{r''} + \cfrac{m'}{\delta''-e'}},$$

$$\delta^{IV} = \cfrac{1}{\cfrac{1-m'''}{r'''} + \cfrac{m'''}{\delta'''-e''}}.$$

90. Donc on aura à très-peu près

$$\delta'' = \cfrac{1}{\cfrac{1-m'}{r'} + \cfrac{m'}{\delta'} + \cfrac{m'e}{\delta'^2}},$$

$$\delta''' = \cfrac{1}{\cfrac{1-m''}{r''} + \cfrac{m''}{\delta''} + \cfrac{m''e'}{\delta''^2}};$$

Ou encore

$$\delta'' = \cfrac{1}{\dfrac{1-m'}{r'} + m'\left(\dfrac{1-m}{r} - \dfrac{m}{\delta}\right) + m'e\left(\dfrac{1-m}{r} - \dfrac{m}{\delta}\right)^2}$$

Et

$$\delta''' = 1 : \left[\frac{1-m''}{r''} + m''\left(\frac{1-m'}{r'} + \frac{m'-mm'}{r} - \frac{mm'}{\delta} + m'e\left(\frac{1-m}{r} - \frac{m}{\delta}\right)^2\right) + m''e'\left(\frac{1-m'}{r'} + \frac{m'-mm'}{r} - \frac{mm'}{\delta}\right)^2\right];$$

Et enfin

$$\delta^{IV} = 1 : \left[\frac{1-m'''}{r'''} + m'''\times\left(\frac{1-m''}{r''}\right) + m'''m''\left[\frac{1-m'}{r'} + \frac{m'-m'm}{r} - \frac{m'm}{\delta} + m'e\left(\frac{1-m}{r} - \frac{m}{\delta}\right)^2\right] + m'''m''e'\left(\frac{1-m'}{r'} + \frac{m'-mm'}{r} - \frac{mm'}{\delta}\right)^2 + m'''e''\left[\frac{1-m''}{r''} + m''\left(\frac{1-m'}{r'} + \frac{m'-mm'}{r} - \frac{mm'}{\delta}\right)\right]^2\right];$$

91. Donc en supposant δ infinie, on auroit

$$\delta'' = \cfrac{1}{\dfrac{1-m'}{r'} + m'\left(\dfrac{1-m}{r}\right) + m'e\left(\dfrac{1-m}{r}\right)^2}$$

$$\delta''' = 1 : \left[\frac{1-m''}{r''} + m''\left(\frac{1-m'}{r'} + \frac{m'-mm'}{r}\right) + m''m'e\left(\frac{1-m}{r}\right)^2 + m''e''\left(\frac{1-m'}{r'} + \frac{m'-mm'}{r}\right)^2\right];$$

$$\delta^{IV} = 1 : \left[\frac{1-m'''}{r'''} + m'''\times\left(\frac{1-m''}{r''}\right) + m'''m''\left(\frac{1-m'}{r'} + \frac{m'-mm'}{r}\right) + m'''m''m'e\left(\frac{1-m}{r}\right)^2\right.$$

$$+ m''' m'' e' \left(\frac{1 - m'}{r'} + \frac{m' - m m'}{r} \right)^2 + m''' e'' \times$$

$$\left(\frac{1 - m''}{r''} + \frac{m'' - m'' m'}{r'} + \frac{m'' m' - m'' m' m}{r} \right)^2 \bigg].$$

§. II. *Conditions nécessaires pour détruire dans la même hypothèse l'aberration de réfrangibilité, dans une lentille formée de deux matieres & de trois surfaces.*

92. Soit, comme dans le §. V, Chap. I. une lentille formée de deux matieres & de trois surfaces. Par les formules précédentes il est évident, que si on suppose $\delta = \infty$, c'est-à-dire, si les rayons tombent parallèles sur la premiere surface, il faudra, pour anéantir l'aberration résultante de l'épaisseur de la lentille, que l'on ait

$$e\, d\, \frac{[\, m' m'' (1 - m)^2\,]}{r\, r} + e' d\, \Big[\, m'' \Big(\frac{1 - m'}{r'} + \frac{m' - m m'}{r} \Big)^2 \,\Big] = 0\,;$$

Donc en mettant pour m' & m'', leurs valeurs $\frac{M}{m} = \frac{P}{P'}$ & $\frac{1}{M} = P'$, on aura

$$\frac{e}{r\, r} \Big(d\,P - \frac{d\,P}{P^2} \Big) + e' d\, \Big[\Big(\frac{1}{P'} \Big) \times \Big(\frac{P' - P}{r'} + \frac{P - 1}{r} \Big)^2 \Big] = 0.$$

Or on a déja (article 33.) $d\Big(\frac{1 - P'}{r''} + \frac{P' - P}{r'} + \frac{P - 1}{r} \Big) = 0\,$; & par conséquent $d\Big(\frac{P' - P}{r'} + \frac{P - 1}{r} \Big) = \frac{d\,P'}{r''}.$

93. Donc on aura $\dfrac{e}{e'} = \dfrac{dP'}{dP} \times \dfrac{P^2\,rr}{P^2 - 1} \times \Big[\dfrac{1}{P'^2} \times$
$\Big(\dfrac{P'-P}{r'} + \dfrac{P-1}{r}\Big)^2 - \dfrac{2}{P'r'r} \times \Big(\dfrac{P'-P}{r'} + \dfrac{P-1}{r}\Big)\Big]$;
pour le cas où les rayons tomberoient parallèles sur le verre.

94. Dans cette équation on remarquera que les épaisseurs e, e' doivent être toutes deux exprimées par des quantités positives ; ce qui est évident.

95. Si l'on fait, comme dans l'art. 41, $r' = \infty$, on aura $\dfrac{dP'}{dP} = \dfrac{r''}{r}$; & $\dfrac{e}{e'} = \dfrac{dP'}{dP} \times \dfrac{rr}{1 - \dfrac{1}{P^2}} \times$
$\Big[\dfrac{1}{P'^2} \cdot \dfrac{\overline{P-1}^2}{r^2} - \dfrac{2\,dP}{r\,dP'} \times \dfrac{P-1}{P'r} \Big]$,

Cette quantité sera positive si $\dfrac{\overline{P-1}}{P'}$ est $> \dfrac{2\,dP}{dP'}$; & négative si $\dfrac{P-1}{P'}$ est $> \dfrac{2\,dP}{dP'}$; car $\dfrac{dP'}{dP}$ est d'ailleurs une quantité toujours positive, aussi bien que $P-1$ & $1 - \dfrac{1}{P^2}$; puisque dP' & dP sont l'un & l'autre de même signe, & que P est > 1.

96. Or il arrivera très-rarement & peut-être jamais, que $\dfrac{P-1}{P'}$ soit $> \dfrac{2\,dP}{dP'}$. Car en premier lieu, si P est $> P'$, on aura aussi $dP > dP'$, puisqu'un milieu qui rompra plus qu'un autre les rayons moyens, rompra aussi davantage les rayons rouges ou violets. Donc $\dfrac{2\,dP}{dP'}$ sera > 2 ; or comme P' est toujours < 2, & que P' est plus

grand que l'unité, $\frac{P-1}{P'}$ fera une fraction ; donc on aura

$$\frac{P-1}{P'} < \frac{2\,dP}{d\,P'}.$$

97. Dans le cas où P fera $< P'$, comme la diffé-rence de P' & de P n'eſt jamais fort grande, puiſque P & P' font toujours l'une & l'autre < 2 & > 1 ; celle de dP & de dP' ne fera jamais fort grande non plus ; ainſi $\frac{2\,dP}{dP'}$ fera plus grand ou au moins peu au-deſſous de l'unité, & $\frac{P-1}{P'}$ demeurera une fraction. C'eſt pour-quoi on peut, je crois, aſſurer qu'il n'y aura aucun cas ou $\frac{P-1}{P'}$ ne foit $< \frac{2\,dP}{dP'}$.

98. Donc en général, dans une lentille compoſée de deux matieres & de trois furfaces, fi $r' = \infty$, c'eſt-à-dire, fi la furface qui unit les deux lentilles, eſt plane, on ne pourra détruire l'aberration de réfrangibilité ré-fultante de l'épaiſſeur de la lentille.

99. Mais on pourra y remédier en faiſant $r'' = \infty$; car alors la valeur de $\frac{c}{e'}$ qui fera (art. 93.) $\frac{dP'}{dP} \times$ $\frac{r\,r}{r-\frac{1}{P^2}} \times \left(\frac{1}{P'^2} \times \left[\frac{P'-P}{r'} + \frac{P-1}{r} \right]^2 \right)$, eſt évi-demment toujours poſitive.

100. Il eſt vrai qu'alors il faudra changer quelque choſe dans les équations de l'art. 41 ; car ſuppoſant $r'' = \infty$, ou $\frac{1}{r''} = o$ dans celles de l'art. 39, on aura

$$\frac{2}{R\left(\frac{dP'}{dP}-\frac{P'-1}{P-1}\right)}=-\frac{1}{r'},$$

$$\text{Et}\left(\frac{dP'}{dP}-1\right)\frac{2}{R\left(\frac{dP'}{dP}-\frac{P'-1}{P-1}\right)}=\frac{1}{r};$$

$$\text{Ou bien}\ \frac{1}{r}=\frac{2}{R\left(\frac{P-1}{P'-1}-\frac{dP}{dP'}\right)}\times\left(1-\frac{dP}{dP'}\right),$$

$$\text{Et}\ \frac{2}{R\left(\frac{P-1}{P'-1}-\frac{dP}{dP'}\right)}=-\frac{1}{r'}.$$

101. Il est donc certain, que si la derniere des trois surfaces, celle qui a pour rayon r'', est plane, la lentille ainsi formée pourra réunir encore plus exactement les rayons de diverse réfrangibilité, qu'elle ne feroit, si la surface du milieu, celle qui est commune aux deux portions de la lentille, & qui a pour rayon r', étoit plane.

102. Si les rayons incidens ne sont point parallèles, comme cela arrive dans les Microscopes, soit δ la distance de l'objet; alors en faisant $m=-\frac{1}{P}$, $m'=-\frac{P}{P'}$, $m''=P'=-\frac{1}{M}$, il faudra (art. 92.) que l'on ait

$$e\,d\left[P\left(\frac{1-m}{r}-\frac{m}{\delta}\right)^2\right]+e'd\left[P'\left(\frac{1-m'}{r'}+\frac{m'-mm'}{r'}-\frac{mm'}{\delta}\right)^2\right]=0.$$

Equation dans laquelle on se souviendra que $dm'=d\left(\frac{P}{P'}\right)$, & $dm=\frac{-dP}{PP}$.

103. On peut simplifier l'équation de l'art 92, en la mettant sous cette forme

$$\frac{e}{r^2}\left(dP - \frac{dP}{P^2}\right) + e' \times d\left[\frac{1}{P'}\left(\frac{P'-1}{r'} + \overline{P-1}.\frac{1}{r} - \frac{1}{r'}\right)^2\right];$$

Ou, nommant Γ la distance focale, c'est-à-dire, faisant

$$(P-1)\left(\frac{1}{r} - \frac{1}{r'}\right) + (P'-1)\left(\frac{1}{r'} - \frac{1}{r''}\right) = \frac{1}{\Gamma};$$

$$\frac{e}{rr}\left(dP - \frac{dP}{P^2}\right) - \frac{e'\,dP'}{P'^2} \times \left(\frac{1}{\Gamma} + \frac{P'-1}{r''}\right)^2 +$$

$$\frac{2\,e'\,dP'}{P'\,r''}\left(\frac{1}{\Gamma} + \frac{P'-1}{r''}\right) = 0.$$

§. III. *Considérations particulieres sur l'effet de l'épaisseur des lentilles dans l'aberration du foyer.*

104. Il est évident que si δ n'est pas infinie, & qu'on ait égard à l'épaisseur de la lentille, il ne sera pas possible alors que la lentille réunisse exactement les rayons venant d'un point quelconque. Car comme la distance δ ne doit point entrer dans l'équation qui donne la valeur de e' en e, parce que cette distance δ est variable, on auroit autant d'équations particulieres, qu'il y a de termes où se trouve $\frac{1}{\delta}$, & $\frac{1}{\delta\delta}$; c'est-à-dire, deux équations outre la précédente; & par conséquent le Problême seroit plus que déterminé, au moins si on n'employe que deux différentes matieres avec trois surfaces; car, après avoir satisfait à la condition que l'aberration de

réfrangibilité foit nulle, il ne refte qu'une indéterminée parmi les trois rayons r, r', r''.

105. Mais fi on employe, comme dans les §. I X & X I du Chap. I, deux matieres avec quatre furfaces, alors nommant e'' la diftance entre la troifiéme & la quatriéme furface, on auroit trois indéterminées e, e', e'', ou plus exactement deux rapports indéterminés $\frac{e}{e'}$, $\frac{e}{e''}$; deux autres indéterminées parmi les quatre rayons r, r', r'', r'''; & trois équations pour déterminer le rapport de e' à e, & celui de e'' à e. On auroit donc encore une indéterminée à volonté parmi les rayons des furfaces; il faudroit feulement obferver de la prendre de telle maniere que les rapports de e' à e, & de e'' à e fuffent l'un & l'autre pofitifs.

106. On peut encore confidérer que fi on regarde ∂ comme affez grande par rapport à e & e', fuppofition qu'il eft toujours permis de faire, on pourra négliger les termes où fe trouveroit ∂ ∂; & qu'alors on auroit précifément autant d'équations que d'indéterminées, en n'employant même que deux matieres différentes, & trois furfaces.

107. Ces confidérations au refte ne font pas abfolument néceffaires dans la matiere dont il s'agit.

Cat 1°. Dans les Télefcopes, on fuppofe que les rayons tombent parallèles, ou fenfiblement parallèles fur la premiere furface; & par conféquent, pourvû que le verre objectif foit fait de maniere à corriger l'aberration qui eſt propre à ces ſortes de rayons, il importe peu qu'il corrige l'aberration des autres.

2°. Dans les Microſcopes, l'objet eſt placé à peu près au foyer de l'objectif; par conſéquent l'image de cet objet ſe fait à une diſtance du verre, beaucoup plus grande que le rayon de l'objectif, puiſque ſi l'objet étoit placé au foyer même, ſon image ſeroit à une diſtance infinie. Par conſéquent, ſi on ſuppoſe que les rayons partent de l'image même, ces rayons ſe réuniront preſqu'exactement au foyer, ſi l'objectif eſt formé de maniere à réunir exactement les rayons parallèles. Donc réciproquement les rayons partant du foyer, ſe réuniroient aſſez exactement dans le lieu de l'image.

3°. D'ailleurs, puiſque dans les Microſcopes l'objet eſt toujours à peu près au foyer de l'objectif, il n'y a qu'à faire dans les formules de l'art. 90, $\delta =$ à la diſtance focale de l'objectif; & on aura pour les Microſcopes l'équation trouvée ci-deſſus, art. 102; ce qui donnera le rapport des épaiſſeurs e, e'.

108. On peut ſimplifier cette équation de l'art. 102, pour les microſcopes, en conſidérant que dans ces inſtrumens on a δ''' fort grand; c'eſt-à-dire à très-peu près

$$\frac{1-m''}{r''} + m''\left(\frac{1-m'}{r'} + \frac{m'-mm'}{r} - \frac{mm'}{\delta}\right) = 0;$$

Ce qui donnera

$$e\,d\left[P\left(\frac{1-m}{r} - \frac{m}{\delta}\right)^2\right] + e'd\left[P'\left(\frac{M-1}{r''}\right)^2\right] = 0.$$

109. Au reſte, ces conſidérations ſur les moyens de

détruire l'aberration réfultante de l'épaiffeur des lentilles, ne font pas d'une néceffité indifpenfable. Car
pourvû que les épaiffeurs foient petites par rapport aux
rayons des furfaces, les aberrations que ces épaiffeurs
produifent, feront toujours très-petites par elles-mêmes;
elles feront par rapport à l'aberration produite par les
furfaces, du même ordre que l'épaiffeur eft par rapport
aux rayons des furfaces. C'eft pourquoi fi l'aberration
produite par les furfaces eft anéantie, ou au moins très
diminuée, l'aberration qui réfultera des épaiffeurs, produira rarement un inconvénient fenfible; & l'objectif
fera prefque toujours tel, qu'on pourra y adapter un oculaire de foyer très-court, fans nuite à la vifion diftincte.

110. Il eft un cas où il faut néceffairement avoir égard
à l'épaiffeur des verres, pour corriger l'aberration qui
vient de la réfrangibilité; c'eft celui où le rayon, après
avoir traverfé les différentes furfaces, ne repaffe pas dans
le milieu d'où il étoit venu, mais fe trouve dans un
milieu différent; ce cas, par exemple, a lieu dans les
humeurs de l'œil, où les rayons, après avoir paffé de
l'air dans l'humeur aqueufe, & de-là dans le cryftallin,
ne repaffent pas enfuite dans l'air, mais reftent dans
l'humeur vitrée, qui s'étend jufqu'au fond de l'œil. Or
dans ce cas, je dis que fi on n'avoit point égard à l'épaiffeur du cryftallin & de l'humeur aqueufe, il feroit impoffible de détruire l'aberration qui vient de la diverfe
réfrangibilité des rayons. Car alors (art. 21.) le terme
$\dfrac{m''\,m\,m'}{\delta}$ qui fe trouve dans la formule du foyer, ne

fe réduiroit pas à $\frac{1}{\delta}$; mais en fuppofant, par exemple, que le finus d'incidence fût au finus de réfraction, en paffant de l'air dans l'humeur vitrée, comme 1 eft à M', on auroit $m'' = \frac{M'}{M}$; & par conféquent $\frac{m'' m m'}{\delta}$ feroit $= \frac{M'}{\delta}$; ce terme varieroit donc en faifant varier M', & par conféquent feroit différent pour les rayons de différente réfrangibilité ; au lieu qu'il faut, pour que l'aberration foit nulle, que le terme où fe trouve la variable δ, ne dépende point de la diverfe réfrangibilité des rayons ; & que par conféquent ce terme foit $\frac{1}{\delta}$; comme il l'eft toujours (art. 20.) lorfque les rayons, après avoir traverfé la lentille, rentrent dans le milieu d'où ils étoient venus, par exemple, dans l'air.

111. Au refte, le terme $\frac{M'}{\delta}$ ne doit entrer en ligne de compte que dans le cas où δ n'eft pas infinie ; car fi δ étoit infinie, il eft vifible que $\frac{M'}{\delta}$ feroit $= 0$, & qu'il n'y auroit pour lors aucune autre difficulté que dans le cas de $M'=1$.

112. Dans le cas où $m m' m''$ n'eft pas $= 1$, & où δ n'eft pas $= \infty$, on peut employer les épaiffeurs e, e' à corriger au moins à peu près l'aberration qui provient de la diverfité de réfraction ; pour cela il faudra fuppofer les trois équations fuivantes ;

$$d(-m m' m'') + e d\left(-\frac{2 m' \cdot \overline{1 - m} \cdot m'' m}{r}\right) +$$

$$e'd\left(-2m''.mm'\left[\frac{1-m'}{r'}+\frac{m'-m'm}{r}\right]\right)=0;$$

$$ed\left(m'm''.\frac{\overline{1-m}^2}{r^2}\right)+e'd\left[m''\left(\frac{1-m'}{r'}+\frac{m'-mm'}{r}\right)^2\right]=0;$$

$$ed(m'm''m^2)+e'd(m''m^2m'^2)=0.$$

Ces équations jointes à l'équation $d\left[\frac{1-m''}{r''}+m''\left(\frac{1-m'}{r'}+\frac{m'-mm'}{r}\right)\right]=o$, qui réfulte de l'art. 33, ferviront à trouver e, e', & à déterminer outre cela celui des trois rayons r, r', r'' qu'on avoit fuppofé à volonté.

113. Mais ce qu'il eft important de remarquer, c'eft qu'il eft néceffaire que la valeur de $\frac{e}{e'}$ trouvée dans l'hypothèfe que $mm'm''$ n'eft pas $=1$, foit non-feulement pofitive, mais encore que e, e', fans être trop exceffivement petites, foient beaucoup plus petites que les diftances focales δ', δ''. Sans cela on n'aura qu'une folution illufoire.

114. Au refte, cette confidération fur les cas où le terme $\frac{mm'm'}{\delta}$ n'eft pas $=\frac{1}{\delta}$, eft prefqu'abfolument bornée à la théorie. Car dans les lentilles on a toujours $mm'm''=1$; & dans l'œil, la diftance δ à laquelle un œil bien conformé peut voir diftinctement, eft toujours beaucoup plus grande que les rayons des furfaces; de forte que le terme $\frac{M'}{\delta}$ peut être regardé comme

$= o$. D'ailleurs, ce qui regarde la réfraction dans les humeurs de l'œil sera discuté en détail dans le Chapitre suivant.

§. IV. *Des effets de l'épaisseur dans une lentille à quatre surfaces.*

115. Si on suppose quatre surfaces au lieu de trois, qu'on a supposées jusqu'ici, alors on aura une des épaisseurs e, e', e'', qui sera indéterminée, & l'équation sera (art. 91.) en faisant $\mathit{\Lambda} = \infty$;

$$e\, d \left[m'''m''m' \left(\frac{1-m}{r} \right)^2 \right] + e'\, d \left[m'''m'' \left(\frac{1-m'}{r'} + \frac{m'-mm'}{r} \right)^2 \right] + e'' \times d \left[m''' \left(\frac{1-m''}{r''} + \frac{m''-m''m'}{r'} + \frac{m''m'}{r} - \frac{m''m'm}{r} \right)^2 \right] = o ;$$

Equation dans laquelle on fera à volonté $e = o$, ou $e' = o$, ou $e'' = o$; ou bien l'une des trois quantités e, e', e'', égale à tout ce qu'on voudra, selon ce qu'on jugera plus commode.

116. De plus (art. 33.) on a

$$d \left(\frac{1-m'''}{r'''} + \frac{m'''-m'''m''}{r''} + \frac{m'''m''-m'''m''m'}{r'} + \frac{m'''m''m'-m'''m''m'm}{r} \right) = o ;$$

ou $d \left(\dfrac{1-m'''}{r'''} + \dfrac{m'''}{\mathit{\delta}'''} \right) = o$.

Donc au lieu du dernier terme de l'équation des épaisseurs (art. 115.) on pourra mettre $e''\, d \left(\dfrac{m'''^2}{\mathit{\delta}'''^2\, m'''} \right)$

$$= - \frac{e''\, d\, m'''}{m'''^2} \left(\frac{1-m'''}{r''} \right)^2 + \frac{e''}{m'''} \times - 2\, d \left(\frac{1-m'''}{r'''} \right)$$

$$\times \frac{(1-m''')}{r'''}.$$

117. Dans une lentille formée de deux matieres & de quatre furfaces, on peut fuppofer, ou que l'une des matieres foit renfermée au-dedans de l'autre, comme dans le §. IX, Chap. I, ou qu'il y ait de l'air entre les deux matieres, comme dans le §. XI. Nous allons traiter féparément chacun de ces deux cas, en y appliquant la formule de l'art. précédent.

118. Dans le premier cas qui eſt celui du §. IX, on ſe ſouviendra que $m = \dfrac{1}{P}$, $m' = \dfrac{M}{m} = \dfrac{P}{P\iota}$, $m'' = \dfrac{m}{M} = \dfrac{P\iota}{P}$, $m''' = \dfrac{1}{m} = P$.

On aura donc,

$$\frac{e}{r^2}\left(dP - \frac{dP}{P^2}\right) + \cdot e'\left[\frac{dP\iota}{r'^2} + \frac{2\,dP}{r\iota}\left(\frac{1}{r} - \frac{1}{r'}\right)\right.$$
$$\left. + \frac{1}{P\iota}\times\left(\frac{2\,dP}{r} - \frac{2\,dP}{r\iota}\right)\left(\frac{P}{r} - \frac{P}{r'} - \frac{1}{r}\right) - \frac{dP\iota}{P\iota^2}\right.$$
$$\left.\left(\frac{P}{r} - \frac{P}{r'} - \frac{1}{r}\right)^2\right] - \frac{e''\,dP}{P^2}\left(\frac{1-P}{r\,\mathfrak{m}\iota}\right)^2 - \frac{2\,e''}{P}\times$$
$$d\left(\frac{1-P}{r\,\mathfrak{m}\iota}\right)\times\left(\frac{1-P}{r'''}\right) = 0.$$

119. Pour avoir l'équation des épaiſſeurs dans le cas où $\mathcal{A}$ n'eſt pas infinie, il n'y aura qu'à mettre dans l'équation de l'art. 115. $\dfrac{m}{r} + \dfrac{m}{\delta}$ au lieu de $\dfrac{m}{r}$; & on ſimplifiera enfuite l'équation, felon qu'on le jugera à propos, par les mêmes remarques qui ont été faites dans l'art. 116.

120. Suppofons maintenant que la lentille foit compofée de quatre furfaces, & de deux matieres avec de

l'air

l'air entre deux, comme dans l'art. 81 ; ou ce qui revient au même, foient deux lentilles de différente matiere très-près l'une de l'autre, de maniere que les épaiffeurs foient e, e'', & l'épaiffeur de la lame d'air entre deux $= e'$, on aura $m = \frac{1}{P}, m' = P, m'' = \frac{1}{P'}, m''' = P'$;

$$\delta'' = 1 : \left[(P-1)\left(\frac{1}{r} - \frac{1}{r'} \right) - \frac{1}{\delta} + \frac{e}{m} \left(\frac{1-m}{r} - \frac{m}{\delta} \right)^2 \right];$$

$$\delta^{IV} = 1 : \left[(P'-1)\left(\frac{1}{r''} - \frac{1}{r'''} \right) + \frac{1}{\delta''} + \frac{e'}{\delta''^2} + \frac{P'e''}{\delta'''^2} \right];$$

Donc mettant pour $\frac{1}{\delta'''}$ fa valeur $\frac{1-M}{r''} + M \times (P-1)\left(\frac{1}{r} - \frac{1}{r'} \right) - \frac{M}{\delta}$, on aura

$$e\, d\left(P\left[\frac{1-m}{r} - \frac{m}{\delta} \right]^2 \right) + e'\, d\left(\overline{P-1} \cdot \overline{\frac{1}{r} - \frac{1}{r'}} - \frac{1}{\delta} \right)^2 + e''\, d\left(P'\left[\frac{1-M}{r''} + M\left(\overline{P-1} \cdot \overline{\frac{1}{r} - \frac{1}{r'}} - \frac{1}{\delta} \right) \right] \right)^2 = 0.$$

121. Faifant $\delta = \infty$, & mettant dans les deux premiers termes, au lieu de m & de M leurs valeurs $\frac{1}{P}$ & $\frac{1}{P'}$, il viendra $\frac{e}{r^2}\left(d\,P - \frac{dP}{P^2} \right) + 2\, e'dP \times \left(\frac{1}{r} - \frac{1}{r'} \right)^2 (P-1) + e''d\left(P\left[\frac{1-M}{r''} + M(P-1)\left(\frac{1}{r} - \frac{1}{r'} \right) \right]^2 \right) = 0.$

122. Or on a (art. 84.) $d\left[\overline{P-1}\cdot\dfrac{1}{r}-\dfrac{1}{r'}+\right.$

$\left.(P'-1)\left(\dfrac{1}{r''}-\dfrac{1}{r'''}\right)\right]=0.$

Donc en suppofant $\Gamma=$ à la diftance focale, qui eft

$$\dfrac{1}{(P-1)\left(\dfrac{1}{r}-\dfrac{1}{r'}\right)+\overline{P-1}\left(\dfrac{1}{r''}-\dfrac{1}{r'''}\right)}, \text{ on aura } d\,\Gamma=0.$$

On a de plus $\dfrac{1-M}{r''}+M(P-1)\left(\dfrac{1}{r}-\dfrac{1}{r'}\right)$

$=\dfrac{1}{P'}\left(\overline{P-1}\cdot\dfrac{1}{r}-\dfrac{1}{r'}\right)+\dfrac{1}{P'}\left([P'-1]\dfrac{1}{r''}-\dfrac{1}{r'''}\right.$

$\left.+(P'-1)\dfrac{1}{r'''}\right)=\dfrac{1}{P'}\left(\dfrac{1}{\Gamma}+\dfrac{P'-1}{r'''}\right).$

Donc le troifiéme terme de l'équation des épaiffeurs, dans le cas dont il s'agit, peut fe changer en celui-ci

$$e''\,d\left(\dfrac{1}{P'}\left[\dfrac{1}{\Gamma}+\dfrac{P'-1}{r'''}\right]^2\right)=-\dfrac{e''\,dP'}{P'^2}\left(\dfrac{1}{\Gamma}+\right.$$

$$\left.\dfrac{P'-1}{r'''}\right)^2+\dfrac{e''}{P'}\times\dfrac{2\,dP'}{r'''}\times\left(\dfrac{1}{\Gamma}+\dfrac{P'-1}{r'''}\right).$$

CHAPITRE III.

Détermination rigoureufe du foyer d'une lentille quelconque, & conféquences qui réfultent de cette détermination.

123. Jufqu'ici nous avons traité l'épaiffeur des lentilles comme nulle, ou du moins (lorfque nous y avions eu égard) comme très-petite par rapport aux diftances

focales & aux rayons des furfaces. Mais la confidération
de l'épaiffeur eft effentielle dans certains cas. Par exemple, lorfqu'il s'agit des humeurs de l'œil, l'épaiffeur de
ces humeurs ne fauroit être regardée comme nulle, ni
par rapport aux rayons des convexités des humeurs de
l'œil, ni par rapport à la diftance focale des rayons qui
entrent dans l'œil; en effet l'épaiffeur de l'humeur aqueufe eft environ $\frac{1}{5}$ du rayon de la convexité de la
cornée, & l'épaiffeur du cryftallin eft à peu près la moitié du rayon de la convexité de fes deux furfaces (*a*);
à l'égard de la diftance focale, elle eft d'environ 10 à
11 lignes, qui eft à peu près le diametre ou l'axe de
l'œil; & la diftance de la cornée à la furface poftérieure
du cryftallin eft de 3 lignes & plus. On voit donc que
l'épaiffeur eft ici très-comparable à la diftance focale.

§. I. *Formules rigoureufes pour la réfraction dans
l'axe de l'œil.*

124. Examinons donc d'une maniere plus précife &
plus détaillée le foyer des humeurs de l'œil. Cette recherche nous fera d'ailleurs utile par rapport à la théorie
des lunettes en général.

125. Et d'abord la cornée tranfparente ayant très-peu
d'épaiffeur, on peut fuppofer (art. 29.) que les rayons
paffent immédiatement de l'air dans l'humeur aqueufe,
dont la furface auroit pour rayon *a*.

(*a*) Voyez Opufc. Math. Tom. I, pag. 269 & fuiv.

126. Soient donc a, b, g, les trois rayons, de l'humeur aqueuse ou de la cornée, du cryſtallin à ſa face antérieure, & du cryſtallin à ſa face poſtérieure. Soient auſſi A, B, G, les quantités qui pour les réfractions des humeurs de l'œil, répondent à m, m', m'' dans les formules générales; ſoient enfin e, f les épaiſſeurs des humeurs de l'œil, c'eſt-à-dire, e la diſtance de la cornée au cryſtallin, & f l'épaiſſeur du cryſtallin; enfin ſoit ſuppoſé

$$1 - A = D,$$
$$1 - B = E,$$
$$1 - G = F;$$

δ la diſtance de l'objet, & le reſte comme dans les art. 16 & 17; & on aura

$$\delta' = \frac{1}{\dfrac{1-A}{a} - \dfrac{A}{\delta}} = \frac{a\delta}{D\delta - Aa.};$$

$$\delta' - e = \frac{a\delta - D\delta e + Aae}{D\delta - Aa};$$

$$\delta'' = \frac{1}{\dfrac{1-B}{b} + \dfrac{B}{\delta' - e}} = \frac{b\delta' - eb}{E\delta' - Ee + Bb};$$

$$\delta'' - f = \frac{(b - Ef)(\delta' - e) - fBb}{E\delta' - Ee + Bb};$$

$$\delta''' = \frac{g\delta'' - gf}{F\delta'' - Ff + Gg} = \left[\left(1 - \frac{fE}{b}\right)\left(1 - \frac{De}{a}\right.\right.$$
$$\left.+ \frac{Ae}{\delta}\right) - fB\left(\frac{D}{a} - \frac{A}{\delta}\right) : \left[\left(\frac{F}{g} - \frac{EFf}{bg} + \frac{GE}{b}\right)\right.$$
$$\left.\left(1 - \frac{De}{a} + \frac{Ae}{\delta}\right) + \left(BG - \frac{FBf}{g}\right)\left(\frac{D}{a} - \frac{A}{\delta}\right)\right].$$

127. Dans ces formules nous ne conſidérons que les

rayons infiniment proches de l'axe, pour ne pas trop embraffer de difficultés à la fois.

128. On peut donc fuppofer $\delta''' = \dfrac{H + \frac{L}{\delta}}{M + \frac{N}{\delta}}$; $H, L,$ M, N étant des quantités qui dépendent de la réfraction des différens milieux, des courbures des furfaces, & de l'épaiffeur des humeurs.

129. Maintenant, pour qu'une quantité de cette forme $\dfrac{H + \frac{L}{\delta}}{M + \frac{N}{\delta}}$ foit toujours la même, quelle que foit δ, il faut que $(\delta\, dH + dL)(M\delta + N) = (\delta\, dM + dN)(\delta H + L)$; ce qui donne les trois équations

$$M\, dH = H\, dM, \text{ ou } \frac{dH}{H} = \frac{dM}{M} ;$$

$$M\, dL + N\, dH = L\, dM + H\, dN,$$

$$\text{Et } N\, dL = L\, dN, \text{ ou } \frac{dL}{L} = \frac{dN}{N} ;$$

Donc à caufe de $dH = \dfrac{H\, dM}{M}$, & $dL = \dfrac{L\, dN}{N}$, la feconde équation deviendra

$$(ML - NH)\frac{dN}{N} = (ML - NH)\frac{dM}{M} ;$$

D'où l'on tire, ou bien $\dfrac{dN}{N} = \dfrac{dM}{M}$; ou bien $ML - NH = 0$.

130. On aura donc

$$\frac{dL}{L} = \frac{dN}{N} ;$$

$$\frac{dH}{H} = \frac{dM}{M},$$

$$\text{Et } \frac{dN}{N} = \frac{dM}{M},$$

$$\text{Ou } \frac{M}{H} = \frac{N}{L}; \;\&\; \text{par conséquent } \frac{dM}{dH} = \frac{dN}{dL}.$$

131. C'eſt pourquoi ſuppoſant

$$H = \left(1 - \frac{fE}{b}\right)\left(1 - \frac{De}{a}\right) - \frac{fBD}{a},$$

$$L = A\left(1 - \frac{fE}{b}\right)e + AfB,$$

$$M = \left(\frac{F}{g} - \frac{EFf}{bg} + \frac{GE}{b}\right)\left(1 - \frac{De}{a}\right) + \left(BG - \frac{FBf}{g}\right)\frac{D}{a};$$

$$N = Ae\left(\frac{F}{g} - \frac{EFf}{bg} + \frac{GE}{b}\right) - ABG + \frac{ABFf}{g};$$

On aura par le moyen des équations précédentes, les équations de condition, qui ſerviront à déterminer les rayons $a, b, g,$ & les épaiſſeurs $e, f.$

132. Pour prendre les différences de $H, L, M, N,$ on conſidérera, 1°. que $e, f, a, b, g,$ doivent y être traitées comme des conſtantes. 2°. que $dD = -dA$; $dE = -dB, dF = -dG$; 3°. que par conſéquent on aura trois équations, deſquelles chaſſant $dA, dB, dG,$ on aura une équation en termes finis, qui doit ſatisfaire à la proportion qu'il y a entre les réfractions des humeurs de l'œil, leurs épaiſſeurs, & les rayons des

trois furfaces ; quantités que l'obfervation peut faire connoître.

§. II. *Ufage des formules précédentes , pour examiner*
les effets de la réfraction dans l'œil.

133. Pour appliquer cette théorie à l'œil, il faut d'abord
connoître exactement par l'expérience, les réfractions
de l'humeur aqueufe, du cryftallin & de l'humeur vitrée ;
il faut enfuite connoître, par la mefure actuelle, les
courbures de la cornée & des deux faces du cryftallin ;
& de plus la diftance de la cornée au cryftallin, & l'épaiffeur du cryftallin ; on fubftituera enfuite ces nombres
dans l'équation finale entre a, b, g, e, f &c. & on verra
fi cette équation eft vraie ; c'eft-à-dire, fi tous les termes
s'y détruifent mutuellement.

134. Si l'équation n'a pas lieu, il faudra en conclure que
l'œil ne réunit pas exactement au même foyer les rayons
de diverfe réfrangibilité. Cependant, avant que de tirer
cette conclufion, il faudra au lieu de l'équation $\dfrac{dN}{N}$
$= \dfrac{dM}{M}$, effayer l'équation $\dfrac{dM}{dH} = \dfrac{dN}{dL}$, en mettant pour dB & dG leurs valeurs en dA tirées des
équations $\dfrac{dL}{L} = \dfrac{dN}{N}$, & $\dfrac{dH}{H} = \dfrac{dM}{M}$; on aura une
équation de laquelle dA difparoîtra, & qui fera en quan-
tités finies. Si cette derniere équation n'eft pas vraie,
on pourra alors conclure en toute fûreté que l'œil ne
réunit pas exactement les rayons de diverfe réfrangibilité.

135. M. Jurin, dans son *Essai sur la Vision distincte & sur la Vision confuse*, imprimé à la fin de l'Optique de M. Smith, nous a donné (*a*) les dimensions de a, b, g, c, f, & les valeurs de A, B, G, relatives aux humeurs de l'œil. Par le moyen de ces valeurs, on pourra s'assurer si l'œil est en effet conformé de maniere à réunir au même foyer tous les rayons de diverse réfrangibilité.

136. Selon M. Jurin (art. 111 de l'Ouvrage qu'on vient de citer) $G = \frac{1}{B}$, c'est-à-dire, que la réfraction de l'humeur aqueuse est précisément égale à celle de l'humeur vitrée ; par conséquent $1 - G$ ou $F = \frac{B-1}{B} = -\frac{E}{B}$. En ce cas on auroit $dG = -\frac{dB}{BB}$; & les équations $\frac{dL}{L} = \frac{dN}{N}$, $\frac{dH}{H} = \frac{dM}{M}$, & $\frac{dN}{N} = \frac{dM}{M}$, ou $\frac{dM}{dH} = \frac{dN}{dL}$, produiroient deux équations de condition, qui devroient alors être toutes deux vraies à la fois.

137. Dans ce dernier cas de $G = \frac{1}{B}$, la formule de l'art. 126. se simplifie, le dénominateur devenant alors

$$\left(-\frac{E}{Bg} + \frac{EEf}{Bbg} + \frac{E}{Bb} \right) \left(1 - \frac{De}{a} + \frac{Ae}{\delta} \right) + \left(1 + \frac{Ef}{g} \right) \left(\frac{D}{a} + \frac{A}{\delta} \right) ;$$

ce qui rendra plus

(*a*) Voyez les art. 108 & suiv. de cet Ouvrage.

courts & plus f ciles les calculs qu'on doit entreprendre
pour s'affurer fi la ftructure de l'œil remédie en effet
exactement à la diverfe réfrangibilité des rayons.

138. Cependant quelque curieux que puiffent être
ces calculs, il feroit, je crois, affez inutile de les entreprendre, fi on fe propofoit d'arriver à un réfultat abfolument & rigoureufement exact. Car 1°. on ne connoît pas exactement la réfraction des humeurs de l'œil,
& M. Jurin avoue dans l'Ouvrage cité, que les réfultats des expériences varient fur ce fujet; on ne connoît pas non plus exactement les courbures & les épaiffeurs des humeurs, qu'il eft fort difficile de mefurer
avec une entiere précifion, & qui d'ailleurs varient dans
les différens fujets. 2°. Il n'eft pas néceffaire, pour la
vifion diftincte, que les rayons fe réuniffent exactement
& rigoureufement au fond de l'œil; en voici la preuve.
Un œil bien conformé, voit à la fois très-diftinctement
deux objets placés à deux diftances très-différentes,
quoiqu'il foit impoffible que les foyers des rayons qui
partent de ces deux différentes diftances, foient les mêmes, & que par conféquent les deux foyers foient exactement l'un & l'autre au fond de l'œil. Il fuffit pour la
vifion diftincte, comme l'a prouvé M. Jurin dans le
même Ouvrage, que le foyer des rayons occupe au
fond de l'œil un très-petit efpace. Or par la même
raifon il n'eft pas néceffaire pour la vifion diftincte, que
le foyer des rayons diverfément réfrangibles, n'occupe
au fond de l'œil qu'un feul point; il fuffit que l'efpace

Opufc. Math. Tome III.   H

que ce foyer occupe, foit affez petit, pour que les rayons
affectent tous fenfiblement le même point phyfique de
l'organe, & produifent par conféquent la fenfation d'une
couleur unique. Ainfi, en fe bornant à des *à peu près*
dans les dimenfions des courbures de l'œil, & dans la
mefure des réfractions, il fuffira que l'aberration longitudinale foit très-petite, fans être abfolument nulle.

139. De plus l'aberration longitudinale eft au diametre du cercle que le foyer occupe en largeur fur le
fond de l'œil, à peu près comme le diametre de l'œil
eft au diametre de la prunelle, c'eft-à-dire, comme environ 12 lignes eft à deux lignes, ou comme fix eft à
un; d'où l'on voit que fi l'aberration longitudinale eft
très-petite, l'efpace occupé en largeur fur le fond de
l'œil, par le foyer des rayons différemment réfrangibles,
fera encore beaucoup plus petit.

140. Enfin, comme on fuppofe que le foyer des rayons
moyens eft fur la retine même, que le foyer des rayons
les moins réfrangibles eft au-delà de la retine, & que
le foyer des rayons les plus réfrangibles eft en-deçà;
ces deux foyers étant fenfiblement à la même diftance
de part & d'autre du foyer des rayons moyens, il eft
aifé de voir que les rayons les plus réfrangibles & les
rayons les moins réfrangibles occuperont précifément le
même cercle fu... fond de l'œil; & qu'ainfi la réunion
de ces rayons extrêmes, jointe à l'action des rayons
moyens, produira une fenfation compofée de verd, de
rouge & de violet; c'eft-à-dire, la fenfation du blanc ou
d'une couleur unique.

141. Dans une lentille dont le foyer feroit de 12 lignes, l'efpace qu'occuperoit fur l'axe la diftance entre le foyer des rayons moyens & celui des rayons violets ou rouges, feroit environ $\frac{1}{55}$ de 12 lignes. Suppofant donc l'œil pareil à cette lentille, le cercle d'aberration auroit pour diametre $\frac{12 \text{ lignes}}{55} \times \frac{1}{6} = \frac{1}{27\frac{1}{2}}$ de ligne. Or cet efpace eft égal à l'image que formeroit au fond de l'œil un objet vû fous un angle de plus de 10′; car $\frac{57′ . 60}{27\frac{1}{2} \times 12} > 10′$. D'où l'on voit que cet efpace de $\frac{1}{27\frac{1}{2}}$ de ligne eft beaucoup trop grand pour la vifion diftincte; & qu'ainfi l'aberration caufée par la réfrangibilité dans les humeurs de l'œil, eft beaucoup plus petite que $\frac{1}{55}$ de pouce. Soit a le plus petit angle vifible; ou plutôt le rapport de cet angle à 57° 17′ 44″ qui eft la valeur du rayon; l'efpace cherché ne pourra être plus grand au fond de l'œil que $a \times 12$ lignes, & plus grand fur l'axe de l'œil que $a \times 12 \times 6$ lignes; en fuppofant que le diametre de l'œil foit de 12 lignes, & celui de la prunelle de 2. D'après toutes ces confidérations, on pourra entreprendre les calculs indiqués ci-deffus, & connoître les effets de la réfraction dans l'œil.

142. Nous n'avons point eu égard dans les calculs précédens à l'aberration qui provient de la fphéricité des humeurs de l'œil. Mais il eft évident, fans entrer dans ce détail, que fi cette aberration n'eft pas abfolument

H ij

nulle, au moins elle eſt ſi petite qu'elle ne peut nuire à la viſion ; puiſque. de fait la viſion eſt diſtincte, quoique la prunelle ne ſoit pas un point, & qu'elle ait un diametre ſenſible.

143. Donc puiſque l'effet de la double aberration eſt inſenſible dans les humeurs de l'œil, comme il réſulte de tout ce que nous venons de dire, il ſera permis de regarder dans la ſuite cette double aberration comme étant nulle dans l'œil.

§. III. *Application des mêmes formules à une lentille compoſée de deux différentes matieres.*

144. Conſidérons maintenant ce qui ſe paſſe dans une lentille formée de trois ſurfaces & de deux différentes matieres, en ayant égard à l'épaiſſeur de la lentille ; & pour cela faiſons comme dans l'art. 27 ; $A = -\frac{1}{P}$; $B = -\frac{P}{P'}$; $G = P'$; d'où l'on tire $dA = -\frac{dP}{PP}$; $dB = \frac{dP}{P'} - \frac{PdP'}{P'P'}$; $dG = dP'$; donc puiſque l'on a $NdL = LdN$; $MdH = HdM$; & $HdN = NdH$ (art. 130) ; on aura trois valeurs de $\frac{dP'}{dP}$, qui étant comparées entr'elles, donneront une valeur de e & une de f en a, b, & g ; & par conſéquent une valeur de $\frac{dP'}{dP}$ en a ; b & g ; de maniere qu'un des rayons a, b, g, ou pour parler plus exactement, un des rapports $\frac{a}{b}$, $\frac{a}{g}$ reſtera toujours indéterminé.

145. Ceci paroît contradictoire à ce que nous avons avancé plus haut, art. 104, que dans le cas où on n'employe que trois rayons r, r', r'', & deux matieres différentes, on ne sauroit assigner en général pour quelque distance δ que ce soit, le rapport de e à f, parce qu'on a plus d'équations que d'indéterminées. Au contraire, dans l'art. précédent, nous paroissons avoir une indéterminée de trop, quoique le cas soit le même. Mais il y a ici une considération importante à faire.

146. Les trois équations qui expriment les valeurs de $\dfrac{dP'}{dP}$, renferment à quelques-uns de leurs termes, les quantités e, f, que dans l'art. 104 déja cité, nous traitions comme très-petites par rapport à δ, & aux rayons r, r', r''; c'est pourquoi ayant déja trouvé (art. 33.) indépendamment de la considération des épaisseurs, une équation en termes finis entre $\dfrac{dP'}{dP}$ & les quantités r, r', r'', nous faisions une autre équation séparée des termes qui contenoient e, f, &c.

147. Or, si nous en usions de même dans l'art. 144, en regardant e, f comme très-petites, nous aurions plus d'équations que d'indéterminées. Car il faudroit 1°. des équations particulieres pour les termes où ne se trouveroient ni e, ni f; 2°. des équations particulieres pour les termes où se trouveroient e & f; & il est aisé de voir que cette opération multipliera les équations, & en donnera plus qu'il n'y a d'indéterminées.

148. Mais, dira-t-on, pourquoi multiplier les équations de la forte? Ne fuffiroit-il pas de prendre dans ces
équations tous les termes à la fois? Je réponds 1°. qu'en
s'y prenant ainfi, on auroit des valeurs de e & de f exprimés en r, r', r'', & par conféquent en quantités finies;
& que non-feulement ces valeurs pourroient être très-
grandes, ce qui eft contre l'intention du Problême, qui
demande que les épaiffeurs e, f, foient petites; mais
encore qu'elles pourroient être abfolument illufoires.
Car il eft évident que e, par exemple, ne fauroit être

plus grand que $\dfrac{r + r'}{2}$; fi donc on trouvoit une va-

leur de e plus grande que $\dfrac{r + r'}{2}$, il eft clair que la

folution feroit impoffible dans l'exécution. 2°. Suppofons qu'on ait deux équations de cette forme $A' + e B'$
$+ f C' = o$, $D' + e E' + f F' = o$, dans lefquelles
A' foit une fonction des quantités finies & indétermi-
nées a, b, g, ainfi que B', C', D', E', F'; & que e, f,
foient des quantités très-petites par rapport à a, b, g;
je dis qu'on doit fuppofer féparément $A' = o$, $e B' +$
$f C' = o$; $D' = o$, $e E' + f F' = o$. Autrement on
auroit une valeur de e & une valeur de f, exprimées en
termes finis, lefquelles valeurs par conféquent ne feroient pas très-petites, comme on le fuppofe & comme
on l'exige.

149. En fuppofant $A' + e B' + f C' = o$, $D' + e E'$
$+ f F' = o$, on n'a que deux équations qui donnent

une valeur de e, & une de f; & les quantités a, b, g, reftent indéterminées; mais en prenant $A' = o$, $e B' + f C' = o$, $D' = o$, $e E' + f F' = o$, on a trois équations qui fixent les indéterminées a, b, g, ou plutôt les rapports $\frac{a}{b}$, $\frac{a}{g}$ à de certaines valeurs, favoir à celles qui font déterminées par les trois équations $A' = o$, $D' = o$, $\frac{C'}{B'} = \frac{F'}{E'}$; on a donc plus d'équations qu'il n'en faut pour déterminer ces rapports. Pour lors une des deux indéterminées e, f, eft à volonté; l'autre fe déterminant par l'équation $e B' + f C' = o$, ou $e E' + f F' = o$.

150. Si on avoit $A' + e B' + f C' = o$; $e E' + f F' = o$; $e G' + f H' = o$; équations qui réfulteroient de celles de l'art. 144, on auroit de même trois équations $A' = o$, $\frac{B'}{C'} = \frac{E'}{F'} = \frac{G'}{H'}$, pour déterminer les deux rapports $\frac{a}{b}$, $\frac{a}{g}$, & le Problême feroit plus que déterminé; ce qui s'accorde avec l'art. 104.

151. La méthode de l'art. 144, pour déterminer e, f, a, b, g, n'eft donc bonne que dans le cas où par le réfultat du calcul, e, f fe trouveroient affez petites par rapport aux rayons a, b, g. Dans tout autre cas elle eft fautive, & feroit même entiérement illufoire, fi e, f, étoient telles que e ou f fe trouvaffent plus grandes que $\frac{r + r'}{2}$.

152. Nous ferons à cette occasion, & comme en passant, une autre remarque d'analyse qui est analogue à celle de l'art. précédent, & qui pourra être de quelqu'utilité en d'autres occasions. Soit, par exemple, l'équation du second degré $xx + px + q = o$, dans laquelle x doit être fort petite ; les méthodes ordinaires donnent par approximation $x = -\frac{q}{p}$; cependant cette équation a deux racines ; savoir $x = -\frac{p}{2} \pm \sqrt{\frac{pp}{4} - q}$. Qu'est-ce que ces deux racines ?

153. Comme on suppose q incomparablement plus petit que p, puisque $x = -\frac{q}{p}$ est (*hyp.*) fort petit, il est clair que $+\sqrt{\frac{pp}{4} - q} = \pm \frac{p}{2} \mp \frac{q}{p}$; donc les deux valeurs de x sont $-\frac{p}{2} \pm \frac{p}{2} \mp \frac{q}{p} = -\frac{q}{p}$, & $-p + \frac{q}{p}$; cette seconde valeur n'est pas très-petite, & satisfait néanmoins à l'équation $xx + px + q = o$. Mais la premiere est la seule qui doive être employée ; parce qu'elle est la seule qui satisfasse à la condition supposée, que x soit très-petite.

154. Si la distance δ sans être infinie, est fort grande par rapport aux épaisseurs e, f, alors on pourra négliger dans les formules de l'art. 126, les termes où se trouvent $\frac{e}{\delta}$, $\frac{f}{\delta}$, & on aura

$$\delta''' = [\left(1 - \frac{fE}{b}\right)\left(1 - \frac{De}{a}\right) - \frac{fBD}{a}] :$$
$$[\left(\frac{F}{g}\right.$$

$$\left[\left(\frac{F}{g} - \frac{EFf}{bg} + \frac{GE}{b}\right)\left(1 - \frac{De}{a}\right) + BG\left(\frac{D}{a} - \frac{A}{\delta}\right) - \frac{FBDf}{ag}\right].$$

155. Dans ce cas on aura $L = 0$; & par conséquent les trois équations de l'art. 130. se réduiront à deux; savoir

$$\frac{dH}{H} = \frac{dM}{M}$$

$$\frac{dH}{H} = \frac{dN}{N}$$

On observera de plus que dans ce même cas on a

$$H = \left(1 - \frac{fE}{b}\right)\left(1 - \frac{De}{a}\right) - \frac{fBD}{a};$$

$$M = \left(\frac{F}{g} - \frac{EFf}{bg} + \frac{GE}{b}\right)\left(1 - \frac{De}{a}\right) +$$

$$\frac{BGD}{a} - \frac{FBDf}{ag}; \quad N = -ABG = -1. \text{ Donc}$$

$dN = 0$, & par conséquent $dH = 0$; & $dM = 0$.

156. On aura donc au lieu des deux équations $\frac{dH}{H} = \frac{dM}{M}$ & $\frac{dH}{H} = \frac{dN}{N}$, ces deux-ci qui font beaucoup plus simples,

$$dM = 0$$

$$dH = 0,$$

157. Et comme dH renferme e ou f à tous ses termes; ainsi qu'il est aisé de le voir par la valeur de la quantité H, il est visible que les équations $dM = 0$, $dH = 0$, donneront deux équations de cette forme,

$$A' + eB' + fC' = 0,$$

$$eE' + fF' = 0.$$

On néglige ici les termes où se trouveroit le produit ef;

termes qui font très-petits par rapport aux autres, puifqu'on fuppofe e & f très-petites.

158. Ces deux équations (art. 148.) en produiront
trois ; favoir $A' = o, e B' + f C' = o, e E' + f F' = o$;
Donc on aura

1°. Une valeur de $\frac{d P'}{d P}$ en a, b, g, qui étant fubfti-
tuée dans les deux autres équations, donnera 1°. une
valeur de $\frac{e}{f}$ en a, b, g ; 2°. une autre valeur de $\frac{e}{f}$ en
a, b, g ; on aura donc une équation entre a, b, g, qui
fervira à déterminer une des trois indéterminées, $a,$
b, g, les deux autres fe déterminant par des équations
femblables à celles de l'art. 38. c'eft-à-dire, par la va-
leur de $\frac{R}{2\varpi - 2}$ en a, b, g, & par celle de $\frac{d P'}{d P}$ en
a, b, g. Ce qui s'accorde avec ce que nous avons re-
marqué dans l'art. 106. qu'en négligeant dans les équations de cet art. les termes où fe trouveroit le quarré
de δ, c'eft-à-dire, où fe trouveroient $\frac{e}{\delta\delta}$, $\frac{f}{\delta\delta}$,
on auroit autant d'équations que d'interminées, même
en n'employant que deux matieres réfractives différentes, & trois furfaces.

159. Nous n'avons parlé jufqu'ici que d'une lentille
formée de trois furfaces & de deux matieres. Il feroit
aifé d'appliquer la même méthode à une lentille formée de deux matieres & de quatre furfaces ; c'eft un
détail que nous laiffons au Lecteur ; d'autant que la

théorie donnée dans le §. IV du Chap. II, renferme tout ce qui est nécessaire sur ce sujet.

Nous nous contenterons de remarquer 1°. qu'en général $\dfrac{H+\dfrac{L}{\delta}}{M+\dfrac{N}{\delta}}$ est la distance du foyer, quel que soit le nombre des lentilles. 2°. Qu'en négligeant les puissances & les produits des épaisseurs e, f, h &c. on aura $H = 1 + \mathfrak{G}e + \gamma f + \delta h$ &c. $\mathfrak{G}, \gamma, \delta$ étant des constantes connues ; que de même $L = \eta e + \mu f + \nu h$ &c. $M = \varpi + \zeta e + \vartheta f + k h$, &c. $N = -1 + \lambda e + \xi f + \omega h$, &c. Il faudra substituer ces valeurs dans les trois équations de l'art. 130, & faire des équations séparées des termes où se trouvent les épaisseurs e, f, h, &c. en négligeant les produits $e e, e f, e h$, &c. qui seront de plus d'une dimension ; & par ce moyen on aura les équations suivantes ;

1°. $\dfrac{e\,d\eta + f\,d\mu + h\,d\nu}{e\,\eta + f\,\mu + h\,\nu} = \dfrac{e\,d\lambda + f\,d\xi + h\,d\omega}{-1 + e\,\lambda + f\,\xi + h\,\omega}$,

Ou en négligeant les puissances & produits de e, f, h &c. $e\,d\eta + f\,d\mu + h\,d\nu = 0.$

2°. $\dfrac{e\,d\mathfrak{G} + f\,d\gamma + h\,d\delta}{1 + e\,\mathfrak{G} + f\,\gamma + h\,\delta} = \dfrac{d\varpi + e\,d\zeta + f\,d\vartheta + h\,dk}{\varpi + e\,\zeta + f\,\vartheta + h\,k}$,

Ou $d\varpi = 0$; $e\,d\zeta + f\,d\vartheta + h\,dk - \varpi\,(e\,d\mathfrak{G} + f\,d\gamma + h\,d\delta) = 0.$

3°. $\dfrac{e\,d\lambda + f\,d\xi + h\,d\omega}{-1 + e\,\lambda + f\,\xi + h\,\omega} = \dfrac{d\varpi + e\,d\zeta + f\,d\vartheta + h\,dk}{\varpi + e\,\zeta + f\,\vartheta + h\,k}$,

ou $\varpi\,(e\,d\lambda + f\,d\xi + h\,d\omega) - e\,d\zeta - f\,d\vartheta - h\,dk$

$= o.$ On aura donc quatre équations & cinq inconnues $\frac{e}{f}$, $\frac{e}{h}$, $\frac{r}{r^1}$, $\frac{r}{r''}$, $\frac{r}{r'''}$; il restera donc encore une indéterminée à volonté. Au reste, il faut se souvenir que les valeurs de $\frac{e}{f}$, $\frac{e}{h}$ &c. ne sont déterminées qu'à peu près, à cause des produits de e, f, h, qu'on a négligés. Si on vouloit avoir égard à ces produits, les équations qui contiennent e, f, h &c. deviendroient plus compliquées ; mais cette considération est peu nécessaire.

160. De plus, en terminant cette théorie, nous remarquerons que comme dans la vision distincte d'un œil bien conformé, la distance δ de l'objet est au moins de 8 à 9 pouces, & par conséquent beaucoup plus grande que les rayons & les épaisseurs des humeurs de l'œil ; on peut (art. 154.) négliger dans l'expression de la distance focale des humeurs de l'œil, les termes où se rencontrent $\frac{e}{\delta}$, $\frac{f}{\delta}$, &c. ce qui réduira cette formule à $\dfrac{1}{A + \frac{B}{\delta}}$, δ exprimant la distance de l'objet, & A, B, (art. 155.) des quantités qui dépendent de la courbure, de l'épaisseur, & de la réfraction des humeurs de l'œil. En ce cas on auroit simplement, en vertu de la réfraction dans les humeurs de l'œil (art 154 & 155.)

$$\frac{dH}{H} = \frac{dM}{M},$$

$$\text{Et } \frac{dH}{H} = \frac{dN}{N};$$

Mais on n'auroit pas ici, comme dans l'art. 155, $A B G = — 1$, (art. 20. & 21.) ni par conséquent $dN = 0$; car à cause de $G = \frac{1}{B}$, (art. 136.) on aura $N = — A$; prenant donc les formules de l'art. 155, & mettant pour G sa valeur $\frac{1}{B}$, & pour N sa valeur $— A$, on aura deux valeurs de $\frac{dA}{dB}$, qui étant comparées, donneront une équation finale qui contiendra les rayons a, b, g, les épaisseurs e, f, & les rapports de réfraction A, B; & cette équation devra avoir lieu, du moins à très-peu près, entre les réfractions & les rayons des différentes humeurs de l'œil.

Fin du seizième Mémoire.

DIX-SEPTIÉME MÉMOIRE.

Suites des Recherches sur les moyens de perfectionner les Verres Optiques.

CE Mémoire & les trois qui doivent le suivre, ne faifant avec le précédent qu'un même Ouvrage, j'ai cru devoir y conferver l'ordre des Chapitres, & la fuite des chiffres qui diftinguent les articles; le tout pour la commodité des citations.

CHAPITRE IV.

De l'aberration qui provient de la fphéricité des Verres.

§. I. *Formules pour cette aberration dans une lentille simple.*

161. La théorie que nous avons établie jufqu'ici, fuffiroit pour corriger l'aberration des lentilles, fi cette aberration provenoit de la feule différence de réfrangibilité dans les rayons; car il fuffiroit de connoître par

l'expérience ou par la théorie, les valeurs de P', P, & $\frac{dP'}{dP}$; au moyen de ces valeurs on auroit (Chap. I.) celles de r, r', r'', & de plus même, si on vouloit (Ch. II.) les épaisseurs e, e', au moins dans un très-grand nombre de cas. Mais il est une autre cause d'aberration, qui vient de la figure sphérique des verres, & dont il faut maintenant parler. Pour voir comment on peut corriger cette aberration, il faut d'abord reprendre nos formules générales.

162. Il est clair par la formule de l'art. 6. que si on nomme δ la distance de l'objet à la lentille, on aura

$$\delta = 1 : \left[\frac{1-m}{r} - \frac{m}{\delta} + \frac{m\,C^2}{2\,\delta}\left(\frac{1}{\delta}+\frac{1}{r}\right)^2 + \frac{m^2\,C^2}{2\,r}\left(\frac{1}{\delta}+\frac{1}{r}\right)^2 - \frac{m^3\,C^2}{2}\left(\frac{1}{\delta}+\frac{1}{r}\right)^3 \right].$$

163. Et en supposant $\delta = \infty$, ou $\frac{1}{\delta} = 0$, on aura

$$\delta' = 1 : \left[\frac{1-m}{r} + C^2\left(\frac{m^2}{2} - \frac{m^3}{2}\right)\frac{1}{r^3} \right].$$

164. Donc la distance δ'' du second foyer sera exprimée par cette formule,

$$\delta'' = 1 : \left[\frac{1-m'}{r'} - \frac{m'}{\delta'} + \frac{m'\,C^2}{2\,\delta'}\left(-\frac{1}{\delta'}+\frac{1}{r'}\right)^2 + \frac{m'^2\,C^2}{2\,r'}\left(-\frac{1}{\delta'}+\frac{1}{r'}\right)^2 + \frac{m'^3\,C^2}{2}\left(-\frac{1}{\delta'}+\frac{1}{r'}\right)^3 \right];$$

Dans cette quantité on aura soin de mettre pour $\frac{1}{\delta'}$ sa valeur tirée de la formule précédente.

165. Lorsque δ est infinie, & que la lentille n'est formée que d'une seule matiere, on a $m' = \dfrac{1}{m}$;

$$\delta' = 1 : \left[\frac{1-m}{r} + C^2 \left(\frac{m^2 - m^3}{2} \right) \frac{1}{r'} \right];$$

Et $\delta'' = 1 : \left[\dfrac{1-m'}{r'} + \dfrac{m'(1-m)}{r} + m' \times \right.$

$$\left(\frac{m^2 - m^3}{2} \right) \frac{C^2}{r^2} + \frac{m'}{2} \left(\frac{m-1}{r} \right) \left(\frac{-1+m}{r} + \right.$$

$$\left. \frac{1}{r'} \right)^2 C^2 + \frac{m'^2 C^2}{2 r'} \left(\frac{-1+m}{r} + \frac{1}{r} \right)^2 - \frac{m'^3 C^2}{2}$$

$$\left. \left(\frac{-1+m}{r} + \frac{1}{r'} \right)^3 \right].$$

166. Pour mettre l'équation précédente sous une forme plus commode & plus simple, soit comme dans l'art. 54.
$\dfrac{1}{r} - \dfrac{1}{r'} = \dfrac{1}{\lambda}$, on trouvera, après avoir mis $\dfrac{1}{m}$ pour m' dans les termes affectés de C^2, & avoir ôté ce qui se détruit, l'équation

$$\delta'' = 1 : \left[\frac{1-m'}{r'} + \frac{m'(1-m)}{r} + \frac{(1-m)C^2}{\lambda} \right.$$

$$\left(1 + \frac{1}{2m} \right) \frac{1}{rr} - \frac{\overline{1-m} \cdot C^2}{\lambda} \left(\frac{1}{2m} + \frac{1}{m^2} \right) \frac{1}{r\lambda}$$

$$\left. + \frac{\overline{1-m} \cdot C^2}{\lambda} \times \frac{1}{2 m^3 \lambda \lambda} \right].$$

§. II. *Impossibilité de détruire l'aberration de sphéricité des lentilles simples.*

167. Pour que l'aberration venant de la sphéricité soit nulle dans la formule de l'art. 166, il faut que

$$\left(1 + \frac{1}{2m} \right) \frac{1}{rr} - \frac{1}{r\lambda} \left(\frac{1}{2m} + \frac{1}{m^2} \right) + \frac{1}{2 m^3 \lambda \lambda} = 0.$$

D'où

D'où l'on tire

$$\frac{1}{r} = \frac{\frac{1}{\lambda}\left(\frac{1}{4\,m} + \frac{1}{2\,m^2}\right)}{1 + \frac{1}{2\,m}} + \frac{\frac{1}{2\,m}\sqrt{\frac{1}{4} - \frac{1}{m}}}{1 + \frac{1}{2\,m}}.$$

168. Or il eſt évident que puiſque m eſt < 1, cette valeur de $\frac{1}{r}$ eſt imaginaire. Donc il eſt impoſſible de conſtruire une lentille d'une ſeule matiere, qui corrige l'aberration cauſée par la ſphéricité, au moins quand la diſtance de l'objet eſt infinie.

169. Si on s'en tenoit à la formule de l'art. 165, ſans faire évanouir r' par le moyen de l'équation $\frac{1}{\lambda} = \frac{1}{r} - \frac{1}{r'}$, on trouveroit une équation du troiſiéme degré entre r & r', qui pourroit d'abord faire croire que le Problême eſt poſſible, toute équation du troiſiéme degré ayant au moins une racine réelle. Mais en y regardant de plus près, on s'apperçoit que cette équation ſe diviſe par $\frac{1}{r} - \frac{1}{r'}$, & par conſéquent s'abaiſſe au ſecond degré; & en ſubſtituant $\frac{1}{\lambda}$ pour $\frac{1}{r} - \frac{1}{r'}$, elle devient l'équation même de l'art. 167.

170. Il eſt évident d'ailleurs que $\frac{1}{r} - \frac{1}{r'} = 0$, ou $\frac{1}{\lambda} = 0$ doit être une des racines de l'équation. Car ſi $\frac{1}{r} = \frac{1}{r'}$ les rayons de toute eſpéce ſortiront parallè-

les, la lentille faisant alors l'effet d'un verre plan très-mince; & par conséquent $\frac{1}{r} - \frac{1}{r'} = 0$ donne un des cas où il n'y a point d'aberration causée par la sphéricité.

§. III. *Comparaison des deux aberrations dans une lentille simple.*

171. Si l'on suppose $r' = - r$, c'est-à-dire, que la lentille soit également convexe des deux côtés, on aura $\frac{1}{\lambda} = \frac{2}{r}$; & l'aberration causée par la sphéricité (la distance focale étant supposée la même) sera comme $\frac{2(1-m)C^2}{r^3} \left(1 - \frac{1}{2m} - \frac{2}{m^2} + \frac{2}{m^3} \right)$. Or l'aberration causée par la réfrangibilité est (dans la même hypothèse) comme $\frac{2\,dP}{r}$; donc la seconde aberration fera à la première, comme $2\,dP$ est à $\frac{2 . \overline{1-m} . C^2}{r^2}$ $\left[\frac{2m-1}{2m} + \frac{2}{m^3} (1 - m) \right]$.

172. Dans le verre on a $m = \frac{20}{31} = \frac{2}{3}$ à très-peu près, & $dP = \frac{1}{2(50)}$; les deux aberrations sont donc entr'elles, comme $\frac{1}{50}$ est à $\frac{2 . 11\,C^2}{31\,r^2} \left(1 - \frac{31}{40} - \frac{2 . 31^2}{400} + \frac{2 . 31^3}{8000} \right)$, c'est-à-dire, à très-peu près comme $\frac{1}{50}$ est à $\frac{5\,C^2}{3\,r\,r}$, ou plus exactement, comme $\frac{1}{50}$

eft à $\dfrac{11 \cdot 22942 \, C^2}{31 \cdot 4000 \, r^2}$, ou $\dfrac{252362 \, C^2}{124000 \, r \, r}$.

173. Donc, pour que l'aberration caufée par la fphéricité foit beaucoup plus petite que l'autre, il faut que $\dfrac{5 \, C^2}{3 \, r \, r}$ foit beaucoup plus petit que $\dfrac{1}{50}$; donc C doit être beaucoup plus petit que $\dfrac{r}{9}$.

174. D'où l'on voit que fi le demi-diametre C de l'ouverture n'eft pas beaucoup plus petit que la neuviéme partie du rayon, l'aberration caufée par la fphéricité fera très-comparable à celle qui vient de la diverfe réfrangibilité des rayons. Auffi doit-on obferver de faire toujours C beaucoup plus petit que $\dfrac{r}{9}$.

175. Soit ω le diametre de l'ouverture; & par conféquent $C = \dfrac{\omega}{2}$; par la théorie précédente, l'aberration d'une lentille de verre (caufée par la fphéricité) fera à l'aberration caufée par la diverfe réfrangibilité, en raifon de $\dfrac{5 \, \omega^2}{4 \cdot 3 \, r^2}$ à $\dfrac{1}{50}$; or les Auteurs d'Optique démontrent, & nous prouverons plus bas, que dans les lunettes dioptriques, $\dfrac{\omega^2}{r}$ eft conftant; & les tables dreffées par ces Auteurs donnent $\dfrac{\omega \, \omega}{r} = \dfrac{1}{3}$ de ligne environ. Donc fi $r = Q$ pieds, & par conféquent $r = Q \times 12 \times 12$ lignes, le rapport des aberrations fera d'environ $\dfrac{5}{3}$ à $\dfrac{Q \times 12^3}{50}$, ou d'environ 1 à 20 $Q + \dfrac{4 \, Q}{5}$.

K ij

176. Donc fi $Q = 1$, c'eft-à-dire, fi $r = 1$ pied, l'aberration de fphéricité fera environ 21 fois moindre que l'autre ;

Si $Q = 2$; 41 fois & plus,
Si $Q = 3$; 62 fois & plus &c.

§. IV. *Comparaifon de l'aberration des lentilles fimples avec celle des miroirs.*

177. Dans les foyers par réflexion, où il n'y a point d'aberration caufée par la réfrangibilité, mais feulement par la fphéricité, il eft facile par nos formules générales, de trouver le foyer, & par conféquent l'aberration ; car pour cela il n'y a qu'à faire $m = -1$ dans ces formules. En effet un rayon réfléchi peut être confidéré comme un rayon rompu, qui fe brife de l'autre côté de la perpendiculaire, en faifant l'angle de réfraction égal à l'angle d'incidence.

178. On aura donc

$$\delta' = 1 : \left[\frac{2}{r} + \frac{c^2}{r^3} \right) \text{ pour le foyer des miroirs}$$

fphériques, lorfque $\delta = \infty$. Donc dans ces miroirs l'aberration fera $- \frac{c^2}{r^3} \times \frac{r^2}{4}$.

179. Or dans les lentilles planes convexes, la formule du foyer eft $\delta' = 1 : \left[\frac{1 - \frac{1}{m}}{-r} - \frac{c^2}{2 r^3} \left(\frac{1}{m^2} - \frac{1}{m^3} \right) \right]$; & par conféquent l'aberration eft $- \frac{c^2}{2 rm (1-m)^2}$

180. Donc les deux aberrations font entr'elles comme $\frac{1}{4}$ est à $\frac{1}{2\,m\,(1-m)}$; c'est-à-dire à peu près : : 1 : 9.

Et si les distances focales font égales, c'est-à-dire, si r' est le rayon de la lentille, & que $\frac{1-\frac{1}{m}}{r'} = \frac{2}{r}$, les aberrations seront comme $\frac{C^2}{r^3}$: $\frac{C^2}{2\,r'^3} \times \left(\frac{1}{m^2} - \frac{1}{m^3}\right)$; c'est-à-dire, à peu près : : 1 : 36 ; & par conséquent beaucoup moindres dans le miroir que dans la lentille.

181. Il est facile de comparer de même l'aberration de sphéricité d'une lentille simple quelconque, avec l'aberration de sphéricité d'un miroir qui ait la même ouverture & la même distance focale. Car nommant Δ la distance focale, & remarquant que cette distance est la moitié du rayon du miroir, & qu'elle est $= 1$: $\left[\left(\frac{1}{m} - 1\right)\frac{1}{\lambda}\right]$, on trouve que l'aberration du miroir est à celle de la lentille (art. 166 & 178.) $\frac{C^2}{\Delta^3}$: $C^2 \times \left(\frac{1-m}{\lambda}\right)\left[\left(1 + \frac{1}{2\,m}\right)\frac{1}{r\,p} - \frac{1}{r\,\lambda}\left(\frac{1}{2\,m} + \frac{1}{m^2}\right) + \frac{1}{2\,m^3\,\lambda\,\lambda}\right]$; proportion dans laquelle il faudra mettre pour $\frac{1}{\Delta}$ sa valeur $\left(\frac{1}{m} - 1\right)\frac{1}{\lambda}$.

§. V. *Conséquences de la formule de l'art.* 164, *ou développement de cette formule pour une lentille simple, la distance de l'objet étant telle qu'on voudra.*

182. En général, fi on a une lentille quelconque dans laquelle les rayons des deux furfaces foient r, & r', on aura (art. 164.)

$$\delta'' = 1 : \left[\frac{1-m'}{r'} + m'\left(\frac{1-m}{r} - \frac{m}{\delta}\right) + \frac{m'm\,C^2}{2}\right.$$

$$\left(\frac{1}{\delta}\right)\left(\frac{1}{\delta}+\frac{1}{r}\right)^2 + \frac{m'm^2C^2}{2r}\times\left(\frac{1}{\delta}+\frac{1}{r}\right)^2 -$$

$$\frac{m'm^3C^2}{2}\left(\frac{1}{\delta}+\frac{1}{r}\right)^3 + \frac{m'C^2}{2}\left(\frac{m}{\delta}+\frac{m}{r}-\frac{1}{r}\right)$$

$$\left(\frac{m}{\delta}+\frac{m}{r}+\frac{1}{r'}-\frac{1}{r}\right)^2 + \frac{m'^2C^2}{2r'}\left(\frac{m}{\delta}+\frac{m}{r}+\right.$$

$$\left.\frac{1}{r'}-\frac{1}{r}\right)^2 - \frac{m'^3C^2}{2}\left(\frac{m}{\delta}+\frac{m}{r}+\frac{1}{r'}-\frac{1}{r}\right)^3\right].$$

183. Soit en général $\dfrac{1}{r}-\dfrac{1}{r'}=\dfrac{1}{\lambda}$, on aura, à cause de $m'=\dfrac{1}{m}$,

$$\frac{1-m'}{r'}+\frac{m'}{r}-\frac{mm'}{r}-$$

$$\frac{mm'}{\delta}=\frac{\frac{1}{m}-1}{\lambda}-\frac{1}{\delta}\text{; \& par conféquent}$$

$$\delta'' = 1 : \left[\frac{\frac{1}{m}-1}{\lambda}-\frac{1}{\delta}+\frac{C^2}{2}\left(\frac{-2m-1+\frac{3}{m}}{\delta\,\delta\,\lambda}\right)\right.$$

$$+\frac{1}{2}\times C^2\left(\frac{-4m+\frac{4}{m}}{\delta\,\lambda\,\lambda}\right)+\frac{C^2}{2}\left(1+\frac{2}{m}-\frac{3}{m^2}\right)\times$$

$$\frac{1}{\delta\,\lambda\,\lambda}+\frac{C^2}{2}\left(\frac{-2m+1+\frac{1}{m}}{r\,\lambda\,\lambda}\right)+\frac{C^2}{2}\times$$

$$\left(\frac{1+\frac{1}{m}-\frac{2}{m^2}}{r\,\lambda\,\lambda}\right)+\left(\frac{1}{m^3}-\frac{1}{m^2}\right)\times\frac{c^2}{2\,\lambda^3}\Big].$$

184. Cette quantité se change en

$$\delta''=1:\Big[\frac{1-m}{m\,\lambda}-\frac{1}{\delta}+\frac{c^2}{2\,\lambda}\times\frac{1}{\delta\delta}(1-m)$$

$$\left(-\frac{3}{m}+2\right)+\frac{c^2}{2\,\lambda}\times\frac{1}{\delta r}(1-m)\left(-\frac{4}{m}+4\right)-$$

$$\frac{c^2}{2\,\lambda}\times\frac{1}{\delta\lambda}\times(1-m)\left(-\frac{1}{rr}+\frac{3}{mm}\right)+\frac{c^2}{2\,\lambda}\times$$

$$\left(\frac{1}{rr}\right)(1-m)\left(2+\frac{1}{m}\right)-\frac{c^2}{2\,\lambda}\left(\frac{1}{r\lambda}\right)(1-m)$$

$$\left(\frac{1}{m}+\frac{2}{m^2}\right)+\frac{c^2}{2\,\lambda}\left(\frac{1}{\lambda\lambda}\right)\cdot(1-m)\left(\frac{1}{m^3}\right).$$

185. Si on suppose $r'=-r$, c'est-à-dire, si la lentille est formée de deux verres également convexes, on aura une formule plus simple que la précédente ; puisqu'il n'y aura qu'à substituer $\frac{2}{r}$ au lieu de $\frac{1}{\lambda}$; & faisant de plus $P=\frac{1}{m}$, on aura

$$\delta''=1:\Big[\frac{2(P-1)}{r}-\frac{1}{\delta}+\frac{c^2}{r\delta\delta}\left(\frac{P-1}{P}\right)$$

$$(3P+2)+\frac{c^2}{\delta rr}\left(\frac{P-1}{P}\right)(2P+4-6PP)+$$

$$\frac{c^2}{r^3}\times\left(\frac{P-1}{P}\right)\times(2-P-4P^2+4P^3)\Big].$$

186. Pour détruire l'aberration dans une lentille simple, la distance δ étant supposée finie & donnée, il faut que l'on ait (art. 184.)

$$\frac{3P+2}{\delta\delta} + \frac{4P+4}{\delta r} - \frac{P+3PP}{\delta\lambda} + \frac{2+P}{rr} -$$

$$\frac{P+2P^2}{r\lambda} + \frac{P^3}{\lambda\lambda} = 0.$$ Or pour que cette équation ait fes racines réelles, il faut que l'on ait

$$\left(\frac{4P+4}{r} - \frac{P+3PP}{\lambda}\right)^2 > 4(3P+2)\left(\frac{2+P}{rr}\right.$$

$$\left. - \frac{P+2P^2}{r\lambda} + \frac{P^3}{\lambda\lambda}\right);$$

D'où l'on tire en réduifant

$$\left(\frac{2P}{r} - \frac{P}{\lambda}\right)^2 > \frac{3P^4+2P^3}{\lambda\lambda}.$$

187. Donc toutes les fois que cette condition entre r & λ fera remplie, on pourra placer l'objet à une diftance δ, telle que l'aberration fera nulle; & on aura

$$\frac{1}{\delta} = - \frac{2+2P}{(3P+2)r} + \frac{P+3PP}{2\lambda(3P+2)} \pm$$

$$\frac{1}{6P+4}\sqrt{\left[\left(\frac{2P}{r} - \frac{P}{\lambda}\right)^2 - \frac{3P^4+2P^3}{\lambda\lambda}\right]}.$$

188. Et il eft aifé de voir que $\frac{1}{\delta}$ ne fauroit jamais être $= 0$, ni par conféquent $\delta = \infty$; car (art. 168.) le dernier terme $\frac{2+P}{rr} - \frac{P+2P^2}{r\lambda} + \frac{P^3}{\lambda\lambda}$ de l'équation qui donne la valeur de $\frac{1}{\delta}$ (art. 186) ne fauroit jamais être $= 0$, quelque valeur qu'on fuppofe à r.

· 189. Puifqu'en donnant à r des valeurs renfermées entre certaines limites, on peut avoir une valeur finie de δ, telle que l'aberration de fphéricité foit nulle dans une

une lentille fimple, il feroit peut-être poffible de tirer de-là un moyen de perfectionner les Microfcopes, en ne fe fervant que de lentilles fimples. Mais il faut pour cela quelques autres conditions qui réfultent de la conftruction des Microfcopes, dans lefquels la diftance du foyer doit être confidérablement plus grande que celle de l'objet. Soit $\frac{1}{r} = \frac{1}{\lambda} \left(\frac{1 \pm \sqrt{3\,P^2\,n^2 + 2\,P\,n^2}}{2} \right) n$ étant un nombre égal ou plus grand que l'unité, il faudra, après avoir fubftitué cette valeur dans celle de δ, qu'on ait 1°. $\frac{1}{\delta}$ pofitif. 2°. $\frac{1}{\delta} < \frac{P-1}{\lambda}$ dans les Microfcopes compofés, & $> \frac{P-1}{\lambda}$ dans les Microfcopes fimples; c'eft-à-dire, dans le premier cas $\frac{1}{\delta} = \frac{P-1}{\lambda}(1-\alpha)$; & dans le fecond $\frac{1}{\delta} = \frac{P-1}{\lambda}(1+\alpha)$; 3°. $\delta - \frac{\lambda}{P-1}$ dans le premier cas, & $\frac{\lambda}{P-1} - \delta$ dans le fecond, beaucoup plus petit que $\frac{\lambda}{P-1}$.

Donc en fuppofant n un nombre plus grand que l'unité, & α une fraction beaucoup plus petite que l'unité, il faut que l'on ait $(P-1)(1 \mp \alpha)(6P+4) = (2+2P)(1 \pm n\sqrt{3P^2+2P}) + P + 3PP + \sqrt{nn-1} \cdot \sqrt{3P^2+2P}$, pour pouvoir faire des Verres de Microfcopes d'une feule matiere, qui foient

exempts de l'aberration de fphéricité; en ce cas, quoi‑
que l'aberration de réfrangibilité ait toujours lieu (art.
25.) dans de pareils Microfcopes, ils auront une caufe
d'imperfection de moins, & par conféquent pourront
être rendus meilleurs à cet égard.

§. VI. *Moyens de diminuer l'aberration de fphéricité le
plus qu'il eft poffible dans une lentille fimple.*

190. Si on veut favoir quelle eft de toutes les lentilles fimples, de même foyer & de même ouverture ,
celle qui a la moindre aberration , en fuppofant $\delta = \infty$;
on n'a qu'à confidérer qu'alors dans la valeur de δ''
(art. 184.) G & λ font conftans, & r variable, & qu'ainfi
on a

$$- \frac{2\, d\, r}{r^3} \times \left(2 + \frac{1}{m} \right) + \frac{d\, r}{r^2\, \lambda} \left(\frac{1}{m} + \frac{2}{m^2} \right) = 0;$$

Donc on aura $r = \infty$, ou $r = \dfrac{2\, \lambda\, (2\, m + 1) \cdot m}{m + 2}$

$= \varpi \cdot \lambda,$ ϖ étant fuppofé égal à $\dfrac{2\, m\, (2\, m + 1)}{m + 2}.$

Donc on aura $\dfrac{1}{r'} = - \dfrac{1}{\lambda},$ ou $\dfrac{1}{r'} = \dfrac{2 - m - 4\, m\, m}{2\, m\, (2\, m + 1)}$

$\times \dfrac{1}{\delta}.$

191. Si r eft pofitif, il eft vifible que la différentielle
$- \frac{2\, d\, r}{r^3} \left(2 + \frac{1}{m} \right) + \frac{d\, r}{r\, r\, \lambda} \left(\frac{1}{m} + \frac{2}{m^2} \right)$ fera
négative, tant que r fera $< \varpi\, \lambda$. 2°. Qu'elle deviendra
pofitive fi r eft $> \varpi\, \lambda,$ pourvû que r demeure toujours

pofitif. 3°. Qu'elle redeviendra zero quand r fera $= \infty$. 4°. Que r étant négatif, jamais la différentielle ne fera $= o$; mais qu'elle ira toujours en croiffant, à mefure que r diminuera.

192. De plus il eft évident 1°. que λ demeurant finie & toujours conftante, la quantité $\dfrac{c^2}{2\lambda r r}\left(2 + \dfrac{1}{m}\right)$

$- \dfrac{c^2}{2 r \lambda \lambda}\left(\dfrac{1}{m} + \dfrac{2}{m^2}\right) + \dfrac{c^2}{2\lambda^3} \times \dfrac{1}{m^3}$ qui repréfente l'aberration, eft toujours pofitive quand $r = o$, foit que r foit pofitif ou négatif; 2°. qu'elle eft auffi pofitive quand $r = \infty$; 3°. enfin qu'elle n'eft jamais $= o$ (art. 168.). Donc puifque (art. précédent) la différence de cette quantité va d'abord en diminuant, paffe enfuite par zéro, puis va en croiffant, repaffe par zéro, & va toujours en croiffant; il eft aifé de voir que la plus petite aberration fera quand elle paffe pour la premiere fois par zéro.

193. Donc la valeur de r qui donne réellement la plus petite aberration, n'eft pas $r = \infty$, mais $r = \varpi \lambda$

$$= \frac{2 m \lambda (2 m + 1)}{m + 2}.$$

194. D'où il eft aifé de voir que λ demeurant toujours la même, la plus petite aberration fera proportionnelle (art. 184.) à $\dfrac{c^2}{2}(1 - m) \dfrac{1}{\lambda^3}\left[\dfrac{1}{\varpi} \times \right.$

$(P + 2 P^2) - \dfrac{1}{\varpi^2}(2 + P) - P^3$ $]$ & égale à

cette même quantité multipliée par $\dfrac{\lambda^2}{(P - 1)^2}$, c'eft-à-

dire, qu'elle fera égale à
$$\frac{c^2}{2P.(P-1)\lambda}\left[\frac{1}{a}\times(P+2P^2)-\frac{1}{a^2}(2+P)-P^3\right].$$

195. Si la diftance δ n'eft pas infinie, il fera aifé de trouver de même la plus petite aberration ; mais il faut remarquer qu'en ce cas l'aberration trouvée n'eft réellement un *minimum*, que dans le cas où les quantités δ, λ, font telles que l'aberration ne peut pas être $=o$.

§. VII. *De l'aberration de fphéricité dans une lentille formée de trois furfaces.*

196. Examinons d'abord le cas d'une lentille formée de deux différentes matieres & de trois furfaces, comme le cas le plus fimple.

197. Puifque δ''' (art. 162.) $= 1 : \left[\dfrac{1-m''}{r''}+\dfrac{m''}{\delta''}\right.$

$$= -\frac{m'' c^2}{2\delta''}\times\left(-\frac{1}{\delta''}+\frac{1}{r''}\right)+\frac{m''^2 c^2}{2r''}\left(-\frac{1}{\delta''}\right.$$

$$\left.+\frac{1}{r''}\right)^2 - \frac{m''^3 c^2}{2}\left(-\frac{1}{\delta''}+\frac{1}{r''}\right)^3\Big] ;$$

& qu'on a trouvé ci-deffus (art. 164.) la valeur de $\dfrac{1}{\delta''}$ & celle de $\dfrac{1}{\delta'}$; il eft aifé de tirer de cette formule la condition requife, pour que δ''' foit toujours $= 1 : \left[\dfrac{1-m''}{r'}\right.$ $\boldsymbol{+}$ $\left.\dfrac{m''}{\delta'}\right]$, quelle que foit l'ouverture c.

198. En faifant ce calcul, on trouve que l'équation pour détruire l'aberration qui réfulte de la fphéricité

(dans une lentille compofée de deux différentes matieres & de trois furfaces) fera

$$\frac{m''m'm^3}{2}\left(\frac{1}{\delta}\right)\left(\frac{1}{\delta}+\frac{1}{r}\right)^2 + \frac{m''m'm^2}{2}\left(\frac{1}{r}\right)\left(\frac{1}{\delta}+\frac{1}{r}\right)^2 - \frac{m''m'm^3}{2}\left(\frac{1}{\delta}+\frac{1}{r}\right)^3 + \frac{m''m'}{2}\left(-\frac{1}{\delta^v}\right)\left(-\frac{1}{\delta'}+\frac{1}{r'}\right)^2$$

$$+ \frac{m''m'^2}{2}\left(\frac{1}{r'}\right)\left(-\frac{1}{\delta'}+\frac{1}{r'}\right)^2 - \frac{m''m'^3}{2}\left(-\frac{1}{\delta^v}+\frac{1}{r'}\right) + \frac{m''}{2}\left(-\frac{1}{\delta''}\right)\left(-\frac{1}{\delta''}+\frac{1}{r''}\right)^2$$

$$+ \frac{m''^2}{2}\left(\frac{1}{r''}\right)\left(-\frac{1}{\delta''}+\frac{1}{r''}\right)^2 - \frac{m''^3}{2}\left(-\frac{1}{\delta''}+\frac{1}{r''}\right)^3 = 0.$$

199. Puifque $\dfrac{1}{\delta'}=\dfrac{1-m}{r}-\dfrac{m}{\delta}$, il eft clair que $-\dfrac{1}{\delta'}=\dfrac{m}{\delta}+\dfrac{m}{r}-\dfrac{1}{r}$, & que $-\dfrac{1}{\delta'}+\dfrac{1}{r'}=\dfrac{m}{\delta}+\dfrac{m}{r}+\dfrac{1}{r'}-\dfrac{1}{r}$; de même puifque $\dfrac{1}{\delta''}=\dfrac{1-m'}{r'}+\dfrac{m'}{\delta'}$; & $-\dfrac{1}{\delta'''}=m''\left(-\dfrac{1}{\delta''}+\dfrac{1}{r''}\right)-\dfrac{1}{r''}$, on aura

$$-\frac{1}{\delta^4}=\frac{m'm}{\delta}+\frac{m'm}{r}+\frac{m'}{r'}-\frac{m'}{r}+\frac{1}{r}-\frac{1}{r'}-\frac{1}{r};$$

$$-\frac{1}{\delta''}+\frac{1}{r''}=\frac{m'm}{\delta}+\frac{m'm}{r}+\frac{m'}{r'}-\frac{m'}{r}+\frac{1}{r''}-\frac{1}{r'};$$

$$- \frac{1}{\delta'''} = \frac{m''m'm}{\delta} + \frac{m''m'm}{r} + \frac{m''m'}{r'} - \frac{m''m'}{r}$$

$$+ \frac{m''}{r''} - \frac{m''}{r'} + \frac{1}{r'} - \frac{1}{r''} - \frac{1}{r'} ;$$

$$- \frac{1}{\delta'''} + \frac{1}{r''^{2}} = \frac{m''m'm}{\delta} + \frac{m''m'm}{r} + \frac{m''m'}{r'}$$

$$- \frac{m''m'}{r} + \frac{m''}{r''} - \frac{m''}{r'} + \frac{1}{r'''} - \frac{1}{r''}.$$

200. Donc suppofant δ infinie, $\frac{1}{r} - \frac{1}{r'} = \frac{1}{\lambda}$, & fe fouvenant que dans le cas préfent $m' = \frac{M}{m}$; & $m'' = \frac{1}{M}$, on aura en faifant de plus $\frac{1}{r''} - \frac{1}{r'} = \frac{1}{p}$,

$$- \frac{1}{\delta'} = \frac{m-1}{r} ,$$

$$- \frac{1}{\delta'} + \frac{1}{r'} = \frac{m}{r} - \frac{1}{\lambda} ;$$

$$- \frac{1}{\delta''} = \frac{M-1}{r} + \left(1 - \frac{M}{m} \right) \frac{1}{\lambda} ,$$

$$- \frac{1}{\delta''} + \frac{1}{r''} = \frac{M}{r} - \frac{M}{m\lambda} + \frac{1}{p}.$$

201. Donc l'équation néceffaire pour détruire l'aberration caufée par la fphéricité, fera (art. 198.)

$$\frac{m^{2}-m^{3}}{2m} \left(\frac{1}{r^{3}} \right) + \frac{1}{2m} \left(\frac{m-1}{r} \right) \left(\frac{m}{r} - \frac{1}{\lambda} \right)^{2}$$

$$+ \frac{M}{2m^{2}} \left(\frac{1}{r} - \frac{1}{\lambda} \right) \left(\frac{m}{r} - \frac{1}{\lambda} \right)^{2} - \frac{M^{2}}{2m^{3}} \left(\frac{m}{r} - \right.$$

$$\left. \frac{1}{\lambda} \right)^{3} + \frac{1}{2M} \left(\frac{M-1}{r} + \left(1 - \frac{M}{m} \right) \frac{1}{\lambda} \right) \times \left(\frac{M}{r} + \frac{1}{p} \right.$$

$$\left. - \frac{M}{m\lambda} \right)^{2} + \frac{1}{2M^{2}} \times \left(\frac{1}{r} + \frac{1}{p} - \frac{1}{\lambda} \right) \left(\frac{M}{r} + \right.$$

$$\frac{1}{p} - \frac{M}{m\lambda}\Big)^2 - \frac{1}{2m^3}\Big(-\frac{M}{r}+\frac{1}{p}-\frac{M}{m\lambda}\Big)^3 = 0.$$

202. Si δ n'est pas infinie, l'équation sera (art. 198.)

$$\frac{1}{2\delta}\Big(\frac{1}{\delta}+\frac{1}{r}\Big)^2 + \frac{m}{2}\Big(-\frac{1}{r}\Big)\Big(\frac{1}{\delta}+\frac{1}{r}\Big)^3 - \frac{m^3}{2}$$

$$\Big(\frac{1}{\delta}+\frac{1}{r}\Big)^3 + \frac{1}{2m}\Big(\frac{m}{\delta}+\frac{m-1}{r}\Big)\Big(\frac{m}{\delta}+\frac{m}{r}-$$

$$\frac{1}{\lambda}\Big)^2 + \frac{M}{2m^2}\Big(\frac{1}{r}-\frac{1}{\lambda}\Big)\Big(\frac{m}{\delta}+\frac{m}{r}-\frac{1}{\lambda}\Big)^2 -$$

$$\frac{M^2}{2m^3}\Big(\frac{m}{\delta}+\frac{m}{r}-\frac{1}{\lambda}\Big)^3 + \frac{1}{2}M\Big(\frac{M}{\delta}+\frac{M-1}{r}+$$

$$\Big(1-\frac{M}{m}\Big)\frac{1}{\lambda}\Big)\times\Big(\frac{M}{\delta}+\frac{M}{r}+\frac{1}{p}-\frac{M}{m\lambda}\Big)^2 +$$

$$\frac{1}{2M^2}\Big(\frac{1}{r}+\frac{1}{p}-\frac{1}{\lambda}\Big)\Big(\frac{M}{\delta}+\frac{M}{r}+\frac{1}{p}-\frac{M}{m\lambda}\Big)^2$$

$$-\frac{1}{2M^3}\Big(\frac{M}{\delta}+\frac{M}{r}+\frac{1}{p}-\frac{M}{m\lambda}\Big)^3 = 0.$$

§. **VIII.** *Conditions pour détruire l'aberration dans une lentille formée de trois surfaces.*

203. En achevant le calcul de la formule de l'art. 201, & réduisant les termes de l'équation, on trouve ; 1°. que les termes où r^3 doit se trouver, se détruisent ; 2°. que tous les autres sont multipliés, ou par $\frac{1}{\lambda}$, ou par $\frac{1}{p}$; ensorte que si on a à la fois $\frac{1}{\lambda}=0$, & $\frac{1}{p}=0$, on aura une lentille exempte d'aberration ; ce qui ne doit pas paroître surprenant, puisque dans ce cas, suivant la remarque de l'art. 170. les rayons sortent parallèles comme ils sont entrés.

204. L'équation réduite sera

$$\left(\frac{1}{2} - m + \frac{1}{2m}\right)\frac{1}{rr\lambda} + \left(\frac{1}{2} + \frac{1}{2m} - \frac{1}{m^2}\right)\frac{1}{r\lambda\lambda} + \frac{1}{2m^3}(1-m)\frac{1}{\lambda^3} + \left(M - \frac{1}{2} - \frac{1}{2m}\right)\frac{1}{prr}$$

$$+ \left(1 - \frac{2M}{m} - \frac{1}{M} + \frac{2}{Mm}\right)\frac{1}{pr\lambda} + \left(\frac{1}{2} + \frac{1}{2M} - \frac{1}{M^2}\right)\frac{1}{ppr} + \left(\frac{M}{mm} - \frac{1}{m} + \frac{1}{2mm} + \frac{3}{2Mm^2}\right)\times\frac{1}{p\lambda\lambda}$$

$$+ \left(\frac{1}{2M} - \frac{1}{2m} - \frac{1}{2M^2} - \frac{1}{Mm} + \frac{3}{2M^2m}\right)\frac{1}{p^2\lambda} + \left(\frac{1}{2M^2} - \frac{1}{M^3}\right)\frac{1}{p^3} = 0.$$

205. Puisque (art. 33.) $\dfrac{dP'}{dP} = \dfrac{\frac{1}{r} - \frac{1}{r'}}{\frac{1}{r''} - \frac{1}{r'}} = \dfrac{p}{\lambda}$;

donc $\dfrac{1}{p} = \dfrac{k}{\lambda}$, k étant $=$ à la quantité supposée connue $\dfrac{dP'}{dP}$; mettant donc cette valeur $\dfrac{k}{\lambda}$ au lieu de $\dfrac{1}{p}$ dans l'équation précédente, & substituant pour $\dfrac{1}{M}$ & $\dfrac{1}{m}$ leurs valeurs P' & P, aussi supposées connues, on aura une équation du second degré, où il n'y aura que $\dfrac{r}{\lambda}$ d'inconnue ; résolvant cette équation, on aura une valeur de $1 - \dfrac{r}{r'}$, & par conséquent une valeur de r en r', ou de r' en r ; & cette valeur étant substituée dans les équations de l'art. 38, on aura la valeur de r & de r' en R, ainsi que celle de r''.

206.

206. La feule chofe qu'il y ait à craindre, c'eft 1°. que la valeur de $\frac{r}{\lambda}$ ne foit imaginaire; 2°. que les valeurs de r, r', r'', ou quelqu'une de ces valeurs ne foient trop petites. Car alors on feroit forcé de donner trop peu d'ouverture à la lunette; autrement on pourroit avoir un refte d'aberration très-fenfible.

207. Pour que la valeur de $\frac{r}{\lambda}$ ne foit point imaginaire, il faut que le quarré de la quantité $\frac{1}{2} + \frac{1}{2m} - \frac{1}{m^2} + k\left(1 - \frac{2M}{m} - \frac{1}{M} + \frac{2}{Mm}\right) + kk\left(\frac{1}{2} + \frac{1}{2M} - \frac{1}{M^2}\right)$ foit $=$ ou plus grand que quatre fois le produit de $+\frac{1}{2} - m + \frac{1}{2m} + k\left(M - \frac{1}{2} - \frac{1}{2M}\right)$ par $\frac{1}{2m^3} - \frac{1}{2m^2} + k\left(\frac{M}{mm} - \frac{1}{m} + \frac{1}{2mm} + \frac{1}{Mm} - \frac{3}{2Mm^2}\right) + k^2\left(\frac{1}{2M} - \frac{1}{2m} - \frac{1}{2M^2} - \frac{1}{Mm} + \frac{3}{2M^2m}\right) + k^3\left(\frac{1}{2M^2} - \frac{1}{2M^3}\right)$.

208. Or il eft à remarquer d'abord, que fi M étoit $= m$, la valeur de r feroit toujours imaginaire, quelle que fût k. Car alors la lentille feroit formée d'une feule & même matiere; & par conféquent (art. 168.) il feroit impoffible d'y corriger l'aberration réfultante de la fphéricité. C'eft auffi ce qu'on peut voir directement

par l'équation de l'article 201 ; car faisant $M = m$, cette équation deviendra $\overline{1 - m} \left(\frac{1 + 2m}{2m} \right) \times \frac{1}{r r}$

$\times \left(\frac{1}{\lambda} - \frac{1}{p} \right) - \frac{1 - m}{2 m m} \overline{\times m + 2} \times \frac{1}{r} \left(\frac{1}{\lambda} - \frac{1}{p} \right)^2$

$+ \frac{1}{2 m^3} \left(1 - m \right) \left(\frac{1}{\lambda} - \frac{1}{p} \right)^3 = 0$, laquelle en divisant par $\frac{1}{\lambda} - \frac{1}{p}$, & outre cela par $1 - m$, devient absolument de la même forme que l'équation de l'art. 167.

209. En effet, puisque $\frac{1}{r} - \frac{1}{r'} = \frac{1}{\lambda}$, & que $\frac{1}{r''} - \frac{1}{r'} = \frac{1}{p}$, il est visible que $\frac{1}{\lambda} - \frac{1}{p} = \frac{1}{r} - \frac{1}{r''}$, quantité qui est ici absolument correspondante à la quantité $\frac{1}{r} - \frac{1}{r'}$ ou $\frac{1}{\lambda}$ de l'art. 167. Car quand on considere une lentille formée d'une seule & même matiere, comme composée de deux lentilles & de trois surfaces ayant pour rayons r, r', r''; c'est la même chose que si on la considéroit comme ayant deux surfaces seulement qui eussent pour rayons r, r''.

210. On pourroit croire au premier coup d'œil, après les substitutions prescrites dans l'art. 205, que l'aberration seroit nulle en général si $\frac{1}{\lambda}$ étoit $= o$, c'est-à-dire si r étoit $= r'$; mais il est visible que cette formule revient à celle de l'art. 204, dans laquelle en faisant $\frac{1}{\lambda}$

$= o$, les termes affectés de $\frac{1}{p}$ ou $\frac{1}{r''} - \frac{1}{r'}$ subsis-
teroient.

211. On peut mettre l'équation de l'art. 204, sous
cette forme $(1 - m) \left(\frac{1 + 2 m}{2 m} \right) \left(\frac{1}{r r \lambda} \right) - \frac{1}{r r p}$
$(1 - m) \left(\frac{1 + 2 M}{2 M} \right) - \frac{1 - m}{2 m m} (m + 2) \frac{1}{r \lambda \lambda} -$
$\frac{1 - M}{2 M M} (M + 2) \frac{1}{p p r} + \left(\frac{1 - M}{M m} \right) (2 + 2 M - m)$
$\frac{1}{p r \lambda} + \frac{1}{2 m^3} (1 - m) \frac{1}{\lambda^3} - \frac{1}{2 M^3} (1 - M)$
$\frac{1}{p^3} + \left[\frac{2 M (M - m) + M + 2 m - 3}{2 M m^2} \right] \frac{1}{p \lambda \lambda} +$
$\left[\frac{M (m - M) - m - 2 M + 3}{2 M^2 m} \right] \frac{1}{p p \lambda} = o.$

Dans cette équation on peut encore mettre, au
lieu de $2 M (M - m) + M + 2 m - 3$ sa valeur $\overline{M - 1}$
$(2 M + 3 - 2 m)$, & au lieu de $M (m - M) - m -$
$2 M + 3$ sa valeur $(M - 1) (m - M - 3)$.

212. Soit maintenant comme dans l'art. 205, $\frac{1}{p} =$
$\frac{k}{\lambda}$; & supposons $(1 - m) \left(\frac{1 + 2 m}{2 m} \right) - k (1 - M)$
$\left(\frac{1 + 2 M}{2 M} \right) = (1 - k) (1 - m) \left(\frac{1 + 2 m}{2 m} \right) + a = A + a;$
$- \frac{(1 - m) (m + 2)}{2 m m} - \frac{k k (1 - M) (M + 2)}{2 M M} +$
$\frac{k (1 - M) (2 + 2 M - m)}{M m} = - \frac{(1 - m)}{2 m m} (m + 2) \times$
$(1 - k)^2 + C = B + C;$

M ij

$$\frac{1}{2\,m^3}(1-m) - \frac{k^3}{2\,M^3}(1-M) - \frac{k\,(1-M)(2M+3-2m)}{2\,M\,m^2}$$

$$+\,\frac{k^2\,(-M+1)(-m+M+3)}{2\,M^2\,m} = \frac{1}{2\,m^3}(1-m)\times$$

$$(1-k)^3 + \gamma = C + \gamma.$$

213. Il faudra, pour que la valeur de r ne soit point imaginaire, que l'équation $\dfrac{A+a}{r\,r} + \dfrac{B+\mathfrak{C}}{r\,\lambda} + \dfrac{C+\gamma}{\lambda\,\lambda}$ $= o$ ait ses racines réelles, c'est-à-dire, que $(B+\mathfrak{C})^2$ $-4\,(A+a)\times(C+\gamma)$ soit $= \Omega$, Ω étant une quantité positive ou zéro.

214. Cette condition peut encore se simplifier, en considérant que le quarré de $\dfrac{(1-m)(m+2)(1-k)^2}{2\,m\,m}$

ou B^2, moins le produit $\dfrac{(1+2m)\cdot 4\cdot\overline{1-k}^4}{4\,m^4} \times (1-m)^2$

ou $4\,A\,C$, est $\dfrac{(1-k)^4\,(m\,m-4\,m)}{4\,m^4}\,(1-m)^2$, laquelle quantité est négative, puisque m est une fraction ; on aura donc $\dfrac{(1-k)^4\,(m\,m-4\,m)(1-m)^2}{4\,m^4} + 2\,B\,\mathfrak{C}$

$+\,\mathfrak{C}\,\mathfrak{C}-4\,a\,C-4\,\gamma\,A-4\,\gamma\,a = o$ ou positif.

215. On trouve par l'art. 212, les valeurs de a, $\mathfrak{C}$, γ, en M & en m. C'est pourquoi, après avoir trouvé k ou $\dfrac{d\,P}{d\,P'}$ (art. 205.) par l'expérience, de la maniere qui sera expliquée plus bas dans le dernier Chapitre de ces Recherches, il ne s'agira plus que de savoir, si cette valeur de k combinée avec les valeurs de m & de M, satisfait à la condition ci-dessus exprimée dans l'art. 214.

216. Si la valeur de r est réelle, il s'ensuit qu'on peut touver, au moins dans *la Théorie*, un objectif & même deux (car r aura deux valeurs) qui détruise sensiblement l'aberration causée par la sphéricité & par la réfrangibilité : je dis dans *la Théorie*, parce que, comme on l'a déja remarqué art. 206, cet objectif seroit encore très-imparfait dans la pratique, si les rayons des surfaces étoient trop petits.

217. Si les racines ne sont pas réelles, alors il faut au moins chercher à diminuer l'aberration le plus qu'il est possible. Ce sera le but des Recherches suivantes ; mais, avant que d'y passer, nous ferons encore une remarque sur l'aberration de la lentille dont il s'agit.

218. Si dans la formule de l'art. 204, on met au lieu de $\dfrac{1}{r}$, sa valeur $\dfrac{1}{r'} + \dfrac{1}{\lambda}$, on aura une formule en $\dfrac{1}{r'}$, $\dfrac{1}{\lambda}$, $\dfrac{1}{p}$, qui pourra être utile en certains cas.

219. Cette formule sera $\left(\dfrac{1}{2} - m + \dfrac{1}{2m} \right) \left(\dfrac{1}{r' r' \lambda} \right)$

$+ \left(1 - 2m + \dfrac{1}{m} + \dfrac{1}{2} + \dfrac{1}{2m} - \dfrac{1}{m^2} \right) \dfrac{1}{r' \lambda \lambda} +$

$\left[\dfrac{1}{2m^3} (1 - m) + \dfrac{1}{2} - m + \dfrac{1}{2m} + \dfrac{1}{2} + \dfrac{1}{2m} - \right.$

$\left. \dfrac{1}{m^2} \right] \dfrac{1}{\lambda^3} + \left(M - \dfrac{1}{2} - \dfrac{1}{2M} \right) \left(\dfrac{1}{p \, r' r'} \right) +$

$\left(2M - 1 - \dfrac{1}{M} + 1 - \dfrac{2M}{m} - \dfrac{1}{M} + \dfrac{2}{M m} \right)$

$\dfrac{1}{p \, r' \lambda} + \left(M - \dfrac{1}{2} - \dfrac{1}{M} + 1 - \dfrac{2M}{m} - \dfrac{1}{M} \right.$

$$+\frac{2}{Mm}+\frac{M}{mm}-\frac{1}{m}+\frac{1}{2mm}+\frac{1}{Mm}-\frac{3}{2Mm^2}\Big)$$

$$-\frac{1}{p\lambda\lambda}+\Big(\frac{1}{2}+\frac{1}{2M}-\frac{1}{M^2}\Big)\frac{1}{ppr'}+\Big(\frac{1}{2}+$$

$$-\frac{1}{2M}-\frac{1}{M^2}+\frac{1}{2M}-\frac{1}{2m}-\frac{1}{2M^2}-\frac{1}{Mm}$$

$$+\frac{3}{2M^2m}\Big)\frac{1}{p^2\lambda}+\Big(\frac{1}{2M^2}-\frac{1}{2M^3}\Big)\frac{1}{p^3}=o.$$

220. On peut s'affurer par cette formule qu'en re-tournant la lentille, & tout le refte demeurant d'ailleurs égal, l'aberration de fphéricité ne fera plus la même.

221. Car pour que l'aberration fût nulle, il faudroit qu'en mettant dans la formule précédente $-\frac{1}{r'}$ au lieu de $\frac{1}{r'}$, au lieu de $\frac{1}{\lambda}$ ou $\frac{1}{r}-\frac{1}{r'}$, $-\frac{1}{r''}+\frac{1}{r'}$ ou $-\frac{1}{p}$, & au lieu de $\frac{1}{p}$ ou $\frac{1}{r''}-\frac{1}{r'}$, $-\frac{1}{r}+\frac{1}{r'}$ ou $-\frac{1}{\lambda}$, & enfin m pour M & M pour m, cette formule demeurât la même. Or c'eft ce qui n'eft pas, comme il eft aifé de le voir; car, par exemple, le terme $\frac{1}{r'p\lambda}$ a pour coëfficient dans la premiere formule

$$2M-1-\frac{2}{M}+1-\frac{2M}{m}-\frac{1}{M}+\frac{2}{Mm}=\frac{(2-2m)(1-M^2)}{Mm},$$

& dans la feconde il auroit pour coëfficient

$$-2m+1+\frac{1}{m}-1+\frac{2m}{M}+\frac{1}{m}-\frac{2}{Mm}=\frac{(2M-1)(1-mm)}{Mm}$$

qui n'eft pas la même

quantité; car ces deux quantités font entr'elles comme $1 + M$ à $1 + m$.

222. Cette remarque eft d'autant plus effentielle à faire, que comme en retournant la lentille, le foyer principal refte le même (art. 31.), il feroit naturel de penfer qu'il pourroit en être de même de l'aberration.

§. IX. *Conditions pour diminuer l'aberration de fphéricité en raifon donnée dans une lentille à trois furfaces.*

223. Si l'on vouloit que l'aberration caufée par la fphéricité, au lieu d'être $= o$, fût $= \dfrac{\mu \omega^2}{4 \lambda^3}$, $\dfrac{\omega}{2}$ exprimant toujours le demi diametre de l'ouverture; on auroit alors l'équation

$$\frac{(A + a)\, \omega^2}{\lambda\, r\, r} + \frac{(B + \zeta)\, \omega^2}{r\, \lambda\, \lambda} + \frac{(C + \gamma)\, \omega^2}{\lambda^3} = \frac{\mu\, \omega^2}{\lambda^3},$$

μ étant une quantité pofitive ou négative.

224. Il faudroit donc, pour que r fût réelle, que $(B + \gamma)^2 - 4(A + a)(C + \gamma) + 4(A + a)\mu$ fût $= o$ ou Ω, Ω exprimant une quantité pofitive.

225. L'aberration de l'objectif de comparaifon, dont la diftance focale eft $\dfrac{R}{2\varpi - 2}$, en lui fuppofant la même ouverture qu'à la lunette qu'on cherche, feroit (art. 185.) $\dfrac{\omega^2}{4\, R^3} \left(\dfrac{\varpi - 1}{\varpi} \right) (2 - \varpi - 4\varpi^2 + 4\varpi^3)$ & en général $\dfrac{\omega'^2}{4\, R^3} \left(\dfrac{\varpi - 1}{\varpi} \right) (2 - \varpi - 4\varpi^2 + 4\varpi^3)$, ω' étant le diametre de l'ouverture.

226. Soit donc
$$\frac{\omega^2 \mu}{4\lambda^3} = \frac{\vartheta\,\omega'^2}{4 R^3}\left(\frac{\varpi-1}{\varpi}\right)$$
$(2-\varpi-4\varpi^2+4\varpi^3)$, ϑ exprimant une fraction; il faudra que
$$\frac{\overline{A+\alpha}.\omega^2}{\lambda r r} + \frac{\overline{B+\zeta}.\omega^2}{r\lambda\lambda} + \frac{\overline{C+\gamma}.\omega^2}{\lambda^3}$$
$$= \frac{\vartheta\,\omega'^2}{R^3}\times\pi,$$
π étant $= \left(\dfrac{\varpi-1}{\varpi}\right)(2-\varpi-4\varpi^2+4\varpi^3)$.

227. Soit donc
$$\overline{B+\zeta}^2 - 4.\overline{C+\gamma}.\overline{A+\alpha} + \frac{4\vartheta.\pi\lambda^3\omega'^2}{\omega^2 R^3}.\overline{A+\alpha} = \Omega,$$
Ω étant $= o$ ou une quantité positive; & on aura
$$\frac{1}{r r} + \frac{\zeta+B}{(A+\alpha)r\lambda} + \frac{\overline{B+\zeta}^2}{4(A+\alpha)^2\lambda\lambda} = \frac{\Omega}{4\lambda\lambda(A+\alpha)^2};$$
Et
$$\frac{1}{r} = \frac{-B-\zeta\pm\sqrt{\Omega}}{2\lambda(A+\alpha)}.$$

228. On se souviendra, pour employer en ce cas les valeurs de A, B, a, ζ, Ω, que la quantité k, ou
$$\frac{\dfrac{1}{r''}-\dfrac{1}{r'}}{\dfrac{1}{r}-\dfrac{1}{r'}}$$
qui y entre, est égale en général (art. 48.)
à
$$\frac{\overline{\varpi-1}.dP-\theta d\varpi.\overline{P-1}}{\overline{\varpi-1}.dP'-\theta d\varpi.P'-1} = \frac{dP}{dP'}$$
lorsque $\theta = o$;
& que $\dfrac{1}{\lambda}$ ou $\dfrac{1}{r}-\dfrac{1}{r'}$ =
$$\frac{\overline{2\varpi-2}.dP'-2\theta d\varpi.\overline{P'-1}}{R(\overline{P-1}.dP'-dP.\overline{P'-1})}.$$

229. Puisque l'aberration de sphéricité d'une lentille ordinaire à deux surfaces convexes & égales, est à peu près $\dfrac{5\,\omega''\omega}{4.3\,R}$; si on veut que la lentille cherchée ait
une

une aberration qui foit (à même ouverture) à l'aberration de la lentille de comparaifon en raifon de ϑ à 1,
ϑ étant une fraction, il n'y aura qu'à mettre dans les
formules précédentes $\frac{1}{\vartheta}$ au lieu de π, & effacer ω & ω'.

Pour rendre les recherches précédentes encore plus générales, nous fuppoferons (art. 47.) que dans l'objectif
cherché, l'aberration de réfrangibilité ne foit pas $= 0$,
mais qu'elle foit à celle de l'objectif de comparaifon,
comme θ eft à 1, θ étant une fraction pofitive ou négative. Cette confidération nous conduira à déterminer
quelle peut être la forme la plus avantageufe de l'objectif, lorfqu'on ne peut y anéantir tout-à-la-fois les deux
aberrations, celle de réfrangibilité & celle de fphéricité.

§. X. *Conditions néceffaires pour la plus petite aberration*
dans une lentille formée de trois furfaces.

230. L'aberration de la lentille dont il s'agit, en tant
qu'elle eft caufée par la fphéricité, fera la plus petite qu'il
fera poffible, lorfque $-\dfrac{2(A+a)dr}{r^3} - \dfrac{(B+C)dr}{r^2 \lambda}$

fera $= 0$, c'eft-à-dire, lorfque $\dfrac{1}{r}$ fera $= -\dfrac{B+C}{2\lambda(A+a)}$.

231. Donc la plus petite aberration fera $= \dfrac{\omega^2}{4\lambda^3} \times$

$\left(-\dfrac{1 \cdot \overline{B+C}^2}{4(A+a)} + C + \gamma \right)$.

232. Il eft clair par les valeurs de $A+a$, $B+C$,
$C+\gamma$, trouvées ci-deffus, & par celles de $\dfrac{1}{\lambda}$ & de $\dfrac{k}{\lambda}$,

auffi trouvées ci-deffus (art 48) qu'on pourra fuppofer
$\frac{A + \alpha}{\lambda} = \frac{M + N\theta}{R}$, M & N étant des quantités connues qui dépendent de $\varpi, P', d\varpi, dP', \theta$; ou $\varpi, P,$
$d\varpi, dP, \theta$; R étant toujours une quantité telle que
$\frac{R}{2\varpi - 2}$ foit la diftance focale de l'objectif de comparaifon; de même on aura $\frac{B + \gamma}{\lambda^2} = \frac{Q + \pi\theta + S\theta^2}{RR}$,
& $\frac{C + \gamma}{\lambda^3} = \frac{T + V\theta + Z\theta\theta + Y\theta^3}{R^3}$; quantités dans
lefquelles il n'y a que θ de variable ou d'indéterminé.

233. Donc dans le cas où θ n'eft pas $= 0$, la condition de la plus petite aberration donnera
$$\frac{1}{r} = -\frac{Q - \pi\theta - S\theta\theta}{2(M + N\theta)R},$$
Et la plus petite aberration $= \frac{\varpi^2}{4}\left[-\frac{(Q + \pi\theta + S\theta\theta)^2}{4(M + N\theta)R^3}\right.$
$\left. + \frac{T + V\theta + Z\theta\theta + Y\theta^3}{R^3}\right].$

234. Suppofons que l'ouverture ϖ de l'objectif cherché foit faite égale à celle de l'objectif de comparaifon; & foit de plus dans ce dernier objectif $\varpi = \frac{1}{2}$;
enforte que $\frac{R}{2\varpi - 2} = R$; on fait que $\frac{\varpi\varpi}{R}$ eft conftant & $= \frac{1}{3}$ ligne, ou plus exactement $\frac{4}{13}$ ligne fuivant les Tables.

235. Donc fi on fait $R = q$ pieds $= q . 12 . 12$ lignes,
on trouve que la plus petite aberration de fphéricité

eft $\dfrac{1}{13\,q\,.\,12\,.\,12} \times \Big[-\dfrac{1\,.\,\overline{Q+\Pi\theta+S\theta\theta}^{2}}{4\,(M+N\theta)} +T+V\theta$
$+Z\theta\theta+Y\theta^{3} \Big]$.

236. Ajoutant à cette aberration la quantité $2\,\theta\,d\,P$ qui eft proportionnelle à l'aberration caufée par la ré-frangibilité, laquelle quantité eft $= \dfrac{\theta}{50}$, on aura pour

l'aberration totale $\dfrac{\theta}{50} + \dfrac{1}{13\,q\,.\,12\,.\,12} \Big[-\dfrac{1\,.\,\overline{Q+\Pi\theta+S\theta\theta}^{2}}{4\,(M+N\theta)}$
$+T+V\theta+Z\theta\theta+Y\theta^{3} \Big]$.

237. Si l'on fait cette quantité égale à *un minimum*, on aura en différentiant & regardant θ comme variable une équation en θ qui fera du quatriéme degré, & dont une des racines doit être non-feulement réelle, mais encore plus petite que l'unité ; autrement cette folution ne pourroit fervir dans le cas préfent, puifqu'on cherche une lentille dont l'aberration foit moindre que celle des lentilles ordinaires.

238. Il eft à remarquer de plus que les deux aberrations, favoir, celle qui vient de la fphéricité, & l'aberration $\dfrac{\theta}{50}$ qui vient de la réfrangibilité, doivent être prifes pofitivement ou avoir le même figne. Car il faut remarquer que fi, par exemple, pour les rayons rouges, l'aberration $2\,\theta\,d\,P$ eft pofitive, elle fera négative pour les rayons violets, tandis qu'au contraire l'aberration de

fphéricité $\dfrac{1}{13\,;\,q\,.\,12\,.\,12} \times \Big(-\dfrac{\overline{Q+\Pi\theta+S\theta\theta}^{2}}{4\,(M+N\theta)} +T+$
$V\theta+Z\theta\theta+Y\theta^{3} \Big)$ eft toujours de même figne pour

tous les rayons ; & qu'ainſi il y aura une très-grande différence entre l'aberration du rouge & celle du violet. Or
il faut avoir principalement égard aux rayons dont l'aberration eſt la plus grande.

239. On fera donc $\pm \dfrac{\theta}{50} + \vartheta = $ à un *minimum*;
ϑ étant une fonction connue de θ; je mets $\pm \dfrac{\theta}{50}$ parce
que les deux aberrations doivent être de même ſigne.
Donc ſuppoſant $T = \dfrac{d\vartheta}{d\theta}$, on aura $\pm \dfrac{1}{50} + T = 0$.

240. Dans cette équation, ſi on employe $\pm \dfrac{1}{50}$, &
qu'on trouve θ poſitif, il faudra, pour que la ſolution
ſoit bonne, que la valeur de ϑ qui en réſultera, ſoit de
même ſigne que $\pm \dfrac{\theta}{50}$, c'eſt-à-dire, poſitive.

241. Si on employe $-\dfrac{1}{50}$, & qu'on trouve θ poſitif, il faudra que la valeur de ϑ ſoit négative.

242. Si on employe $\pm \dfrac{1}{50}$, & que θ ſe trouve négatif,
alors ϑ doit être négatif.

243. Et ſi on employe $-\dfrac{1}{50}$, & que θ ſoit négatif,
alors ϑ doit être poſitif.

244. Au reſte, comme le calcul pour trouver θ ſeroit
aſſez compliqué, il eſt peut-être plus ſimple de calculer
pluſieurs valeurs de $2\theta\, d\varpi$ ou $\dfrac{\theta}{50}$, & de $\dfrac{1}{13q \cdot 12 \cdot 12}$

$$\left[- \frac{1 \cdot \overline{Q + \Pi\theta + S\theta\theta}^2}{4 \cdot \overline{M + N\theta}} + T + V\theta + Z\theta\theta + Y\theta^3 \right];$$

pour différentes valeurs de θ (ſavoir, par exemple,

$\theta = 0$, $\theta = \frac{1}{8}$, $\theta = \frac{1}{4}$, $\theta = \frac{3}{8}$, $\theta = \frac{1}{2}$, $\theta = \frac{5}{8}$, $\theta = \frac{3}{4}$, $\theta = \frac{7}{8}$, $\theta = 1$); & de chercher par approximation dans quelle hypothèse à peu près la somme des deux aberrations est la moindre; ces deux aberrations étant prises positivement, ou avec le même signe.

245. Une autre raison pour laquelle on fera peut-être beaucoup mieux de suivre cette méthode, c'est que comme la valeur de θ est bornée, puisqu'elle ne doit pas passer l'unité, soit positive, soit négative, il seroit possible qu'il n'y eût pas ici de véritable *minimum* géométrique, c'est-à-dire, de quantité dont la différence fût $= 0$, quoique parmi toutes les valeurs de l'aberration composée, il y en ait nécessairement une moindre que les autres; c'est cette quantité qu'on cherche, & qu'on ne peut trouver en ce cas que par la méthode de l'art. 244.

246. Nous avons supposé dans le calcul précédent, que l'ouverture des deux objectifs, savoir de l'objectif cherché & de l'objectif de comparaison, étoit la même de part & d'autre. Mais si on veut que les ouvertures soient différentes, alors le Problême devient encore plus compliqué.

247. Si l'ouverture de l'objectif cherché doit être à celle de l'objectif de comparaison en raison de n à 1, n étant inconnue; alors soient p, p' les rayons des oculaires adaptés à ces objectifs; & on aura, par les principes reçus des Opticiens, les rayons des oculaires en raison inverse des diametres des ouvertures, & en raison

directe de l'aberration ; donc $n \rho' = \rho$ & (*a*) $\rho : \rho' :: \frac{1}{50} :$

$$\frac{\theta n}{50} + \frac{n^3}{13\,q.12.12} \times [-1 . \frac{\overline{Q+\Pi\theta+S\theta\theta}^2}{4(M+N\theta)} + T$$

$$+ V\theta + Z\theta\theta + Y\theta^3].$$

248. Donc $\dfrac{1}{50} = \dfrac{\theta n^2}{50} + \dfrac{n^4}{13\,q.12.12} \times (-1 \times$

$$\frac{\overline{Q+\Pi\theta+S\theta\theta}^2}{4.\overline{M+N\theta}} + T + V\theta + Z\theta\theta + Y\theta^3).$$

249. De-là on tirera la valeur de n en θ & en quantités connues ; & cette valeur de n étant mise dans la

quantité $\dfrac{\theta n}{50} + \dfrac{n^3}{13\,q.12.12} \times [-1 . \dfrac{\overline{Q+\Pi\theta+S\theta\theta}^2}{4(M+N\theta)}$

$+ T + V\theta + Z\theta\theta + Y\theta^3]$, on aura l'expression générale de l'aberration, sur laquelle or pourra faire les mêmes recherches que dans les art. 237 & suivans.

250. Pour rendre le calcul précédent plus simple ; on remarquera que l'on aura en général (art. 249.) $+$

$$\frac{1}{50} = \mp \frac{n^2\theta}{50} + n^4\vartheta,\ \vartheta \text{ étant une fonction de } \theta,$$

& que de plus on doit avoir $\mp \dfrac{\theta n}{50} + n^3\vartheta =$ à un

minimum. Donc 1°. $d(\mp \dfrac{\theta n^2}{50} + n^4\vartheta) = 0$. 2°.

$d(\mp \dfrac{n\theta}{50} + n^3\vartheta) = 0$. Donc 3°. $dn = 0$. 4°. $\mp \dfrac{n}{50}$

(*a*) Cette proportion entre les oculaires & les aberrations ne doit pas avoir généralement lieu, comme on le verra dans la suite par la théorie des aberrations. Mais nous supposerons pour plus de facilité, qu'elle ait lieu dans le cas présent.

$+ n^3 \frac{d\vartheta}{d\theta} = 0$. Cette équation étant combinée avec

$+ \frac{1}{50} = + \frac{n^2\theta}{50} + n^4\vartheta$, fera connoître n & θ.

251. Soit $\frac{d\vartheta}{d\theta} = T$, on aura $n^2 = + \frac{1}{50\,T}$, &

$+ \frac{1}{50} + \frac{\theta}{50\,T} - \frac{\vartheta}{(50)^2\,T^2} = 0$. Equation d'où l'on tirera la valeur de θ, puisque T est une fonction connue de θ.

252. Il est à remarquer que n^2 doit toujours être positif, & qu'ainsi T doit être négatif, si on a pris $+ \frac{\theta n}{50}$. Si T ne se trouvoit pas négatif dans cette hypothèse, il faudroit prendre alors $+ \frac{1}{50} = - \frac{\theta n^2}{50} + n^4\vartheta$, & $- \frac{\theta n}{50} + n^3\vartheta = $ à un *minimum*; ce qui donneroit $n^2 = + \frac{1}{50\,T}$, & la même équation finale $+ \frac{1}{50} + \frac{\theta}{50\,T} - \frac{\vartheta}{(50)^2\,T^2} = 0$.

253. On se souviendra de plus que dans l'équation $+ \frac{1}{50} = + \frac{n^2\theta}{50} + n^4\vartheta$, il faut, pour que le résultat de la valeur de θ ne soit point illusoire, 1°. que θ soit une fraction positive ou négative; 2°. que $\frac{\theta}{50}$ soit du même signe que ϑ; 3°. que si $+ \frac{n^2\theta}{50} + n^4\vartheta$ est positif, le premier membre soit $+ \frac{1}{50}$, & au contraire si $+ \frac{n^2\theta}{50} + n^4\vartheta$ est négatif.

254. C'eſt pourquoi, afin d'éviter toutes ces confidérations, il feroit peut-être plus à propos d'employer ici
au lieu de la méthode directe, la méthode de tatonnement de l'art. 244, en fuppofant différentes valeurs à θ,
en tirant de-là les valeurs correfpondantes de n, telles
que $\pm \frac{\theta n^2}{50} + n^4 \omega$ foit $= \pm \frac{1}{50}$, & en cherchant
enfuite quelle eſt celle de ces valeurs qui donne la plus
petite valeur à $\pm \frac{\theta n}{50} + n^3 \omega$. Si θ eſt pofitif, & que
ω foit auffi pofitif, il faudra prendre $\pm \frac{\theta n^2}{50} + n^4 \omega$
$= \frac{1}{50}$, & $\frac{\theta n}{50} + n^3 \omega = $ à un *minimum*. Si θ eſt pofitif, & ω négatif, il faudra prendre $n^4 \omega - \frac{\theta n^2}{50} = -$
$\frac{1}{50}$, & $- \frac{\theta n}{50} + n^3 \omega = $ à un *minimum*. Si θ eſt négatif, & que ω fe trouve pofitif, il faudra prendre $- \frac{\theta n^2}{50}$
$+ n^4 \omega = \frac{1}{50}$, & $- \frac{\theta n}{50} + n^3 \omega = $ à un *minimum*;
enfin fi θ eſt négatif, & que ω fe trouve négatif, il fau-
dra prendre $+ \frac{\theta n^2}{50} + n^4 \omega = - \frac{1}{50}$, & $\frac{\theta n}{50} + n^3 \omega$
égal à un *minimum*. On formera par ce moyen une Ta-
ble, où pour chaque valeur de θ on aura la valeur cor-
refpondante de l'aberration, & la valeur de n, ou le rapport du diametre de l'ouverture à la diſtance focale;
c'eſt-à-dire, le champ de la lunette; & on prendra pour
θ & pour n les valeurs qui répondent à la plus petite
aberration.   §. XI.

§. XI. *Formules générales de l'aberration de sphéricité pour une lentille à trois surfaces, dans le cas où les rayons incidens ne sont point parallèles.*

255. Si dans la formule de l'art. 202, on fait $\frac{1}{p} = 0$; c'est-à-dire, $\frac{1}{r''} = \frac{1}{r'}$, il est clair (art. 29.) que quelles que soient M & m, on aura le cas d'une lentille composée d'une seule matiere; or dans ce dernier cas, les termes où sont $\delta 3, \delta, \delta r, \delta r r, r^3$ s'évanouissent, comme on le voit par la formule de l'art. 183. Donc dans le cas présent ils doivent s'évanouir aussi, puisque ces termes ne renferment point $\frac{1}{p}$, & en sont entiérement indépendans.

256. De plus il est évident 1°. que dans la formule de l'aberration (art. 202.) pour le cas où δ n'est pas infinie, il se trouve 1°. un terme $\frac{1}{2\delta} \left(\frac{1}{\delta} + \frac{1}{r} \right)^2$ qui ne se rencontre point dans la formule de l'art. 201, où $\delta = \infty$. 2°. Que le second terme $\frac{m}{2} \left(\frac{1}{r} \right) \left(\frac{1}{\delta} + \frac{1}{r} \right)^2$ peut être écrit ainsi $\frac{m}{2} \left(\frac{1}{\delta} + \frac{1}{r} \right)^3 - \frac{m}{2\delta} \left(\frac{1}{\delta} + \frac{1}{r} \right)^2$, quantité dans laquelle le premier terme $\frac{m}{2} \left(\frac{1}{\delta} + \frac{1}{r} \right)^3$ répond au terme $\frac{m}{2} \left(\frac{1}{r} \right)^3$ qu'on trouve dans le cas de $\delta = \infty$; avec cette seule différence qu'on a

$\frac{1}{\delta} + \frac{1}{r}$ au lieu de $\frac{1}{r}$. 3°. On fera fur tous les autres termes de la formule de l'art. 202, une opération
& un raifonnement femblable.

257. D'où l'on concluera que pour avoir l'aberration
dans le cas de $\delta = $ à une quantité quelconque, il faut
1°. ajouter à l'aberration trouvée pour le cas de $\delta = \infty$,
la quantité $-\frac{\omega^2}{4} \times \Big[$ $\frac{1}{2\delta}\left(\frac{1}{\delta}+\frac{1}{r}\right)^2 - \frac{m}{2\delta}\left(\frac{1}{\delta}+\frac{1}{r}\right)^2 + \frac{1}{2m}\times\frac{1}{\delta}\times\left(-\frac{m}{\delta}+\frac{m}{r}-\frac{1}{\lambda}\right)^2 - \frac{M}{2m^2}\times\frac{1}{\delta}\left(\frac{m}{\delta}+\frac{m}{r}-\frac{1}{\lambda}\right)^2 + \frac{1}{2M}\times\frac{1}{\delta}\left(\frac{M}{r}+\frac{M}{\delta}+\frac{mk-M}{m\lambda}\right)^2 - \frac{1}{2M^2}\times\frac{1}{\delta}\left(\frac{M}{r}+\frac{M}{\delta}+\frac{k}{\lambda}-\frac{M}{m\lambda}\right)^2 \Big]$. 2°. Mettre dans la formule de
l'aberration trouvée art. 201, $\frac{1}{\delta}+\frac{1}{r}$ au lieu de $\frac{1}{r}$.
La feconde de ces opérations fe fera tout de fuite. A
l'égard de la premicre, comme tous les termes où fe
trouvent δ & r fans λ fe doivent détruire (art. 255.) il
eft clair que le réfultat de cette opération fe réduira à la
quantité $\frac{\omega^2}{4}\times\Big[-\frac{1}{\delta\lambda}\times\overline{\frac{1}{\delta}+\frac{1}{r}}+\frac{1}{2m\delta\lambda\lambda} + \frac{M}{m\delta\lambda}\times\overline{\frac{1}{\delta}+\frac{1}{r}} - \frac{M}{2m^2\delta\lambda\lambda} + \frac{1}{\delta}\times\left(\frac{k}{\lambda}-\frac{M}{m\lambda}\right)\times\left(\frac{1}{\delta}+\frac{1}{r}\right) + \frac{1}{2M\delta\lambda\lambda}\left(k-\frac{M}{m}\right)^2$

$$- \frac{1}{M \delta \lambda} \left(k - \frac{M}{m}\right)\left(\frac{1}{\delta} + \frac{1}{r}\right) - \frac{1}{2 M^2 \delta \lambda \lambda} \times$$

$$\left(k - \frac{M}{m}\right) \Big].$$

258. C'est pourquoi la formule générale de l'aberration sera $\frac{\omega^2}{4} \Big[\frac{(A + a)}{\lambda} \left(\frac{1}{\delta} + \frac{1}{r}\right)^2 + \frac{B + \mathcal{C}}{\lambda \lambda}\left(\frac{1}{\delta} + \frac{1}{r}\right) + \frac{C + \gamma}{\lambda^3} + \frac{D}{\delta \lambda}\left(\frac{1}{\delta} + \frac{1}{r}\right) + \frac{G}{\delta \lambda \lambda} \Big];$ dans laquelle $A + a$, $B + \mathcal{C}$, $C + \gamma$, sont connues par les calculs ci-dessus (art. 212.) & dans laquelle on a de plus

$$D = -1 + k - \frac{k}{M} + \frac{1}{m};$$

$$\text{Et } G = \frac{1}{2 m} - \frac{1}{2 m m} + \frac{k k}{2 M} - \frac{k k}{2 M^2} + \frac{k}{m M}$$

$$- \frac{k}{m}.$$

259. Donc mettant pour k sa valeur en θ, tirée de l'art. 48, on aura pour l'expression de l'aberration (art. 233.) la formule.

$$\frac{\omega^2}{4} \Big[\frac{M + N\theta}{R}\left(\frac{1}{\delta} + \frac{1}{r}\right)^2 + \frac{Q + \Pi\theta + S\theta\theta}{R R}\left(\frac{1}{\delta} + \frac{1}{r}\right) + \frac{T + V\theta + Z\theta\theta + Y\theta^3}{R^3} + \frac{M' + N'\theta}{\delta R}\left(\frac{1}{\delta} + \frac{1}{r}\right) + \frac{Q' + \Pi'\theta + S'\theta\theta}{\delta R R} \Big];$$

Sur laquelle, en traitant $\frac{1}{\delta} + \frac{1}{r}$ comme l'inconnue, ainsi qu'on a fait $\frac{1}{r}$ dans les $\S$. précédens, on pourra faire les mêmes opérations qui ont été faites ci-dessus, pour le cas de $\delta = \infty$.

§. XII. *De l'aberration de sphéricité dans une lentille formée de quatre surfaces & de deux matieres, dont l'une est renfermée au-dedans de l'autre.*

260. Dans une lentille composée de quatre surfaces & de deux différentes matieres, dont l'une soit renfermée au-dedans de l'autre, l'équation nécessaire pour détruire l'aberration de sphéricité sera

$$\frac{m''' m'' m' m}{2}\left(\frac{1}{\delta}\right)\left(\frac{1}{\delta}+\frac{1}{r}\right)^2 + \frac{m''' m'' m' m^2}{2}\left(\frac{1}{r}\right)\left(\frac{1}{\delta}+\frac{1}{r}\right)^2 - \frac{m''' m'' m' m^3}{2}\left(\frac{1}{\delta}+\frac{1}{r}\right)^3$$

$$+\ \frac{m''' m'' m'}{2}\left(-\frac{1}{\delta'}\right)\left(-\frac{1}{\delta'}+\frac{1}{r'}\right)^2 + \frac{m''' m'' m'^2}{2}\left(\frac{1}{r'}\right)\left(-\frac{1}{\delta'}+\frac{1}{r'}\right)^2 - \frac{m''' m'' m'^3}{2}\left(-\frac{1}{\delta'}+\frac{1}{r'}\right)^3$$

$$+\ \frac{m''' m''}{2}\left(-\frac{1}{\delta''}\right)\left(-\frac{1}{\delta''}+\frac{1}{r''}\right)^2 + \frac{m''' m''^2}{2}\left(\frac{1}{r''}\right)\left(-\frac{1}{\delta''}+\frac{1}{r''}\right)^2 - \frac{m''' m''^3}{2}\left(-\frac{1}{\delta''}+\frac{1}{r''}\right)^3$$

$$+\ \frac{m'''}{2}\left(-\frac{1}{\delta'''}\right)\left(-\frac{1}{\delta'''}+\frac{1}{r'''}\right)^2 + \frac{m'''^2}{2}\left(\frac{1}{r'''}\right)\left(-\frac{1}{\delta'''}+\frac{1}{r'''}\right)^2 - \frac{m'''^3}{2}\left(-\frac{1}{\delta'''}+\frac{1}{r'''}\right)^3 = 0.$$

261. Soit maintenant $\dfrac{1}{r}-\dfrac{1}{r'}=\dfrac{1}{\lambda}$, $\dfrac{1}{r''}-\dfrac{1}{r'''}=\dfrac{1}{p}$; $\dfrac{1}{r}-\dfrac{1}{r'}+\dfrac{1}{r''}-\dfrac{1}{r'''}=\dfrac{k}{p}$, k étant

une conſtante indéterminée, on aura $\dfrac{1}{r'} = \dfrac{1}{r} - \dfrac{1}{\lambda}$,

$$\dfrac{1}{r''} = \dfrac{1}{p} + \dfrac{1}{r} - \dfrac{1}{\lambda} \; ; \; \dfrac{1}{r'''} = -\dfrac{k}{p} + \dfrac{1}{\lambda} + \dfrac{1}{p}$$

$$+ \dfrac{1}{r} - \dfrac{1}{\lambda} = -\dfrac{k-1}{p} + \dfrac{1}{r} \; ; \; \text{\& par conséquent}$$

$$- \dfrac{1}{\delta''} = \dfrac{m'm}{\delta} + \dfrac{m^2 m}{r} + (m'-1) \times -\dfrac{1}{\lambda}$$

$$- \dfrac{1}{r} ,$$

$$- \dfrac{1}{\delta''} + \dfrac{1}{r''} = \dfrac{m'm}{\delta} + \dfrac{m'm}{r} - \dfrac{m'}{\lambda} + \dfrac{1}{p} \; ;$$

$$- \dfrac{1}{\delta'''} = \dfrac{m''m'm}{\delta} + \dfrac{m''m'm}{r} + m''m' \times -\dfrac{1}{\lambda}$$

$$+ (m''-1)\dfrac{1}{p} - \dfrac{1}{r} + \dfrac{1}{\lambda} \; ; \; - \dfrac{1}{\delta'''} + \dfrac{1}{r'''}$$

$$= \dfrac{m''m'm}{\delta} + \dfrac{m''m'm}{r} + (1 - m''m')\dfrac{1}{\lambda} + \dfrac{m''}{p} - \dfrac{k}{p}.$$

262. Donc puiſque $m' = \dfrac{M}{m}$, $m'' = \dfrac{m}{M}$, $m''' = \dfrac{1}{m}$, l'équation ſera, dans le cas de $\delta = \infty$,

$$\dfrac{m^2 - m^3}{2m}\left(\dfrac{1}{r^3}\right) + \dfrac{1}{2m}\left(\dfrac{m-1}{r}\right)\left(\dfrac{m}{r} - \dfrac{1}{\lambda}\right)^2$$

$$+ \dfrac{M}{2m^2}\left(\dfrac{1}{r} - \dfrac{1}{\lambda}\right)\left(\dfrac{m}{r} - \dfrac{1}{\lambda}\right)^2 - \dfrac{M^2}{2m^3}$$

$$\left(\dfrac{m}{r} - \dfrac{1}{\lambda}\right)^3 + \dfrac{1}{2M}\left(\dfrac{M-1}{r} + \left(1 - \dfrac{M}{m}\right)\right.$$

$$\left.\dfrac{1}{\lambda}\right) \times \left(\dfrac{M}{r} + \dfrac{1}{p} - \dfrac{M}{m\lambda}\right)^2 + \dfrac{m}{2M^2}\left(\dfrac{1}{r} + \dfrac{1}{p}\right.$$

$$\left. - \dfrac{1}{\lambda}\right)\left(\dfrac{M}{r} + \dfrac{1}{p} - \dfrac{M}{m\lambda}\right)^2 - \dfrac{m^2}{2M^3}\left(\dfrac{M}{r} + \dfrac{1}{p}\right.$$

$$-\ \frac{M}{m\lambda}\Big)^{3} + \frac{1}{2m}\Big(\frac{n-1}{r} + \overline{\frac{m}{M} - 1}\cdot\frac{1}{p}\Big)\times$$

$$\Big(\frac{m}{r} + \overline{\frac{m}{M} - k}\cdot\frac{1}{p}\Big)^{2} + \frac{1}{2m^{2}}\times\Big(\frac{1-k}{p} + \frac{1}{r}\Big)$$

$$\Big(\frac{m}{r} + \overline{\frac{m}{M} - k}\cdot\frac{1}{p}\Big)^{2} - \frac{1}{2m^{3}}\Big(\frac{m}{r} + \overline{\frac{m}{M} - k}\times$$

$$\frac{1}{p}\Big)^{3} = 0.$$

263. Si δ n'eſt pas infinie, il n'y aura qu'à mettre dans la formule précédente, au lieu de $\frac{m^{2}-m^{3}}{2\,m\,r^{3}}$, la quantité $\frac{1}{2\delta}\Big(\frac{1}{\delta} + \frac{1}{r}\Big)^{2} + \frac{m}{2}\Big(\frac{1}{r}\Big)\Big(\frac{1}{\delta} + \frac{1}{r}\Big)^{2} - \frac{m^{2}}{2}\Big(\frac{1}{\delta} + \frac{1}{r}\Big)^{3}$; & dans les termes ſuivans au lieu de $\frac{m}{r}$, la quantité $\frac{m}{\delta} + \frac{m}{r}$, & au lieu de $\frac{M}{r}$, la quantité $\frac{M}{\delta} + \frac{M}{r}$. Ce dernier calcul ſera développé plus en détail dans la ſuite.

§. XIII. *Conditions néceſſaires pour détruire l'aberration dans cette lentille.*

264. L'équation de l'art. 262 donne après les réductions

$$\frac{1}{p\,r\,r}\Big(M - 1 + \frac{m}{M} + \frac{m}{2} - \frac{2m^{2}}{2M} + \overline{m-1}\times$$

$$\overline{\frac{m}{M} - k} + \overline{\frac{m}{M} - 1}\cdot\frac{m}{2} - \frac{1}{2m}\cdot\overline{\frac{m}{M} - k} +$$

$$\frac{1-k}{2}\Big) + \frac{1}{p\,r\lambda}\Big(-\frac{1}{M} + \frac{2m}{M} - \frac{2M}{m} + \frac{1}{m}\Big)$$

$$+ \frac{1}{ppr}\left[\frac{m}{2M^2} + \frac{m}{M} - \frac{3m^2}{2M^2} + \frac{1}{2} - \frac{1}{2M} + \right.$$
$$\frac{m-1}{2m}\left(\frac{m}{M} - k\right)^2 + \overline{\frac{m}{M} - 1} \cdot \overline{\frac{m}{M} - k} - \frac{1}{mm}\times$$
$$\left.\left(\frac{m}{M} - k\right)^2 + \frac{\overline{1-k}}{m}\left(\frac{m}{M} - k\right)\right] + \frac{1}{p\lambda\lambda}\times$$
$$\left(-\frac{1}{2m} - \frac{1}{2M} + \frac{M}{mm}\right) + \frac{1}{pp\lambda}\times\left(+\frac{m}{M^2}\right.$$
$$\left.- \frac{1}{2M} - \frac{1}{2m}\right) + \frac{1}{p^3}\left(\frac{m}{2M^2} - \frac{m^2}{2M^3} + \frac{1}{2M} - \frac{1}{2m}\times\right.$$
$$\left.\overline{\frac{m}{M} - k}^2 + \frac{\overline{1-k}}{2mm}\cdot\overline{\frac{m}{M} - k}^2 - \frac{1}{2m^3}\cdot\overline{\frac{m}{M} - k}^3\right)$$
$$= 0.$$

265. Il est de plus aisé de s'assurer que si $m = M$, tous les termes où se trouve l'indéterminée λ disparoîtront, & $\frac{k-1}{p}$ ou $\frac{1}{r} - \frac{1}{r'''}$ fera alors le même effet que $\frac{1}{\lambda}$ ou $\frac{1}{f} - \frac{1}{f'}$, dans l'équation de l'art. 167. En ce cas r n'aura que des valeurs imaginaires, comme dans ce même art. 167.

266. En effet on aura pour lors $\frac{1}{rr}(m-1)(1 + \frac{1}{2m})\frac{\overline{1-k}}{p} + \frac{1}{r}(m-1)(\frac{1}{2m} + \frac{1}{m^2})\frac{\overline{1-k^2}}{p^2} + (m-1)(\frac{1}{2m^3})(\frac{\overline{1-k^3}}{p^3}) = 0.$ Equation de la même forme que celle de l'art. 167, & qui a ses racines imaginaires.

267. On doit remarquer ici, comme on l'a fait dans

l'art. 210, pour le cas de trois furfaces, qu'on fe trom-
peroit fi on concluoit que l'aberration eft nulle, lorfque
$\frac{1}{p} = o$, parce que $\frac{1}{p}$ fe trouve à tous les termes ; car
alors $\frac{k}{p}$ ou $\frac{1}{r} - \frac{1}{r'} + \frac{1}{r''} - \frac{1}{r'''}$, ou plus fimplement $\frac{1}{r} - \frac{1}{r'''}$ (à caufe de $\frac{1}{r'} - \frac{1}{r''} = \frac{1}{p} = o$)
n'eft pas $= o$; ni par conféquent les termes dans lefquels
$\frac{k}{p}$ fe trouve.

268. Ce cas de $\frac{1}{p} = o$ ou de $r' = r''$ revient à
celui d'une lentille d'une feule & unique matiere ; car
puifque la partie intérieure de la lentille, dont la matiere eft B, a deux rayons égaux r', r'', il arrive la même
chofe (art. 29.) que fi cette partie intérieure étoit fup-
primée, & qu'on laiffât fubfifter la feule partie extérieure.

269. Pour rendre la formule de l'art. 264. analogue
à celle pour trois furfaces, au lieu de fuppofer $\frac{1}{r} -$
$\frac{1}{r'} = \frac{1}{\lambda}$, $\frac{1}{r''} - \frac{1}{r'} = \frac{1}{p}$, & $\frac{1}{p} - \frac{1}{r'} + \frac{1}{r''}$
$- \frac{1}{r'''} = \frac{k}{p}$, on fera $\frac{1}{r} - \frac{1}{r'} + \frac{1}{r''} - \frac{1}{r'''} =$
$\frac{1}{\lambda}$, $\frac{1}{r''} - \frac{1}{r'} = \frac{k}{\lambda}$, & $\frac{1}{r} - \frac{1}{r'} = \frac{1}{p}$; de forte
qu'il faudra mettre dans cette formule au lieu de $\frac{1}{p}$;
$\frac{k}{\lambda}$;

$\frac{k}{\lambda}$; au lieu de $\frac{k}{p}$, $\frac{1}{\lambda}$; & au lieu de $\frac{1}{\lambda}$, $\frac{1}{p}$;

270. Ces substitutions changeront la formule de l'art. 264. en la suivante

$$\frac{1}{rr\lambda}\left[\frac{1}{2}-m+\frac{1}{2m}+k\left(M-\frac{1}{2}-\frac{1}{2M}\right)+\frac{k}{pr\lambda}\left(-\frac{1}{M}+\frac{2m}{M}-\frac{2M}{m}+\frac{1}{m}\right)+\frac{1}{\lambda\lambda r}\left[\frac{1}{2}+\frac{1}{2m}-\frac{1}{mm}+k^2\left(\frac{1}{2}+\frac{1}{2M}-\frac{1}{MM}\right)+k\left(1+\frac{2}{Mm}-\frac{1}{m}-\frac{2m}{M}\right)\right]+\frac{k}{\lambda pp}\left(-\frac{1}{2m}-\frac{1}{2M}+\frac{M}{mm}\right)+\frac{k^2}{\lambda\lambda p}\left(\frac{m}{M^2}-\frac{1}{2M}-\frac{1}{2m}\right)+\frac{1}{\lambda^3}\left[\frac{1}{2m^3}-\frac{1}{2m^2}+k^3\times\left(\frac{1}{2M^2}-\frac{1}{2M^3}\right)+k\left(-\frac{1}{2m}+\frac{1}{2mm}+\frac{1}{Mm}+\frac{1}{2M}-\frac{3}{2Mm^2}\right)+k^2\left(\frac{3}{2M^2m}-\frac{1}{Mm}-\frac{1}{2M^2}-\frac{m}{M^2}+\frac{1}{M}\right)\right]\right]=0.$$

271. On peut mettre l'équation précédente sous cette forme encore plus simple

$$\frac{1}{rr\lambda}\left[(1-m)\left(1+\frac{1}{2m}\right)+k(M-1)\left(1+\frac{1}{2M}\right)\right]+\frac{1}{pr\lambda}\times k\left(\frac{\overline{M-m}\cdot\overline{1-2m-2M}}{Mm}\right)+\frac{1}{\lambda\lambda r}\left[(m-1)\left(\frac{1}{2m}+\frac{1}{mm}\right)+k^2(M-1)\left(\frac{1}{2M}+\frac{1}{MM}\right)+k\left(\frac{\overline{1-m}\cdot\overline{2m+2-M}}{Mm}\right)\right]+\frac{1}{\lambda pp}\left[k\left(\frac{\overline{M-m}\cdot\overline{2M+m}}{2Mmm}\right)\right]$$

$$+ \frac{1}{\lambda\lambda p}\left[k^2\left(\frac{\overline{m-M}\cdot\overline{2m+M}}{2M^2 m}\right)\right] + \frac{1}{\lambda^3}\left[\frac{1}{2m^3}\right.$$

$$= \frac{1}{2m^2} + k^3\left(\frac{1}{2M^2} - \frac{1}{2M^3}\right) + k\frac{(2-m)(M-m-1)}{2Mm^2}$$

$$+ k^2\frac{(1-m)(3+2m-2M)}{2M^2 m} = 0.$$

272. Si δ n'est pas infinie, alors la formule de l'aberration (en supposant $\zeta = \frac{\omega}{2}$) sera

$$\frac{\omega^2}{4}\left[\frac{1}{2\delta}\left(\frac{1}{\delta}+\frac{1}{r}\right)^2 + \frac{m}{2}\left(\frac{1}{r}\right)\left(\frac{1}{\delta}+\frac{1}{r}\right)^2\right.$$

$$- \frac{m^2}{2}\left(\frac{1}{\delta}+\frac{1}{r}\right)^3 + \frac{1}{2m}\left(\frac{m}{\delta}+\frac{m-1}{r}\right)\left(\frac{m}{\delta}\right.$$

$$+ \frac{m}{r} - \frac{1}{p}\right)^2 + \frac{M}{2m^2}\left(\frac{1}{r}-\frac{1}{p}\right)\left(\frac{m}{\delta}+\frac{m}{r}\right.$$

$$- \frac{1}{p}\right)^2 - \frac{M^2}{2m^3}\left(\frac{m}{\delta}+\frac{m}{r}-\frac{1}{p}\right)^3 + \frac{1}{2M}\left[\frac{M}{\delta}\right.$$

$$+ \frac{M-1}{r} + \left(1-\frac{M}{m}\right)\frac{1}{p}\right]\left(\frac{M}{\delta}+\frac{M}{r}+\frac{k}{\lambda}-\right.$$

$$\left.\frac{M}{mp}\right)^2 + \frac{m}{2M^2}\left(\frac{1}{r}+\frac{k}{\lambda}-\frac{1}{p}\right)\left(\frac{M}{\delta}+\frac{M}{r}+\right.$$

$$\frac{k}{\lambda}-\frac{M}{mp}\right)^2 - \frac{m^2}{2M^3}\left(\frac{M}{\delta}+\frac{M}{r}+\frac{k}{\lambda}-\frac{M}{mp}\right)^3$$

$$+ \frac{1}{2m}\left(\frac{m}{\delta}+\frac{m-1}{r}+\overline{\frac{m}{M}-1}\cdot\frac{k}{\lambda}\right)\times\left(\frac{m}{\delta}+\right.$$

$$\frac{m}{r}+\frac{mk}{M\lambda}-\frac{1}{\lambda}\right)^2 + \frac{1}{2m^2}\times\left(\frac{k-1}{\lambda}+\frac{1}{r}\right)\left(\frac{m}{\delta}\right.$$

$$+ \frac{m}{r}+\frac{mk}{M\lambda}-\frac{1}{\lambda}\right)^2 - \frac{1}{2m^3}\left(\frac{m}{\delta}+\frac{m}{r}+\right.$$

$$\left.\left.\frac{mk}{M\lambda}-\frac{1}{\lambda}\right)^3\right].$$

273. Or puifque dans l'équation de l'art. 202, où l'on fuppofe $r'' = r'''$, & $p = \lambda$, tous les termes affectés de δ, & où ne fe trouvent ni λ ni p, fe détruifent, & qu'il n'y refte que ceux où fe trouvent $\frac{1}{r\,r}$, $\frac{1}{\delta\,\delta}$, & les puiffances inférieures; il eft aifé de voir que dans la formule de l'art. 272, où δ n'eft pas infinie, les termes affectés de δ, & où ne fe trouvent ni λ ni p, fe détruiront de même.

274. De plus il eft vifible que fi dans la formule de l'art. 272, on met $\frac{1}{\delta}+\frac{1}{r}$, par-tout où il y a fimplement $\frac{1}{r}$, & qu'enfuite on retranche par des fignes contraires les nouveaux termes qui viendront de cette fubftitution, la formule ne changera point de valeur, & que cette formule ne différera de la formule de l'art. 270 pour le cas de $\delta = \infty$, que par ces termes ajoutés avec un figne contraire, & de plus en ce que $\frac{1}{\delta}+\frac{1}{r}$ fera au lieu de $\frac{1}{r}$ dans les autres termes. Donc fi la diftance δ n'eft pas $=\infty$, il faudra mettre dans la formule de l'art. 270, $\frac{1}{\delta}+\frac{1}{r}$ au lieu de $\frac{1}{r}$, & ajouter à cette formule

$$\frac{\omega^2}{4}\left[\frac{1}{2\delta}\times\left(\frac{1}{\delta}+\frac{1}{r}\right)^2+\frac{m}{2}\right.$$
$$\times-\frac{1}{\delta}\left(\frac{1}{\delta}+\frac{1}{r}\right)^2+\left(\frac{1}{2m}-\frac{M}{2m}\right)\times-\frac{1}{\delta}\left(\frac{m}{r}\right.$$
$$\left.+\frac{m}{\delta}-\frac{1}{p}\right)^2+\left(\frac{1}{2M}-\frac{m}{2M^2}\right)\frac{1}{\delta}\left(\frac{M}{\delta}+\frac{M}{r}+\right.$$

$$\frac{k}{\lambda} - \frac{M}{mp}\Big)^{2} + \frac{1}{2m} \times \frac{1}{\delta}\Big(\frac{m}{\delta} + \frac{m}{r} + \frac{mk}{M\lambda} - \frac{1}{\lambda}\Big)^{2} + \frac{1}{2m^{2}} \times \Big(-\frac{1}{\delta}\Big)\Big(\frac{m}{\delta} + \frac{m}{r} + \frac{mk}{M\lambda} - \frac{1}{\lambda}\Big)^{2};$$

or (art. 273.) en négligeant les termes affectés de ♪ où ne se trouve ni λ, ni p, cette quantité se réduit à $\dfrac{\omega^{2}}{4}$ multiplié par

$$\frac{k}{\lambda\delta}\Big(\frac{1}{\delta} + \frac{1}{r}\Big)\Big(1 - \frac{1}{M}\Big) - \frac{1}{\lambda\delta}\Big(\frac{1}{\delta} + \frac{1}{r}\Big)\Big(1 - \frac{1}{m}\Big) + \frac{k^{2}}{\lambda^{2}\delta}\Big(\frac{1}{2M} - \frac{1}{2M^{2}}\Big) + \frac{k}{\lambda\lambda\delta} \times \Big(\frac{1}{Mm} - \frac{1}{M}\Big) + \frac{k}{\delta\lambda p}\Big(\frac{1}{M} - \frac{1}{m}\Big) + \frac{1}{\lambda^{2}\delta}\Big(\frac{1}{2m} - \frac{1}{2m^{2}}\Big).$$

275. Nous laisserons d'abord à l'écart cette derniere formule où ♪ est supposée finie, & nous y reviendrons dans la suite. Arrêtons-nous d'abord à celle de l'art. 270, où ♪ est supposée infinie.

276. Soit donc à présent

$$\frac{1}{2} - m + \frac{1}{2m} + k\Big(M - \frac{1}{2} - \frac{1}{2M}\Big) = (-m+1)\Big(1 + \frac{1}{2m}\Big)(1-k) + a = A + a;$$

$$k \times \Big(-\frac{1}{M} + \frac{2m}{M} - \frac{2M}{m} + \frac{1}{m}\Big) = C';$$

$$\frac{1}{2} + \frac{1}{2m} - \frac{1}{mm} + k^{2}\Big(\frac{1}{2} + \frac{1}{2M} - \frac{1}{MM}\Big) + k\Big(1 + \frac{2}{Mm} - \frac{1}{m} - \frac{2m}{M}\Big) = (m-1)\Big(\frac{1}{2m} + \frac{1}{mm}\Big)\overline{1 - k}^{2} + C = B + C.$$

$$k\left(-\frac{1}{2M}-\frac{1}{2m}+\frac{M}{mm}\right)=\delta$$

$$k^2\left(\frac{m}{M^2}-\frac{1}{2M}-\frac{1}{2m}\right)=\epsilon$$

$$\frac{1}{2m^3}-\frac{1}{2m^2}+k^3\left(\frac{1}{2M^2}-\frac{1}{2M^3}\right)+k\left(-\right.$$

$$\frac{1}{2m}+\frac{1}{2mm}+\frac{1}{Mm}+\frac{1}{2M}-\frac{1}{2Mm^2}\left.\right)$$

$$+k^2\left(\frac{3}{2M^2m}-\frac{1}{Mm}-\frac{1}{2M^2}-\frac{m}{M^2}+\frac{1}{M}\right)$$

$$=\frac{(1-m)(1-k)^3}{2m^3}+\varphi=D+\varphi.$$

277. On aura en conséquence, en divisant l'équation de l'art. 270, par $\frac{1}{\lambda}$, qui se trouve à tous les termes ;

$$\frac{1}{rr}(A+a)+\frac{C'}{rp}+\frac{1}{\lambda r}(B+C)+\frac{\delta}{pp}+$$

$$\frac{\epsilon}{p\lambda}+\frac{1}{\lambda^2}(D+\varphi)=0;$$ pour l'équation qui doit détruire l'aberration de sphéricité.

278. Et il faudra que $4(A+a)\left(\frac{\delta}{pp}+\frac{\epsilon}{p\lambda}+\right.$ $\left.\frac{D+\varphi}{\lambda^2}\right)$ soit $<$ ou $=\left(\frac{C'}{p}+\frac{B+C}{\lambda}\right)^2$, pour que cette équation ait des racines réelles.

279. Donc supposant $\Omega=v$, ou une quantité positive quelconque, & faisant

$$4\delta(A+a)-C'^2=\zeta,$$

$$4\epsilon(A+a)-2C'(B+C)=\eta,$$

$$\overline{D+\varphi}.\overline{4A+4a}=(B+C)^2=\theta;$$

Il faudra que

$$\frac{\zeta}{pp} + \frac{''}{p\lambda} + \frac{\theta}{\lambda\lambda} = -\,\Omega\,;$$

Donc

$$\frac{1}{pp} + \frac{''}{\zeta p\lambda} + \frac{\theta}{\zeta\lambda\lambda} = -\,\frac{\Omega}{\zeta}\,;$$

Et

$$\frac{1}{p} = -\,\frac{''}{2\zeta\lambda} \pm \sqrt{-\,\frac{\Omega}{\zeta} - \frac{\theta}{\zeta\lambda\lambda} + \frac{''^{2}}{4\zeta\zeta\lambda\lambda}}\,;$$

équation dans laquelle la valeur de $\frac{1}{p}$ doit être réelle.

280. Donc en général, si on prend Σ pour une quantité positive quelconque ou zéro, il faut que $-\,\Omega$, ou $\zeta\Sigma - \frac{''^{2}}{4\zeta\lambda\lambda} + \frac{\theta}{\lambda\lambda}$ soit une quantité négative ; ce qui est possible dans les cas suivans.

1°. Si $\frac{\theta}{\lambda\lambda} - \frac{''^{2}}{4\zeta\lambda\lambda}$ est négatif, & $= -\,\omega'$, & ζ positif; il n'y a qu'à prendre Σ positif & $< \frac{\omega'}{\zeta}$.

2°. Si $\frac{\theta}{\lambda\lambda} - \frac{''^{2}}{4\zeta\lambda\lambda}$ est $=$ à la quantité négative $-\,\omega'$, & ζ négatif, il n'y aura qu'à prendre Σ positif, & $=$ à tout ce qu'on voudra, c'est-à-dire $= \sigma$, ou positif.

3°. Si $\frac{\theta}{\lambda\lambda} - \frac{''^{2}}{4\zeta\lambda\lambda}$ est positif $= +\,\omega'$, & ζ négatif, il n'y aura qu'à prendre la quantité positive $\Sigma > \frac{\omega'}{\zeta}$, ζ étant pris positivement.

281. Mais si $\frac{\theta}{\lambda\lambda} - \frac{''^{2}}{4\zeta\lambda\lambda}$ est positif, & $= +\,\omega'$,

& ζ positif; en ce cas le Problême est impossible, puisque Σ doit toujours être $= o$ ou positif.

282. Si on veut que $\frac{1}{r}$ ait ses racines égales dans l'équation de l'art. 277. (considération qui pourra être utile en certains cas) l'équation dont il s'agit se transformera en $\frac{1}{rr}(A+a)+\frac{1}{r}\left(\frac{C'}{p}+\frac{B+C}{\lambda}\right)+\left(\frac{C'}{p}+\frac{B+C}{\lambda}\right)^2\times\frac{1}{4(A+a)}=o.$ D'où l'on voit que $\left(\frac{C'}{p}+\frac{B+C}{\lambda}\right)^2\times\frac{1}{4(A+a)}$ doit être $=\frac{\delta}{pp}+\frac{\epsilon}{p\lambda}+\frac{1}{\lambda^2}(D+\varphi).$

283. Dans cette derniere équation, il faut que la valeur de $\frac{1}{p}$ soit réelle; d'où il s'enfuit que $\left(\frac{\overline{C}'^2}{4(A+a)}-\delta\right)\times4\times\left(\frac{\overline{B+C}^2}{4(A+a)}-D+\varphi\right)$ doit être $=$ ou plus petit que $\left(\frac{2C'.\overline{B+C}}{4(A+a)}-\epsilon\right)^2.$

§. XIV. *Conditions pour diminuer dans la même lentille l'aberration en raison donnée.*

284. Si on vouloit que l'aberration causée par la sphéricité, au lieu d'être $= o$, fût comme dans le §. IX. $=\frac{\mu\omega^2}{4\lambda^3}$, alors on auroit au lieu de o dans le second membre de l'équation de l'art. 277, la quantité $\frac{\mu}{\lambda^2}$, μ étant positive ou négative; & en faisant $\sigma = \theta$

$-4\mu(A+a)$, il faudra mettre dans les équations de condition des art. 279 & 280, σ à la place de θ.

285. Ce qui donnera

$$-\Omega = \zeta\Sigma - \frac{\sigma^2}{4\zeta\lambda\lambda} + \frac{\theta}{\lambda\lambda} - \frac{4\mu(A+a)}{\lambda\lambda}.$$

286. En général soit l'aberration $\dfrac{\omega^2}{4rr\lambda}(A+a)$

$$+ \frac{C'\omega^2}{4r\lambda p} + \frac{\omega^2(B+C)}{4r\lambda\lambda} + \frac{\delta\omega^2}{4p^2\lambda} + \frac{\epsilon\omega^2}{4p\lambda\lambda}$$

$$+ \frac{\omega^2(D+\varphi)}{4\lambda^3} = \frac{\vartheta\omega'^2}{4R^3}\times\pi,$$ comme dans l'art. 226.

287. Il faut d'abord, pour que les racines de cette équation soient réelles, que $\left[\dfrac{(B+C)}{\lambda} + \dfrac{C'}{p}\right]^2 -$

$$4(A+a)\left(\frac{\delta}{pp} + \frac{\epsilon}{p\lambda} + \frac{D+\varphi}{\lambda^2} - \frac{\vartheta\omega'^2\pi\lambda}{\omega^2R^3}\right)$$

soit $= \dfrac{\Omega\lambda}{R^3}$, Ω étant $=$ à zéro ou à une quantité positive.

288. Soit $C'^2 - 4.\overline{A+a}.\delta = \zeta$;

$2C'.\overline{B+C} - 4\epsilon.\overline{A+a} = \eta$;

$(B+C)^2 - 4.\overline{A+a}\times(D+\varphi) = \theta$;

$4.\overline{A+a}\times\dfrac{\vartheta\omega'^2.\pi\lambda}{\omega^2.R^3} - \dfrac{\Omega\lambda}{R^3} = -\dfrac{\nu}{\lambda\lambda}$;

Et on aura

$$\frac{\zeta}{pp} + \frac{\eta}{\lambda p} + \frac{\theta}{\lambda^2} - \frac{\nu}{\lambda\lambda} = 0.$$

289. Donc $\dfrac{1}{p} = -\dfrac{\eta}{2\zeta\lambda} \pm \sqrt{\left(\dfrac{\eta^2}{4\zeta^2\lambda^2} - \dfrac{\theta}{\zeta\lambda\lambda}\right.}$

$$+ \frac{\nu}{\zeta\lambda\lambda}\bigg).$$

290. Donc il faudra que la quantité $\dfrac{\omega^2}{4\zeta^3} - \dfrac{\theta}{\zeta} + \dfrac{\gamma}{\zeta}$ soit $= o$, ou soit une quantité positive Σ.

291. Et on se souviendra que l'on a (art. 48.) une valeur de $\dfrac{1}{\lambda}$ en $\dfrac{1}{R}$, & qu'ainsi on peut faire disparoître λ & R de la valeur de γ, laquelle est $-4 \cdot \overline{A + a} \times \dfrac{\vartheta \, \omega'^2 \Pi \lambda^3}{\omega^2 R^3} + \dfrac{\Omega \lambda^3}{R^3}$.

292. En général, si on fait $\omega' = n\omega$, il faudra (art. 247 & 250.) que $\dfrac{\vartheta \, \omega^3 n^3 \Pi}{4 R^3} + \dfrac{2 \theta n \omega \, d\varpi}{R}$ soit beaucoup plus petit que $\dfrac{2 \omega \, d\varpi}{R}$; ou à cause de $\dfrac{\omega^2}{R} = \dfrac{1}{3}$ ligne, & $R = q \cdot 12 \cdot 12$, il faudra que $\dfrac{\vartheta \, n^3 \Pi}{4 \cdot 3 \cdot q \cdot 12 \cdot 12} + 2 \theta n \, d\varpi$ soit $< 2 \, d\varpi$ en supposant $n > 1$. D'où l'on voit que n doit être $< \dfrac{1}{\theta}$. Si $n = 1$, c'est-à-dire, si les deux ouvertures sont égales, on aura plus simplement $\dfrac{\vartheta \, \Pi}{4 \cdot 3 \cdot q \cdot 12 \cdot 12} + 2 \theta \, d\varpi < 2 \, d\varpi$, condition nécessaire pour que l'objectif composé soit préférable à l'objectif simple.

293. En résolvant l'équation de l'art. 287, on trouve
$$\frac{1}{r} = \frac{-B - C}{(A + \alpha) \, 2\lambda} - \frac{C'}{2p(A + \alpha)} + \frac{1}{2(A + \alpha) R} \times \sqrt{\frac{\Omega \lambda}{R}},$$
pour la valeur de $\dfrac{1}{r}$, après avoir déter-

miné $\frac{1}{\lambda}$ & $\frac{k}{\lambda}$ en $\frac{1}{R}$ par l'art. 48, c'est-à-dire, après avoir fait

$$\frac{1}{\lambda} = \left[\frac{\overline{\varpi - 1}.dP' - \theta d\varpi.\overline{P' - 1}}{R} \right] : [\overline{P - 1}.dP'$$
$$- \overline{P' - 1}.dP],$$

$$\text{Et } \frac{k}{\lambda} = \left[\frac{\overline{\varpi - 1}.dP - \theta d\varpi.\overline{P' - 1}}{R} \right] : [(P - 1)$$
$$dP' - \overline{P' - 1}.dP];$$

Et on remarquera qu'il restera encore une indéter-
minée $\frac{1}{p}$ dans la valeur de $\frac{1}{r}$, & que la valeur de r
fera réelle, fi on peut prendre cette indéterminée p
telle que Ω foit une quantité positive. Si cela ne fe peut
pas, alors il faudra avoir recours aux valeurs de r, λ, p,
qui donneront la plus petite aberration possible. Ce fera
l'objet du §. fuivant.

§. XV. *Conditions pour la plus petite aberration possible*
dans la même lentille.

294. Pour que l'aberration foit la moindre qu'il est
possible, lorfqu'elle ne pourra être $= o$, il faudra que

$$- \frac{2 dr.\overline{A + a}}{r^3} - \frac{dr.\overline{B + C}}{r^2 \lambda} - \frac{C' dr}{r^2 p} - \frac{C' dp}{r p^2}$$
$$- \frac{2\delta dp}{p^3} - \frac{2 dp}{p^2 \lambda} = o.$$

295. Donc en regardant d'abord p comme constante,
on aura $\frac{1}{r} = \frac{- B - C}{2 \lambda (A + a)} - \frac{C'}{2 p (A + a)},$

& l'aberration fera la plus petite poffible, lorfque mettant dans la formule de l'art. 277. pour $\frac{1}{r}$ fa valeur
tirée de l'équation précédente, on aura la différence de
la nouvelle quantité qui en proviendra $= o$. Et comme
cette quantité ne contient plus que p d'indéterminée, on
aura donc la valeur de p propre à donner la plus petite
aberration poffible. En voici le calcul.

296. Suivant les art. 274 & 277, l'aberration venant
de la fphéricité, fera en général

$$\frac{\omega^2}{4}\left[\frac{(M+N\theta)}{R}\left(\frac{1}{\delta}+\frac{1}{r}\right)^2+\frac{M'+N'\theta}{R\,p}\left(\frac{1}{\delta}+\frac{1}{r}\right)+\frac{Q+\Pi\theta+S\theta\theta}{R^2}\left(\frac{1}{\delta}+\frac{1}{r}\right)+\frac{\Omega+\Sigma\theta}{p^2 R}+\frac{Q'+\Pi'\theta+S'\theta\theta}{pRR}+\frac{T+V\theta+Z\theta\theta+Y\theta^3}{R^3}+\left(\frac{F+G\theta}{\delta R}\right)\left(\frac{1}{\delta}+\frac{1}{r}\right)+\frac{H+L\theta+K\theta\theta}{RR\delta}+\frac{\varpi+\varpi\theta}{R\,p\,\delta}\right];$$

quantité dans laquelle (art. 232.)
$$\frac{M+N\theta}{R}=\frac{A+\alpha}{\lambda}\,;\qquad \frac{Q+\Pi\theta+S\theta\theta}{R^2}=\frac{B+\varsigma}{\lambda^2}\,;\qquad \frac{T+V\theta+Z\theta\theta+Y\theta^3}{R^3}=\frac{D+\phi}{\lambda^3}\,;$$

on a de plus (art. 274 & 276.)
$$\frac{F+G\theta}{R}=\frac{k}{\lambda}\left(1-\frac{1}{M}\right)-\frac{1}{\lambda}\times\left(1-\frac{1}{m}\right)\,;$$
$$\frac{H+L\theta+K\theta\theta}{RR}=\frac{k^2}{\lambda^2}\left(\frac{1}{2M}-\frac{1}{2M^2}\right)+\frac{k}{\lambda\lambda}\left(\frac{1}{Mm}-\frac{1}{M}\right)+\frac{1}{\lambda\lambda}\left(\frac{1}{2m}-\frac{1}{2m^2}\right)\,;$$
$$\frac{M'+N'\theta}{R}=\frac{C'}{\lambda}\,;\qquad \frac{\Omega+\Sigma\theta}{R}$$

$$= \frac{\delta'}{\lambda} \; ; \quad \frac{Q' + \Pi'\theta + S'\theta\theta}{RR} = \frac{\iota}{\lambda\lambda} \; ; \quad \frac{\varkappa + \varpi\theta}{R} = \frac{k}{\lambda}$$

$$\left(\frac{1}{M} - \frac{1}{m} \right).$$

297. Cette quantité fera $= o$, fi on peut prendre p telle que

$$-4 . \overline{M + N\theta} \times \left(\frac{\Omega + \Sigma\theta}{pp} + \frac{Q' + \Pi'\theta + S'\theta\theta}{Rp} \right.$$
$$+ \frac{T + V\theta + Z\theta\theta + Y\theta^3}{R^2} + \frac{H + L\theta + K\theta\theta}{R\delta} + \left. \frac{\varkappa + \varpi\theta}{p\delta} \right)$$
$$+ \left(\frac{M' + N'\theta}{p} + \frac{Q + \Pi\theta + S\theta\theta}{R} + \frac{F + G\theta}{\delta} \right)^2 \text{ foit}$$
$$= \frac{\Gamma}{R^2} , \; \Gamma \text{ étant} = o \text{ ou pofitif.}$$

298. Si cela ne fe peut pas, on cherchera la plus petite aberration; & pour cela on prendra

$$\frac{1}{\delta} + \frac{1}{r} = - \frac{1}{2 (M + N\theta)} \times \left(\frac{M' + N'\theta}{p} + \frac{Q + \Pi\theta + S\theta\theta}{R} + \frac{F + G\theta}{\delta} \right).$$

299. Et l'aberration fera pour lors $\dfrac{\omega^2}{4R} \left(\dfrac{-1}{M + N\theta} \right)$

$$\left(\frac{M' + N'\theta}{2p} + \frac{Q + \Pi\theta + S\theta\theta}{2R} + \frac{F + G\theta}{2\delta} \right)^2 + \frac{\omega^2}{4R}$$
$$\left(\frac{\Omega + \Sigma\theta}{pp} + \frac{Q' + \Pi'\theta + S'\theta\theta}{Rp} + \frac{T + V\theta + Z\theta\theta + Y\theta^3}{R^2} \right.$$
$$+ \left. \frac{H + L\theta + K\theta\theta}{R\delta} + \frac{\varkappa + \varpi\theta}{p\delta} \right).$$

300. Cette quantité fera un *minimum*, fi on a

$$- \frac{1}{(M + N\theta)} \left[- (M' + N'\theta) \times \left(\frac{M' + N'\theta}{2p} + \right. \right.$$

$$\frac{Q + \Pi\theta + S\theta\theta}{2R} + \frac{F + G\theta}{2\delta}\Big)\Big] - 2\Big(\frac{\Omega + \Sigma\theta}{p}\Big) - \frac{Q' + \Pi'\theta + S'\theta\theta}{R} - \frac{\varkappa + \varpi\theta}{\delta} = 0.$$

301. Donc
$$\frac{1}{p} = \Big[\frac{-M' - N'\theta}{2(M + N\theta)}\Big(\frac{Q + \Pi\theta + S\theta\theta}{R} + \frac{F + G\theta}{\delta}\Big) + \frac{Q' + \Pi'\theta + S'\theta\theta}{R} + \frac{\varkappa + \varpi\theta}{\delta}\Big] : \Big[\frac{(M' + N'\theta)^2}{2(M + N\theta)} - 2(\Omega + \Sigma\theta)\Big].$$

302. Donc fubftituant les valeurs de $\frac{1}{p}$ & de $\frac{1}{r}$, tirées des arr. 300 & 298, après avoir fuppofé $\delta = \infty$, & faifant enfuite fucceffivement $\theta = o$, $\theta = \frac{1}{8}$, $\theta = \frac{1}{4}$, $\theta = \frac{3}{8}$, $\theta = \frac{1}{2}$, $\theta = \frac{5}{8}$, $\theta = \frac{3}{4}$, $\theta = \frac{7}{8}$, $\theta = 1$; on connoîtra dans quel cas l'aberration de fphéricité ajoutée à l'aberration de réfrangibilité $\frac{2\theta d\varpi}{R}$, eft la plus petite qu'il eft poffible dans la lentille dont il s'agit. Je ne m'étends point fur ce fujet, qui eft fufceptible de réflexions analogues à celles qui ont été faites ci-deffus, art. 236 — 255.

303. Nous avons donc donné dans ce Chapitre 1°. une méthode pour détruire, lorfque cela eft poffible, l'aberration de fphéricité dans les lentilles à trois ou à quatre furfaces. 2°. Une méthode pour rendre l'aberration la plus petite qu'il eft poffible, lorfqu'on ne fauroit la détruire. 3°. Une méthode pour rendre la plus petite qu'il eft poffible la fomme des deux aberrations, lorfqu'on ne peut anéantir l'une & l'autre à la fois.

§. **XVI.** *Conditions néceffaires pour détruire ou pour diminuer l'aberration, dans une lentille compofée de quatre furfaces & de deux matieres avec de l'air entre deux.*

304. Nous avons donné ci-deffus l'expreffion de l'aberration dans une lentille fimple; maintenant derriere cette lentille fuppofons-en une autre, telle que le rapport du finus d'incidence au finus de réfraction, en paffant de l'air dans cette lentille, foit M, & que les rayons foient r'' & r'''; on aura d'abord (art. 84.) en faifant $\frac{1}{r} - \frac{1}{r'} = \frac{1}{\lambda}$, $\frac{1}{r'''} - \frac{1}{r''} = \frac{1}{\Lambda}$, & $\frac{dP}{dP'} = k$, l'équation $\frac{1}{\Lambda} = \frac{k}{\lambda}$.

305. De plus on aura
$$\Lambda^{\text{iv}} = \frac{-\frac{1}{M} + 1}{\Lambda} + \frac{1}{\delta''} + \frac{c^2}{2\,\delta''^2} \times - \frac{1}{\Lambda}\left(\frac{3}{M} - 1 - 2M\right) - \frac{c^2}{2\,\delta''} \times - \frac{1}{\Lambda\,r''}\left(\frac{4}{M} - 4M\right) - \frac{c^2}{2\,\delta''} \times \frac{1}{\Lambda\Lambda}\left(1 + \frac{2}{M} - \frac{3}{M^2}\right) - \frac{c^2}{2\,r''r''\,\Lambda}\left(1 - 2M + \frac{1}{M}\right) + \frac{c^2}{2\,r''\,\Lambda\Lambda}\left(1 + \frac{1}{M} - \frac{2}{M^2}\right) - \frac{c^2}{2\,\Lambda^3}\left(\frac{1}{M^3} - \frac{1}{M^2}\right).$$

306. Donc mettant pour $\frac{1}{\delta''}$ fa valeur tirée de l'art. 22, la diftance focale Λ^{iv} fera $= 1 : \left[\overline{P' - 1} \times - \frac{k}{\lambda}\right.$

$$+ \overline{P-1} \times \frac{1}{\lambda} - \frac{1}{\delta} + \frac{c^2}{2\,\delta\,\delta\,\lambda}\left(\frac{3}{m} - 1 - 2m\right)$$

$$+ \frac{c^2}{2\,\delta\,r\,\lambda}\left(\frac{4}{m} - 4m\right) + \frac{c^2}{2\,\delta\,\lambda\,\lambda}\left(1 + \frac{2}{m} - \frac{3}{m^2}\right)$$

$$+ \frac{c^2}{2\,r\,r\,\lambda}\left(\frac{1}{m} + 1 - 2m\right) + \frac{c^2}{2\,r\,\lambda\,\lambda}\left(1 + \frac{1}{m}\right.$$

$$\left. - \frac{2}{m^2}\right) + \frac{c^2}{2\,\lambda^3}\left(\frac{1}{m^3} - \frac{1}{m^2}\right) - \frac{c^2 k}{2\,\lambda}\left(\frac{3}{M} -\right.$$

$$\left. 1 - 2M\right)\left(\frac{P-1}{\lambda} - \frac{1}{\delta}\right)^2 + \frac{c^2 k}{2\,r''\,\lambda}\left(\frac{4}{M} - 4M\right)$$

$$\times \left(\frac{P-1}{\lambda} - \frac{1}{\delta}\right) - \frac{c^2 k^2}{2\,\lambda\,\lambda}\left(1 + \frac{2}{M} - \frac{3}{M^2}\right)$$

$$\left(\frac{P-1}{\lambda} - \frac{1}{\delta}\right) - \frac{c^2 k}{2\,r''\,r''\,\lambda}\left(-2M + 1 + \frac{1}{M}\right) +$$

$$\frac{c^2 k^2}{2\,r''\,\lambda\,\lambda}\left(1 + \frac{1}{M} - \frac{2}{M^2}\right) - \frac{c^2 k^3}{2\,\lambda^3}\left(\frac{1}{M^3} - \frac{1}{M^2}\right).$$

307. Donc si on fait $\delta = \infty$,

$$P + 1 - 2m = A,$$

$$1 + P - 2P^2 = B,$$

$$P^3 - P^2 - k(P-1)^2(3P' - 1 - 2M) - k^2$$
$$(P-1)(1 + 2P' - 3P'^2) - k^3(P'^3 - P'^2) = C;$$

$$4k(P' - M) \times (P - 1) + k^2(1 + P' - 2P'^2) = D;$$

$$- k(1 + P' - 2M) = E,$$

On aura

$$\frac{A}{r\,r} + \frac{B}{r\,\lambda} + \frac{C}{\lambda\,\lambda} + \frac{D}{\lambda\,r''} + \frac{E}{r''\,r''} = 0 \; ; \; \text{pour}$$

l'équation de condition qui rendra nulle l'aberration de sphéricité dans cette double lentille.

§. **XVII.** *Réflexions sur une méthode particuliere, par laquelle on pourroit chercher à résoudre l'équation précédente.*

308. Je crois devoir faire ici mention d'une méthode que j'avois imaginée pour résoudre l'équation de l'art. 307, dans laquelle il y a deux indéterminées r & r''; comme cette méthode pourroit faire illusion, il ne sera pas inutile de l'expofer un peu en détail ; parce que les réflexions qu'elle nous fournira, pourront être utiles dans d'autres recherches.

309. Soit

$$\frac{A}{r\,r} + \frac{B}{r\,\lambda} + \frac{C}{\lambda\,\lambda} + \frac{D}{\lambda\,r''} + \frac{E}{r''\,r''} = o.$$

Soit fuppofée cette quantité égale à $F\left(\dfrac{G}{r} + \dfrac{H}{\lambda} + \dfrac{K}{r''}\right)^{2} + M\left(\dfrac{N}{r} + \dfrac{P}{\lambda} + \dfrac{Q}{r''}\right) = o$, F, G, H, K, M, N, P, Q étant des indéterminées. Si cette fuppofition peut fe faire, il eft vifible 1°. qu'en faifant $\dfrac{G}{r} + \dfrac{H}{\lambda} + \dfrac{K}{r''} = o$, & $\dfrac{N}{R} + \dfrac{P}{\lambda} + \dfrac{Q}{r''} = o$, on aura une valeur de $\dfrac{1}{r}$ & une de $\dfrac{1}{r''}$ en $\dfrac{1}{\lambda}$, qui feront telles que $\dfrac{A}{r\,r} + \dfrac{B}{r\,\lambda} + \dfrac{C}{\lambda\,\lambda} + \dfrac{D}{r''\,\lambda} + \dfrac{E}{r''\,r''}$ fera $= o$. 2°. Que quand on aura déterminé ces valeurs de r & de r'', fi on fait varier d'une quantité qui foit de l'ordre de dP, les coëfficiens F, G, H, K, M, N, P, Q, la
quantité

quantité qui étoit $= o$, deviendra de l'ordre de dP'^2, c'est-à-dire, d'un ordre au-dessous de dP'. 3°. Que si on se trompe sur la valeur de r, de ρ & des coëfficiens d'une quantité de l'ordre de dP', l'erreur qui en résultera, sera encore de l'ordre de dP'^2 seulement.

310. Si donc on pouvoit parvenir à déterminer les coëfficiens F, G, H, K, M, N, P, Q, d'une maniere simple & commode, il en résulteroit une solution très-simple de l'équation $\dfrac{A}{rr} + \dfrac{B}{r\lambda} + \dfrac{C}{\lambda\lambda} + \dfrac{D}{\lambda r''} + \dfrac{E}{r'' r''} = o$, & cette solution auroit les avantages suiv.

1°. Que les valeurs de $\dfrac{1}{r}$ & $\dfrac{1}{r''}$ se détermineroient par des équations fort simples.

2°. Que quand on auroit déterminé ces valeurs de $\dfrac{1}{r}$ & de $\dfrac{1}{r''}$ pour une espéce de rayons, par exemple, pour les rayons moyens, ce qui resteroit d'abertration pour les rayons extrêmes, seroit de l'ordre de $\omega^2 dP'^2$, & par conséquent très-petite, parce que les coëfficiens F, G, K &c. ne varient pour lors que d'une quantité de l'ordre de dP'^2.

3°. Que quand on commettroit dans la valeur de $\dfrac{1}{r}$ & de $\dfrac{1}{r''}$ une erreur de l'ordre de dP', il n'en résulteroit dans l'aberration qu'une erreur de l'ordre de $\omega^2 dP'^2$, & par conséquent encore très-petite.

311. Soit donc maintenant

Opusc. Math. Tome III.　　　　　　　　　　R

$$F\left(\frac{G}{r}+\frac{H}{\lambda}+\frac{K}{r''}\right)^2+M\left(\frac{N}{r}+\frac{P'}{\lambda}+\frac{Q}{r''}\right)^2=$$

$$\frac{A}{rr}+\frac{B}{r\lambda}+\frac{C}{\lambda\lambda}+\frac{D}{\lambda r''}+\frac{E}{r''r''};$$

Et on aura

$$FGG+MNN=A$$
$$2FGH+2MNP'=B$$
$$FHH+MP'P'=C$$
$$2FHK+2MP'Q=D$$
$$FKK+MQQ=E$$
$$FGK+MQN=0.$$

312. Dégageant les inconnues G, H, K, P' F, M; & faifant $N=Q\zeta$, on parvient à l'équation $\dfrac{\zeta\zeta\frac{E}{A}}$

$$\left(-2CB+\frac{B^3}{2A}+\frac{D^2B}{2E}\right)-2BC+\frac{B^3}{2A}+\frac{BD^2}{2E}$$

$$=0; \text{ ou } \zeta\zeta=-\frac{A}{E}.$$

313. Si on avoit $B=0$, ou $-2C+\dfrac{B^2}{2A}+\dfrac{D^2}{2E}$

$=0$, il eft clair que ζ pourroit être $=$ à tout ce qu'on voudroit; mais alors la folution exigeroit qu'il y eût une certaine équation de condition entre les coëfficiens A, B, C, D, E; ce qui rendroit cette folution trop limitée.

314. On aura donc

$$\zeta=\sqrt{-\frac{A}{E}}$$
$$N=Q\zeta$$
$$P'=\left(DQ+\frac{BE\zeta Q}{A}\right):\zeta E;$$

$$G = -2AH : (D\zeta - B);$$

$$K = -E\zeta \times -2H : (D\zeta - B)$$

$$F = -\frac{MQQ(D\zeta - B)^2}{-4AEHH}.$$

$$M = -\frac{AK}{NNK - QNG} = -\frac{A}{0} = \infty;$$

315. On voit donc qu'à la rigueur HH & QQ doivent être infinies; il semble d'abord que ce ne soit pas un inconvénient; car $F\left(\frac{G}{r} + \frac{H}{\lambda} + \frac{K}{r''}\right)^2 + M$ $\left(\frac{N}{r} + \frac{P}{\lambda} + \frac{Q}{r''}\right)^2 = FHH\left(\frac{G}{Hr} + \frac{1}{\lambda} + \frac{K}{Hr''}\right)^2 + MQQ\left(\frac{N}{Qr} + \frac{P}{Q\lambda} + \frac{1}{r''}\right)^2 = o$; & on aura en quantités finies $\frac{1}{r''} = -\frac{1}{r} - \frac{D}{2E\lambda} - \frac{B\zeta}{2A\lambda} = \frac{A}{E\zeta r} - \frac{D\zeta - B}{2E\zeta\lambda}$; d'où l'on tireroit facilement les valeurs de r'' & de r.

316. Mais ces valeurs de r & de r'' n'auroient qu'en apparence les avantages énoncés dans l'art. 310. Car si on y prend garde, pour que ces avantages soient réels, c'est-à-dire, que l'erreur ne soit que de l'ordre de dP'^2, il faut que les coëfficiens FHH, MQQ soient finis. S'ils sont infinis, alors $FHHdP'^2$ & $MQQdP'^2$ sont de l'ordre de dP', & la solution n'a plus lieu. Or c'est ce qui arrive ici.

317. On peut d'ailleurs remarquer que, comme le coëfficient C ne se trouve (art. 314.) ni dans la valeur

de P' ni dans celle de H, ni dans celles de F & de M, on ne pourra satisfaire par le moyen de ces valeurs, à l'équation $FHH + MP'P' = C$, à moins que C n'ait une certaine valeur, qui se trouvera être $\frac{D^2}{4E} + \frac{B^2}{4A}$, comme on peut s'en assurer par le calcul, en mettant pour P', FHH & MQQ, leurs valeurs tirées de l'art. 314.

318. On pourroit supposer encore $\frac{A}{rr} + \frac{B}{r\lambda} +$

$$\frac{C}{\lambda\lambda} + \frac{D}{\lambda r''} + \frac{B}{r''r''} = F\left(\frac{G}{r} + \frac{H}{\lambda} + \frac{K}{r''}\right)^2 +$$

$$M\left(\frac{N}{r} + \frac{P}{\lambda} + \frac{Q}{r''}\right)^2 + R\left(\frac{S}{r} + \frac{T}{\lambda} + \frac{V}{r''}\right)^2$$

$= o$; ce qui augmenteroit le nombre des coëfficiens indéterminés.

319. Mais alors il faudroit que l'on eût $\frac{H}{G\lambda} + \frac{K}{Gr''}$

$=$ à la fois à $\frac{P'}{N\lambda} + \frac{Q}{Nr''}$ & à $\frac{T}{S\lambda} + \frac{V}{Sr''}$; ce

qui donneroit $\left(\frac{H}{G} - \frac{P'}{N}\right) : \left(\frac{Q}{N} - \frac{K}{G}\right)$ égal à

$\left(\frac{H}{G} - \frac{T}{S}\right) : \frac{V}{S} - \frac{K}{G}$; ou

$$\frac{T}{S}\left(\frac{Q}{N} - \frac{K}{G}\right) + \frac{V}{S}\left(\frac{H}{G} - \frac{P}{N}\right) + \frac{PK - HQ}{GN}$$

$= o$.

320. Malgré cette petite limitation, il semble qu'on auroit encore plus d'indéterminés qu'il ne faudroit pour résoudre le Problême.

321. Mais on peut s'affurer directement par le rai-fonnement fuivant, qu'il n'y a aucune fuppofition pof-fible qui puiffe réduire la quantité $\frac{A}{rr} + \frac{B}{r\lambda} + \frac{C}{\lambda\lambda} + \frac{D}{r''\lambda} + \frac{E}{r''r''} = $ à une fomme de quarrés.

322. En effet dans cette hypothèfe (art. 310.) l'erreur ne feroit que de l'ordre de $\omega^2 \, dP'^2$; & pour que l'er-reur ne foit que de l'ordre de $\omega^2 \, dP'^2$, il faut évidem-ment qu'en réfolvant, l'équation $\frac{A}{rr} + \frac{B}{r\lambda} + \frac{C}{\lambda\lambda} + \frac{D}{\lambda r''} + \frac{E}{r''r''} = o$, r ait deux valeurs égales expri-mées par λ & par r''; fans quoi, en fuppofant que r croiffe ou diminue d'une quantité proportionnelle à dP', l'erreur dans l'aberration, ou (ce qui revient au même) dans la quantité $\frac{A}{rr} + \frac{B}{r\lambda} + \frac{C}{\lambda\lambda} + \frac{D}{\lambda r''} + \frac{E}{r''r''}$ feroit de l'ordre de $\omega^2 \, dP'$. Or il eft vifible que fi r a deux valeurs égales, ce ne pourra être que dans certaines hypothèfes qui donneront une valeur détermi-née à r'' tirée de l'équation $\left(\frac{C}{A} - \frac{B^2}{4AA}\right)\frac{1}{\lambda\lambda} + \frac{D}{A r''\lambda} + \frac{E}{A r'' r''} = o$; auquel cas les valeurs de r ne feront plus égales en laiffant fubfifter cette valeur de r'', & en faifant varier les coëfficiens A, B, C, D, E, d'une quan-tité proportionnelle à dP'; excepté dans le feul cas parti-culier & très-limité, où $\frac{A}{E}\left(\frac{C}{A} - \frac{B^2}{4AA}\right)$ feroit égal.

à $\dfrac{D^2}{4\,E\,E}$, c'est-à-dire, où $\dfrac{1}{r''}$ auroit deux valeurs égales.

323. Dans ce dernier cas l'aberration sera proportionnelle à $A\left(\dfrac{1}{r} + \dfrac{B}{2\,A\,\lambda}\right)^2 + E\left(\dfrac{1}{r''} + \dfrac{D}{2\,E\,\lambda}\right)^2$; & ce sera le seul où les quantités de l'ordre de $\omega^2\,dP'$ s'évanouiront en faisant varier r & r'' d'une quantité proportionnelle à dP'.

324. En général on aura
$$\frac{1}{r} = -\frac{B}{2\,A\,\lambda} \pm \sqrt{\frac{B\,B}{4\,A\,A\,\lambda\,\lambda} - \frac{C}{A\,.\,\lambda\,\lambda} - \frac{D}{A\,\lambda\,r''} - \frac{E}{A\,r''\,r''}}.$$

Et si on veut de plus que les deux valeurs de $\dfrac{1}{r}$ soient égales, condition dont nous pourrons avoir besoin dans la suite, on trouvera en supposant la quantité radicale égale à zero,
$$\frac{1}{r''} = -\frac{D}{2\,E\,\lambda} \pm \frac{\sqrt{\dfrac{D^2}{E^2} - \dfrac{4\,C}{E} + \dfrac{B\,B}{A\,E}}}{2\,\lambda}.$$

325. Les conditions pour que les valeurs de $\dfrac{1}{r}$ soient égales, font donc que $D\,D$ soit $=$ ou $> 4\,E \times \left(C - \dfrac{B^2}{4\,A}\right)$.

326. Et les conditions, pour que celles de $\dfrac{1}{r''}$ soient égales, font que
$$F\left(\frac{1}{r''\,r''} + \frac{D}{E\,r''\,\lambda} + \frac{D^2}{4\,E\,E\,\lambda\,\lambda}\right) = 0;$$
Et $-\dfrac{D^2}{4\,E\,\lambda\,\lambda} + \dfrac{C}{\lambda\,\lambda} + \dfrac{B}{r\,\lambda} + \dfrac{A}{r\,\lambda} = 0$;

Ou $D^2 >$ ou $= - \dfrac{4\,E\,B\,B}{4\,A} + 4\,E\,C.$

Ainſi les deux conditions reviennent au même.

327. Si après avoir fait égale à zero la quantité $-\dfrac{B\,B}{4\,A\,E\,\lambda\,\lambda} + \dfrac{C}{E\,\lambda\,\lambda} + \dfrac{D}{E\,\lambda\,r''} + \dfrac{1}{r''\,r''}$ pour les rayons moyens, cette quantité multipliée par $\dfrac{E}{A}$, ſe trouve négative pour les rayons rouges, on pourra prendre les deux valeurs de r qui répondent à l'équation $\dfrac{1}{r} = - \dfrac{B}{2\,A\,\lambda} \pm \sqrt{\dfrac{B\,B}{4\,A\,A\,\lambda\,\lambda} - \dfrac{C}{A\,\lambda\,\lambda} - \dfrac{D}{A\,\lambda\,r''} - \dfrac{E}{A\,r''\,r''}}$; les coëfficiens A, B, C, D, E, étant ceux qui répondent aux rayons rouges ; pour lors l'aberration des rayons rouges, qui eſt la plus ſenſible de toutes, parce que les rayons rouges ſont les plus vifs, ſera nulle, & les deux autres feront un effet moins ſenſible.

328. Cependant d'un autre côté, il y a de l'avantage à anéantir l'aberration des rayons moyens, & à s'en tenir par conféquent à la valeur de $\dfrac{1}{r} = - \dfrac{B}{2\,A\,\lambda}$ qui convient à ces rayons ; car alors l'aberration des rayons rouges & celles des rayons violets feroient de figne contraire, & la moitié feulement de ce qu'elles feroient, ſi on avoit anéanti l'aberration des rayons rouges. Or nous verrons plus bas que cela eſt avantageux.

329. Au reſte, ſi on ne cherche pas à faire évanouir les quantités de l'ordre de $\omega^2\,d\,P'$ (ce qui pourroit être aſſez indifférent, par les raiſons que nous dirons plus

bas) alors on pourra prendre absolument à volonté une
des deux inconnues r'' ou r.

330. Soit donc $r'' = \gamma\,\lambda$, & on aura

$$\frac{A}{r\,r} + \frac{B}{r\,\lambda} + \frac{C}{\lambda\,\lambda} + \frac{D}{\gamma\,\lambda\,\lambda} + \frac{E}{\gamma\,\gamma\,\lambda\,\lambda} = 0;$$

Et il faudra que γ soit tel que $\dfrac{B\,B}{4\,A\,A} - \Big(\dfrac{C}{A} +$

$\dfrac{D}{\gamma\,A} + \dfrac{E}{A\,\gamma\,\gamma}\Big)$ soit $=$ ou $> o$.

331. Soit aussi $r = n\,\lambda$, & on aura

$$\frac{A}{n\,n\,\lambda^2} + \frac{B}{n\,\lambda\,\lambda} + \frac{C}{\lambda\,\lambda} + \frac{D}{r''\,\lambda} + \frac{E}{r''\,r''} = 0;$$

Et il faudra que $\dfrac{D^2}{4\,E\,E} - \Big(\dfrac{A}{n\,n\,E} + \dfrac{B}{n\,E} + \dfrac{C}{E}\Big)$

soit $=$ ou $> o$.

332. Soit donc $\Omega = $ à une quantité nulle ou positive ;
on aura dans le premier cas

$$\frac{B\,B}{4\,A\,A} - \Omega = \frac{C}{A} + \frac{D}{\gamma\,A} + \frac{E}{A\,\gamma\,\gamma};$$

$$\text{Et } \frac{1}{\gamma} = -\frac{D}{2\,E} \pm \sqrt{\frac{B^2}{4\,A\,E} - \frac{\Omega\,A}{E} - \frac{C}{E} + \frac{D^2}{4\,E\,E}};$$

Et il faudra que $\dfrac{B^2}{4\,A\,E} - \dfrac{\Omega\,A}{E} - \dfrac{C}{E} + \dfrac{D^2}{4\,E\,E}$

soit $= o$ ou positif.

333. Dans le second cas soit $\dfrac{D^2}{4\,E\,E} - \Big(\dfrac{A}{E\,n\,n} +$

$\dfrac{B}{E\,n} + \dfrac{C}{E}\Big) = \Omega$, on aura

$$\frac{D^2}{4\,E\,E} - \Omega = \frac{A}{E\,n\,n} + \frac{B}{E\,n} + \frac{C}{E};$$

$$\text{Et } \frac{1}{n} = -\frac{B}{2\,A} \pm \sqrt{\frac{D^2}{4\,E\,A} - \frac{\Omega\,E}{A} - \frac{C}{A} + \frac{B^2}{4\,A\,A}};$$

Et

Et il faudra que $\dfrac{D^2}{4EA} - \dfrac{\Omega E}{A} - \dfrac{C}{A} + \dfrac{F^2}{4AA}$ soit $= o$ ou positif

334. Donc dans le premier cas, si $\dfrac{B^2}{4AE} - \dfrac{C}{E} + \dfrac{D^2}{4EE}$ est négatif, & que $\dfrac{A}{E}$ soit positif; en ce cas, comme Ω doit être zero ou positif, il est visible que la valeur de γ sera toujours imaginaire; & par conséquent que l'équation $\dfrac{A}{rr} + \dfrac{B}{r\lambda} + \dfrac{C}{\lambda\lambda} + \dfrac{D}{r''\lambda} + \dfrac{E}{r''r''} = o$. n'aura point de solution possible

335. Dans le second cas, si $\dfrac{D^2}{4EA} - \dfrac{C}{A} + \dfrac{B^2}{4AA}$ est négatif, & $\dfrac{E}{A}$ positif, l'équation n'aura point encore de solution possible. Au reste, il est visible que ce cas revient au précédent; car puisque $\dfrac{D^2}{4EA} - \dfrac{C}{A} + \dfrac{B^2}{4AA} = \left(\dfrac{D^2}{4EE} - \dfrac{C}{E} + \dfrac{B^2}{4AE} \right) \times \dfrac{E}{A}$, il est clair que si $\dfrac{A}{E}$ est positif & $\dfrac{B^2}{4AE} - \dfrac{C}{E} + \dfrac{D^2}{4EE}$ négatif; en ce cas $-\dfrac{E}{A}$ fera positif, & $\dfrac{D^2}{4EA} - \dfrac{C}{A} + \dfrac{B^2}{4AA}$ fera négatif.

§. XVIII. *Usage plus étendu & plus développé des formules du §. XVI.*

336. Si δ n'est pas $= o$, on aura (art. 305.) $\dfrac{1}{\delta\delta}$

$$(3P - 1 - 2m - k.\overline{3P' - 1 - 2M}) + \frac{1}{\delta r}$$

$$(4P - 4m) - \frac{k}{\delta r''}(4P' - 4M) + \frac{1}{\delta \lambda}$$

$$(1 + 2P - 3P^2 + 2k.\overline{P-1}.3P - 1 - 2M)$$

$$+ k^2(1 + 2P - 3P'^2) + \frac{A}{rr} + \frac{B}{r\lambda} + \frac{C}{\lambda\lambda}$$

$$+ \frac{D}{r''\lambda} + \frac{E}{r'r''} = 0.$$

Dans cette formule A, B, C, D, E, auront les valeurs trouvées ci-dessus, art. 307.

337. Donc faisant

$$F = 3P - 1 - 2m - k.\overline{3P' - 1 - 2M}$$
$$G = 4P - 4m$$
$$H = -k(4P' - 4M)$$
$$L = 1 + 2P - 3P^2 + 2k.\overline{P-1}(3P' - 1 - 2M) + k^2(1 + 2P' - 3P'^2)$$

On aura pour l'équation générale de l'aberration

$$\frac{A}{rr} + \frac{B}{r\lambda} + \frac{G}{\delta r} + \frac{C}{\lambda\lambda} + \frac{D}{r''\lambda} + \frac{H}{\delta r''}$$

$$+ \frac{E}{r''r''} + \frac{F}{\delta\delta} + \frac{L}{\delta\lambda} = 0.$$

338. Pour que cette équation ait deux racines égales, il faut que

$$\left(\frac{B}{\lambda} + \frac{G}{\delta}\right)^2 = 4A\left(\frac{C}{\lambda\lambda} + \frac{D}{r''\lambda} + \frac{H}{\delta r''} + \frac{E}{r''r''}\right.$$

$$\left. + \frac{F}{\delta\delta} + \frac{L}{\delta\lambda}\right).$$

339. Pour que l'aberration soit la moindre qu'il est possible, lorsqu'elle ne peut pas être $= 0$; il faut ;

1°. que $— \dfrac{2A}{r} = \dfrac{B}{\lambda} + \dfrac{G}{\delta}$; ou $\dfrac{1}{r} = \left(— \dfrac{B}{\lambda} — \dfrac{G}{\delta}\right) \times \dfrac{1}{2A}$.

2°. Que la différence de $— \dfrac{1}{4} \times \left(\dfrac{B}{\lambda} + \dfrac{G}{\delta}\right) \times \dfrac{1}{A} + \dfrac{C}{\lambda\lambda} + \dfrac{D}{r''\lambda} + \dfrac{H}{\delta r''} + \dfrac{E}{r''r''} + \dfrac{F}{\delta\delta} + \dfrac{L}{\delta\lambda}$ soit $= o$, en faisant varier r'' seulement; d'où l'on tire ;

$$— \dfrac{2E}{r''} = \dfrac{D}{\lambda} + \dfrac{H}{\delta}.$$

340. Donc dans le cas de $\delta = \infty$ la plus petite aberration possible aura lieu, si

$$\dfrac{1}{r} = — \dfrac{B}{2A\lambda} ;$$

Et si $\dfrac{1}{r} = — \dfrac{D}{2E\lambda}$.

341. En général si $\delta = \infty$, la formule de l'aberration est

$$A\left(\dfrac{1}{r} + \dfrac{B}{2A\lambda}\right)^2 — \dfrac{B^2}{4A\lambda\lambda} + E\left(\dfrac{1}{r''} + \dfrac{D}{2E\lambda}\right)^2 — \dfrac{D^2}{4E\lambda^2} + \dfrac{C}{\lambda\lambda} ;$$

Par cette formule on voit clairement que si l'aberration ne peut pas être nulle, au moins elle est la plus petite qu'il est possible, lorsque $\dfrac{1}{r} + \dfrac{B}{2A\lambda} = 0$;

Et $\dfrac{1}{r''} + \dfrac{D}{2E\lambda} = 0$.

S ij

§. **XIX.** *Formules pour détruire l'aberration seule de sphéricité dans certaines lentilles particulieres.*

342. Suppofons, avec M. Newton dans fon Optique, L. I, Part. I, Prop. 7, que l'on ait une lentille à deux furfaces également convexes, qui en renferme une autre d'une autre matiere, auffi à deux furfaces également convexes; & cherchons les conditions néceffaires pour détruire l'aberration de fphéricité dans cette lentille.

343. Soit donc $r'' = -r$ & $r''' = -r$, on trouvera dans la fuppofition de $\frac{1}{r} - \frac{1}{r'} = \frac{1}{p}$, $\frac{1}{r'} - \frac{1}{r'} = \frac{k}{\lambda}$, $\frac{1}{r} - \frac{1}{r'} + \frac{1}{r''} - \frac{1}{r'''} = \frac{1}{\lambda}$, les équations $-\frac{2}{r'} = \frac{k}{\lambda}$; $\frac{2}{r} - \frac{2}{r'} = \frac{1}{\lambda}$; $\frac{1}{p} = \frac{1}{2\lambda}$. Mettant ces valeurs dans les formules de l'art. 271, c'eft-à-dire, fubftituant $\frac{2}{r} - \frac{2}{r'}$ au lieu de $\frac{1}{\lambda}$; $\frac{1}{r} - \frac{1}{r'}$ au lieu de $\frac{1}{p}$, & $-\frac{2}{r'}$ au lieu de $\frac{k}{\lambda}$, on aura une équation en r & en r', qui donnera l'équation de condition pour détruire l'aberration feule de fphéricité.

344. L'équation fera donc $\frac{1}{rr}\left(\frac{2}{r} - \frac{2}{r'}\right)\left(\frac{1}{2} - m + \frac{1}{2m}\right) + \frac{1}{rr} \times -\frac{2}{r'}\left(M - \frac{1}{2} - \frac{1}{2M}\right) + \frac{1}{r} \times -\frac{2}{r'} \times \left(\frac{1}{r} - \frac{1}{r}\right) \times \left(-\frac{1}{M} + \frac{2m}{M} -\right.$

$$\frac{2M}{m} + \frac{1}{m}) + \frac{1}{r} \times \frac{4}{r'r'} \times \left(\frac{1}{2} + \frac{1}{2M} - \frac{1}{MM}\right)$$

$$+ \frac{1}{r} \times \left(\frac{2}{r} - \frac{1}{r'}\right)^2 \times \left(\frac{1}{2} + \frac{1}{2m} - \frac{1}{mm}\right) + \frac{1}{r} \times$$

$$\left(\frac{2}{r} - \frac{2}{r'}\right) \times - \frac{2}{r'} \times \left(1 + \frac{2}{Mm} - \frac{1}{m} - \frac{2m}{M}\right)$$

$$+ \left(\frac{1}{r} - \frac{1}{r'}\right)^2 \times - \frac{2}{r'} \times \left(- \frac{1}{2m} - \frac{1}{2M} +\right.$$

$$\frac{M}{mm}) + \frac{4}{r'r'} \times \left(\frac{1}{r} - \frac{1}{r'}\right) \left(\frac{m}{M^2} - \frac{1}{2M} -\right.$$

$$\frac{1}{2m}) + \left(\frac{1}{2M^2} - \frac{1}{2M^3}\right) \times - \frac{2^5}{r'^3} + \left(\frac{1}{2m^3}\right.$$

$$- \frac{1}{2m^2}) \left(\frac{2}{r} - \frac{2}{r'}\right)^3 + \left(\frac{2}{r} - \frac{2}{r'}\right)^2 \times - \frac{2}{r'}$$

$$\left(- \frac{1}{2m} + \frac{1}{2mm} + \frac{1}{Mm} + \frac{1}{2M} - \frac{3}{2Mm^2}\right) +$$

$$\left(\frac{2}{r} - \frac{2}{r'}\right) \times \frac{4}{r'r'} \times \left(\frac{3}{2M^2m} - \frac{1}{Mm} - \frac{1}{2M^2} -\right.$$

$$\frac{m}{MM} + \frac{1}{M}) = 0.$$

345. Ou bien on peut mettre au lieu de $\frac{1}{p}$, $\frac{1}{2\lambda}$; & au lieu de $\frac{1}{r}$ sa valeur $\frac{1}{2\lambda} + \frac{1}{r'} = \frac{1}{2\lambda} - \frac{k}{2\lambda}$; ce qui donnera

$$\left(\frac{1}{2} - m + \frac{1}{2m}\right) \left(\frac{\overline{1-k}^2}{4}\right) + \left(M - \frac{1}{2} - \frac{1}{2M}\right)$$

$$\left(\frac{\overline{1-k}^2}{4}\right) k + \left(\frac{1-k}{2}\right) \times \frac{1}{2} \times k \times \left(- \frac{1}{M} + \frac{2m}{M}\right.$$

$$- \frac{2M}{m} + \frac{1}{M}) + k^2 \left(\frac{1-k}{2}\right) \left(\frac{1}{2} + \frac{1}{2M} - \frac{1}{MM}\right)$$

$$+ \left(\frac{1-k}{2}\right)\left(\frac{1}{2} + \frac{1}{2m} - \frac{1}{mm}\right) + k'\left(\frac{1-k}{2}\right)$$

$$\left(1 + \frac{2}{Mm} - \frac{1}{m} - \frac{2m}{M}\right) + \frac{k}{4}\left(- \frac{1}{2m}\right.$$

$$\left.- \frac{1}{2M} + \frac{M}{mm}\right) + \frac{k^2}{2}\left(\frac{m}{M^2} - \frac{1}{2M} - \frac{1}{2m}\right) + k^3$$

$$\left(\frac{1}{2M^2} - \frac{1}{2M^3}\right) + \frac{1}{2m^3} - \frac{1}{2m^2} + k\left(-\right.$$

$$\frac{1}{2m} + \frac{1}{2mm} + \frac{1}{Mm} + \frac{1}{2M} - \frac{3}{2Mm^2}\right) + k^2$$

$$\left(\frac{3}{2M^2m} - \frac{1}{Mm} - \frac{1}{2M^2} - \frac{m}{MM} + \frac{1}{M}\right) = 0.$$

346. Or dans le premier cas $\frac{r}{r'}$ eſt l'inconnue; & dans le ſecond k; & jamais dans aucun de ces cas l'équation ne ſe réduit au ſecond degré, excepté dans certaines ſuppoſitions particulieres ſur le rapport de M à m. Ce qui peut ſervir à vérifier la propoſition de M. Newton, pour déterminer en ce cas le rapport de r à r'.

347. En achevant le calcul de la ſeconde formule, qui paroît plus ſimple & plus commode que la premiere, on trouvera $\frac{1}{4}\left(\frac{3}{2} - m + \frac{3}{2m} - \frac{4}{mm} +\right.$

$\left.\frac{2}{m^3}\right) + \frac{k}{4}\left(- \frac{1}{2} + 2m - \frac{11}{2m} + \frac{4+M}{mm} +\right.$

$\frac{8}{Mm} + M - \frac{2m}{M} - \frac{2M}{m} - \frac{6}{Mm^2}\right) + \frac{k^2}{4}$

$\left(\frac{1}{2} - m + \frac{1}{2m} - 2M + \frac{6}{M} + \frac{2m}{M} + \frac{2M}{m}\right.$

$\left.- \frac{8}{Mm} - \frac{2m}{M^2} - \frac{4}{M^2} + \frac{6}{M^2m}\right) + \frac{k^3}{4}\left(-\right.$

$$\frac{1}{2} + M - \frac{3}{2M} + \frac{4}{MM} - \frac{1}{M^3}) = 0.$$

348. Si on suppose $M = 1$, c'est-à-dire, s'il y a de l'air renfermé dans la lentille, le terme où est k^3 s'éva-nouira, & on aura

$$\frac{1}{4}\left(\frac{3}{2} - m + \frac{1}{2m} - \frac{4}{mm} + \frac{1}{m^3} \right) + \frac{k}{4}\left(+ \frac{1}{2} - \frac{1}{m^2} + \frac{1}{2m} \right) + \frac{k^2}{4} \times \left(+ \frac{1}{2} - m + \frac{1}{2m} \right) = 0.$$

349. Or le premier terme vaut $\frac{1}{4}(1 - m)\left(\frac{1}{2m} + 1 - \frac{1}{m} - \frac{2}{m^2} + \frac{1}{m^3} \right).$

Le second vaut $\overline{m - 1}\left(\frac{m+2}{2mm} \right)\frac{k}{4}$;

Et le troisiéme vaut $\frac{1+2m}{2m} (1 - m)\frac{k^2}{4}$;

350. Il faut donc, pour que la valeur de k soit réelle, que $\left(\frac{m+2}{2mm} \right)^2 - 4\left(\frac{1+2m}{2m} \right)\left(1 - \frac{1}{2m} + \frac{2}{m^3} - \frac{2}{m^2} \right)$ soit $=$ ou > 0 ; c'est-à-dire, que $\frac{1}{4m^2} + \frac{1}{m^3} + \frac{1}{m^4}$ soit $=$ ou $>$ que $\frac{2}{m} - \frac{1}{mm} + \frac{4}{m^4} - \frac{4}{m^3} + 4 - \frac{2}{m} + \frac{8}{m^3} - \frac{8}{m^2}.$

351. Il faut donc que $\left(\frac{1}{4} + 9 \right)\frac{1}{m^2}$ soit $=$ ou $> \frac{3}{m^4} + 4 + \frac{3}{m^3}$;

Ou $37 P^2 =$ ou $> 12 P^4 + 16 + 12 P^3$;

Ou enfin $PP(4 PP + 5 - 12 P) > (4 P^2 - 4)^2.$

352. Soit $P = \frac{\Pi}{2}$, il est clair que la condition précédente sera impossible, si $\Pi\Pi + 5 - 6\Pi$ est < 0. Or Π est toujours < 4; (car il n'y a point de corps diaphane connu qui donne le sinus de réfraction double du sinus d'incidence; & par conséquent $\frac{\Pi}{2}$ est toujours < 2); soit donc $\Pi = 4 - \lambda$, il faudra, pour remplir la condition de l'art. 350, que $16 - 8\lambda + \lambda\lambda + 5 - 24 + 6\lambda$ soit > 0, c'est-à-dire, que $- 3 - 2\lambda + \lambda\lambda$ soit > 0. Donc $\lambda = 1 \pm \sqrt{3 + \omega}$, ω étant une quantité positive quelconque, ou zéro.

353. Comme λ est positif (puisque $4 - \lambda$ est < 4) il ne faut prendre dans cette équation que la valeur positive de λ; ce qui donne $\lambda > 2$. Or λ doit être < 2, autrement Π seroit < 2 & $P < 1$; ce qui ne se peut.

354. Donc il est impossible de détruire l'aberration de sphéricité avec une lentille également convexe en dehors & également concave en dedans, & dont l'intérieur soit rempli d'air.

355. Mais si M n'est pas $= 1$, c'est-à-dire, si le milieu renfermé dans la lentille est autre que l'air, alors le Problême est toujours possible; car en ce cas le terme où se trouve $\frac{k^3}{4}$ dans l'art. 346, n'est plus $= 0$, mais

$$(1 - M)\left(1 - \frac{1}{2M} + \frac{2}{M^3} - \frac{2}{M^2}\right);$$

& par conséquent l'équation est du troisiéme degré, & l'inconnue

$k,$

k, ou $-\dfrac{1}{r'^2} : \left[\dfrac{1}{r} - \dfrac{1}{r'}\right]$ a au moins une valeur réelle.

356. Il faudroit en excepter le cas où l'on auroit $1 - \dfrac{1}{2M} + \dfrac{2}{M^3} - \dfrac{2}{M^2} = 0$; si ce cas étoit possible; car alors le terme où est k^3 disparoîtroit encore; mais il est aisé de voir que jamais $1 - \dfrac{1}{2M} + \dfrac{2}{M^3} - \dfrac{2}{M^2}$ n'est $= 0$. Car, pour que cette équation eût lieu, il faudroit que l'on eût $\dfrac{2-P}{2} + 2P^3 - 2P^2 = 0$. Ce qui ne peut être, P étant positif & se trouvant tout-à-la-fois > 1 & < 2; car $P' > 1$, donne $2P^3 - 2P^2$ positif & $P' < 2$, donne $\dfrac{2-P'}{2}$ positif.

357. Si m étoit $= 1$, ce seroit le cas d'une lentille simple de deux convexités égales; auquel cas on a vû (art. 25.) que l'aberration ne pouvoit être détruite; aussi l'équation en k devient encore alors une équation du second degré, qui a ses racines imaginaires.

358. Si dans la formule de l'art. 303, pour rendre l'aberration de sphéricité égale à zero, on fait $M = m$, & qu'on mette $\dfrac{1}{\lambda}$ au lieu de $\dfrac{k}{\lambda}$ on aura le cas d'une lentille de matiere uniforme & de convexités différentes, qui renferme de l'air en son milieu; ce qui donnera;

$$\frac{1}{rr\lambda}\left(\frac{1}{2m} + \frac{1}{2} - m\right) + \frac{1}{r\lambda\lambda}\left(\frac{1}{2} + \frac{1}{2m} - \right.$$

$$\frac{1}{m^3}) + \frac{1}{\lambda^3}\left(\frac{1}{2m^3} - \frac{1}{2m^2}\right) - \frac{1}{\lambda^2 A}\left(\frac{3}{2m} -\right.$$

$$\left.\frac{1}{2} - m\right)\left(\frac{1}{m} - 1\right) + \frac{1}{r''\lambda A}\left(\frac{4}{2m} - \frac{4m}{2}\right) \times$$

$$\left(\frac{1}{m} - 1\right) - \frac{1}{A A \lambda}\left(\frac{1}{2} + \frac{3}{2m} - \frac{3}{2m^2}\right)\left(\frac{1}{m}\right.$$

$$\left.- 1\right) - \frac{1}{A r'' r''}\left(-m + \frac{1}{2} + \frac{1}{2m}\right) + \frac{1}{A A r''}$$

$$\left(\frac{1}{2} + \frac{1}{2m} - \frac{1}{m^2}\right) - \frac{1}{A^3}\left(\frac{1}{2m^3} - \frac{1}{2m^2}\right) = 0.$$

359. Or soit qu'on prenne A ou λ pour l'inconnue de cette équation, il eſt viſible qu'elle aura au moins une racine réelle, puiſqu'elle eſt du troiſiéme degré. Donc prenant pour r tout ce qu'on voudra, & pour $\frac{1}{\lambda}$ ou $\frac{1}{r} - \frac{1}{r'}$, auſſi tout ce qu'on voudra, on aura une valeur réelle de $\frac{1}{A}$ ou $\frac{1}{r'''} - \frac{1}{r''}$, qui laiſſe encore la liberté de donner telle valeur qu'on voudra à une des deux indéterminées r''' ou r''.

360. Si $\frac{1}{A} = -\frac{1}{\lambda}$ & $\frac{1}{r''} = -\frac{1}{r'} = -\frac{1}{r} + \frac{1}{\lambda}$, ce qui eſt le cas de l'article 345 ; on aura une équation entre $\frac{1}{r}$ & $\frac{1}{\lambda}$ pour ce cas-là ; mais nous avons déja vu (art. 351.) que dans ce cas la ſolution eſt impoſſible.

361. De plus il eſt viſible que, comme r & r'' ne montent qu'au ſecond degré dans la formule de l'art. 358,

ſi on prenoit λ & Λ à volonté, il pourroit ſe faire que l'équation eût alors des racines imaginaires ; c'eſt pourquoi il faut toujours ſuppoſer que r & r'' ſont données, & que c'eſt Λ ou λ qu'on cherche.

362. D'où l'on voit qu'il eſt toujours poſſible de détruire l'aberration de ſphéricité dans une lentille d'une ſeule matiere dont l'extérieur ſeroit vuide, en prenant à volonté r, r'' & $\dfrac{1}{\lambda}$, ou r, r'' & $\dfrac{1}{\Lambda}$, c'eſt-à-dire, en prenant à volonté r, r'', & r', ou r, r'' & r''' ; mais que cela ne ſeroit pas toujours poſſible en prenant à volonté λ, Λ & r'', ou λ, Λ & r, c'eſt-à-dire, $\dfrac{1}{r} - \dfrac{1}{r'}, r'''$ & r'', ou $\dfrac{1}{r'''} - \dfrac{1}{r''}, r$ & r'.

CHAPITRE V.

De l'aberration des rayons, lorſque le point rayonnant eſt hors de l'axe de la lentille.

363. Nous ſuppoſerons d'abord que les rayons ſoient dans le plan de l'axe de la lentille ; enſuite nous réſoudrons le Problême en général.

§. I. *De l'aberration des rayons qui ſont dans le plan de l'axe de la lentille.*

364. Si un point rayonnant a (*fig.* 2.) eſt hors de

l'axe de la lentille, soient pris sur la lentille deux points
b, b', également éloignés de cet axe; & soient menés
les rayons ab, ab', qui peuvent être censés partir des
points A, a, pris dans l'axe même, & qui se réuniront
en α. Soit $B\delta = a$, $Bc = b$, Bb, ou $Bb' = c$, il est
aisé de voir qu'on aura $\delta\epsilon : \epsilon c :: B\delta : Bc$; d'où l'on
tire $\delta\epsilon = \dfrac{ba - aa}{b+a}$; $B\epsilon = \dfrac{2ba}{b+a}$; $\alpha\epsilon = \dfrac{bc - ac}{b+a}$.

365. Or pour que tous les points qui partent de a
se réunissent en α, il faut que $B\epsilon$ & $\alpha\epsilon$ soient constantes,
quelle que soit c. D'où l'on tire 1°. $\dfrac{1}{\frac{1}{b}+\frac{1}{a}}$ constant, c'est-à-dire, $\frac{1}{b} + \frac{1}{a}$ constant. 2°. $c\left(\frac{1}{a} - \frac{1}{b}\right)$
constant.

366. Présentement soit $A'B = \delta$, $A'a = \alpha$, on aura
$\left(AB + \dfrac{c^2}{2r}\right) = \left(\delta + \dfrac{c^2}{2r}\right) \times \dfrac{c}{c-\alpha}$; & par conséquent $AB = \left(\delta c + \dfrac{c^3}{2r} - \dfrac{c^3}{2r} + \dfrac{\alpha c^2}{2r}\right) : (c-\alpha)$;
donc $\dfrac{1}{AB}$ que j'appelle $\dfrac{1}{\Delta}$, sera $= \dfrac{c-\alpha}{\delta c + \frac{\alpha c^2}{2r}} =$ à
très-peu près $\dfrac{1}{\delta}\left(1 - \dfrac{\alpha}{c}\right) \times \left(1 - \dfrac{\alpha c}{2\delta r}\right) = \dfrac{1}{\delta}$
$\left(1 - \dfrac{\alpha}{c} - \dfrac{\alpha c}{2\delta r} + \dfrac{\alpha\alpha}{2\delta r}\right) =$ à très - peu près
$\dfrac{1}{\delta}\left(1 - \dfrac{\alpha}{c}\right)$, parce que $\dfrac{\alpha}{\delta r}$ est censée une quantité

infiniment petite, étant égale à $\frac{1}{r}$ multiplié par la quantité très-petite $\frac{\alpha}{\delta}$.

367. Par la même raison on aura $\frac{1}{a'B}$ ou $\frac{1}{\Delta'} = \frac{1}{\delta} \left(1 + \frac{\alpha}{C} \right)$. Donc pour avoir la valeur de $\frac{1}{b}$, il faudra dans la formule générale des foyers des lentilles, mettre $\frac{1}{\delta} \left(1 + \frac{\alpha}{C} \right)$ au lieu de $\frac{1}{\delta}$ dans les termes multipliés par C^2; & pour avoir la valeur de $\frac{1}{a}$, il faudra mettre dans cette même formule $\frac{1}{\delta} \left(1 - \frac{\alpha}{C} \right)$ au lieu de $\frac{1}{\delta}$; & dans les termes où se trouve $\frac{1}{\delta}$ seule, il faudra mettre $\frac{1}{\delta} \left(1 + \frac{\alpha}{C} + \frac{\alpha C}{2 \delta r} + \frac{\alpha \alpha}{2 \delta r} \right)$ dans le premier cas, & $\frac{1}{\delta} \left(1 - \frac{\alpha}{C} - \frac{\alpha C}{2 \delta r} + \frac{\alpha \alpha}{2 \delta r} \right)$ dans le second.

368. Si δ est infinie, il faudra mettre simplement dans le premier cas $\frac{\alpha}{C \delta}$ au lieu de $\frac{1}{\delta}$, & dans le second $- \frac{\alpha}{C \delta}$; par la raison que cette quantité $\frac{\alpha}{C \delta}$ peut alors ne pas être infinie; car la quantité α peut être infiniment plus grande que C, si δ est infinie, quoique $\frac{\alpha}{\delta}$ reste toujours une quantité très-petite, bien entendu que dans les termes où est $\frac{1}{\delta}$ seul, on mettra alors

$\pm \dfrac{a}{C\delta} \pm \dfrac{aC}{2\delta\delta r} \pm \dfrac{a^2}{2\delta\delta r}$, ou plus simplement

$\pm \dfrac{a}{C\delta} \pm \dfrac{a^2}{2\delta\delta r}$.

369. Or la valeur générale de $\dfrac{1}{\delta^{IV}}$ (δ^{IV} étant la distance focale) est par la théorie précédente $\Pi\rho - \dfrac{1}{\delta} + C^2\rho' + \dfrac{C^2 M}{\delta\delta} + \dfrac{C^2 N}{\delta}$, $\Pi\rho$ étant une fonction connue de P', P, r, r', r'', &c. ρ' une autre fonction aussi connue des mêmes quantités, ainsi que M & N.

370. Donc on aura

$$\frac{1}{a} = \Pi\rho - \frac{1}{\delta} + \frac{a}{\delta C} + \frac{aC}{2\delta\delta r} - \frac{aa}{2\delta\delta r}$$
$$+ C^2\rho' + \frac{C^2 M}{\delta\delta} - \frac{2C^2 Ma}{\delta\delta} + \frac{a^2 M}{\delta\delta} + \frac{C^2 N}{\delta}$$
$$- \frac{Ca N}{\delta};$$

$$\text{Et } \frac{1}{b} = \Pi\rho - \frac{1}{\delta} - \frac{a}{\delta C} - \frac{aC}{2\delta\delta r} - \frac{aa}{2\delta\delta r}$$
$$+ C^2\rho' + \frac{C^2 M}{\delta\delta} + \frac{2C Ma}{\delta} + \frac{a^2 M}{\delta\delta} + \frac{C^2 N}{\delta}$$
$$+ \frac{Ca N}{\delta};$$

$$\text{Donc } \frac{1}{b} + \frac{1}{a} = 2\Pi\rho - \frac{2}{\delta} - \frac{aa}{\delta\delta r} + 2C^2\rho'$$
$$+ \frac{2C^2 M}{\delta\delta} + \frac{2a^2 M}{\delta\delta} + \frac{2C^2 N}{\delta}.$$

371. Or il est évident que cette quantité sera constante (a demeurant constant) dès qu'on aura détruit les aberrations dans l'axe. Car 1°. la destruction de ces aber-

rations donne $\Pi\, p - \dfrac{1}{\delta} + C^2 p + \dfrac{C^2 M}{\delta\,\delta} + \dfrac{C^2 N}{\delta}$

constant. 2°. $\dfrac{a^2 M}{\delta\,\delta}$ sera constant, ainsi que $\dfrac{a^2}{\delta\,\delta\,r}$ dès que a sera constant. Ainsi voilà déja une des deux conditions de remplie sans aucune nouvelle équation ; c'est-à-dire, que si on parvient à détruire les aberrations dans l'axe, par une distance quelconque $\delta = A' B$, tous les rayons partis d'un point quelconque a placé dans la ligne $A' a$ auront leur foyer sur une même ligne droite perpendiculaire à $B C$.

372. Maintenant pour que $C\left(\dfrac{1}{a} - \dfrac{1}{b}\right)$ soit constant (tant que a & δ demeurent les mêmes) il faut que

$$\dfrac{2a}{\delta} + \dfrac{2a\,C^2}{2\delta\,\delta\,r} - \dfrac{4C^2 a M}{\delta^2} - \dfrac{2 C^2 a N}{\delta} \text{ soit} = \text{à}$$

une constante, quelle que soit C.

D'où l'on tire $\dfrac{1}{2\delta\,r} - \dfrac{2 M}{\delta} - N = 0$.

373. Ainsi on a une seule équation pour détruire l'aberration des rayons placés hors de l'axe ; outre l'équation qu'on a déja pour détruire l'aberration des rayons placés dans l'axe.

374. Lorsque δ est infinie, les termes $\dfrac{1}{2\delta\,r}$ & $\dfrac{2 M}{\delta}$ sont nuls par rapport à N ; on aura pour lors la seule équation $N = 0$.

375. Comme les termes affectés de $\dfrac{C^2 a}{\delta}$, sont d'un ordre d'infiniment petit au-dessous de ceux qui sont af-

fe&és de C^2; & il femble d'abord que fi $\frac{\alpha}{\delta}$ demeure fort petite, la feule deftruction de l'aberration dans l'axe détruira fenfiblement les aberrations hors de l'axe ; puifqu'il ne reftera plus que des aberrations de l'ordre de $\frac{C^2\,\alpha}{\delta}$.

376. Mais il faut remarquer qu'une aberration de l'ordre de $\frac{C^2\,\alpha}{\delta}$ dans l'aberration latitudinale en produit une de l'ordre de C^2 dans l'aberration longitudidale; & qu'ainfi il faut avoir égard dans l'aberration latitudinale aux termes de l'ordre de $\frac{C^2\,\alpha}{\delta}$ par la même raifon qu'on a égard dans l'aberration longitudinale aux termes de l'ordre de C^2.

377. Si on a une lentille compofée de trois furfaces, il eft aifé de voir qu'on ne peut détruire que les aberrations dans l'axe; puifque cette deftruction ne fuffit pour déterminer les trois rayons, ou plutôt le rapport de deux quelconques de ces rayons au troifiéme, qui eft toujours à volonté, felon la longueur qu'on veut donner au foyer de la lentille.

378. Par conféquent il reftera toujours dans ces lentilles des aberrations de l'ordre de $\omega^2\,dP'$ qui ne pourront être détruites, ainfi que des aberrations de l'ordre de $\frac{\omega^2\,\alpha}{\delta}$ (art. 376.)

379. Mais fi la lentille a quatre furfaces, alors après
avoir

avoir détruit les aberrations dans l'axe, il restera encore une indéterminée, que l'on pourra employer à détruire, ou les aberrations de l'ordre de $a^2\, d\, P'$, c'est-à-dire, les aberrations des rayons rouges & violets dans l'axe, ou les aberrations de l'ordre de $\dfrac{a^2\, \alpha}{\delta}$, c'est-à-dire, les aberrations des rayons moyens placés hors de l'axe.

380. Et comme il n'y a qu'une seule inconnue à déterminer, il est visible qu'on ne pourra faire évanouir à-la-fois qu'une seule de ces aberrations.

381. On voit enfin qu'en faisant $N = o$, dans le cas où δ est infinie (art. 374.) on ne détruit point les aberrations de tous les rayons placés hors de l'axe, mais seulement celles des rayons qui se trouvent dans le plan de l'axe même. Il faudroit d'autres équations pour détruire les aberrations de tous les rayons qui ne partent point de l'axe; c'est de quoi nous traiterons plus bas.

382. Il faudroit aussi d'autres équations pour détruire entiérement l'aberration des rayons diversément colorés qui se trouvent dans le plan même de l'axe. Pour détruire ces dernieres aberrations, il faut que les différences des termes qui multiplient $\dfrac{\alpha^2}{\delta^2}$, $\mathfrak{C}^2$, & $\dfrac{\alpha\, \mathfrak{C}^2}{\delta}$ soient nulles dans les expressions des quantités $\dfrac{1}{a} +$ $\dfrac{1}{b}$, $\dfrac{1}{a} - \dfrac{1}{b}$. Ce qui donnera,

1°. $d\left(M - \dfrac{1}{2\,r} \right) = o$, ou $d\, M = o$.

$2^{\circ}.\ d\left(\dfrac{1}{2\delta r}-\dfrac{2M}{\delta}-N\right)=0.$ ou $dN=0.$

$3^{\circ}.\ d\left(\rho'+\dfrac{M}{\delta\delta}+\dfrac{N}{\delta}\right)=0,$ ou $d\rho'=0.$

383. Il est aisé par les formules données précédemment, de trouver l'équation de condition nécessaire pour détruire autant qu'il est possible les aberrations des rayons placés dans le plan de l'axe; car dans les formules des art. 300. & 337, il n'y a qu'à faire $=0$ les termes qui sont affectés de $\dfrac{1}{\delta}$ & de $\dfrac{1}{\delta\delta}$, après avoir doublé ces derniers, & ajouté à ces termes la quantité $-\dfrac{1}{2\delta\delta r}$. Et si on suppose que le point rayonnant est infiniment éloigné, il suffira de faire $=0$ les termes affectés de $\dfrac{1}{\delta}$ seulement.

384. C'est pourquoi si on a deux lentilles de différentes matieres, dont l'une soit renfermée dans l'autre; la condition pour détruire l'aberration des rayons placés dans le plan de l'axe, sera (art. 300.) lorsque $\delta=\infty$

$$\frac{2M}{Rr}+\frac{M'}{Rp}+\frac{Q}{R^2}+\frac{F}{Rr}+\frac{H}{RR}+\frac{n}{Rp}=0.$$

Et si δ n'est pas infinie, on aura

$$-\frac{1}{2\delta r}+\frac{2M}{R\delta}+\frac{2F}{R\delta}+\frac{2M}{Rr}+\frac{M'}{Rp}+\frac{Q}{R^2}+$$

$$\frac{F}{Rr}+\frac{H}{RR}+\frac{n}{Rp}=0.$$

385. Dans le cas de deux lentilles avec de l'air entre deux l'équation, si $\delta=\infty$, sera (art. 337.)

$$\frac{G}{R} + \frac{H}{r''} + \frac{L}{\lambda} = 0.$$

Et si δ n'est pas infinie, on aura

$$- \frac{1}{2\delta r} + \frac{2F}{\delta} + \frac{G}{r} + \frac{H}{r''} + \frac{L}{\lambda} = 0.$$

386. Si on veut avoir égard à l'épaisseur de la lentille pour les rayons qui ne partent point de l'axe, il faudra s'y prendre de la maniere suivante.

Dans la valeur de δ^{iv} (art. 91.) qui renferme les épaisseurs $e, e'\,e''$, on mettra d'abord, au lieu de $\frac{1}{\delta}$, sa valeur $\frac{1}{\delta}\left(1 + \frac{\alpha}{C} + \frac{\alpha C}{2\delta r} + \frac{\alpha\alpha}{2\delta r}\right)$; ou plutôt on mettra simplement $\frac{\alpha}{\delta C}$, lorsque δ est infinie, dans les termes qui sont affectés de e, e', e''.

387. Ainsi on aura par le moyen de l'équation $\frac{1}{b} + \frac{1}{a} = 0$, l'équation suivante ;

$$m'''\,m''\,m'\,e\left(\frac{1-m}{r} + \frac{m\alpha}{C\delta}\right)^2 + m'''\,m''\,m'\,e\left(\frac{1-m}{r} - \frac{m\alpha}{C\delta}\right)^2 + m'''\,m''\,e'\left(\frac{1-m'}{r'} + \frac{m'-m\,m'}{r} + \frac{m\,m'\alpha}{C\delta}\right)^2 + m'''\,m''\,e'\left(\frac{1-m'}{r'} + \frac{m'-m\,m'}{r} - \frac{m\,m'\alpha}{C\delta}\right)^2 + m'''\,e''\left[\frac{1-m''}{r''} + m''\left(\frac{1-m'}{r'} + \frac{m'-m\,m'}{r} + \frac{m\,m'\alpha}{\delta C}\right)\right]^2 + m'''\,e''\left[\frac{1-m''}{r''} + m''\right.$$

$$\left(\frac{1 - m'}{r'} + \frac{m' - m\,m'}{r} - \frac{m\,m'}{d\,6} \right) \Big]^{1} = \text{à une conf-}$$

tante.

388. En ôtant d'abord de cette équation ce qui fe détruit, favoir les termes affeétés de $\frac{a}{d}$, & en fupprimant de plus, parmi les autres termes ceux qui ont déja été en·ployés pour détruire l'aberration des rayons partant de l'axe même, c'eft-à-dire, dans le cas de $a = o$, on aura

$$e\,d\,(m''''\,m''\,m'\,m^2) + e'\,d\,(m'''\,m''\,m'^2\,m^2) + e''\,d\,(m'''\,m''^2\,m'^2\,m^2) = o.$$

389. L'équation $6\left(\frac{1}{a} - \frac{1}{b} \right) = o$, donnera de même en ôtant ce qui fe détruit, & faifant varier m, m', m'', m''' l'équation

$$e\,d\left[\frac{m''\,m''\,m'\cdot m\cdot 1 - m}{r} \right] + e'\,d\left[m'''\,m'' \left(\frac{1 - m'}{r'} \right. \right.$$
$$\left. + \frac{m' - m\,m'}{r} \right) m\,m' \Big] + e''\,d\Big[m''' (m''\,m'\,m) \left(\frac{1 - m''}{r''} \right.$$
$$\left. + \frac{m'' - m'\,m''}{r'} + \frac{m'\,m'' - m\,m'\,m''}{r} \right) = o.$$

390. On a donc deux équations entre $e\;e', e''$ pour détruire l'aberration des rayons qui font dans le plan de l'axe.

Or comme on en a déja une entre e', e'' ($\int$.IV. Ch. II.) pour les rayons qui partent de l'axe ; on voit de-là qu'on a trois équations pour déterminer les quantités $\frac{e}{e'}$, $\frac{e}{e''}$, & par conféquent une équation de plus qu'il ne faut ;

ainfi le Problême eft plus que déterminé, puifqu'on a déja toutes les équations néceffaires pour déterminer les rayons des furfaces.

391. Il faut de plus confidérer que quand on veut avoir égard à l'épaiffeur, on a $\delta \iota : \iota \, C :: a - \dfrac{C^2}{2\,r'''} :$ $b - \dfrac{C^2}{2\,r'''}$, ou $\delta \iota : b - a :: a - \dfrac{C^2}{2\,r'''} : b + a - \dfrac{C^2}{r'''} ;$

Donc $\delta \iota = \dfrac{b\,a - a\,a - \dfrac{C^2\,(b - a)}{2\,r''}}{b + a - \dfrac{C^2}{r'''}} ;$

Donc $B \iota = a + \delta \iota = \dfrac{2\,b\,a}{b + a} \left[1 - \dfrac{C^2}{2\,r'''} \left(\dfrac{a + b}{2\,b\,a} \right) + \dfrac{C^2}{r'''} : (b + a) \right].$

392. Donc il faut que $\left(\dfrac{1}{b} + \dfrac{1}{a} \right) \left[1 + \dfrac{C^2}{2\,r'''} \left(\dfrac{1}{2\,b} + \dfrac{1}{2\,a} - \dfrac{2}{b + a} \right) \right]$ foit conftant ;

Donc dans les formules de l'art. 370, il faut ajouter aux termes affectés de C^2, la quantité $\dfrac{C^2}{2\,r'''} \left[\Pi\,p - \dfrac{1}{\delta} - \Pi\,p + \dfrac{1}{\delta} + \dfrac{2\,a^2}{\delta\,\delta\,C^2 \left(2\,\Pi\,\rho - \dfrac{2}{\delta} \right)} \right] = \dfrac{a^2}{\delta\,\delta\,r''' \left(2\,\Pi\,\rho - \dfrac{2}{\delta} \right)}$, laquellle eft conftante, & ne donne aucune condition de plus.

393. On aura auffi $\alpha \iota = \dfrac{C \times \delta \iota}{a - \dfrac{C^2}{2 \cdot r'''}} = \dfrac{C}{a} \left(1 + \right.$

$$\frac{c^2}{2 r''' a}\Big) \times \Big(\frac{ba - aa}{b+a}\Big) \times \Big[1 - \frac{c^2}{2 a r'''} + \frac{c^2}{r''(b+a)}\Big];$$

Donc il faut que $\Big(\frac{b-a}{b+a}\Big)\,\Big(1 + \frac{c^2}{r'''(b+a)}\Big)$ soit conftant.

Et comme $\dfrac{2ba}{b+a}\Big[1 - \dfrac{c^2}{2 r'''}\Big(\dfrac{a+b}{2ba}\Big) + \dfrac{c^2}{r''(b+a)}\Big]$

eft déja conftant aufli ; il s'enfuit que $\dfrac{b-a}{ab}\Big[1 + \dfrac{c^2}{2 r'''}$

$\Big(\dfrac{a+b}{2ba}\Big)\Big]$ doit être conftant.

394. Donc dans la formule de l'art. 372, il faudra ajouter à $c\Big(\dfrac{1}{a} - \dfrac{1}{b}\Big)$ la quantité $c\Big(\dfrac{1}{a} - \dfrac{1}{b}\Big)\dfrac{c^2}{4 r'''}$

$$\times \Big(\frac{1}{a} + \frac{1}{b}\Big) = \frac{\alpha c^2}{\delta r'''}\Big(\Pi \rho - \frac{1}{\delta}\Big).$$

395. Or, comme $\Pi \rho - \dfrac{1}{\delta}$ n'eft point $= o$, cette quantité ne peut être $= o$, à moins que r''' ne foit infini.

396. Mais comme on a encore une autre condition à remplir ; favoir (art. 369.) que $\dfrac{1}{2 \delta r} - \dfrac{2\frac{M}{\delta}}{\delta} - N$ foit $= o$, & qu'il ne refte qu'une feule indéterminée ; il s'enfuit qu'en ayant égard à l'épaiffeur de la lentille, on ne peut détruire entiérement les aberrations des rayons, même de ceux qui font placés dans le plan de l'axe. C'eft ce qui réfulte aufli, quoique fous un autre point de vûe, de l'art. 391.

397. il y a pourtant cette différence entre le réfultat de l'art. 391. & celui de l'art. précédent; que, fuivant

l'art. 391, on ne peut anéantir dans l'aberration les quantités de l'ordre de $e\,dP'$, $e'\,dP'$, $e''\,dP'$; au lieu que par l'art. 395, on ne peut anéantir dans l'aberration latitudinale les quantités de l'ordre de $\dfrac{a\,c^3}{\delta}$, ni par conséquent (art. 376.) dans l'aberration longitudinale, les quantités de l'ordre de $\dfrac{a\,c}{\delta}$, mais en général, il résulte des art. précédens, que si on veut avoir égard à l'épaisseur de la lentille, on ne sauroit détruire entiérement (même dans une lentille composée de quatre surfaces) l'aberration des rayons placés dans le plan de l'axe, & partant d'un point situé hors de cet axe

§. II. *De l'aberration des rayons qui ne se trouvent pas dans le plan de l'axe.*

398. Soit A (*fig.* 3.) un point rayonnant hors de l'axe de la lentille, C le centre de la convexité NBQ, D un point dans le plan $NBQAA'$, AA', perpendiculaire à AC', DiH perpendiculaire à $A'CB$, DG perpendiculaire à ACQ, DO perpendiculaire au plan $NBQAA'$; on demande le rayon réfracté qui répond au rayon incident AO.

399. Il est d'abord visible que ce rayon réfracté sera dans le plan ACO qui passe par le rayon incident AO, & par le rayon ACQ de la surface sphérique NBQ. Donc tout se réduit à trouver dans la ligne CA le point a, ou le rayon réfracté $o\,a$ coupera cette ligne.

400. De plus il est visible que le plan ODG étant perpendiculaire à $NBQAA'$, celui-ci est aussi perpendiculaire à ODG; donc la ligne aAC qui se trouve dans le plan $NBQAA'$, & qui est perpendiculaire (*Hyp.*) à la commune section NG des deux plans, sera perpendiculaire au plan ODG; donc l'angle OGA sera droit. De plus $OG^2 = OD^2 + DG^2 = $ à très-peu près $OD^2 + NH^2$ (a) $= OD^2 + (Ni + iH)^2$

$$= OD^2 + \left(Ni + \frac{AA' \times Ci}{A'C}\right)^2 = \text{à très-peu près}$$

$$OD^2 + \left(Ni + \frac{AA' \times CB}{A'C}\right)^2.$$

401. Donc en nommant

$$A'B. \quad . \quad . \quad . \quad . \quad . \quad . \quad . \quad \delta$$
$$AA'. \quad . \quad . \quad . \quad . \quad . \quad . \quad . \quad \alpha$$
$$DI. \quad . \quad . \quad . \quad . \quad . \quad . \quad . \quad \eta$$
$$DO. \quad . \quad . \quad . \quad . \quad . \quad . \quad . \quad \gamma$$
$$CB. \quad . \quad . \quad . \quad . \quad . \quad . \quad . \quad \nu$$

On aura $OG^2 = \gamma^2 + \left(\eta + \dfrac{\alpha\nu}{\delta - \gamma}\right)^2$.

402. Cela posé, les formules du Chap. IV, art. 162, donnent (lorsque le point rayonnant est du même côté que le centre) la distance focale $= 1 : \left[\dfrac{1 - \mu}{\gamma} + \dfrac{m}{\delta}\right.$

(a) Comme NH est supposée infiniment petite du premier ordre, ainsi que IH, HG est infiniment petit du second, & HG^2 infiniment petit du quatriéme. On peut donc négliger HG^2, & mettre NH^2 au lieu de NG^2.

$$-\frac{mC^2}{2\delta} \times \left(-\frac{1}{\delta}+\frac{1}{\gamma}\right)^2 + \frac{m^2 C^2}{2\gamma}\left(-\frac{1}{\delta}+\frac{1}{\gamma}\right)^2 - \frac{m^3 C^2}{2}\left(-\frac{1}{\delta}+\frac{1}{\gamma}\right)^3 \Big].$$

403. Maintenant puisque $A'B = \delta$, on aura $AQ = \delta + \frac{\alpha^2}{2(\delta-\gamma)}$, & $\frac{1}{AQ} = \frac{1}{\delta} - \frac{\alpha^2}{2\delta^2(\delta-\gamma)}$.

404. Donc on aura la valeur de QA, en mettant dans cette formule $\frac{1}{AQ}$ au lieu de $\frac{1}{\delta}$, & OG^2 au lieu de C^2.

c'est-à-dire, on aura en négligeant ce qui se peut négliger,

$$Qa = 1 : \Big[\frac{1-m}{\gamma} + \frac{m}{\delta} - \frac{m\alpha^2}{2\delta^2(\delta-\gamma)} - \frac{m}{2\delta}$$
$$\left[\gamma^2 + \left(\eta + \frac{\alpha\gamma}{\delta-\gamma}\right)^2\right] \times \left(-\frac{1}{\delta}+\frac{1}{\gamma}\right)^2 + \frac{m^2}{2\gamma}$$
$$\left[\gamma^2 + \left(\eta + \frac{\alpha\gamma}{\delta-\gamma}\right)^2\right] \times \left(-\frac{1}{\delta}+\frac{1}{\gamma}\right)^2 - \frac{m^3}{2}\Big[\gamma^2$$
$$+ \left(\eta + \frac{\alpha\gamma}{\delta-\gamma}\right)^2 \times \left(-\frac{1}{\delta}+\frac{1}{\gamma}\right)^3 \Big].$$

405. Donc $a'a = \alpha \times \frac{(Ba'-\gamma)}{\delta-\gamma} = $ en nommant

$B a'$, δ', $\dfrac{\delta'\alpha\left(-\frac{1}{\delta^2}+\frac{1}{\gamma}\right)}{\delta\left(-\frac{1}{\delta}+\frac{1}{\gamma}\right)} = $ à très-peu près $\frac{\alpha\delta' m}{\delta}$

ou $\frac{\alpha m \gamma}{\overline{1-m}\cdot\delta+m\gamma}$, quantité que je nomme α'; donc $\frac{\alpha'}{\delta'} = \frac{\alpha m}{\delta}$.

406. Par la même raison $\dfrac{\alpha''}{\delta''} = \dfrac{\alpha' m'}{\delta'} = \dfrac{\alpha\, m\, m'}{\delta}$ $\dfrac{\alpha'''}{\delta'''} = \dfrac{\alpha\, m\, m'\, m''}{\delta}$ &c.

407. De ces dernieres équations, il est aisé, pour le dire en passant, de tirer cette Proposition connue de Dioptrique, que la grandeur de l'image α' d'un objet α est à la grandeur de cet objet (dans une lentille ordinaire & simple) comme la distance focale δ' est à celle de l'objet δ; car $\dfrac{\alpha'}{\delta'} = \dfrac{\alpha\, m\, m'}{\delta}$. Or dans une lentille simple $m' = \dfrac{1}{m}$. Donc &c. (a)

(a) De-là il est aisé de voir, pour le dire en passant (en faisant abstraction de l'épaisseur du crystallin) que l'image des objets au fond de l'œil est plus petite d'environ $\frac{1}{4}$ qu'elle ne seroit, s'il n'y avoit point de réfraction; car il est évident que cette image est $\dfrac{\alpha\, m\, m'\, m''}{\delta}$; or, suivant les expériences de M. Smith, le sinus de réfraction m de l'air dans l'humeur aqueuse est $= \frac{1}{4}$, & l'on a, suivant le même Auteur, $m' = \frac{11}{13}$; $m'' = \frac{13}{12}$ (Voyez *Opusc. Mathém.* Tom. I, pag. 270); donc $\dfrac{\alpha\, m}{\delta} = \dfrac{3\,\alpha}{4\,\delta}$.

De plus cette image $\dfrac{3\,\alpha}{4\,\delta}$, ou plutôt l'angle sous lequel cette image seroit vûe du sommet de l'œil, devient double à peu près, étant vûe par un rayon qui passe par le centre de l'œil, & par conséquent cette image, ou plutôt l'angle sous lequel elle seroit vûe du centre de l'œil, seroit $\dfrac{3\,\alpha}{2\,\delta}$; donc si l'objet étoit vû suivant un rayon passant par le centre de l'œil, l'image devroit paroître beaucoup plus grande que l'objet; ce qui s'accorde avec ce que nous avons remarqué dans nos Opuscules, Tom. I, p. 272. Il est vrai que dans cet endroit nous trouvons que l'image devroit paroître

408. Donc aussi $Ba' = Qa - \dfrac{aa'^2}{2Ca} = Qa -$

$$\frac{a^2 m^2 \nu^2}{2(m\delta\nu - m\nu\nu)} \times \frac{1}{(1-m.\delta+m\nu)^2} \times (\overline{1-m}.\delta+m\nu)$$

$$= 1 : \left[\frac{1}{Qa} + \frac{a^2 m^2 \nu^2}{2(m\delta\nu - m\nu\nu)} \times \frac{1}{(1-m)\delta+m\nu} \right.$$

$$\times \left. \frac{1}{Qa^2} \right] = 1 : \left[\frac{1}{Qa} + \frac{a^2 m^2}{2\delta^2}\left(\frac{\overline{1-m}.\delta+m\nu}{m\delta\nu - \nu\nu} \right) \right].$$

409. Mettant dans cette formule au lieu de $\dfrac{1}{Qa}$ sa valeur tirée de l'art. 404, on aura

$$\frac{1}{Ba'}, \text{ ou } \frac{1}{\delta^1} = \frac{1-m}{\nu} + \frac{m}{\delta} - \frac{m a^2}{2\delta^2(\delta-\nu)}$$

$$- \frac{m}{2\delta}\left[\gamma^2 + \left(n + \frac{a\nu}{\delta-\nu}\right)^2\right] \times \left(-\frac{1}{\delta}+\frac{1}{\nu}\right)^2$$

$$+ \frac{m^2}{2\nu}\left[\gamma^2 + \left(n+\frac{a\nu}{\delta-\nu}\right)^2 \times \left(-\frac{1}{\delta}+\frac{1}{\nu}\right)^2 -\right.$$

$$\frac{m^3}{2}\left[\gamma^2+\left(n+\frac{a\nu}{\delta-\nu}\right)^2\right]\times\left(-\frac{1}{\delta}+\frac{1}{\nu}\right)^3 +$$

$$\frac{a^2 m^4}{2\delta^2}\times\left(\frac{\overline{1-m}.\delta+m\nu}{m\delta\nu - m\nu\nu}\right).$$

410. On peut remarquer, pour simplifier cette expression, que $\left(\gamma^2+\left(n+\frac{a\nu}{\delta-\nu}\right)^2\right)\times\left(-\frac{1}{\delta}+\frac{1}{\nu}\right)^2 = (\gamma^2+n^2)\left(-\frac{1}{\delta}+\frac{1}{\nu}\right)^2 + \frac{2an}{\delta}\times\left(-\frac{1}{\delta}+\frac{1}{\nu}\right)+\frac{a^2}{\delta\delta};$

---

plus grande que l'objet en raison de 4 à 3, & non comme ici en raison de 3 à 2; la différence vient de ce que dans l'endroit cité, nous avons eu égard à l'épaisseur des humeurs de l'œil, dont nous faisons ici abstraction.

Et $\left[\gamma^2 + \left(n + \dfrac{a\,r}{\delta - r} \right)^2 \right] \times \left(-\dfrac{1}{\delta} + \dfrac{1}{r} \right)^2 =$

$\left(\gamma^2 + n^2 \right) \times \left(-\dfrac{1}{\delta} + \dfrac{1}{r} \right)^2 + \dfrac{2\,a\,n}{\delta} \left(-\dfrac{1}{\delta} + \dfrac{1}{r} \right)^2$

$+ \dfrac{a^2}{\delta^2} \times \left(-\dfrac{1}{\delta} + \dfrac{1}{r} \right).$

411. On aura de même la valeur de $\dfrac{1}{\delta''}$ en $\dfrac{1}{\delta'}$; celle de $\dfrac{1}{\delta'''}$ en $\dfrac{1}{\delta''}$, &c. & par conséquent celle de $\dfrac{1}{\delta^{iv}}$ en $\dfrac{1}{\delta}$. Il faudra se souvenir que, dans les valeurs de $\dfrac{1}{\delta''}$, $\dfrac{1}{\delta'''}$, $\dfrac{1}{\delta^{iv}}$, a' doit être substitué au lieu de a, a'' au lieu de a' &c.; ou, ce qui est la même chose (art. 405.) $\dfrac{a\,m}{\delta}$, au lieu de $\dfrac{a'}{\delta'}$, $\dfrac{a\,m\,m'}{\delta}$ au lieu de $\dfrac{a''}{\delta''}$, &c.

412. Toutes ces opérations finies, il faudra que les valeurs de δ^{iv} ou $\dfrac{1}{\delta^{iv}}$, & celle de a^{iv} soient constantes, a étant constant, quels que soient d'ailleurs n & γ. Nous allons donner le procédé de ce calcul.

413 Puisque $a' = \dfrac{a\,(\delta' - r)}{\delta - r}$, que $a'' = \dfrac{a'\,(\delta'' - r')}{\delta' - r'}$, &c. donc on aura,

$a^{iv} = a \times (\delta' - r)(\delta'' - r') \times (\delta''' - r'') \times (\delta^{iv} - r''') : \left[(\delta - r)(\delta' - r')(\delta'' - r'')(\delta''' - r''') \right].$

414. Si on veut donc anéantir l'aberration latitudinale, cauſée par la réfrangibilité, il faudra faire
$$\frac{(\delta^{1}-\gamma)(\delta^{11}-\gamma^{1})(\delta^{111}-\gamma^{11})(\delta^{1v}-\gamma^{111})}{(\delta-\gamma)(\delta^{1}-\gamma^{1})(\delta^{11}-\gamma^{11})(\delta^{111}-\gamma^{111})}$$ conſtant.

415. Donc on aura en ſuppoſant $A =$ à une conſtante
$$\frac{d^{1v}}{\delta}\left(\frac{1}{\gamma}-\frac{1}{\delta^{1}}\right)\times\left(\frac{1}{\gamma^{1}}-\frac{1}{\delta^{11}}\right)\times\left(\frac{1}{\gamma^{1}}-\frac{1}{\delta^{111}}\right)\left(\frac{1}{\gamma^{1v}}-\frac{1}{\delta^{1}}\right)=A\left(\frac{1}{\gamma}-\frac{1}{\delta}\right)\left(\frac{1}{\gamma^{1}}-\frac{1}{\delta^{1}}\right)\left(\frac{1}{\gamma^{11}}-\frac{1}{\delta^{11}}\right)\left(\frac{1}{\gamma^{111}}-\frac{1}{\delta^{111}}\right).$$

416. Or
$$\frac{1}{\gamma}-\frac{1}{\delta^{v}}=m\left(\frac{1}{\gamma}-\frac{1}{\delta}\right)$$
$$\frac{1}{\gamma^{1}}-\frac{1}{\delta^{11}}=\frac{m^{1}}{\gamma^{1}}-\frac{m^{1}}{\delta^{1}}$$
$$\frac{1}{\gamma^{11}}-\frac{1}{\delta^{111}}=m^{11}\left(\frac{1}{\gamma^{11}}-\frac{1}{\delta^{v}}\right)\ \&c.$$

417. Donc en négligeant d'abord les termes qui doivent être affectés de a^{2}, $\gamma^{2}+\eta^{2}$ & $a\eta$, on aura
$$\frac{m\, m^{1}\, m^{11}\, m^{111}\, \delta^{1v}}{\delta}=\text{à une conſtante.}$$

418. Or $m\, m^{1}\, m^{11}\, m^{111} = 1$, (art. 20.) puiſqu'on ſuppoſe que le rayon rentre dans l'air après avoir traverſé les milieux A, B, C; & de plus δ eſt conſtante. Donc l'équation de l'art 417 précédent aura toujours lieu, pourvû que δ^{1v} ait été faite conſtante.

419. Donc pour détruire l'aberration latitudinale de réfrangibilité, il ne faudra point d'autre équation que pour détruire l'aberration longitudinale de réfrangibilité.

420 Cherchons maintenant les valeurs générales de

δ^{iv} & de α^{iv} propres à détruire l'aberration de sphéricité, tant longitudinale que latitudinale. On trouve d'abord par les art.409 & 410, après les réductions

$$\frac{1}{\delta_{,}} = \frac{1-m}{\nu} + \frac{m}{\delta} + \frac{\alpha^2}{2\delta^2\nu}(m-m^2) + \left[\frac{m^2}{2\nu}\right.$$
$$- \frac{m}{2\delta} - \frac{m^3}{2}\left(-\frac{1}{\delta}+\frac{1}{\nu}\right)\right] \times \left[(\gamma^2+n^2\left(-\right.\right.$$
$$\left.\frac{1}{\delta}+\frac{1}{\nu}\right)^2 + \left(\frac{2\alpha n}{\delta}\right)\left(-\frac{1}{\delta}+\frac{1}{\nu}\right) + \frac{\alpha^2}{\delta^2}\right], \text{ou}$$

plus simplement encore

$$\frac{1}{\delta_{,}} = \frac{1-m}{\nu} + \frac{m}{\delta} + \frac{\alpha^2}{2\delta^2} \times \left[(m-m^3)\left(\frac{1}{\nu}\right.\right.$$
$$\left.\left.- \frac{1}{\delta}\right)\right] + \left[\frac{m^2}{2\nu} - \frac{m}{2\delta} - \frac{m^3}{2}\left(-\frac{1}{\delta}+\frac{1}{\nu}\right)\right]$$
$$\times \left[(\gamma^2+n^2)\left(-\frac{1}{\delta}+\frac{1}{\nu}\right)^2 + \frac{2\alpha n}{\delta}\left(-\frac{1}{\delta}+\right.\right.$$
$$\left.\left.\frac{1}{\nu}\right)\right].$$

421. Donc (art. 411.) on trouvera facilement de la même maniere les valeurs de $\frac{1}{\delta_{,,}}$, $\frac{1}{\delta_{,,,}}$, $\frac{1}{\delta_{,\mathrm{iv}}}$, qu'on pourra supposer exprimés de la maniere suivante.

$$\frac{1}{\delta_{,}} = B + \frac{Q\alpha^2}{\delta^2} + R(\gamma^2+n^2) + Sn\frac{\alpha}{\delta}$$
$$\frac{1}{\delta_{,,}} = B' + Q'\frac{\alpha'^2}{\delta'^2} + R'(\gamma^2+n^2) + S'n$$
$$\frac{\alpha'}{\delta'}, \text{ &c. & ainsi de suite.}$$

Dans ces équations, B, Q, R, &c. sont ainsi que B', Q', R', &c. des fonctions connues de ν, ν', ν'', &c. & de m, m', m'', &c.

Il faut de plus remarquer que $\frac{\alpha'}{\delta \cdot I}$, $\frac{\alpha''}{\delta \cdot II}$, &c. font toujours égales (art. 405.) à $\frac{\alpha}{\delta}$ multipliés par des produits connus de m, m', m'', &c.

422. On aura donc $\delta^{IV} = B''' + (\gamma^2 + n^2) R''' + \frac{S'' \alpha n}{\delta} + \frac{\alpha^2 Q'''}{\delta^2} = $ à une conftante.

Et par conféquent $d\, B''' = o, R''' = o, S''' = o$; α étant fuppofé conftant.

423. Or quand le point lumineux eft dans l'axe même, on a $\alpha = o$, &

$$\delta^{IV} = B''' + n^2 R''';$$

Donc $d\, B''' = o$ eft l'équation propre à détruire les aberrations de réfrangibilité dans l'axe.

Et $R''' = o$ eft l'équation propre à détruire les aberrations de fphéricité dans l'axe.

424. Donc, en laiffant à part ces deux équations qui ont déja été employées, dans les Chap. préc. fi on fe contente de faire $S''' = o$, δ^{IV} fera à peu près conftante, c'eft-à-dire, tous les rayons partis du point lumineux placé hors de l'axe ou dans l'axe, couperont au fortir de la lentille le plan $N B Q A A'$ dans des points qui fe trouveront dans une même ligne perpendiculaire à l'axe de la lentille.

425. De plus pour détruire l'aberration longitudinale de fphéricité, non-feulement dans les rayons moyens, mais dans tous les autres, il faudra faire $d\, Q''' = o$, $d\, R''' = o, d\, S''' = o$; ce qui forme trois nouvelles

équations, mais à la vérité beaucoup moins essentielles que les trois de l'art. 422.

426. Soit à présent

$$M = \frac{m^2}{2\gamma} - \frac{m}{2\delta},$$

$$\mu = \frac{m^3}{2},$$

$$\mathrm{m} = \frac{m - m^3}{2\delta^2};$$

Donc si on appelle M', μ', m', des quantités formées de m' & de δ' de la même maniere que M, μ, m, le font de m, & ainsi de suite, l'équation $S''' = o$, qui (art. 424.) renferme les conditions nécessaires pour anéantir l'aberration longitudinale de sphéricité hors de l'axe, donnera

$$(A)\ M\, m'\, m''\, m'''\left(-\frac{1}{\delta}+\frac{1}{\gamma}\right)+\mu\, m'\, m''m'''\left(-\frac{1}{\delta}+\frac{1}{\gamma}\right)^2+M'\, m\, m''\, m'''\left(-B+\frac{1}{\gamma'}\right)+\mu'\, m\, m''\, m'''\left(-B+\frac{1}{\gamma'}\right)^2+M''\, m\, m'\, m'''\left(-B'+\frac{1}{\gamma''}\right)+\mu''\, m\, m'\, m'''\left(-B'+\frac{1}{\gamma''}\right)^2+M'''\, m\, m'\, m''\left(-B''+\frac{1}{\gamma'''}\right)+\mu'''\, m\, m'\, m''\left(-B''+\frac{1}{\gamma'''}\right)^2 = o.$$

427. De plus si on cherche la valeur de a^{IV}, en n'ayant égard d'abord qu'aux termes affectés de $\gamma^2 + \eta^2$, on aura

(art. 413.)
$$a^{\mathrm{IV}} = \frac{a\,\delta^{\mathrm{IV}}}{\delta}\left[\left(\frac{1}{\gamma}-B\right)\left(\frac{1}{\gamma'}-B'\right)\times\left(\frac{1}{\gamma''}\right.\right.$$

$$\left(\frac{1}{y''} - B''\right)\left(\frac{1}{y'''} - B'''\right)\,\Big] : \Big[\,\left(\frac{1}{y} - \frac{1}{\delta}\right)\left(\frac{1}{y'}\right.$$

$$- B\,\right)\left(\frac{1}{y''} - B'\right)\left(\frac{1}{y'''} - B''\right),\ \text{le tout multiplié}$$

$$\text{par}\ \Big[\,1 - M\,\frac{\left(-\frac{1}{\delta} + \frac{1}{y}\right)^2 - \mu\left(-\frac{1}{\delta} + \frac{1}{y}\right)^2}{\frac{1}{y'} - B}$$

$$- M\,m'\,\frac{\left(-\frac{1}{\delta} + \frac{1}{y}\right)^2 - \mu\,m'\left(-\frac{1}{\delta} + \frac{1}{y}\right)^2}{\frac{1}{y'} - B'}$$

$$- M'\,\frac{\left(-B + \frac{1}{y'}\right)^2 - \mu'\left(-B + \frac{1}{y'}\right)^2}{\frac{1}{y'} - B'}\ \&c.$$

$$+ M\,\frac{\left(-\frac{1}{\delta} + \frac{1}{y}\right)^2 + \mu\left(-\frac{1}{\delta} + \frac{1}{y}\right)^2}{\frac{1}{y'} - B}\ \&c.\Big]$$

& ainsi de suite.

428. On se souviendra que dans cette formule

$$\frac{1}{y} - B = m\left(\frac{1}{y} - \frac{1}{\delta}\right)$$

$$\frac{1}{y'} - B' = m'\left(\frac{1}{y'} - B\right)$$

$$\frac{1}{y''} - B'' = m''\left(\frac{1}{y''} - B'\right)\ \&c.$$

Faisant donc ces substitutions des valeurs de $\frac{1}{y} - B$,

$\frac{1}{y'} - B'$ dans la formule précédente, il est évident

qu'elle se simplifiera beaucoup.

Opusc. Math. Tome III.   Y

429 Donc fuppofant dans la valeur de a^{IV} le coëfficient de $\gamma^2 + n^2$ égal à zéro, on aura

$$(B)\ldots \frac{M}{m}\left(-\frac{1}{\delta}+\frac{1}{\gamma}\right)+\frac{\mu}{m}\left(-\frac{1}{\delta}+\frac{1}{\gamma}\right)^2+\frac{M'}{m'}\left(-B+\frac{1}{\gamma'}\right)+\frac{\mu'}{m'}\left(-B+\frac{1}{\gamma'}\right)^2$$
$$+\frac{M''}{m''}\left(-B'+\frac{1}{\gamma''}\right)+\frac{\mu''}{m''}\left(-B'+\frac{1}{\gamma''}\right)^2+\frac{M'''}{m^{IV}}\left(-B''+\frac{1}{\gamma'''}\right)+\frac{\mu'''}{m'''}\left(-B''+\frac{1}{\gamma'''}\right)^2=0.$$

430. Par la même raifon, en égalant à zéro le coëfficient que doit avoir $\frac{2\alpha n}{\delta}$ dans la valeur de a^{IV}, on aura

$$(C)\ldots -\left[\frac{M}{m}+\frac{\mu}{m}\left(-\frac{1}{\delta}+\frac{1}{\gamma}\right)\right]-m\left[\frac{M'}{m'}+\frac{\mu'}{m'}\left(-B+\frac{1}{\gamma'}\right)\right]-m\,m'\left(\frac{M''}{m''}+\frac{\mu''}{m''}\right)\left(-B'+\frac{1}{\gamma''}\right)-m\,m'\,m''\left(\frac{M'''}{m'''}+\frac{\mu'''}{m^{IV}}\right)\left(-B''+\frac{1}{\gamma'''}\right)=0.$$

431. Puifque $m\,m'\,m''\,m''' = 1$, on aura $m'\,m''\,m''' = \frac{1}{m}$, $m\,m''\,m''' = \frac{1}{m'}$, &c. d'où il eft aifé de voir que l'équation (A) & l'équation (B) font les mêmes.

432. De plus, à caufe de $B = \frac{1-m}{\gamma}+\frac{m}{\delta}$, $B' = \frac{1-m'}{\gamma'}+m'B$, &c. l'équation (B) (comme on peut

le voir par le calcul) fe changera en une autre, où les termes affectés de $\frac{1}{\delta^2}$ fe détruiront ; ainfi l'équation (B) fera alors du même degré en δ que l'équation (C), c'eft-à-dire, du premier degré.

433. Au refte, l'équation (B) & l'équation (C) ne feront pas les mêmes pour cela ; car fuppofons, par exemple, une feule & unique lentille fimple, dans laquelle $m' = \frac{1}{m}$; il faudroit, pour l'identité des deux équations, qu'on eût

$$\frac{\frac{M'}{m'}\left(-B+\frac{1}{v'}\right)}{-\frac{1}{\delta}+\frac{1}{v}} + \frac{\frac{\mu'}{m'}\left(-B+\frac{1}{v'}\right)^2}{-\frac{1}{\delta}+\frac{1}{v}} =$$

$$\frac{'M'\,m}{m'} + \frac{\mu'\,m}{m'}\left(-B+\frac{1}{v'}\right) ;$$

Ce qui ne fe peut, quoique beaucoup de termes fe détruifent dans ces deux quantités ; car il reftera toujours au moins un terme affecté de $\frac{1}{v'^2}$, puifque $\frac{\mu'}{m'\,v'^2} = -\frac{m'^2}{2\,v'^2}$, & que $\frac{M'}{m'} \times \frac{1}{v'}$ donne un terme $= \frac{m'}{2\,v'^2}$ qui ne détruit pas $-\frac{m'^2}{4\,v'^2}$.

434. Maintenant fi on fe rappelle que, fuivant les noms donnés dans l'art 426, le coëfficient de α^2 dans la valeur de $\frac{1}{\delta}$, a été fuppofé m $= \frac{m-m^3}{2\,\delta^2}$, on trouvera facilement que l'équation $d\,Q''' = o$, néceffaire

(art. 425.) pour achever de détruire l'aberration lon‑
gitudinale de réfrangibilité, fera

$$d\left[(m-m^3)\,m'\,m''\,m'''\left(\frac{1}{v}-\frac{1}{\delta}\right)+(m'-m'^3)\right.$$

$$m''\,m'''\,m^2\times\left(\frac{1}{v'}-B\right)+(m''-m''^3)\times m'''\,m^2\,m'^2$$

$$\left(\frac{1}{v''}-B'\right)+(m'''-m'''^3)\times m^2\,m'^2\,m''^2\times\left(\frac{1}{v'''}\right.$$

$$\left.\left.-B''\right)\right]=o\,;$$

Cette équation est analogue à l'équation (A) de l'art. 426; avec cette différence que $(m-m^3)$ fait ici le même effet que $M+\mu\left(\frac{1}{v}-\frac{1}{\delta}\right)$; & qu'au lieu de $\frac{\alpha'^2}{\delta'^2}$, $\frac{\alpha''^2}{\delta''^2}$, il faudra mettre $\frac{\alpha^2\,m^2}{\delta^2}$, $\frac{\alpha^2\,m^2\,m'^2}{\delta^2}$, &c. & ainsi de suite.

435. De même pour achever de détruire l'aberration latitudinale de réfrangibilité, il faudra faire

$$d\left[\frac{m-m^3}{m}+\frac{(m^I-m'^3)\,m^2}{m^I}+\frac{(m''-m''^3)\,n^2\,m'^2}{m''}\right.$$

$$\left.+\frac{(m'''-m'''^3)\,m^2\,m'^2\,m''^2}{m'''}\right]=o.$$

Cette équation est analogue à l'équation (C) de l'art. 430, comme l'équation de l'art. précédent est ana‑logue à l'équation (A) de l'art. 426.

436. De plus il faudra, pour anéantir les aberrations de tous les rayons, faire $=o$, 1°. la différence des équa‑tions A, B, C, c'est‑à‑dire, des équations A, C, puis‑que (art. 431.) les équations A, B sont la même. 2°. Ladiff érence de l'équation $R'''_{..}=o$, qui est commune

à tous les rayons (art. 423.) le point lumineux étant placé dans l'axe ou hors de l'axe. Mais ces équations différentielles, ainsi que les deux de l'art. précédent, font beaucoup moins essentielles que les autres.

§. III. *Simplification de la théorie précédente, & réduction des formules qui en résultent.*

437. Pour rendre la théorie précédente tout-à-la-fois aussi générale & aussi simple qu'il sera possible, nous supposerons d'abord trois lentilles contigues ; & nous chercherons les formules des distances focales de ces lentilles. Nous chercherons ensuite les conditions nécessaires pour détruire l'aberration dans la premiere lentille ; & de-là nous trouverons facilement celles qu'il faudra remplir pour détruire l'aberration dans une lentille composée. La raison qui nous détermine à en user ainsi, c'est, 1°. qu'il est facile de trouver pour une seule lentille simple la position du foyer, c'est-à-dire le point où un rayon rompu quelconque vient couper le plan qui passe par l'axe de la lentille, & par le point lumineux. 2°. Soit δ'' la distance du foyer de la lentille ; a la distance de l'objet à l'axe ; δ la distance entre la projection de l'objet sur l'axe & le sommet de la lentille ; G le demi-diametre de l'ouverture ; e l'épaisseur de la lentille ; a'' la distance de l'image à l'axe, on aura

$$\frac{1}{\delta''} = -\frac{1}{R} - \frac{1}{\delta} + G^2\left(k + \frac{M}{\delta} + \frac{N}{\delta\delta}\right) + \frac{a}{\delta}$$

$$\left(P' + \frac{Q}{\delta} + \frac{S}{\delta\delta}\right) + \frac{\alpha^2}{\delta^2} T + V e + \frac{X e}{\delta} + \frac{Y e}{\delta^2},$$

$$\alpha'' = \frac{\alpha \delta''}{\delta} \left[1 + \zeta^2 \left(A + \frac{B}{\delta} + \frac{C}{\delta\delta}\right) + \frac{\alpha}{\delta}\right.$$

$$\left(D + \frac{E}{\delta} + \frac{F}{\delta\delta}\right) + H e + \frac{L e}{\delta} + \frac{Z e}{\delta^2}\right) + \frac{\alpha^2 G}{\delta^2}\right].$$

Formules dans lesquelles les quantités R, K, M, &c. A, B, C, &c. dépendent des rayons de la lentille & du rapport de la réfraction. Or comme (article 407.) $\frac{\alpha''}{\delta''} = $ à très-peu près $\frac{\alpha}{\delta}$ on aura le foyer de la seconde lentille. 1°. En laissant subsister dans la formule de la premiere lentille les termes où $\frac{\alpha}{\delta}$ se rencontre.

2°. En mettant dans les autres termes $- \frac{1}{\delta''}$ pour $\frac{1}{\delta'}$.

3°. En mettant pour e l'épaisseur e' de la seconde lentille, & pour R, K, M, &c. A, B, C, &c. des quantités R', K', M', &c. formées sur les dimensions & la réfraction de la seconde lentille, comme les quantités R, K, M, &c. l'ont été sur la premiere. Ainsi on aura par-là avec une extrême facilité, & pour ainsi dire à vûe, le foyer de tant de lentilles qu'on voudra. Cette facilité vient principalement de ce que le terme $- \frac{1}{\delta}$ se trouve sans coëfficient dans l'expression de la distance $\frac{1}{\delta''}$; de façon qu'il ne faut qu'une simple addition des termes pour trouver le foyer des lentilles suivantes. Cette considération d'une lame d'air infiniment petite entre les lentilles, a donc l'avantage de rendre les calculs plus simples, & ne change d'ailleurs rien au résultat qu'on doit avoir, en suppofant les lentilles contigues.

438. Soient donc trois lentilles infiniment proches l'une de l'autre, & formées; la premiere de la matiere A; la feconde de la matiere B; la troifiéme de la matiere C;

Soit de plus $\frac{1}{m} = P$ le rapport du finus d'incidence au finus de réfraction, en paffant du milieu A dans l'air,

$\frac{1}{m'} = P'$ le rapport du finus d'incidence au finus de réfraction, en paffant du milieu B dans l'air;

$\frac{1}{m''} = P''$ le rapport du finus d'incidence au finus de réfraction, en paffant du milieu C dans l'air;

Soient fuppofées les trois lentilles A, B, C, féparées par une lame d'air infiniment petite; ce qui revient au même que de les fuppofer contigues;

Soient enfin nommés $v, v', v'', v''', v^{iv}, v^{v}$, les rayons des furfaces; & foit fuppofé

$$\frac{1}{v} - \frac{1}{v'} = \frac{1}{\lambda},$$

$$\frac{1}{v''} - \frac{1}{v'''} = \frac{1}{\lambda'},$$

$$\frac{1}{v^{iv}} - \frac{1}{v^{v}} = \frac{1}{\lambda''},$$

On aura la diftance inverfe du foyer $\frac{1}{\delta''}$ dans la premiere lentille $= \dfrac{P-1}{\lambda} - \dfrac{1}{\delta} + \dfrac{C^2}{2}\Big[\dfrac{3P-2m-1}{\delta\,\delta\,\lambda}$

$+ \dfrac{4P-4m}{\delta\,\nu\,\lambda} + \dfrac{1+2P-3P^2}{\delta\,\lambda\,\lambda} + \dfrac{P+1-2m}{\nu\,\nu\,\lambda} +$

$\dfrac{1+P-2P^2}{\nu\,\lambda\,\lambda} + \dfrac{P^3-P^2}{\lambda^3}\Big].$

439. D'où il est aisé de conclure que la distance inverse $\dfrac{1}{\delta^{IV}}$ du foyer de la derniere lentille sera $\dfrac{P'-1}{\lambda''}$

$+ \dfrac{P'-1}{\lambda'} + \dfrac{P-1}{\lambda} - \dfrac{1}{\delta} + \dfrac{C^2}{2}\Big[\Big(\dfrac{3P''-2m''-1}{\lambda''}\Big)$

$\Big(\dfrac{1}{\lambda'}+\dfrac{P-1}{\lambda}-\dfrac{1}{\delta}\Big)^2 - \Big(\dfrac{4P''-4m''}{\nu^{IV}\lambda''}\Big)\Big(\dfrac{P'-1}{\lambda'}$

$+ \dfrac{P-1}{\lambda} - \dfrac{1}{\delta}\Big) - \Big(\dfrac{1+2P''-3P''^2}{\lambda''^2}\Big)\Big(\dfrac{P'-1}{\lambda'}$

$+ \dfrac{P-1}{\lambda} - \dfrac{1}{\delta}\Big) + \dfrac{P''+1-2m''}{\nu^{IV}\nu'''\lambda''} + \dfrac{1+P''-2P''^2}{\nu^{IV}\lambda''\lambda''}$

$+ \dfrac{P''^3-P''^2}{\lambda''^3} + \Big(\dfrac{2P'-2m'-1}{\lambda'}\Big)\Big(\dfrac{P-1}{\lambda} -$

$\dfrac{1}{\delta}\Big)^2 - \Big(\dfrac{4P'-4m'}{\nu''\lambda'}\Big)\Big(\dfrac{P-1}{\lambda} - \dfrac{1}{\delta}\Big) -$

$\dfrac{1+2P'-3P'^2}{\lambda'\lambda'}\Big(\dfrac{P-1}{\lambda} - \dfrac{1}{\delta}\Big) + \dfrac{P'+1-2m'}{\nu''\nu''\lambda'}$

$+ \dfrac{1+P'-2P'^2}{\nu''\lambda'\lambda'} + \dfrac{P'^3-P'^2}{\lambda'^3} + \dfrac{3P-2m-1}{\delta\,\delta\,\lambda}$

$+ \dfrac{4P-4m}{\delta\,\nu\,\lambda} + \dfrac{1+2P-3P^2}{\delta\,\lambda\,\lambda} + \dfrac{P+1-2m}{\nu\,\nu\,\lambda} +$

$\dfrac{1+P-2P^2}{\nu\,\lambda\,\lambda} + \dfrac{P^3-P^2}{\lambda^3}\Big].$

440. Or il est d'abord aisé de voir que cette formule renferme toutes celles que nous avons données
précédemment

précédemment pour le foyer des différentes lentilles, l'objet lumineux étant supposé dans l'axe. En effet,

Si $r'' = r'$, $r''' = r^{\mathrm{iv}} = r^{\mathrm{v}}$, $P'' = 1$, $m'' = 1$, c'est le cas d'une lentille formée de trois surfaces & de deux matieres,

Si $r'' = r'$, $r''' = r^{\mathrm{iv}}$, $P' = 1$, $m' = 1$, c'est le cas d'une lentille formée de quatre surfaces & deux matieres, avec de l'air entre ceux.

Si $r'' = r'$, $r''' = r^{\mathrm{iv}}$, $P'' = P$ $m'' = m$, c'est le cas d'une lentille formée de quatre surfaces & de deux matieres, dont les deux extérieures A, C, font semblablables. Cela posé.

441. Dans une lentille simple & d'une seule matiere, on a au lieu de l'équation (B) qui est la même (art. 431.) que l'équation (A)

$$\left(\frac{m}{2r} - \frac{1}{2\delta}\right)\left(-\frac{1}{\delta} + \frac{1}{y}\right) - \frac{m^2}{2}\left(-\frac{1}{\delta}\right.$$

$$\left. + \frac{1}{y}\right)^2 + \left(\frac{1}{2mr'} - \frac{1}{2\delta'}\right)\left(-\frac{1}{\delta'} + \frac{1}{y'}\right) -$$

$$\frac{1}{2m^2}\left(-\frac{1}{\delta'} + \frac{1}{y'}\right)^2, \text{ c'est-à-dire, à cause de } \frac{1}{y} -$$

$$\frac{1}{y'} = \frac{1}{\lambda} \;\&\; \frac{1}{\delta'} = \frac{1-m}{y} + \frac{m}{\delta} = 0;$$

$$\frac{1}{2m\lambda^2} - \frac{1}{2m^2\lambda^2} + \frac{1}{2\lambda y} - \frac{m}{2\lambda y} - \frac{1}{\delta}\left(-\right.$$

$$\left.\frac{m}{2\lambda} + \frac{1}{2m\lambda}\right) = 0, \text{ où}$$

$$\frac{P - P^2}{2\lambda^2} + \frac{1-m}{2\lambda y} + \frac{1}{\delta}\left(\frac{m-P}{2\lambda}\right) = 0.$$

442. Si δ étoit positif, c'est-à-dire, si les rayons entroient divergens dans la lentille; au lieu qu'on suppose ici qu'ils entrent convergens, il faudroit dans cette formule changer le signe de $\frac{1}{\delta}$.

443. De même dans une lentille simple & d'une seule matiere, on aura, au lieu de l'équation (*C*),

$$\left(\frac{m}{2r} - \frac{1}{2\delta}\right) - \frac{m^2}{2}\left(-\frac{1}{\delta} + \frac{1}{\varphi}\right) + \left(\frac{1}{2r'}\right.$$

$$\left. - \frac{m}{2\delta'}\right) - \frac{1}{2m}\left(-\frac{1}{\delta^{iv}} + \frac{1}{\varphi'}\right) = 0;$$

Ou $-\dfrac{1}{2\lambda} + \dfrac{1}{2m\lambda} = 0;$

Ou $\dfrac{P-1}{2\lambda} = 0.$

444. Dans la même lentille simple, on aura pour l'équation représentée par $dQ''' = 0$ (art. 425.) l'équation suivante $d\left[\left(\dfrac{1-m^2}{2\delta^2}\right)\left(\dfrac{1}{\varphi} - \dfrac{1}{\delta}\right) + \left(\dfrac{m^2}{2m} - \dfrac{m^2}{2m^3}\right)\left(\dfrac{1}{\varphi'} - \dfrac{1}{\delta'}\right) \times \dfrac{1}{\delta^2}\right] = 0;$

Ou $\dfrac{1}{\delta\delta'} d\left(-\dfrac{m}{2\lambda} + \dfrac{1}{2m\lambda}\right) = 0;$

Ou $d\left(\dfrac{P-m}{2\lambda}\right) = 0.$

445. Enfin dans la même lentille simple, l'équation de l'art. 435, pour détruire entièrement l'aberration latitudinale de réfrangibilité, sera $d\left[\dfrac{1-m^2}{2\delta'^2} + \left(\dfrac{1}{2} - \dfrac{1}{2m^2}\right) + \dfrac{m^2}{\delta^2}\right] = 0;$

Ou $o = o$; ce qui montre que cette équation fera toujours vraie, quelle que soit a.

446. Soit maintenant $\dfrac{3P - 2m - 1}{2\lambda} = \varpi$;

$$\frac{4P - 4m}{2r\lambda} - \frac{1 + 2P - 3P^2}{2\lambda\lambda} = \zeta,$$

$$\frac{P + 1 - 2m}{2rr\lambda} + \frac{1 + P - 2P^2}{2r\lambda\lambda} + \frac{P^3 - P^0}{2\lambda^3} = \vartheta;$$

$$\mu = \frac{1 - m}{2\lambda r} + \frac{P - P^2}{2\lambda\lambda},$$

$$\frac{P - m}{2\lambda} = v,$$

$$\sigma = \frac{(1 - m)^2}{m v r},$$

$$\pi = \frac{2m - 2}{r}.$$

Souvenons-nous de plus que $\dfrac{1}{\delta''} = \dfrac{P - 1}{\lambda} - \dfrac{1}{\delta}$;

$$\frac{1}{\delta'''} = \frac{P' - 1}{\lambda'} + \frac{1}{\delta'} = \frac{P' - 1}{\lambda'} + \frac{P - 1}{\lambda} - \frac{1}{\delta}; \&c. \& \text{ ainsi de fuite.}$$

Et remarquons enfin que fi les trois lentilles font non-feulement contigues, comme on le fuppofe, mais coincidentes par leurs furfaces voifines; enforte que la premiere furface de la feconde lentille coincide avec la feconde furface de la premiere, la feconde furface de la feconde avec la premiere de la troifiéme; & ainfi de fuite, on aura $r'' = r'$, $r^{iv} = r'''$, ou plutôt r''; & ainfi de fuite.

447. On aura donc, en nommant e, e', e'' les épaif-

feurs des trois lentilles, & Δ la diftance du foyer de la derniere, l'équation

$$\frac{1}{\Delta} = \frac{P-1}{\lambda} + \frac{P'-1}{\lambda} + \frac{P''-1}{\lambda'} - \frac{1}{\delta} + \left(\frac{\varpi}{\delta\delta}\right.$$

$$+ \frac{\zeta}{\delta} + \vartheta + \frac{\varpi'}{\delta'\delta'} - \frac{\zeta'}{\delta'} + \vartheta' + \frac{\varpi''}{\delta''\delta''} - \frac{\zeta''}{\delta''}$$

$$+ \vartheta'')(\gamma^2 + \eta^2) + \frac{2\,a\,n}{\delta}(\mu + \frac{\nu}{\delta} + \mu' - \frac{\nu'}{\delta'}$$

$$+ \mu'' - \frac{\nu''}{\delta''}) + \frac{a^2}{\delta^2}(\nu + \nu' + \nu'') + \sigma e + \frac{\pi e}{\delta}$$

$$+ \frac{m e}{\delta\delta} + \sigma' e' - \frac{\pi' e'}{\delta'} + \frac{m' e'}{\delta'\delta'} + \sigma'' e'' - \frac{\pi'' e''}{\delta''}$$

$$+ \frac{m'' e''}{\delta''\delta''}.$$

448. Dans cette formule, les quantités ϖ', ζ', ϑ', &c. font formées de m', ν'', λ', &c. comme les quantités ϖ, ζ, ϑ, &c. le font de m, ν, λ, &c. & ainfi de fuite.

449. Pour avoir l'équation de α^{iv} relativement à l'é-paiffeur, on confidérera que, dans une lentille fimple de l'épaiffeur e, on a $\alpha'' = \frac{\alpha \times (\delta'-\nu)}{(\delta-\nu)} \times \frac{(\delta''-\nu^2)}{(\delta'-e-\nu')}$

$$= \frac{\alpha \delta''}{\delta} \times \frac{\left(\frac{1}{\nu} - \frac{1}{\delta'}\right)\left(\frac{1}{\nu'} - \frac{1}{\delta''}\right)}{\left(\frac{1}{\nu} - \frac{1}{\delta}\right)\left(\frac{1}{\nu'} - \frac{1}{\delta'} - \frac{e}{\nu'\delta'}\right)} \times$$

$$\frac{\delta'\nu\nu'}{\delta'\nu\nu'} = \frac{\alpha \delta''}{\delta}\left(1 - \frac{e\left(\frac{1-m}{\nu} - \frac{m}{\delta}\right)^2}{-\frac{1}{\lambda} + m\left(\frac{1}{\nu} + \frac{1}{\delta}\right)}\right)$$

$$+ \frac{\frac{\varepsilon}{v'}\left(\frac{1-m}{v}-\frac{m}{\delta}\right)}{-\frac{1}{\lambda}+n\left(\frac{1}{v}+\frac{1}{\delta}\right)} = \frac{a\,\delta''}{\delta}\left[1+e\left(\frac{1-m}{v}\right.\right.$$

$$\left.\left.-\frac{m}{\delta}\right)\right].$$

450. Soit donc $\rho = \dfrac{P-1}{2\lambda}$, & a la distance de l'image à l'axe, on aura

$$a = \frac{a\,\Delta}{\delta}\left[1-(\gamma^2+n^2)\left(\mu+\frac{v}{\delta}+\mu'-\frac{v'}{\delta'}\right.\right.$$

$$\left.+\mu''-\frac{v''}{\delta''}\right)-\frac{2a\,n}{\delta}(\rho+\rho'+\rho'')+e\left(\frac{1-m}{v}\right.$$

$$\left.-\frac{m}{\delta}\right)+e'\left(\frac{1-m'}{v''}+\frac{m}{\delta'}\right)+e''\left(\frac{1-m''}{v'''}+\frac{m''}{\delta''}\right)\Big]$$

451. On aura donc les équations suivantes pour anéantir les aberrations.

1°. $d\left(\dfrac{P-1}{\lambda}+\dfrac{P'-1}{\lambda'}+\dfrac{P''-1}{\lambda''}\right)=0.$

2°. $\dfrac{\varpi}{\delta\,\delta}+\dfrac{\zeta}{\delta}+\vartheta+\dfrac{\varpi'}{\delta'\,\delta'}-\dfrac{\zeta'}{\delta'}+\vartheta'+$

$\dfrac{\varpi''}{\delta''\,\delta''}-\dfrac{\zeta''}{\delta''}+\vartheta''=0.$

3°. $\mu+\dfrac{v}{\delta}+\mu'-\dfrac{v'}{\delta'}+\mu''-\dfrac{v''}{\delta''}=0.$

4°. $\rho+\rho'+\rho''=0.$ Equation impossible.

5°. $d(v+v'+v'')+0.$

6°. & 7°. La différence de la seconde & de la troisiéme équation $=0.$

8°. La différence de la quatriéme équation $=0$; ce qui redonne la premiere équation.

452. De ces huit équations qui fe réduifent à fept ; les quatre premieres font les plus effentielles, ayant pour objet de détruire, 1°. l'aberration de réfrangibilité, de tous les rayons confidérés comme partant de l'axe. 2°. L'aberration de fphéricité des rayons moyens; les trois autres ne font néceffaires que pour une plus grande perfection, dans le cas où l'on voudroit, 1°. achever de détruire l'aberration de réfrangibilité dans les rayons de toute efpéce qui ne partiroient point de l'axe; 2°. détruire entiérement l'aberration de fphéricité des rayons de toute efpéce.

453. De plus, comme la quatriéme équation, qui eft une des quatre effentielles, eft impoffible à détruire; il eft vifible qu'on ne pourra jamais détruire entiérement l'aberration de fphéricité, au moins pour les rayons qui ne partent point de l'axe, quelque nombre de lentilles de différentes matieres, qu'on puiffe combiner enfemble.

454. Au refte, cette quatriéme équation, quoiqu'impoffible à détruire, ne produira jamais une aberration confidérable, fi l'ouverture n'a pas une trop grande étendue. Car foit R la diftance focale, enforte que

$$\frac{P-1}{\lambda} + \frac{P'-1}{\lambda'} + \frac{P''-1}{\lambda''} = \frac{1}{R}$$

(art. 439.), l'aberration latitudinale qui ne fauroit être détruite, étant

$$\frac{a\,\delta^{IV}}{\delta}\left[\frac{2\,a\,n}{\delta}\left(\frac{P-1}{2\,\lambda} + \frac{P'-1}{2\,\lambda'} + \frac{P''-1}{2\,\lambda''}\right)\right]$$

fera $= \dfrac{a^2\,n\,\delta^{IV}}{R\,\delta^2} =$ dans fa plus grande valeur $\dfrac{\omega^3\,\delta^{IV}}{8\,R^3}$.

$= \dfrac{\omega^3}{8 R^2}$; & l'aberration longitudinale qui en réſultera,

ſera $\dfrac{\omega^2}{4 R}$; donc le rapport de cette aberration à la diſtance focale eſt $\dfrac{\omega^2}{4 R^2}$: or l'aberration de réfrangibilité la plus grande dans les lentilles ordinaires eſt $2 \, d' P = \dfrac{1}{25}$; il faut donc que $\dfrac{\omega}{2 R}$ ſoit beaucoup plus petit que $\dfrac{1}{5}$ ou $\dfrac{\omega}{R}$ beaucoup plus petit que $\dfrac{2}{5}$, c'eſt-à-dire, que l'ouverture doit avoir beaucoup moins de vingt-deux degrés d'un cercle décrit du rayon *R*.

455. Nous diſons *beaucoup moins* ; car l'aberration de réfrangibilité entre les rayons moyens & les extrêmes eſt $\dfrac{2}{100} = \dfrac{1}{50}$, & cette aberration doit être plus que le double de $\dfrac{\omega^2}{4 R^2}$, pour que l'objectif compoſé ait un avantage conſidérable ſur l'objectif ſimple de même foyer ; donc $\dfrac{\omega}{2 R}$ doit être plus petit que $\dfrac{1}{100}$, & $\dfrac{\omega}{R}$ plus petit que $\dfrac{1}{5}$; donc l'ouverture doit avoir moins de douze degrés d'étendue.

456. Et ſi parmi les différens rayons des ſurfaces, il y en avoit qui fuſſent à peu près égaux à $\dfrac{R}{5}$ ou même plus petit ; alors l'ouverture devroit contenir encore beaucoup moins de degrés. Car ſoit ρ le rayon de cette ſurface & $\rho = R \alpha$, α étant une fraction ; il faut toujours que $\dfrac{\omega}{2 \rho}$ ſoit une quantité aſſez petite ; puiſ-

que dans les calculs on a toujours fuppofé que $\frac{\omega}{2}$ où $\mathfrak{E}$ étoit peu confidérable par rapport à chacun des rayons r, r', r'' &c. Il eft donc clair que fi on faifoit $\frac{\omega}{2R} = \frac{1}{10}$, comme dans l'art. précédent, on auroit $\frac{\omega}{2\varrho} = \frac{1}{10\,\alpha}$; donc fi α ou $< = \frac{1}{5}$, $\frac{\omega}{2\varrho}$ ne fera pas une petite quantité.

457. On peut remarquer en paffant que dans les lunettes dioptriques ordinaires $\frac{\omega^2}{R} = \frac{4}{13}$ ligne. Donc fuppofant $R = Q . 12 . 12$ lignes, on a $\frac{\omega^2}{4RR} = \frac{1}{13\,Q . 12 . 12}$. Or cette quantité eft à $\frac{1}{50}$ en raifon de 25 à 13 $Q . 72$; c'eft-à-dire, de 1 à $Q(37 + \frac{11}{25})$; d'où l'on voit que l'aberration qui vient de la fphéricité dans ces lunettes, eft beaucoup moindre, même pour les objets placés hors de l'axe, que l'aberration qui vient de la réfrangibilité.

458. Au refte, comme il y a trois épaiffeurs e, e', e'', dont on eft le maître, on peut employer ces épaiffeurs, combinées avec différentes ouvertures du verre, pour diminuer confidérablement l'aberration de fphéricité latitudinale; ce dernier objet fera expliqué plus en dé-tail dans la fuite.

459. Dans le cas d'une lentille fimple, il femble d'abord

d'abord qu'à cause de $a'' = \dfrac{a(\delta'-r)(\delta''-r')}{(\delta-r)(\delta'-r')}$, &
de δ'' & δ constans, on puisse réduire cette équation
à $\dfrac{\delta'-r}{\delta'-r'}$ constant, & qu'elle sera plus simple. Il est
vrai qu'on peut l'y réduire, mais elle sera alors

$$-\frac{M}{m}\left(-\frac{1}{\delta}+\frac{1}{r}\right)-\frac{\mu}{m}\left(-\frac{1}{\delta}+\frac{1}{r}\right)^2$$

$$+\frac{M\left(-\frac{1}{\delta}+\frac{1}{r}\right)^2+\mu\left(-\frac{1}{\delta}+\frac{1}{r}\right)^3}{\frac{1}{r'}-B}=0.$$

460. Or à cause de $R''' = 0$, qui donne $Mm'\left(-\frac{1}{\delta}+\frac{1}{r}\right)^2+\mu m'\left(-\frac{1}{\delta}+\frac{1}{r}\right)^3+M'\left(-B+\frac{1}{r'}\right)^2+\mu'\left(-B+\frac{1}{r'}\right)^3=0$, cette équation,
en faisant $m'=\dfrac{1}{m}$, revient au même que l'équation dont nous nous sommes servis, & qui est

$$-\frac{M}{m}\left(-\frac{1}{\delta}+\frac{1}{r}\right)-\frac{\mu}{m}\left(-\frac{1}{\delta}+\frac{1}{r}\right)^2$$

$$-\frac{M'}{m'}\left(-B+\frac{1}{r'}\right)-\frac{\mu'}{m'}\left(-B+\frac{1}{r'}\right)^2=0;$$

avec cette différence que cette derniere est beaucoup plus simple & plus aisée à mettre en œuvre.

Nous faisons cette remarque, pour montrer en passant comment une formule, en apparence moins simple & plus composée qu'une autre formule équivalente, conduit quelquefois à un résultat plus simple que ne seroit cette derniere formule.

DIX-HUITIÉME MÉMOIRE.

Suite des Recherches précédentes.

CHAPITRE VI.

Théorie de l'aberration des lentilles, considérée par rapport à l'Œil.

461. **P**OUR déterminer l'effet de l'aberration des lunettes, il est néceffaire d'examiner l'effet que cette aberration produit dans l'œil même ; fans cela on n'aura qu'une idée très-imparfaite de ce qui en pourroit réfulter. Cette théorie, que les Opticiens ont peu approfondie jufqu'ici, fera la matiere du préfent Chapitre, & fournira plufieurs propofitions curieufes & nouvelles.

§. I. *Théorême général pour l'aberration dans l'œil.*

462. Si un point rayonnant A (*fig.* 4.) eft éloigné de l'œil de la diftance $AB = \Delta$, & que la peinture de ce point A fe faffe exactement au fond de l'œil en F,

on aura en général (art. 19.) $BF = \dfrac{H}{M + \dfrac{N}{\delta}}$, ou

$BF = \dfrac{1}{A + \dfrac{B}{\delta}}$, A & B étant des constantes ; soit

maintenant un point a placé ailleurs dans l'axe AB, & tel que la réunion des rayons partant de a se fasse en E, on aura en nommant Aa, a, $BE = \dfrac{1}{A + \dfrac{B}{\Delta \pm a}}$;

& par conséquent

$$FE = BF - BE = \dfrac{\mp B\,a}{(A.\Delta + B)(A.\Delta \pm Aa + B)}.$$

463. Or comme $BF = \dfrac{\Delta}{A.\Delta + B}$, & $BE = \dfrac{\Delta \pm a}{A(\Delta \pm a) + B}$, cette quantité se réduit à $\mp \dfrac{B\,a}{A.(\Delta \pm a)}$ $\times BE \times BF = $ à très-peu près $\mp \dfrac{B.Aa}{BA.Ba} \times BF^2$.

464. Soit λ' la largeur CD de la prunelle, ou de la partie de la prunelle qui reçoit les rayons AC, AD les plus éloignés de l'axe AB, & $BF = b$ le diametre de l'œil ; on aura $HG = \dfrac{EF \times \lambda'}{b} = \dfrac{\mp B.Aa}{BA.Ba} \times \lambda' B$.

465. Cette quantité HG est le diametre du cercle qui forme au fond de l'œil la peinture du point a, tandis que le point A est représenté par un seul & unique point F. Donc, suivant les loix de l'optique, le point A sera représenté d'autant plus confusément, que l'aire de ce cercle sera plus grande ; & par conséquent on peut établir

pour principe que la netteté de l'objet est en général comme HF^2, ou en raison de $\dfrac{A\,a^2 \cdot \lambda'^2}{B\,A^2 \cdot B\,a^2}$.

466. J'ai supposé dans le calcul précédent que les rayons venant du point A se réunissent tous exactement au fond de l'œil en F, & que les rayons venant du point a, se réuniffent aussi tous exactement en E dans l'axe optique, sans aucune aberration, caufée, soit par la différente réfrangibilité des rayons, soit par la largeur de la prunelle; suppofition qui n'a rien que de plaufible; car il est naturel de penfer (art. 143.) que l'œil est conformé de maniere que l'effet de cette double aberration y est infenfible.

467. Il est de plus évident par les raifons apportées (art. 138.) qu'il faut que le cercle dont le diametre est HG, ait une certaine grandeur, pour que la vifion foit confufe, & que fi HG étoit très-petit, la vifion du point a feroit fenfiblement aussi diftincte que celle du point A.

468. Comme la diftance BF prife exactement, est $\dfrac{\Delta + b}{A \cdot \Delta + B}$ (articles 126 & 128.); on aura exactement & à la rigueur $FE = \dfrac{(Ab - B)\,a \times BE \times BF}{(\Delta + b)(\Delta + a + b)}$. Mais, comme la quantité b (art. 160.) est toujours très-petite par rapport à Δ, on peut s'en tenir à l'expreffion trouvée ci-deffus $FE = \dfrac{-B\,a \cdot BE \cdot BF}{\Delta \cdot (\Delta + a)}$, ou même

$$\frac{(A\,b - B)\,\alpha \cdot BE \cdot BF}{\Delta \cdot (\Delta + \alpha)}$$, laquelle eſt proportionnelle à

$$\frac{\alpha}{\Delta \cdot (\Delta + \alpha)}.$$

469. Il eſt bon de remarquer encore, que comme les rayons qui tombent ſur les points D, C, & ſur les points intermédiaires, n'arrivent en E qu'après avoir ſubi pluſieurs réfractions, les lignes CE, DE, ne ſont pas rigoureuſement droites, comme nous l'avons ſuppoſé. Il faut même obſerver que comme l'épaiſſeur des humeurs de l'œil n'eſt pas très-petite par rapport au diametre BE (puiſqu'elle en eſt environ le tiers) l'angle du rayon CE avec le dernier rayon rompu, quoique très-petit en lui-même, pourra être comparable à l'angle de ce rayon CE avec l'axe BE; mais il ne peut réſulter de-là aucun inconvénient, comme nous l'allons faire voir; & les Propoſitions établies ci-deſſus, ſubſiſteront toujours. En effet, ſoit e l'épaiſſeur de la chambre antérieure de l'œil, e' celle du cryſtallin, δ' la premiere diſtance du foyer après une réfraction; δ'' la ſeconde, après deux réfractions; δ''' la troiſiéme; on aura pour l'angle que le dernier rayon rompu fait avec l'axe BE,

$$\frac{\lambda'}{2} \times \left(\frac{\delta' - e}{\delta'}\right) \times \frac{\delta'' - e'}{\delta''} \times \frac{1}{\delta'''} \;;$$ or l'angle que le rayon CE feroit avec BE feroit $\dfrac{\lambda'}{2} \times \dfrac{1}{\delta''' + e + e'}$;

de plus, comme les rayons des humeurs de l'œil, ſavoir, de la cornée & du cryſtallin, ſont extrêmement petits, & fort au-deſſous de la diſtance δ, à laquelle

un œil bien conformé apperçoit les objets, il eft aifé
de voir, 1°. que quelle que foit la diftance δ, la premiere diftance focale δ' fera toujours à peu près la même

dans tous les cas, puifqu'elle eft $= \dfrac{1}{\dfrac{1-m}{r} - \dfrac{m}{\delta}}$, &

qu'on peut négliger le terme — $\dfrac{m}{\delta}$ à caufe de δ

beaucoup plus grand que *r*. 2°. On verra, par un raifonnement femblable, que la feconde diftance focale δ''.
eft toujours à peu près la même, ainfi que la troifiéme

& derniere δ''', puifque la quantité $\dfrac{1}{\delta}$ qui entre dans

δ'' & δ''', doit toujours être cenfée nulle par rapport

aux quantités $\dfrac{1}{r}$, $\dfrac{1}{r'}$, $\dfrac{1}{r''}$ &c. Donc le rapport de

$$\frac{\lambda'}{2} \times \frac{\delta'-e}{\delta'} \times \frac{\delta''-e'}{\delta''} \times \frac{1}{\delta'''} \text{ à } \frac{\lambda'}{2} \times \frac{1}{\delta'''+e+e'}$$

eft à peu près conftant. Soit α ce rapport, il eft vifible

que FG, au lieu d'être $\dfrac{\lambda'}{2} \times \dfrac{FE}{BF}$ fera $\dfrac{\lambda'}{2} \times \alpha \times$

$\dfrac{FE}{BF}$; & qu'ainfi il n'y aura de changement à faire aux
calculs précédens, que de mettre λ' α au lieu de λ',
c'eft-à-dire, d'imaginer que la partie de la prunelle qui
reçoit les rayons, eft plus grande que nous ne l'avons
fuppofé, en raifon de α à 1; ce qui ne changera rien
aux calculs fuivans; ou fi cela doit produire quelque
changement, il fera aifé d'en tenir compte.

470. Si le foyer des rayons partis de *A*, tombe exac-

ement fur le point *F* de la retine, ou pour parler plus
exactement, du fond de l'œil; les deux efpaces *A a*, *A a*,
l'un pofitif, l'autre négatif, dont le point *A* fait le milieu, auront chacun à peu près la même image *G H*,
les deux foyers des points *a*, *a*, étant en *E*, *E*, à peu
près à égale diftance du fond de l'œil; l'un en-deçà,
l'autre au-delà.

471. Donc fi le point *A* envoye, par exemple, des
rayons verds, qui font les rayons moyens, & les points
a, *a*, l'un, des rayons rouges, l'autre, des rayons violets : les images des points *a*, *a*, l'une rouge, l'autre
violette, fe couvriront abfolument l'une l'autre au fond
de l'œil; & ces images qui occupent un très-petit efpace, étant jointes aux images concentriques & encore
plus petites, que forment les autres rayons, & à l'image
verte & très-vive du point *A*, il en réfultera fenfiblement l'impreffion du blanc. Voyez l'Optique de Newton, L. I. Part. II. Prop. 4, 5, 6.

472. Au contraire fi le point *F* étoit le foyer d'un
des deux points *a*; 1°. l'aberration *H G* feroit double
en diametre de ce qu'elle eft dans l'hypothèfe précédente, puifqu'elle augmenteroit en raifon de *a a* à *A a*.
2°. Elle feroit compofée de plufieurs cercles ou anneaux
concentriques, dont aucun ne feroit couvert par l'autre,
mais qui feroient tous diftingués & féparés.

473. D'où l'on voit que dans ce fecond cas l'aberration doit être beaucoup plus fenfible que dans le premier. Cette remarque nous fera fort utile dans la fuite.

474. Toutes ces réflexions préfuppofées, la premiere queftion qui fe préfente, eft de déterminer quelle doit être la grandeur de *H G*, pour que le point *a* foit vû à peu près auffi diftinctement que le point *A*. La ré-ponfe la plus naturelle eft, que *H G* ne doit pas être plus grande que l'image d'un objet vû par l'œil comme un point, c'eft à-dire, que l'image du plus petit objet vifible.

475. Il s'agiroit donc de déterminer quelle eft l'image qu'occupe dans le fond de l'œil le plus petit objet vi-fible. Or cette détermination n'eft pas facile. Les Opti-ciens ne font point d'accord fur le plus petit angle fous lequel on puiffe voir un objet; c'eft dequoi on peut s'affurer par le §. V I de l'*Effai* de M. Jurin, fur *la Vi-fion diftincte.*

476. En effet, la différence des circonftances, de la couleur, du degré de lumiere, de la pofition des objets, change beaucoup cet angle. Les uns, comme M. Hook, le font monter à une minute; les autres, comme Heve-lius, le réduifent à $\frac{1'}{2}$; d'autres enfin le rapetiffent jufqu'à $2'' \frac{1}{2}$.

477. Si cet angle étoit connu & conftant, fuppofons qu'il foit $= a''$; le demi-diametre de l'œil étant fup-pofé d'environ 6 lignes, on aura (*Opufc. Math.* Tom. I, p. 272.) $\dfrac{HG}{6\ \text{lignes}} =$ à très-peu près $\dfrac{a''}{57.60.60''} \times$ $(1 + \frac{1}{7})$.

478.

478. D'où l'on tire $HG =$ à très-peu près $\dfrac{8 \text{ lignes} \times a}{57 \cdot 60 \cdot 60}$.

479. Par exemple, si $a'' = 60''$, c'est-à-dire, si le plus petit angle visible est d'une minute, on aura $HG =$ à très-peu près $\dfrac{2 \text{ lignes}}{57 \times 15}$; si $a'' = 30''$, on aura $HG = \dfrac{1 \text{ ligne}}{57 \times 15}$; si $a = 2''$, on aura $HG = \dfrac{1 \text{ ligne}}{57 \times 15 \times 15}$; & ainsi du reste.

480. Quoi qu'il en soit, comme il est ici question de la plus petite largeur que puisse avoir HG, lorsque l'œil est aidé par les instrumens d'Optique, circonstance qui peut encore faire différer ici la valeur de HG de ce qu'elle seroit pour un œil nud; nous donnerons dans la suite la largeur de HG d'après l'observation; ou plutôt il nous suffira de savoir quelles doivent être les dimensions de l'instrument optique, afin que le cercle dont le diametre est HG ne soit pas assez grand pour produire une vision confuse. C'est ce que nous allons chercher de la maniere la plus générale; mais nous avons besoin auparavant de quelques Propositions préliminaires.

§. II. *Application de la formule du §. précédent à l'aberration des lentilles.*

481. Soient A', a' (*fig. 5.*) deux points rayonnans sur une lentille quelconque B', placée tout près de l'œil, & dont par conséquent la demie largeur $B'Q$ soit égale à la largeur de la demie prunelle entiere, ou de la par-

tie de la prunelle qui reçoit les rayons : car fi $B'Q$
eſt plus grande que la prunelle, il y aura des rayons
qui n'entreront pas dans l'œil, & en ce cas, il ne faudra
pas avoir égard à toute la largeur $B'Q$ de la lentille ;
& fi $B'Q$ eſt moindre que la prunelle, il ne faudra avoir
égard qu'à la partie de la prunelle qui reçoit les rayons.

482. Cela poſé, ſi on fait $A'B' = \Delta'$, $a'B' = \Delta'$
$+ a'$, (a étant poſitif ou négatif, felon que le point a'
eſt plus loin ou plus près de la lentille B' que le point
A) & qu'on ſuppoſe que A, a, ſoient les images des
points A', a', enforte que $AB = \Delta$, & $aB = \Delta + a$,
on aura (comme dans l'art. 462.) $\Delta = \dfrac{1}{A' + \dfrac{B'}{\Delta'}}$, &

$$\Delta + a = \dfrac{1}{A'' + \dfrac{B''}{\Delta' + a'}}.$$

483. Je ſuppoſe dans ces formules, pour plus de généralité, que les rayons qui partent de a, & ceux qui
partent de A, ſoient différemment réfrangibles ; enforte
que $A'' = A' + d\,A'$, & $B'' = B' + d\,B'$.

484. Je ſuppoſe de plus que les rayons qui viennent
de A ſoient infiniment près de l'axe, & qu'on néglige
l'aberration cauſée par la ſphéricité de l'oculaire $B'Q$;
aberration à laquelle on aura égard dans la ſuite.

485. On aura donc

$$A\,a.\ \text{ou}\ a = \frac{B'\,a' - d\,A'\,(\Delta' . \overline{\Delta'' + a'}) - \Delta' . d\,B'}{(A' . \Delta' + B') . (A'' [\Delta' + a'] + B'')}$$

$$= (B'\,a' - d\,A'\,[\Delta''(\Delta' + a')] - \Delta' . d\,B') \times$$

$$\left(\frac{\Delta \cdot (\Delta + \alpha)}{\Delta' \cdot (\Delta' + \alpha')}\right); \text{ à cause de } \frac{\Delta}{\Delta'} = \frac{1}{A' \cdot \Delta' + B''},$$

$$\& \text{ de } \frac{\Delta + \alpha}{\Delta' + \alpha'} = \frac{1}{A''(\Delta' + \alpha') + B''}.$$

486. Donc puisque $HG = (\text{art. } 464.) - \frac{B \cdot A a}{B A \cdot B a}$ $\times \lambda' \times B F = - \frac{B \cdot A a}{\Delta (\Delta + \alpha)} \times \lambda' \times B F$, on aura, en mettant pour $A a$ sa valeur trouvée ci-deſſus art. 485.

$$HG = - \frac{B \times \lambda' \times B F}{\Delta' \cdot (\Delta' + \alpha')} \times (B' \alpha' - d A'[\Delta'(\Delta' + \alpha')] - \Delta' \cdot d B^{v}).$$

487. Plus exactement on aura, ſuivant les remarques de l'art. 469. dans la valeur de HG, au lieu de $- B \times \lambda'$, la quantité $- B \lambda' \alpha$. Mais comme le facteur $- B \times \lambda' . B F$ eſt toujours conſtant dans tous les cas, on peut le négliger ſans s'embarraſſer de ſa valeur rigoureuſe.

488. Si l'on a $d A' = 0, d B' = 0$, c'eſt-à-dire, ſi on n'a point d'égard à la différente réfrangibilité des rayons; ou ſi les rayons étant regardés comme différemment réfrangibles, $B' \alpha'$ eſt beaucoup plus grand que $d A'$ $(\Delta' . \Delta' + \alpha') + \Delta' . d B'$, on aura

$$HG = - \frac{B' \cdot B \cdot \lambda' \cdot B F \cdot A' \alpha'}{A' B' \cdot \alpha' B'}$$

489. Dans la formule, $\dfrac{1}{A + \dfrac{B}{\Delta^3}}$ qui exprime généralement le foyer des lentilles de figure quelconque, nous avons vû (art. 23.) que ſi la lentille eſt également convexe des deux côtés, on aura

$$\frac{1}{A + \dfrac{B}{\Delta}} = \frac{1}{\dfrac{2(P-1)}{R} - \dfrac{1}{\Delta}} \; ;$$

& par consé-
quent $B = -1$; $A = \dfrac{2P-2}{R}$; quantité qui se réduit dans les lentilles de verre à $A = -\dfrac{1}{R}$ à très-peu
près ; parce que $P = \frac{1}{2}$ à très-peu-près.

490. Donc en général dans une lentille quelconque
également convexe des deux côtés, on a $dB = o$, &
$dA = \dfrac{2\,dP}{R}$. On aura même (art. 22.) $dB = o$ dans
toutes sortes de lentilles d'une seule matiere.

§. III. *De l'Aberration des objectifs & des oculaires, en n'ayant égard qu'à la différente réfrangibilité des rayons.*

491. Donc si A' qu'on suppose le foyer de l'objectif,
est aussi le foyer de l'oculaire $B' Q$, dont on suppose
que le rayon soit ρ, & le rapport de réfraction P', on
aura $\alpha = \dfrac{R\,dP}{2(P-1)^2}$; $\Delta' = \dfrac{\rho}{2(P'-1)}$; $dA' = \dfrac{2\,dP'}{\rho}$; $B' = -1$; $dB' = \rho$; & $B'\,\alpha + dA'[\Delta'(\Delta' + \alpha)]$
$- \Delta'\,dB'$ se réduira à $\dfrac{R\,dP}{2(P-1)^2} + \dfrac{\rho\,dP'}{\rho} \times$

$\dfrac{\rho}{2(P'-1)} \cdot \left(\dfrac{\rho}{2(P'-1)} + \dfrac{R\,dP}{2(P-1)^2} \right) =$

$\dfrac{R\,dP}{2(P-1)^2} + \dfrac{R\,dP\,dP'}{2(P-1)^2(P'-1)} + \dfrac{\rho\,dP'}{2(P'-1)^2} = $ à très-peu près à $= - \dfrac{R\,dP}{2(P-1)^2} - \dfrac{\varrho\,dP'}{2(P'-1)^2}$, ou

même $- \dfrac{R\,dP}{2(P-1)^2}$; parce que dans les Télesco-

pes, le rayon ϱ de l'oculaire est toujours très-petit par rapport à celui de l'objectif.

492. De-là il est évident que la grande aberration des lunettes vient de l'aberration des objectifs ; puisque l'effet de l'aberration des oculaires est peu considérable en comparaison ; on remarquera au reste qu'il n'est encore ici question que de l'aberration de réfrangibilité des oculaires ; mais nous verrons plus bas qu'on peut aussi négliger l'aberration de sphéricité des mêmes oculaires. A l'égard de l'aberration de sphéricité des objectifs, on a vu dans le Chap. IV. art. 176, qu'elle est très-petite par rapport à l'aberration de réfrangibilité.

493. Il est aisé de voir que l'ouverture λ' ou $B'Q$ de l'oculaire, divisée par $A'B'$, doit être égale à l'ouverture de l'objectif divisé par la distance focale de l'objectif, moins l'aberration de l'objectif ; laquelle derniere quantité est sensiblement égale à la distance focale de l'objectif. Donc puisque HG (*fig.* 4.) est proportionnel

(art. 488.) à $\dfrac{A'a' \cdot \varkappa}{a'B' \cdot A'B'}$, & que $A'B' = \dfrac{\varrho}{2(P'-1)}$,

& la distance focale de l'objectif $= \dfrac{R}{(4,6P'-1)}$, en sup-

posant $P' = P$; il s'ensuit que HG est en général comme le diametre de l'ouverture de l'objectif multiplié par $A'\,a'$, & divisé par $\dfrac{R\times\varrho}{4\,(P'-1)^2}$; & comme $\dfrac{A'\,a'}{R}$ est constante, puisque $A'a' = \dfrac{R\,d\,P'}{2\,(P'-1)^2}$; il s'ensuit que $H\,G$ est comme le diametre de l'ouverture de l'objectif, divisé par le rayon de l'oculaire.

§. IV. *Où l'on étend le théorème précédent à toutes sortes d'aberration des objectifs, en ayant égard à la seule aberration de réfrangibilité dans l'oculaire.*

494. Si on a un objectif qui n'ait point d'aberration causée par la réfrangibilité, & un oculaire qui en ait une ; en ce cas soit a' l'aberration causée par la sphéricité de l'objectif ; on aura $\Delta = \dfrac{1}{A' + \dfrac{B'}{\Delta'}}$; &

$\Delta + a = \dfrac{1}{A'' + \dfrac{B''}{\Delta' + a'}}$; & la différence a de ces deux quantités en supposant $d\,B' = 0$, (& par conséquent $B'' = B'$, & $A'' = A' + d\,A'$) sera égale (art.

485.) à $\dfrac{B'a'.\Delta.\overline{\Delta+a}}{\Delta'\,(\Delta'+a')} - d\,A'.\Delta.\overline{\Delta+a}$

495. Donc $H\,G$ (art. 486.) $= -\dfrac{B\times\lambda'.BF.B'\,a'}{\Delta'.(\Delta'+a')} + B.\lambda'.BF.d\,A'$. Dans ce calcul on suppose que l'aberration a' est comparable à $\Delta'.\overline{\Delta'+a'}.d\,A'$.

496. Dans cette formule il faudra mettre pour $d\,A'$, Δ', $\Delta'+a'$ leurs valeurs $\dfrac{2\,d\,P'}{\varrho}$, $\dfrac{\varrho}{2\,(P'-1)}$, $\dfrac{\varrho}{2\,(P'-1)}$

$+ a'$, & pour $B' a'$ ou $- a'$ sa valeur venant de l'aberration causée par la sphéricité de l'objectif.

497. Donc $H G = - B \cdot \lambda' \cdot B F \cdot B' a' \times$

$$\frac{1}{\frac{\varrho}{2(P'-1)} \times \left(\frac{\varrho}{2 P' - 2} + a' \right)} + \frac{B \cdot \lambda' \cdot B F \cdot 2 d P'}{\varrho},$$

quantité dans laquelle on peut mettre au lieu de λ' sa valeur $\dfrac{\omega \cdot \overline{\Delta' + a'}}{R} 2 (P - 1)$.

497. Par ce moyen, en négligeant le facteur constant $- B \times B F$, on aura en général $H G$ proportionnel

à $- \dfrac{B' a' \times \omega \times 4 \cdot (P'-1)(P-1)}{\varrho R} + \dfrac{2 d P' \cdot \omega \cdot 2 (P-1)}{\varrho R}$

$\times \left(\dfrac{\varrho}{2(P'-1)} + a' \right)$.

498. Donc si $\dfrac{a'}{\dfrac{\varrho}{2(P'-1)} + a'}$ est considérablement

plus grand que $2 d P'$, $H G$ sera comme la fraction $\dfrac{a' \omega \cdot 4 (P'-1)(P-1)}{\varrho R}$.

499. Donc en général, de quelque cause que vienne l'aberration $A' a'$ produite par l'objectif, $H G$ sera dans cette hypothèse comme $A' a'$ multiplié par le diametre de l'ouverture de l'objectif, & divisé par le produit des distances focales de l'objectif & de l'oculaire.

500. Mais cette proportion demande, comme nous venons de le dire, que $\dfrac{a'}{\Delta' + a'}$ soit considérable-

ment $> 2\,dP'$; car la proportion n'aura plus lieu, fi $\dfrac{\alpha'}{\Delta' + \alpha'}$ n'eft pas beaucoup plus grand que $2\,dP'$; ce qui arrive en effet en certains cas dont nous ferons mention dans la fuite.

501. On peut déduire de cette formule une régle, pour que deux Télefcopes repréfentent un objet avec la même netteté; car il faut pour cela que les aberrations multipliées par les ouvertures, foient comme les produits des diftances focales de l'objectif & de l'oculaire; mais toujours avec cette reftriction, que $\dfrac{\alpha'}{\Delta' + \alpha'}$ foit confidérablement plus grand que $2\,dP'$.

502. Dans les Télefcopes la c antité de lumiere eft comme le quarré du diametre de l'ouverture, & l'augmentation eft comme le quarré de la diftance focale de l'objectif divifée par celle de l'oculaire. Donc, pour que deux Télefcopes dioptriques, & même deux Télefcopes en général, repréfentent l'objet avec le même *éclat*, il faut que la quantité de lumiere foit proportionnelle à l'augmentation. Donc le diametre de l'ouverture doit être comme $\dfrac{R}{\varrho}$, ou en général comme $\dfrac{R \cdot \overline{P' - 1}}{(P - 1)\varrho}$.

§. V. *Application de la Théorie précédente aux Télefcopes & aux Microfcopes.*

503. Dans la premiere hypothèfe, c'eft-à-dire, dans celle où $\dfrac{\alpha'}{\Delta' + \alpha'}$ eft beaucoup plus grand que $2\,dP'$,

pour

pour que deux Télescopes représentent l'objet avec le même éclat & la même netteté, il faut qu'on ait, en nommant R, R' les rayons des objectifs, ρ, ρ' ceux des oculaires, ω, ω' les rayons des ouvertures, & C, C' les aberrations;

$$\frac{\omega R'}{\rho'} = \frac{\omega' R}{\rho} \quad (\text{art. 502.})$$

$$\text{Et } \frac{\rho}{\rho'} = \frac{C \omega R'}{C' \omega' R} \quad (\text{art. 501.})$$

$$\text{Ou } \frac{\rho\rho}{\rho'\rho'} = \frac{C}{C'}$$

504. Si l'on veut de plus que les deux Télescopes grossissent également, on aura $\dfrac{R}{\rho} = \dfrac{R'}{\rho'}$, & $\omega = \omega'$.

505. Soit $C = R\alpha$, α étant une très-petite quantité qui dépend de la différente réfrangibilité des rayons; & soit $C' = \dfrac{\varepsilon \omega'^2}{R'} = \dfrac{\varepsilon \omega^2}{R'}$, ε étant supposé un nombre connu par la théorie; on aura $\dfrac{C}{C'} = \dfrac{\alpha R R'}{\varepsilon \omega^2}$.

506. Donc $\dfrac{\rho\rho}{\rho'\rho'}$, ou $\dfrac{RR}{R'R'} = \dfrac{\alpha R R'}{\varepsilon \omega^2}$; & $R'^3 = \dfrac{\varepsilon \omega^2 R}{\alpha}$.

507. En général si $C' = \dfrac{\varepsilon \omega'^n}{R'^{n-1}}$, on aura $R'^{n+1} = \dfrac{\varepsilon \omega^n R}{\alpha}$.

508. Cette derniere formule est également applicable

aux cas où l'aberration C' ne dépend pas de l'ouverture ; car soit, par exemple, $C' = \mu R' dP'$, on aura $n = 0$, & $\varepsilon = \mu dP'$; donc alors $R' = \dfrac{\mu R dP'}{a}$.

509. Il est visible de plus, qu'afin que R' soit considérablement plus petit que R, c'est-à-dire, pour que le Télescope qu'on cherche, soit considérablement plus court que le Télescope de comparaison, en faisant d'ailleurs le même effet, il faut que $\varepsilon \omega^n$ soit considérablement plus petit que $a R^n$; il faudra de plus (art. 501.) que $\dfrac{C'}{\varrho' + C'}$ soit beaucoup plus grand que $2 dP'$;

c'est-à-dire, que $\dfrac{\varepsilon \omega^n}{R'^{n-1} \left(\dfrac{\varepsilon \omega^n}{R'^{n-1}} + \dfrac{R' \varrho}{R} \right)}$ soit considérablement $> 2 dP'$. Or si on suppose $P' = \dfrac{31}{20}$; on a par les expériences de M. Newton $dP' = \dfrac{1}{100}$ à peu près ; donc il faut que $\dfrac{\varepsilon \omega^n}{\varepsilon \omega^n + \dfrac{\varrho R'^n}{R}}$ soit beaucoup

plus grand que $\dfrac{1}{50}$.

510. Soit donc $\varepsilon \omega^n = p' a R^n$, p' exprimant un nombre beaucoup plus petit que l'unité ; il faudra que $\dfrac{1}{1 + \dfrac{\varrho R'^n}{p' a R^{n+1}}}$ soit beaucoup plus grand que $\dfrac{1}{50}$.

511. Enfin une autre condition aussi nécessaire que

les précédentes, c'eſt que $\dfrac{\omega}{R'}$ ſoit une aſſez petite fraction ; donc puiſque $R'^{n+1} = p' R^{n+1}$, $\dfrac{\omega}{R}$ doit être beaucoup plus petit que la fraction p' élevée à la puiſſance $\dfrac{1}{n+1}$.

512. Venons maintenant à la ſeconde hypothèſe, à celle où $\dfrac{\alpha'}{\Delta' + \alpha'}$ n'eſt pas très-grand par rapport à $2\,d\,P'$; alors faiſant pour abréger $P' = \frac{1}{2} = P$, & ſe ſouvenant que $B' = -1$, on aura ρ' proportionnelle à

$$\frac{1}{2} \frac{\alpha'\omega}{R} + \frac{2\,\omega\,d\,P'}{R} \times (\rho' + \alpha'),$$

c'eſt-à-dire ρ' proportionnel à très-peu près à

$$\frac{\alpha'\omega}{R} + \frac{2\,\omega\,\rho'\,d\,P'}{R},$$

le terme $\dfrac{2\,\alpha'\omega\,d\,P'}{R}$ étant nul par rapport à $\dfrac{\alpha'\omega}{R}$.

513. Donc ſi on a un objectif exempt de l'aberration de réfrangibilité, mais non de l'aberration de ſphéricité, & qu'on veuille le combiner avec un oculaire qui ſoit ſujet à la premiere de ces aberrations ; on aura en conſervant les noms de l'art. 503,

$$\frac{\omega R'}{\rho'} = \frac{\omega' R}{\rho}$$

$$\frac{\rho}{\rho'} = \frac{C\,\omega . R'}{\omega' R\,(C' + 2\,\rho'\,d\,P')},$$

Et enfin $\dfrac{R}{\rho} = \dfrac{R'}{\rho'}$;

D'où l'on tire $\omega = \omega'$;

Et faisant $G = R\,\alpha$, & $G' = -\dfrac{\iota\,\omega'^2}{R'} = \dfrac{\iota\,\omega^2}{R'}$, on trouvera

$$\frac{R\,R}{R'\,R'} = \frac{\alpha\,R\,R'}{\iota\,\omega^2 + \dfrac{2\,\varrho\,R'\,R'\,d\,P'}{R}},$$

ou

$$\frac{\iota}{R'\,R'} = \frac{\alpha\,R'}{\iota\,\omega^2\,R + 2\,\varrho\,R'\,R'\,d\,P'}.$$

On peut faire fur cette équation des remarques analogues à celles qui ont été faites ci-deffus (art. 507 &
fuiv.) fur l'équation $\dfrac{\iota}{R'\,R'} = \dfrac{\alpha\,R'}{\iota\,\omega^2\,R}$ qui a lieu dans
le cas où $2\,\rho'\,d\,P'$ eft regardé comme nul.

514. Nous ne nous étendrons pas davantage fur cette
hypothèfe, ni fur la précédente, parce que nous donnerons bientôt une formule abfolument générale pour
le cas où on a égard à toutes les aberrations poffibles;
tant dans l'objectif, que dans l'oculaire.

515. Si l'objet, au lieu d'être fuppofé très-éloigné,
comme nous l'avons imaginé jufqu'ici, eft placé très-
près du foyer de l'objectif; de telle forte que δ'' ou

$$\frac{\iota}{\dfrac{2\,P - 2}{R} - \dfrac{\iota}{\delta}} \text{ foit} = n\,R,\ n \text{ étant un nombre très-}$$

grand; on aura l'aberration α' ou $A'\,a' = \dfrac{2\,d\,P}{R} \times$

$$\frac{\iota}{\left(\dfrac{2\,P - 2}{R} - \dfrac{\iota}{\delta} \right)^2} = \frac{2\,d\,P}{R} \times n^2\,R^2 = 2\,n^2\,R\,d\,P;$$

dans ce cas $B'\,a' = d\,A'\,[\,\Delta'\,.\,(\Delta' + a')\,]$ deviendra

$$- 2 n^2 R\, dP - \frac{2\, dP'}{\varrho} \left(\frac{\varrho}{2(P-1)} \right) \left(\frac{\varrho}{2(P'-1)} + 2 n^2 R\, dP \right) = - 2 n^2 R\, dP - 2 n^2 R\, dP \times \frac{2\varrho\, dP'}{2(P'-1)}$$

$$- \frac{2\varrho\, dP'}{4(P'-1)^2} = \text{à très peu près } - 2 n^2 R\, d\, P' -$$

$2 \varrho\, d P'$, en supposant $P = P' = \frac{1}{2}$.

516. Donc supposant $P = P' = \frac{1}{2}$, on peut négliger l'aberration de l'oculaire, dans le cas où $n^2 R$ est considérablement plus grand que ϱ.

517. Or c'est ce qui a lieu, par exemple, dans le Microscope de Huyghens, qui est décrit art. 710 de l'*Optique de M. Smith*; car on a dans ce Microscope $n = 10$, $R = \frac{7}{10}$, $\varrho = 2$; donc $n^2 R$ est considérablement plus grand que ϱ.

§. VI. *De l'aberration résultante de la sphéricité des oculaires.*

518. Dans les lunettes dioptriques, si on nomme ω le diametre de l'ouverture de l'objectif, R étant le rayon de l'objectif, & ϱ celui de l'oculaire, on a par la théorie $\frac{\omega}{\varrho}$ constant; & $\frac{\omega\,\omega}{R}$ aussi constant; ces deux Propositions sont aisées à prouver, en considérant, 1°. que par l'art. 493. $H\,G$ est comme $\frac{\omega}{\varrho}$; 2°. que l'augmentation doit être en raison de la quantité de lumiere, c'est-à-dire, $\frac{R}{\varrho}$ proportionnelle à ω. De plus, par les

tables dreffées d'après l'expérience, & inférées dans les livres d'Optique, on a $\dfrac{\omega}{\rho} = \dfrac{2}{2 \cdot 21} = $ à peu près $\dfrac{10}{11}$; & $\dfrac{\omega\,\omega}{R} = \dfrac{4 \text{ pouces quarrés}}{12 \text{ pieds}} = \dfrac{4}{13}$ ligne; ces valeurs nous feront utiles dans la fuite. Cela pofé.

519. Si on vouloit avoir égard à la feule aberration caufée par la fphéricité de l'oculaire, on auroit d'abord

$$\Delta = \dfrac{1}{A' + \dfrac{B'}{\Delta'}}$$

pour les rayons infiniment proches de l'axe; & enfuite pour les rayons un peu éloignés de l'axe,

$$\Delta + a = \dfrac{1}{A' + \dfrac{B'}{\Delta' + \alpha'} + C'}, \quad C' \text{ étant}$$

une quantité très-petite qui eft proportionnelle (art. 185.) au quarré de l'ouverture de l'oculaire, & qui d'ailleurs dépend de la diftance Δ', du rapport de la réfraction, & des rayons des furfaces; par conféquent on aura

$$A\,a \text{ ou } \alpha = \dfrac{\Delta' + \alpha'}{A'(\Delta' + \alpha') + B' + C'(\Delta' + \alpha')}$$

$$\dfrac{\Delta'}{A'\Delta' + B'} = (\text{art. } 485.) + \dfrac{B'\alpha' - C' \cdot \Delta' \cdot (\Delta' + \alpha')}{\Delta' \cdot (\Delta' + \alpha')}$$

$$\times \Delta \cdot (\Delta + \alpha).$$

520. Par conféquent (art. 486.) $H\,G$ fera proportionnel à $\dfrac{B'\,\alpha' - C'\,\Delta' \cdot (\Delta' + \alpha')}{\Delta' \cdot (\Delta' + \alpha)}$.

521. Dans cette formule fuppofant $P' = P$, on a (art. 23.) $\Delta' = \dfrac{\rho}{2(P - 1)}$; $\alpha' = + \dfrac{R\,dP}{2(P - 1)^2}$; $C' = $

(art. 185.) $\dfrac{\lambda'^2}{4\rho\,(\Delta'+a')^2} \times \left(\dfrac{P-1}{P}\right)(3P+2)$

$+ \dfrac{\lambda'^2}{4\rho\rho\,(\Delta'+a')} \times \left(\dfrac{P-1}{P}\right)(4-6PP+2P)$

$+ \dfrac{\lambda'^2}{4\rho^3}\left(\dfrac{P-1}{P}\right)(2-P-4P^2+4P^3);\ \lambda'^2=\omega^2$

$\times \overline{\Delta'+a'}^2$ divisé par $\dfrac{R^2}{4\,(P-1)^2}$, ω étant la largeur de l'ouverture de l'objectif ; enfin $B'=-1$.

522. Subſtituons ces valeurs dans la formule $B'a' - C'.\Delta'\,(\Delta'+a')$, en laiſſant à part pour un moment le coëfficient $\dfrac{1}{\Delta'.\Delta'+a'}$ qui multiplie tous les termes ; & ſoit de plus pour ſimplifier le calcul $P=\frac{3}{2}$; on aura $C'=\dfrac{\omega^2}{4\rho RR}\times\dfrac{1}{3}\times\dfrac{13}{2}+\dfrac{\omega^2.\overline{\Delta'+a'}}{4RR\rho\rho}$

$\times\dfrac{1}{3}\times-\dfrac{13}{2}+\dfrac{5\,\omega^2.\overline{\Delta'+a'}^2}{4.3\,\rho^3\,RR}$; $dP=\dfrac{1}{100}$;

$a'=\dfrac{R}{50}$; & $\Delta'+a'=\rho+\dfrac{R}{50}$.

523. Donc $B'a' - C'\Delta'.(\Delta'+a')=-\dfrac{R}{50}-$;

$\dfrac{\omega^2}{4RR}\times\dfrac{1}{3}\times\dfrac{13}{2}\times\left(\rho+\dfrac{R}{50}\right)+\dfrac{\omega^2\rho}{4RR}\times\dfrac{1}{3}\times\dfrac{13}{2}\times$

$\left(1+\dfrac{R}{50\rho}\right)^2-\dfrac{5\,\omega^2\,\rho}{4.3\,RR}\times 1+\dfrac{\overline{R^3}}{50\rho}$.

524. Or ſuivant les tables d'Optique, comme on l'a vû ci-deſſus, $\dfrac{\omega\omega}{R}=$ environ $\dfrac{4}{13}$ de ligne $=$ à peu près $\frac{1}{3}$ ligne ; de plus ρ, ſuivant les mêmes tables,

ne diffère pas beaucoup de ω, puisque $\dfrac{\omega}{\rho} = \dfrac{10}{11}$; & enfin ρ est très-petit par rapport à R. D'où il est aisé de conclure que dans la formule précédente, tous les termes feront très-petits par rapport au premier $\dfrac{R}{50}$, qui représente la seule aberration résultante de la réfrangibilité.

525. En effet, foit $R = Q$ pieds $= Q \cdot 12 \cdot 12$ lignes ; $\dfrac{\omega\,\omega}{R} = $ (pour abréger) $\dfrac{1}{3}$ ligne, & $\omega = \rho$; la quantité précédente deviendra $\dfrac{Q \cdot 12 \cdot 12}{50} \cdot \dfrac{13}{6} \times \dfrac{1}{4 \cdot 3} \times$

$$\dfrac{\rho}{R} - \dfrac{13}{6 \cdot 4 \cdot 50 \cdot 3} + \dfrac{13}{6 \cdot 4} \times \dfrac{\rho}{R} \times \dfrac{1}{3} + \dfrac{13}{3 \cdot 4}$$

$$\times \dfrac{1}{3 \cdot 50} + \dfrac{13}{6 \cdot 4 \cdot 50 \cdot 50} \times \dfrac{\rho}{R} \times Q \cdot 12 \cdot 12 - \dfrac{5}{4 \cdot 3}$$

$$\times \dfrac{1}{3} \times \dfrac{\rho}{R} - \dfrac{5}{4} \times \dfrac{1}{3 \cdot 50} - \dfrac{5}{4} \times \dfrac{\rho}{R} \times \dfrac{Q \cdot 12 \cdot 12}{50 \cdot 50}$$

$$- \dfrac{5}{4 \cdot 3 \cdot (50)^3} \times Q \cdot 12 \cdot 12.$$

526. Or il est aifé de voir que dans cette quantité tous les termes font comme nuls par rapport au premier ; puisque $\dfrac{Q \cdot 12 \cdot 12}{50}$ est toujours un nombre entier, & que les autres font, ou très petits par rapport à $\dfrac{Q \cdot 12 \cdot 12}{50}$, ou même de très-petites fractions.

527. Donc puisque $H\,G$ est proportionnel à $[\,B'\,\alpha' - C'\,\Delta' \cdot (\Delta' + \alpha')\,] \times \dfrac{\lambda'}{\Delta' \cdot (\Delta' + \alpha')}$, & qu'on a

$$\lambda' =$$

$\lambda' = \dfrac{\omega \times (\Delta' + \alpha')}{R}$, & $\Delta' = \rho$, en fuppofant $P = P' = \frac{1}{2}$; il s'enfuit, en négligeant les termes affectés de C', que $H\,G$ eft ici comme $\dfrac{R}{50} \times \dfrac{\omega}{\rho R} = \dfrac{\omega\,\alpha'}{\rho R}$; & cette quantité $H\,G$ doit être conftante, quelles que foient α', ω, ρ, & R.

528. Il eft à remarquer de plus que dans cette quantité $\dfrac{\omega\,\alpha'}{\rho R}$, ρ & R expriment en général les diftances focales de l'oculaire & de l'objectif, lefquelles font $= \rho$ & R, lorfque $P' = \frac{1}{2}$, comme on l'a fuppofé. Plus généralement on fuppofera $\Delta' = \dfrac{\rho}{2\,(P' - 1)}$; & $\lambda = \dfrac{\omega\,(\Delta' + \alpha')}{R} \times 2\,(P - 1)$; donc au lieu de $\dfrac{\omega\,\alpha'}{\rho\cdot R}$ on aura $\dfrac{\omega\,\alpha'\cdot 2\,(P - 1)\cdot 2\,(P' - 1)}{\rho R}$.

529. C'eft pourquoi, foit qu'on combine enfemble (art. 493.) les aberrations caufées par la réfrangibilité des objectifs & des oculaires, foit qu'on combine (art. 524.) celles qui font caufées par la réfrangibilité dans l'objectif, avec celle que produit la fphéricité de l'oculaire, il ne faut avoir égard qu'à l'aberration de l'objectif, celle de l'oculaire étant toujours très-petite en comparaifon. Nous ne parlons point ici de l'aberration caufée par la fphéricité de l'objectif, qu'on fait être toujours très-petite (art. 176.) par rapport à l'aberration de réfrangibilité du même objectif. D'ailleurs nous con-

fidérerons dans la fuite l'aberration de l'objectif de la
maniere la plus générale.

530. Donc en général, pour qu'un verre objectif,
qu'on fuppofe fujet à l'aberration des rayons caufée
par la différente réfrangibilité, repréfente l'objet auffi
nettement qu'un autre verre objectif, auffi fujet à cette
aberration, il faut adapter au premier verre objectif un
verre oculaire, dont la diftance focale foit à la diftance
focale de l'oculaire qui convient au fecond objectif,
comme l'aberration caufée par la réfrangibilité dans le
premier cas, multipliée par l'ouverture, & divifée par
la diftance focale de l'objectif, eft à l'aberration caufée
par la réfrangibilité dans le fecond, multipliée par l'ouverture & divifée par la diftance focale de l'objectif.

531. Donc lorfque l'aberration de l'objectif eft caufée par la réfrangibilité des rayons, la formule de l'art.
498. doit encore avoir lieu, quand même on voudroit
avoir égard à l'aberration caufée par la fphéricité de
l'oculaire, dont l'effet dans ces cas-là doit être confidéré comme nul.

532. Il n'en eft pas de même, lorfque l'objectif fera
tellement formé, que fon aberration fera nulle ou très-
petite; car alors en fuppofant l'oculaire d'une feule &
même matiere, l'aberration de réfrangibilité & de fphéricité de ce même oculaire peuvent être néceffaires à
confidérer. C'eft l'objet du §. fuivant.

§. VII. *De l'aberration qui vient à la fois de la sphéricité & de la réfrangibilité dans les oculaires.*

533. Suppofons d'abord que $\dfrac{R}{2(\varpi-1)}$ foit égale à la diftance focale de l'objectif, & que $\dfrac{\varrho}{2(\varpi'-1)}$ foit celle de l'oculaire, ϖ étant le rapport de réfraction pour l'objectif d'une feule matiere, auquel on fuppofe qu'on compare l'objectif propofé, & ϖ' le rapport de réfraction pour l'oculaire ; & voyons ce qui en réfultera.

534. Si on a égard à toutes les aberrations poffibles, c'eft-à-dire, à l'aberration α' de l'objectif, & à l'aberration de l'oculaire réfultante de la réfrangibilité & de la fphéricité, on trouvera facilement par les Propofitions précédentes qu'en général HG fera proportionnel (art. 495 & 520.) à

$$\frac{B'\alpha'\lambda'}{\Delta'(\Delta'+\alpha')} - \lambda'\,dA' - C'\lambda'.$$

Or nommant comme ci-deffus ω le diametre de l'ouverture de l'objectif, on a

$$\lambda' = \frac{\omega.\overline{\Delta'+\alpha'}.2(\varpi-1)}{R};$$

$$\Delta' = \frac{\varrho}{2(\varpi'-1)};\quad B' = -1;\quad dA' = \frac{2\,d\varpi'}{\varrho};$$

$$C' = \frac{\lambda'^2}{4\varrho^3}\left(\frac{\varpi'-1}{\varpi'}\right)(2 - \varpi' - 4\varpi'^2 + 4\varpi'^3) + \frac{\lambda'^2}{4\varrho'(\Delta'+\alpha')^2}\left(\frac{\varpi'-1}{\varpi'}\right)(3\varpi' + 2)$$

$$+ \frac{\lambda'^2}{4\varrho\varrho(\Delta'+\alpha')} \times \left(\frac{\varpi'-1}{\varpi'}\right)(-6\varpi'\varpi' + 2\varpi' + 4).$$

Donc faifant pour abréger $\Pi' = \dfrac{\varpi'-1}{4\varpi'}(2 - \varpi' - 4\varpi'^2 + 4\varpi'^3)$; $\dfrac{\varpi'-1}{4\varpi'}(3\varpi'+2) = \Sigma$; $\dfrac{\varpi'-1}{4\varpi'}(4 - 6\varpi'\varpi' + 2\varpi') = \Gamma$; HG fera proportionnel à

$$-\frac{\varpi'\cdot\varpi\cdot 2\cdot\overline{\varpi-1}\cdot 2\cdot\overline{\varpi'-1}}{R\cdot\rho} -$$

$$\frac{2\,\varpi\,d\,\varpi'\cdot 2(\varpi-1)}{R\cdot\rho}\times\left(\frac{\rho}{2(\varpi'-1)}+\varpi'\right)$$

$$-\frac{\Pi'}{\rho^3}\times\frac{\varpi^3\cdot 8(\varpi-1)^3}{R^3}\times\left(\frac{\rho}{2(\varpi'-1)}+\varpi'\right)^3$$

$$-\frac{8\,\varpi^3\,(\varpi-1)^3}{\rho\,R^3}\times\Sigma\times\left(\frac{\rho}{2(\varpi'-1)}+\varpi'\right)$$

$$-\frac{8\,\varpi^3\cdot(\varpi-1)^3}{\rho\,\rho\,R^3}\times\left(\frac{\rho}{2(\varpi'-1)}+\varpi'\right)^2\times\Gamma.$$

535. Nous avons vû ci-deffus (art. 499.) que dans le cas des lunettes dioptriques fujettes à la réfrangibilité des rayons, fi α repréfente l'aberration de l'objectif, on a $\dfrac{\rho}{2(\varpi'-1)} = \dfrac{Z\,\alpha\,\varpi\cdot 2\cdot\overline{\varpi-1}}{R}$, Z étant un nombre conftant, ϖ le diametre de l'ouverture de la lunette, & $\dfrac{R}{2(\varpi-1)}$ ainfi que $\dfrac{\rho}{2(\varpi'-1)}$ les diftances focales de l'objectif & de l'oculaire.

536. Donc fuppofant $\varpi = \varpi'$, c'eft-à-dire, l'objectif de comparaifon, & l'oculaire, de la même ma-

tiere réfractive, & faisant $\varpi = \frac{1}{2}$, équation qui a lieu à peu près dans les lentilles de verre ; on aura $Z = \frac{R\,\rho}{a\,\omega}$; de plus $\frac{a}{R} = \frac{d\,\varpi}{2(\varpi - 1)^2} = \frac{1}{50}$ à peu près ; & par les Tables dressées d'après l'expérience $\frac{\omega}{\rho} = \frac{100}{121}$: donc $Z = 50 \times \frac{121}{200} = $ à peu près 55.

537. De plus, si on fait $\varpi = \dfrac{\nu R}{2(\varpi - 1)}$, ou $= \nu R$ à très-peu près ; il est clair que ν sera un nombre très-petit, puisque le diametre de l'ouverture doit toujours être supposé très-petit, par rapport à la distance focale de l'objectif. Enfin, si on suppose (art. 502.) $\dfrac{\omega\,\rho}{R} = $ à une constante C, on aura par les Tables $C = \dfrac{\omega\,\omega}{R} \times \dfrac{\rho}{\omega} = \frac{4}{13}$ lignes $\times \frac{121}{200} = $ à peu près $\frac{44}{130} = $ environ $\frac{1}{3}$ de ligne.

538. Remarquons ici que cette équation $\dfrac{\omega\,\rho}{R} = C$ doit avoir lieu en général pour toutes sortes de Télescopes ; car afin qu'ils représentent l'objet avec le même éclat, il faut que l'ouverture soit proportionnelle à l'augmentation ; laquelle est proportionnelle à $\dfrac{R}{\rho}$.

539. Donc supposant $a' = \dfrac{\mu R d\varpi}{2(\varpi - 1)^2}$; $\dfrac{\rho}{2(\varpi' - 1)} = \dfrac{\zeta a'\omega . 2 . \overline{\varpi - 1}}{R}$, ou plus simplement $a' = 2\mu R d\varpi$;

$\rho = \dfrac{\zeta \alpha' \omega}{R}$; on aura $2\zeta\mu d\varpi . \vec{v}v R = C$; & par conséquent $v = \left(\dfrac{C}{2 R \zeta \mu d\varpi} \right)^{\frac{1}{2}}$.

540. Soit $\zeta = Z\gamma$; donc $v = \left(\dfrac{C}{2 R . Z \gamma \mu d\varpi} \right)^{\frac{1}{2}}$, ou à peu près $\left(\dfrac{C}{R\mu\gamma} \right)^{\frac{1}{2}}$, en mettant pour $2 Z d\varpi = 55 \times \frac{1}{50}$ sa valeur à peu près $=$ à l'unité ; ou enfin plus exactement $v = \left(\dfrac{50 C}{R Z \gamma \mu} \right)^{\frac{1}{2}}$.

541. Cela posé, si on met ces valeurs dans l'expression précédente de HG (art. 533); elle deviendra une quantité dont les différens termes seront de cette forme :

Premier terme, $- \dfrac{1}{Z\gamma}$, ou $- \dfrac{1}{55\times\gamma}$.

Second terme, $- 2 v d\varpi' = - \dfrac{v}{50}$.

Troisiéme terme, $- \dfrac{2 d\varpi'}{\zeta} = - \dfrac{2 d\varpi}{Z\gamma} = - \dfrac{1}{50 \times 55 \times \gamma}$.

Quatriéme terme, $- \dfrac{5 v^3}{4 . 3} - \dfrac{13 v^3}{4 . 3 . 2} + \dfrac{13 v^3}{4 . 3 . 2} = - \dfrac{5 v^3}{12}$.

Cinquiéme terme, $\left(- \dfrac{3 . 5}{4 . 3} - \dfrac{13}{4 . 3 . 2} + \dfrac{2 . 13}{4 . 3 . 2} \right) \dfrac{v^3 \alpha'}{\varrho}$; or $\dfrac{v^3 \alpha'}{\varrho}$ est de l'ordre de $\dfrac{v^3}{v\zeta} = \dfrac{v^2}{Z\gamma}$.

Sixiéme terme, $\left(- \dfrac{3 . 5}{4 . 3} + \dfrac{13}{4 . 3 . 2} \right) \dfrac{v^3 \alpha'^2}{\varrho^2}$; qui sera par la même raison de l'ordre de $\dfrac{\nu^3}{\nu^2 \zeta^2} = \dfrac{\nu}{Z^2 \gamma^2}$.

Septiéme terme, $-\dfrac{5}{12} \times \dfrac{\nu^3 a'^3}{\zeta^3}$, qui fera de l'ordre de $\dfrac{1}{Z^3 \gamma^3}$.

542. Or comme $Z = 55$ à peu près, il eft évident ; 1°. que de ces fept termes (fi on fuppofe $\gamma = 1$, ou même $\gamma = $ à un nombre qui ne foit pas beaucoup plus grand que l'unité) le premier eft incomparablement plus grand que le fecond, le troifiéme, le cinquiéme, le fixiéme & le feptiéme.

2°. Que le quatriéme qui eft de l'ordre de ν^3 ou $\dfrac{C^{\frac{1}{2}}}{R^{\frac{1}{2}} \mu^{\frac{3}{2}}}$, fi on exprime R en lignes, & qu'on faffe $R = Q \times 12 \times 12$ lignes, fe trouvera de l'ordre de $\left(\dfrac{1}{3\,Q \cdot 12 \cdot 12 \cdot \mu} \right)^{\frac{3}{2}}$, laquelle quantité, à caufe de $\mu = 1$ dans les lunettes dioptriques, fera incomparablement plus petite que le premier terme.

Or faifant toujours $\gamma = 1$, ou en général fuppofant $\dfrac{1}{Z\,\gamma}$ une affez petite fraction, il eft clair que fi $\dfrac{5\,\nu^3}{12}$ eft beaucoup plus petit que $\dfrac{1}{Z\,\gamma}$, c'eft-à-dire, fi $\dfrac{12}{5 \cdot 55\,\gamma}$ eft beaucoup plus grand que $\left(\dfrac{50}{3\,Q \cdot 12 \cdot 12 \cdot Z\,\gamma\,\mu} \right)^{\frac{1}{2}}$, le quatriéme terme fera encore nul par rapport au premier.

543. Donc puifque dans les lunettes dioptriques la

valeur de $H\,G$ fe réduit à $-\frac{1}{2}$ (art. 498.), il eft clair qu'on aura dans toute autre lunette $\gamma = 1$ ou $\zeta = Z$, fi $\dfrac{12}{5\,Z}$ eft beaucoup plus grand que $\left(\dfrac{50}{3\,Q\,.\,12\,.\,12\,Z\,\mu}\right)^{\frac{1}{3}}$; c'eft-à-dire (à caufe de $Z =$ à peu près 50) fi  $\dfrac{144}{25}$ eft beaucoup plus grand que $\dfrac{Z^2}{27\,Q^3\,12^3\,.\,12^3\,.\,\mu^6}$.

544. Appliquons cette théorie aux Télefcopes catoptriques, en les comparant d'abord aux lunettes dioptriques, par le principe de l'art. 501 ; c'eft-à-dire, en faifant $\gamma = 1$, ou $\zeta = Z$; nous verrons en quoi péche ce principe à cet égard, & nous chercherons enfuite la vraie méthode qu'il faut employer pour cette comparaifon.

545. Nous allons donc fuppofer que dans les Télefcopes catoptriques & dioptriques comparés entr'eux, les diftances focales des oculaires doivent être comme les aberrations des objectifs, en fuppofant les objectifs de même foyer ; d'après cette fuppofition nous trouverons les oculaires beaucoup plus courts que ne le donnent les tables ; & nous ferons voir enfuite que cette différence de la théorie aux tables vient de ce que la fuppofition n'eft pas exacte.

§. VIII.

§. **VIII.** *Comparaison des Télescopes catoptriques*
avec les lunettes dioptriques.

546. La diſtance focale d'un verre convexe dont le rayon eſt R, eſt à très-peu près $= R$; celle d'un miroir dont le rayon eſt r', eſt à très-peu près $\frac{r'}{2}$; donc ſi les diſtances focales ſont égales, on aura $r' = 2R$; de plus l'aberration du miroir (art. 178.) eſt à celle du verre (les diſtances focales ſuppoſées égales, & ω, ω' étant les diametres des ouvertures) comme

$$\frac{\omega'^2}{4\,r'^3} : \frac{2\,dP}{R} :: \frac{\omega'^2}{32\,R^3} : \frac{1}{50\,R}.$$

547. Donc ſi ρ & ρ' ſont les diſtances focales des oculaires, il faudra, ſuivant les art. 501 .& 502, pour que les deux lunettes ayent le même éclat & la même netteté; 1°. que ρ' ſoit à ρ :: $\frac{\omega'^3}{32\,R^3} : \frac{\omega}{50\,R}$; 2°. que ω ſoit à ω' : : $\frac{1}{\rho} : \frac{1}{\rho'}$; donc $\omega' = \frac{\omega\rho}{\rho'}$; & $\rho' = \frac{50\,\omega^2\,\rho^4}{32\,R^2\,\rho'^3}$; donc $\rho' = \frac{\rho}{2}\sqrt{\frac{5\,\omega}{R}}$; & $\omega' = \frac{2\,\omega\rho\sqrt{R}}{\rho\sqrt{5\,\omega}} = 2\sqrt{\frac{R\,\omega}{5}}.$

548. On ſe ſouviendra pour faire uſage de ces formules, que $R = Q$ pieds $= Q.12.12$ lignes, & que $\frac{\omega^2}{R^2} = \frac{4}{13}$ ligne $\times \frac{1}{R} = \frac{4}{13.Q.12.12}$. D'où $\frac{\omega}{R} = \frac{1}{6}\sqrt{\frac{1}{13\,Q}}.$

549. Par la formule de l'art. 547, fi le rayon R eft exprimé en pieds, & le diametre ω, ainfi que ρ, en 1000 de pouces, il faudra, pour avoir ρ', ajouter enfemble Log. $\rho + \dfrac{\text{Log. } \omega}{2} - \dfrac{\text{Log. } R}{2} + \dfrac{\text{Log. } 5}{2} - \dfrac{\text{Log. } 48}{2}$:

550. Or on a $\dfrac{\text{Log. } 5}{2} = 3494850$; $\dfrac{\text{Log. } 48}{2} = 8406206$;

Donc $\dfrac{\text{Log. } 5}{2} - \dfrac{\text{Log. } 48}{2} = - 4911356$. Il faut ajouter ce Logarithme conftant à Log. $\rho + \dfrac{\text{Log. } \omega}{2}$, & en ôter $\dfrac{\text{Log. } R}{2}$, & on aura ρ' en 1000 de pouces.

551. Donc fi $\rho = 2,21$; $\omega = 2,00$; $R = 13$; on aura Log. $\rho' = 2,3443923 - 4911356 + 1,1505150 - 5569717 = 2,4468000$; donc $\rho' = 0,280$ à très-peu près ; ce qui differe beaucoup des tables inférées dans les Livres d'Optique, & qui donnent $\rho' = 383$.

552. Si $\rho = 0,62$, $\omega = 0,56$, $R = 1$, on aura $\rho' = 150$, au lieu de 202 que donne la Table.

De même fi $\rho = 2,36$, $\omega = 2,16$, $R = 15$, on aura $\rho' = 289$, au lieu de 397 que porte la Table.

Si $\rho = 1,50$, $\omega = 1,37$, $R = 6$, on aura $\rho' = 231$; au lieu de 316 que porte la table.

553. On voit par ces exemples que la théorie précédente donne ρ' plus petit que les tables ; mais on va le voir en général par le calcul fuivant.

554. Suivant les Opticiens on a dans les Télefcopes catoptriques $\dfrac{\omega'^3}{R^2 \, \rho'} = $ à une conftante, & $\dfrac{\omega' \, \rho'}{R} =$

auſſi à une conſtante; donc $\dfrac{R}{\rho'^4}$ eſt une conſtante, qui

eſt par conſéquent $= \dfrac{(1000)^4 \, 12}{(202)^4}$; puiſque ſi $R = 1$

pied ou 12 pouces, on a par les tables $\rho' = \dfrac{202}{1000}$;

donc faiſant $R = Q \cdot 12$, on aura $\rho' = \dfrac{202}{1000} \sqrt[4]{Q}$ pouces.

555. Or dans les Téleſcopes dioptriques $\dfrac{\omega \rho}{R}$ eſt

conſtant, & ſuivant les tables eſt $= \dfrac{620 \times 560}{(1000)^2 \, 12}$; de

plus (art. 548.) $\dfrac{\omega}{R} = \dfrac{1}{6 \sqrt{13 \, Q}}$; donc $\dfrac{\rho}{6 \sqrt{13 \, Q}}$

$= \dfrac{620 \times 560}{(1000)^2 \cdot 12}$; & ρ'^4 ou (art. 547.) $\dfrac{\rho^4 \cdot 25 \, \omega^2}{16 \, R^2} =$

$\dfrac{(620)^4 \times (560)^4}{4^4 \, (1000)^8} \times \dfrac{25}{16} \times \dfrac{Q \cdot 13}{36}$.

556. Donc on auroit $\rho' = \dfrac{62 \cdot 56}{4 \, (10000)} \times \sqrt{\dfrac{5 \cdot 13}{6}}$

$\times \sqrt[4]{\dfrac{Q}{13}}$; donc la valeur de ρ' trouvée par la formule de l'art. 547. ſeroit à la valeur des tables, comme

$\dfrac{31 \cdot 28}{10} \times \sqrt{\dfrac{5 \cdot 13}{6}} \times \sqrt[4]{\dfrac{Q}{13}}$ eſt à $202 \sqrt[4]{Q}$, c'eſt-
à-dire, en raiſon conſtante.

557. Or on vient de voir (art. 552.) que lorſque
$Q = 1$, on a $\rho' = 150$ par le calcul; & par les tables
$= 202$; donc le rapport des deux valeurs de ρ' eſt celui
de 150 à 202, ou à peu près de 3 à 4.

558. D'où l'on voit que ρ' trouvé par le calcul, eſt

toujours plus petit, à peu près en raison de 3 à 4; que la valeur de ρ' donnée par les tables.

559. Au contraire les ouvertures ω' sont toujours plus grandes par le calcul, que ne le donne la même table. Elles sont même plus petites dans cette table, qu'elles ne devroient l'être, eu égard à l'augmentation de l'objet par le Télescope.

560. En effet, la régle de l'art. 502 donne les ouvertures proportionnelles à l'augmentation. Or, suivant les tables, une lunette dioptrique d'un pied, ayant d'ouverture $\frac{56}{100}$ de pouce, grossit 20 fois, & un Télescope catoptrique d'un demi pied grossit 36 fois; sur ce pied on auroit cette proportion : 20 : 36 : comme $\frac{56}{100}$ est à l'ouverture d'un Télescope de $\frac{1}{2}$ pied; donc cette ouverture devroit être $\frac{56}{100} \times \frac{2}{5} =$ à très-peu près $\frac{101}{100}$ ce qui est fort différent de $\frac{87}{100}$ que porte la table.

561. En général il faudra multiplier l'augmentation par $\frac{56}{20} = 3 - \frac{1}{5}$ pour avoir le diametre de l'ouverture. Or de-là il résultera toujours une ouverture plus grande que la table ne le donne; comme on le voit par la table suivante, où les ouvertures sont exprimées en 100 de pouce.

TÉLESCOPES CATOPTRIQUES.

Longueur en pieds.	Augmentation.	Ouverture par la théorie.	Ouverture suivant les Tables.
$\frac{1}{2}$	36	101	87
1	61	171	146
2	103	289	249
3	140	392	336
4	174	487	416
5	205	574	493
6	236	661	566
7	264	739	634
8	291	815	700
9	319	893	766
10	346	969	829
11	371	1039	890
12	396	1109	951
13	421	1179	1009
14	444	1243	1066
15	468	1311	1122
16	491	1375	1178
17	515	1442	1234

562. On vient de voir que l'ouverture des Télescopes est trop petite, même en supposant l'augmentation telle que la donnent les oculaires marqués par les tables; on trouvera de plus, en donnant à ces Télescopes les oculaires déterminés par la théorie, que l'ou-

verture doit être encore beaucoup plus grande, & prefque double de celle que donnent les tables.

563. En effet dans les Télefcopes catoptriques on a $\dfrac{\omega'^4}{R^3} = $ à une conftante, & par conféquent $\dfrac{\omega'^4}{Q^3 \cdot 123} = (\tfrac{146}{100})^4 \times \tfrac{1}{123}$; donc $\omega' = \tfrac{146}{100} \times \sqrt[4]{Q^3}$. Or l'art. 547 donne $\omega' = 2 \sqrt{\dfrac{R\omega}{5}}$; donc $\omega'^4 = \dfrac{16 \cdot (12)^4 O^3}{13 \cdot 25 \cdot 36}$; donc la valeur de ω'^4 trouvée par les tables, eft à celle de la théorie en raifon conftante; & par conféquent auffi celle de ω'.

564. Or fi $R = \tfrac{1}{2}$, ω' doit être par la théorie 101 ou $87 \times \tfrac{101}{87}$, même en fuppofant l'oculaire o, 169; tel que le donnent les tables; & comme cet oculaire doit être diminué (art. 557.) en raifon de 3 à 4, il s'enfuit que l'ouverture 101 doit être augmentée en même raifon, & par conféquent $= 101 + \tfrac{101}{3} = 133$, au lieu de 87.

565. De même fi $R = 1$, ρ' doit être $= 150$ milliémes de pouce par la théorie, & l'ouverture $171 \times \tfrac{4}{3} = 228$.

566. En général fi Ω eft l'ouverture des tables, celle de la théorie doit être $\Omega \times \tfrac{133}{87}$, puifque ces deux ouvertures doivent toujours être en raifon conftante, & que dans le cas de $R = \tfrac{1}{2}$ elles font entr'elles comme 87 à 133.

567. On voit donc que la théorie précédente donne pour les Télefcopes catoptriques, les foyers des ocu-

laires plus courts d'un tiers, & les ouvertures plus grandes presque du double que ne le donnent les tables dreffées d'après les expériences.

568. Ainfi, puifque les foyers des oculaires font plus courts par la théorie, & par conféquent l'augmentation plus grande, que l'expérience ne le donne; & que les ouvertures font encore outre cela plus petites qu'elles ne doivent être, eu égard à l'augmentation; on voit que les ouvertures font beaucoup plus petites par cette double raifon, que la théorie précédente ne les donne.

569. M. Smith, page 79 des *Remarques* qu'il a jointes à fon *Traité d'Optique*, trouve qu'on peut rendre les Télefcopes catoptriques de la table plus parfaits, & groffir leur augmentation en raifon de 155 à 100 ou de 31 à 20; il femble donc d'abord que cette proportion redonneroit à peu près les Télefcopes de la théorie.

570. Mais le même auteur remarque dans la même page, que la perfection des lunettes aftronomiques peut être augmentée en raifon de 14 à 10 ou de 28 à 20. Ainfi on ne gagne rien par-là ou peu de chofe.

571. Il s'agit donc de voir d'où vient cette différence fi confidérable entre la théorie & les tables quant aux foyers des oculaires, & aux ouvertures des Télefcopes.

572. Elle vient d'abord de la fuppofition que nous avons faite (art. 545.) que les diftances focales des oculaires foient comme les produits des aberrations par les ouvertures, tout le refte d'ailleurs égal. Or dans les Télefcopes catoptriques cette fuppofition n'eft pas exacte.

573. Car nous avons vu (art. 543.) que pour suppofer $\zeta = Z$ ou $\gamma = 1$, ou enfin, ce qui eft la même chofe, ρ proportionnelle à $\frac{\alpha \omega}{R}$, il falloit que $\frac{144}{25}$ fût beaucoup plus grand que $\frac{Z^3}{27 Q^3 \cdot 12^3 \, 12^3 \, \mu^3}$, ou $\frac{12}{5 \cdot Z}$ beaucoup plus grand que ν^3 ou $-\frac{\omega'^3}{R^3}$.

574. Donc puifque dans les Télefcopes catoptriques fuppofant $R =$ au rayon, on a par nos formules (art. 547.) $\omega' = 2 \sqrt{\frac{\omega R}{5}}$, & que de plus $\omega \omega = R \times \frac{1}{3}$ ligne ; on aura $\frac{\omega'^3}{R^3}$, ou $\nu^3 = \frac{8}{5} \times \left(\frac{1}{3 \cdot 25 \cdot Q \cdot 12^2} \right)^{\frac{3}{2}}$; quantité qui n'eft pas beaucoup plus petite que $\frac{12}{5 \cdot Z}$ où $\frac{12}{5 \cdot 55}$. Car foit, par exemple, $Q = 3$, on aura $\frac{8}{5} \times \left(\frac{1}{3 \cdot 25 \cdot Q \cdot 12 \cdot 12} \right)^{\frac{3}{2}} = \frac{8}{5} \times \frac{1}{3 \cdot 2} \times \frac{1}{5 \frac{1}{2}}$; quantité qui eft à $\frac{12}{5 \cdot 55}$ comme $\frac{4}{3 \cdot 5 \cdot \sqrt{5}}$ à $\frac{4 \times 3}{5 \cdot 11}$; c'eft-à-dire, comme 11 eft à $9 \sqrt{5}$; donc en ce cas $\frac{12}{5 Z}$ eft très-comparable à ν^3.

575. Donc dans les Télefcopes Newtoniens, on ne peut employer les formules de l'art. 547. pour déterminer les oculaires. Voilà la caufe de la différence entre la théorie & l'expérience ; au moins quant au foyer des oculaires.

576.

576. A l'égard des ouvertures qui ne se trouvent pas proportionnelles à l'augmentation dans les Télescopes catoptriques comparés aux Télescopes dioptriques ; cette différence entre la théorie & la table est d'autant plus singuliere, qu'à égale ouverture les Télescopes catoptriques renvoyent moins de lumiere que les lunettes dioptriques, parce que le miroir absorbe beaucoup de rayons.

577. La seule raison qu'on puisse rendre de cette différence, supposé néanmoins qu'elle soit réelle, c'est la remarque que fait M. Smith, art. 357 de son Optique, que même dans les lunettes dioptriques le diametre de l'ouverture ne doit pas toujours être en raison inverse de la longueur du foyer de l'oculaire, l'objectif demeurant le même.

578. La raison qu'il en donne, c'est qu'en augmentant l'ouverture on augmente l'éclat de l'image ; & par conséquent aussi l'éclat de l'aberration. Or cette raison pourroit bien avoir lieu dans les Télescopes catoptriques.

579. Mais avant que de l'employer à expliquer le fait, il faudroit s'assurer par des expériences exactes si le fait est vrai, c'est-à-dire, si en supposant les oculaires des Télescopes catoptriques, telles que la table les donne, les ouvertures ne peuvent pas être un peu plus grandes que ne les donne cette table, & à peu près telles que les demande la table de l'art. 561. Il est au moins certain que les bons Artistes donnent plus d'ouverture aux Télescopes, toutes choses d'ailleurs égales, à proportion qu'ils sont mieux travaillés.

Opusc. Math. Tome III. F f

580. Quoi qu'il en soit, nous supposerons ici, en faisant abstraction des considérations physiques, que dans deux Télescopes quelconques comparés entr'eux, ou comparés avec une lunette dioptrique, l'ouverture est proportionnelle à l'augmentation ; ou ce qui est la même chose, que $\frac{\omega\, \rho}{R} = C$, C étant une constante, R la distance focale de l'objectif, ρ celle de l'oculaire, & ω l'ouverture.

581. Cela posé, nous avons vû ci-dessus (art. 541.) que dans une lunette ou Télescope quelconque, l'aberration est proportionnelle à

$$-\frac{1}{Z\,\gamma} - 2\,\nu\, d\varpi - \frac{2\, d\varpi}{Z\,\gamma} - \frac{5\,\gamma^3}{12} - \frac{17\,\gamma^2}{24\,Z\,\gamma} - \frac{17\,\gamma}{24\,Z^2\,\gamma^2} - \frac{5}{12\,Z^3\,\gamma^3};$$

quantité dans laquelle on peut négliger dans tous les cas le terme $-\dfrac{2\, d\varpi}{Z\,\gamma}$ qui est nul par rapport au premier $-\dfrac{1}{Z\,\gamma}$.

582. Nous avons vû de plus (art. 531.) que dans le cas des lunettes dioptriques on a $\gamma = 1$, & que l'aberration se réduisoit à $-\dfrac{1}{Z}$, tous les autres termes étant comme nuls.

583. Donc en général on aura, en comparant une lunette proposée avec une lunette dioptrique ordinaire,

$$-\frac{1}{Z} = -\frac{1}{Z\,\gamma} - 2\,\nu\, d\varpi - \frac{5\,\gamma^3}{12} - \frac{17\,\gamma^2}{24\,Z\,\gamma} - \frac{17\,\gamma}{24\,Z^2\,\gamma^2} - \frac{5}{12\,Z^3\,\gamma^3}.$$

584. Dans cette quantité on peut encore négliger les trois derniers termes, lorsque $\frac{1}{Z\gamma}$ est une assez petite fraction ; & nous ferons voir plus bas (art 590.) qu'en effet $\frac{1}{Z\gamma}$ est toujours tel dans toutes sortes de Télescopes.

585. Or dans les Télescopes catoptriques on a (art. 546.) l'aberration $\alpha = \frac{\omega^2}{32\,R} = \frac{v^2\,R}{32}$; le rayon ρ de l'oculaire $= \frac{Z\gamma\alpha\omega}{R} = \frac{Z\gamma\,v^3\,R}{32}$; & on a de plus (art. 537.) $\frac{\omega\rho}{R} = \varsigma = $ à peu près $\frac{1}{3}$ ligne ; donc $\varsigma = \frac{Z\gamma\,v^4\,R}{32}$; & $v = 2 \times \left(\frac{2}{3\,Q.12.12\,Z\gamma}\right)^{\frac{1}{4}}$.

586. Donc à cause de $d\omega = \frac{1}{100}$, on aura

$$\frac{1}{Z} = \frac{1}{Z\gamma} + \frac{1}{50} \times \left(\frac{2}{3.3.3.Q\,Z\gamma}\right)^{\frac{1}{4}} + \frac{5}{12} \times \left(\frac{2}{3.3.3.Q\,Z\gamma}\right)^{\frac{3}{4}}.$$

587. On voit donc que $\frac{1}{Z\gamma}$ dans les Télescopes catoptriques doit être $< \frac{1}{Z}$, & $Z\gamma$ plus grand que Z ; ce qui se rapproche des tables qui donnent le rayon ρ de l'oculaire plus grand que si $Z\gamma$ étoit $= Z$, ou $\gamma = 1$.

588. Si on met, par une approximation grossiere, $\frac{1}{Z}$ à la place de $\frac{1}{Z\gamma}$ dans le second membre de

cette équation, on aura $\dfrac{1}{Z\gamma} = \dfrac{1}{Z} - \dfrac{1}{50} \times$

$$\dfrac{2}{12 \cdot 12 \cdot 3\, Q \cdot Z}^{\frac{1}{4}} - \dfrac{5 \cdot 8}{12} \times \dfrac{2}{12 \cdot 12 \cdot 3\, Q \cdot Z}^{\frac{1}{4}}.$$

589. Par exemple, si on fait $Q = 3$, & $Z = 50$, on aura par une approximation grossiere $\dfrac{1}{Z\gamma} = \dfrac{1}{Z}$

$$- \dfrac{1}{50 \cdot 3}\sqrt[2]{\dfrac{1}{5}} - \dfrac{5}{12 \cdot 27} \times \sqrt[2]{\dfrac{1}{125}} = \dfrac{1}{Z} -$$

$$\dfrac{1}{150}\sqrt[2]{\dfrac{1}{5}} - \dfrac{2}{324}\sqrt[2]{\dfrac{1}{5}} = \text{à peu près } \dfrac{1}{50} - \dfrac{1}{3 \cdot 79}$$

$= \dfrac{1}{50 \times \frac{3}{4}}$; ce qui se rapproche beaucoup des tables, qui donnent (art. 558.) $\dfrac{1}{Z\gamma} = \dfrac{1}{50} \times \dfrac{3}{4}$.

590. Jusqu'ici nous avons cherché γ & ρ en supposant que $\dfrac{1}{\zeta}$ ou $\dfrac{1}{Z\gamma}$ soit une assez petite fraction; nous allons maintenant faire voir que cette supposition est vraie. Pour le prouver, nous remarquerons que la quantité $\dfrac{\omega(\Delta' + \alpha') \cdot 2(\varpi - 1)}{R}$ qui représente l'ouverture de l'oculaire, doit être assez petite par rapport à $\dfrac{\rho}{2(\varpi' - 1)}$, distance focale de ce même oculaire; par conséquent

$$\dfrac{\omega\left(\dfrac{\rho}{2(\varpi' - 1)} + \alpha'\right) \cdot 4(\varpi - 1) \cdot (\varpi' - 1)}{R\,\rho} \text{ doit être}$$

une quantité assez petite; donc aussi $\dfrac{4\,\omega\,\alpha'\,(\varpi - 1)\,(\varpi' - 1)}{R\,\rho}$

doit être une quantité affez petite. Donc à caufe de

$$\frac{\varrho}{2(\varpi'-1)} = \frac{\zeta \alpha' \omega \left[2(\varpi-1) \right]}{R}, \zeta$$ doit être un affez grand nombre.

§. IX. *Théorie de l'aberration de l'oculaire, quand celle de l'objectif eft nulle.*

591. Si l'aberration α' eft abfolument nulle, il faudra effacer dans la formule de l'art. 534. les termes où α' fe trouve; mettant enfuite dans cette formule $\frac{\omega}{R}$ à la place de fa valeur ν, on aura (art. 541.)

$$- \frac{1}{Z} = - \frac{2\omega d\varpi}{R} - \frac{5\omega^3}{12 R^3};$$

Ou à peu près

$$- \frac{1 \cdot 12}{55 \times 5} + \frac{\omega \times 12}{R \cdot 50 \cdot 5} + \frac{\omega^3}{R^3} = 0.$$

592. Donc puifque $\frac{\omega}{R} = \nu$, on aura à peu près $\nu^3 + q\nu - q = 0$, q étant $= \frac{1}{25}$ environ. Donc

$$\sqrt{\frac{q^2}{4} + \frac{q^3}{27}} = \text{à peu près } \frac{q}{2} + \frac{q^2}{27}, \& \nu \text{ ou}$$

$$\sqrt[3]{+\frac{q}{2} + \sqrt{\frac{q^2}{4} + \frac{q^3}{27}}} + \sqrt[3]{+\frac{q}{2} + \sqrt{\frac{q^2}{4} + \frac{q^3}{27}}}$$

$$= \text{à peu près } \sqrt{q} \times \left(1 + \frac{q}{3 \cdot 27} - \sqrt[3]{\frac{q}{27}} \right) = \text{à peu}$$

près $\sqrt[3]{q}\left(1 - \frac{\sqrt[3]{q}}{3} \right)$. Donc $\frac{\omega}{R} = \frac{1}{3}$ à peu près,

$\&\ \frac{\omega}{2R} = \frac{1}{6}$; donc l'ouverture comprendroit un angle de 18 à 20 degrés, & la demi ouverture un angle de 9 à 10.

593. Dans les lunettes ordinaires on a $\omega = \sqrt{R \cdot \frac{1}{3} \text{ ligne}}$, & $\frac{\omega}{R} = \sqrt{\frac{1}{3 Q \cdot 12 \cdot 12}}$. Donc si $Q = 3$ par exemple, la nouvelle lunette, (dont on suppose l'objectif sans aberration) auroit environ douze fois plus d'ouverture, & par conséquent, toutes choses égales, grossiroit douze fois davantage ; car alors le rayon ρ de l'objectif seroit en raison inverse de ω, à cause de l'équation constante $\frac{\omega \rho}{R} = C$, pour tous les Télescopes.

594. Mais puisque $\frac{\omega}{R} = \frac{1}{3}$ à peu près, il est clair que si parmi les différens rayons des surfaces de la lentille, il y en a qui ne soient pas beaucoup plus petits que $\frac{R}{3}$, & à plus forte raison, s'il y en a qui soient au-dessous, on ne peut employer la formule $\omega = \frac{R}{3}$; car alors l'ouverture seroit trop grande.

595. Si l'équation $\frac{\omega}{R} = \frac{1}{3}$ ne donne pas une trop grande ouverture, on aura ρ constant & égale à une ligne ; car on a $\frac{\omega \rho}{R}$, ou $\omega \rho = C$; or $C = \frac{1}{3}$ ligne à peu près, & $\omega = \frac{1}{3}$ à peu près. Donc $\rho = 1$ ligne.

596. Or comme on a la valeur de ρ pour chaque lunette ou Télescope dont le foyer a une longueur $= R$, on connoîtra par-là combien une lunette sans aberration

groſſira plus à même foyer, qu'une lunette ou Téleſcope de la même longueur.

597. Dans les Téleſcopes catoptriques on a (article 553.) $\rho' = \frac{202}{1000} \times \sqrt{Q}$ pouces; & on vient de trouver dans les lunettes ſans aberration $\rho = 1$ ligne $= \frac{1}{12}$; donc le rapport des augmentations eſt de $\frac{202 \times 12}{1000} \times \sqrt{Q}$ à 1; c'eſt-à-dire, que la lunette ſans aberration augmentera plus qu'un Téleſcope catoptrique de même longueur, en raiſon de $\frac{101 \times 3}{125} \sqrt{Q}$ à 1.

598. Dans les lunettes dioptriques on a $\frac{\omega \rho}{R} = C = \frac{1}{3}$ ligne, & $\rho = \frac{1}{3} \times \frac{R}{\omega} = 2 \sqrt{13 Q}$ lignes; donc la lunette ſans aberration augmentera plus qu'une lunette dioptrique de même longueur, en raiſon de $2 \sqrt{13 Q}$ à 1.

599. On peut réſoudre d'une maniere plus ſimple l'équation de l'art. 591, en conſidérant que $\frac{2 \omega d \varpi}{R}$ eſt très-petit (art. 542.) par rapport à $\frac{1}{2}$; donc $\frac{12}{55 \cdot 5} = 13$ & $\prime = \frac{1}{3}$ à peu près; d'où l'on tirera les mêmes concluſions que dans les art. précédens.

600. Au reſte ces concluſions ne peuvent avoir lieu que pour les objets placés dans l'axe. Car il eſt clair par l'art. 455, que cette valeur de $\prime$ eſt trop grande pour les aberrations latérales qui viennent des points placés hors de l'axe.

§. X. *Théorie générale de l'aberration dans quelques lunettes que ce soit.*

601. Nous avons supposé dans les formules précédentes $\varpi = \frac{1}{2}$ (art. 24.) & nous avons supposé de plus la constante $\frac{1}{2}$ égale à environ $\frac{1}{10}$. Pour avoir une formule plus exacte & plus générale, on remarquera que $\frac{1}{2}$ est égale (art. 535.) à $\dfrac{a'\omega(\overline{4 \cdot \varpi - 1} \cdot \overline{\varpi' - 1})}{R \varrho}$ dans les lunettes dioptriques, c'est-à-dire (art. 539.) à $\pm \dfrac{R\,d\varpi \cdot \omega}{R\varrho \cdot \overline{2 \cdot \varpi - 1}^2} \times 4\,(\varpi - 1)\,(\varpi' - 1) = ($ à cause de $\dfrac{\omega \cdot \overline{2\varpi' - 2}}{\varrho} = \frac{100}{111}$, & du nombre $\varpi = \frac{1}{2})$

$= \pm \dfrac{d\varpi \cdot 100 \cdot 2}{111}$; ou plus exactement (en supposant $\varpi = \frac{11}{10}) \pm \dfrac{d\varpi \cdot 100 \cdot 10}{111 \cdot 11}$; mais nous nous en tiendrons à la valeur $\pm \dfrac{d\varpi \cdot 100 \cdot 2}{111}$.

602. En général si on fait comme dans l'art. 534.

$$\Pi = \frac{\varpi' - 1}{4\varpi'}\,(2 - \varpi' - 4\varpi'^2 + 4\varpi'^3)$$

$$\Gamma = \frac{\varpi' - 1}{4\varpi'}\,(4 + 2\varpi' - 6\varpi'\varpi')$$

$$\Sigma = \frac{\varpi' - 1}{4\varpi'}\,(3\varpi' + 2)\ \text{on trouvera (art. 534.)}$$

l'aberration

l'aberration proportionnelle à $-\dfrac{2\omega d\varpi'.2.\overline{\varpi-1}}{2R(\varpi'-1)}$

$$-\frac{\alpha'\omega}{R\varrho}\times[4(\varpi-1)(\varpi'-1)+2d\varpi'.\overline{\varpi-1}]$$

$$-\frac{8\omega^3.\overline{\varpi-1}^3}{R^3}\times\Big[\frac{\Pi}{8(\varpi'-1)^3}+\frac{\Gamma}{4(\varpi'-1)^2}$$

$$+\frac{\Sigma}{2(\varpi'-1)}\Big]-\frac{8\omega^3(\varpi-1)^3}{R^3}\times\frac{\alpha'}{\varrho}\times\Big[\frac{3\Pi}{4(\varpi'-1)^2}$$

$$+\frac{2\Gamma}{2(\varpi'-1)}+\Sigma\Big]-\frac{8\omega^3(\varpi-1)^3}{R^3}\times\frac{\alpha'^2}{\varrho^2}$$

$$\Big[\frac{3\Pi}{2(\varpi'-1)}+\Gamma\Big]-\frac{8\omega^3(\varpi-1)^3}{R^3}\times\frac{\alpha'^3}{\varrho^3}\times\Pi.$$

603. D'où il est aisé de voir qu'en supposant $\dfrac{\omega}{R}$ une assez petite fraction, & négligeant ce qu'on peut négliger, on aura

$$+\frac{d\varpi.200.2}{221}=-\frac{\alpha'\omega}{R\varrho}(4.\overline{\varpi-1}.\overline{\varpi'-1})-$$

$$\frac{8\omega^3.\overline{\varpi-1}^3}{R^3}\Big[\frac{\Pi}{8.(\varpi'-1)^3}+\frac{\Gamma}{4(\varpi'-1)^2}+$$

$$\frac{\Sigma}{2(\varpi'-1)}\Big]-\frac{8\omega^3.\overline{\varpi-1}^3}{R^3}\times\frac{\alpha'^2}{\varrho^2}\Big[\frac{3\Pi}{2(\varpi'-1)}$$

$$+\Gamma\Big]-\frac{8\omega^3.\overline{\varpi-1}^3}{R^3}\times\frac{\Pi\alpha'^3}{\varrho^3}.$$

604. Or à cause de $\dfrac{\omega.\varrho(\varpi-1)}{R(\varpi'-1)}=C=\dfrac{4}{13}\times\dfrac{221}{200}$ $=$ à peu près $\dfrac{4}{13}$ ligne, si on fait $a=1$ ligne, on aura

$$\frac{2\omega.\overline{\varpi-1}}{R}=\frac{2a.4.(\varpi'-1)}{13\varrho}.$$

605. Donc on aura

$$+ \frac{d\varpi \cdot 400}{221} = - \frac{a'a \cdot \overline{\varpi'-1}^2 \cdot 16}{13\,\varrho\,\varrho}$$

$$+ \frac{8^3 \cdot \overline{\varpi'-1}^3\, a^3}{13^3\, \varrho^3} \left[\frac{\Pi}{8(\varpi'-1)^3} + \frac{\Gamma}{4(\varpi'-1)^2} + \frac{\Sigma}{2(\varpi'-1)} + \frac{3\,\Pi\, a'^2}{2\,\varrho^2(\varpi'-1)} + \frac{\Gamma\, a'^2}{\varrho^2} + \frac{\Pi\, a'^3}{\varrho^3} \right].$$

606. Soit $a = \dfrac{\omega^n}{\varrho R^{n-1}}$; ou plutôt soit $a =$

$$\frac{\omega^n \cdot \overline{\varpi-1}^{n-1} \cdot 2^{n-1}}{\varrho \cdot R^{n-1}} = \left(\frac{4a \times 2 \cdot \overline{\varpi'-1}}{13\,\varrho} \right)^n \times$$

$$\frac{R}{2(\varpi-1)\varrho} \;;\; \&\; \text{foit}\; \frac{\varrho}{(2\varpi'-1)} = m\,a, \; m \;\text{étant in-}$$

connue; on aura $a' = \left(\dfrac{4}{13\,m} \right)^n \times \dfrac{R}{2 \cdot \overline{\varpi-1} \cdot \varrho}.$

607. Soit enfuite $\dfrac{R}{2(\varpi-1)} = Q \cdot 12 \cdot 12\,a,$ &

$\dfrac{4}{13\,m} = v,$ on aura

$$+ \frac{d\varpi \cdot 400}{221} = - \frac{v^{n+2} \cdot Q \cdot 12 \cdot 12 \cdot 13}{4\,\varrho}$$

$$= v^3 \left[\frac{\Pi}{8(\varpi'-1)^3} + \frac{\Gamma}{4(\varpi'-1)^2} + \frac{\Sigma}{2(\varpi'-1)} \right]$$

$$- v^{2n+5} \times \frac{Q^2 \cdot 12^2 \cdot 12^2}{\varrho^2} \times \frac{13^2}{4^2 \cdot 4(\varpi'-1)^2} \times \left[\frac{3\,\Pi}{2(\varpi'-1)} \right.$$

$$\left. + \Gamma \right] - v^{3n+6} \left[\frac{Q^3 \cdot 12^3 \cdot 12^3 \cdot 13^3 \cdot \Pi}{4^3 \cdot 8 \cdot (\varpi'-1)^3\, \varrho^3} \right].$$

608. Cette équation feroit encore plus exacte, fi dans le premier membre on mettoit (art 601.) $+ \dfrac{d\varpi \cdot 200 \cdot 20}{221 \cdot 11},$

& si dans le second on mettoit au lieu de la fraction $\frac{4}{13}$ & de ses puissances la fraction $\frac{4\times 221}{13\times 200}$, & ses puissances (art. 604.); l'équation sera même plus générale encore, si au lieu de ces fractions on met C, C étant positif ou négatif, & $= \pm \frac{4.221}{13.200}$; je dis *positif* ou *négatif;* en effet comme dans l'équation $\frac{\omega.\varphi.\varpi-1}{R(\varpi'-1)} = C$, ω & R sont toujours positifs, il est visible que C sera positif ou négatif, selon que φ sera positif ou négatif.

609. Donc supposant $\frac{\varphi}{2(\varpi'-1)} = m a,\ \frac{C}{m} = \gamma$; l'équation sera en général

$$\pm \frac{d\varpi.400.10}{221.13} = - \frac{\gamma^{n+2}.Q.12.12}{\varphi\, C} - \gamma^3 \times \left[\frac{\Pi}{8(\varpi'-1)^3} + \frac{\Gamma}{4(\varpi'-1)^2} + \frac{\Sigma}{2(\varpi'-1)}\right]$$

$$- \gamma^{2n+5} \times \frac{Q^2.12^2.12^2}{C^2\varphi^2(4.\varpi'-1^2)} \times \left[\frac{3\,\Pi}{2(\varpi'-1)} + \Gamma\right] - \gamma^{3n+6} \times \frac{Q^3.12^3.12^3.\Pi}{\varphi^3\, C^3}.$$

610. Or puisque ω (art. 604.) $= \frac{C a(\varpi'-1) R}{\varphi.(\varpi-1)} = \frac{C R}{m.\gamma.(\varpi'-1)} = \frac{\gamma R}{2.(\varpi-1)}$, il est visible que γ qui exprime le rapport de l'ouverture à la longueur du foyer, doit être toujours positif.

611. Donc si après avoir résolu l'équation de l'art 609.

en supposant C positif & $= \frac{4 \cdot 221}{13 \cdot 200}$, ou plus simplement $\frac{1}{3}$, on trouve v négatif, alors il faudra rendre C
négatif, en lui conservant la même valeur, & chercher
ensuite la valeur de v, laquelle étant trouvée, on aura
p par l'équation $\frac{\varrho}{2(\varpi' - 1)} = \frac{C a}{v}$.

612. Si ϵ n'est pas fort grand ni fort petit par rapport à $Q \cdot 12 \cdot 12$, & que $n = 2$; pour lors on trouvera

$$\pm \frac{d\varpi \cdot 400}{221} = - v^3 \left[\frac{\Pi}{8(\varpi'-1)^3} + \frac{\Gamma}{4(\varpi'-1)^2} + \frac{\Sigma}{2(\varpi'-1)} \right].$$

613. On a vû de plus (art. 590.) que $\frac{1}{\zeta}$, ou $\frac{1}{Z \cdot \gamma}$
doit toujours être une assez petite fraction; d'où il s'en-
suit que dans la formule de l'art. 581, on peut effacer
sans crainte tous les termes où $Z \gamma$ se trouve élevé à
des puissances plus hautes que l'unité; ensorte que cette
équation se réduit à $- \frac{1}{Z} = - \frac{1}{\zeta} - \frac{5 v^3}{12}$. Par
la même raison, puisqu'en général (article 539.)
$$\zeta = \frac{\varrho \cdot R}{4(\varpi-1)(\varpi'-1)\alpha'\omega} = \frac{C \epsilon}{v^{n+2} \cdot Q \cdot 12 \cdot 12};$$
l'équation générale de l'art. 609 peut se réduire dans
tous les cas à l'équation approchée $\pm \frac{d\varpi \cdot 400}{221} = -$

$$\frac{y^{n+2}}{6}\cdot Q\cdot 12\cdot 12 = -y^3\left[\frac{\Pi}{8(\varpi'-1)^3} + \frac{\Gamma}{4(\varpi'-1)^2} + \frac{\Sigma}{2\cdot(\varpi'-1)}\right].$$

614. De plus il n'eſt pas néceſſaire que le ſecond membre qui exprime l'aberration de la lunette cherchée ſoit égal à $+ \frac{d\varpi.400}{221}$, qui exprime l'aberration des lunettes dioptriques connues; il ſuffit qu'il ne ſoit pas plus grand; on pourra donc donner pour premier membre à l'équation, la quantité $+ \frac{\lambda\, d\varpi.400}{221}$, λ n'étant jamais > 1.

615. On pourroit auſſi faire entrer l'épaiſſeur de l'oculaire dans le calcul; ſoit e cette épaiſſeur; & il faudra (art. 89.) ajouter à la quantité C' de l'art. 534. l'expreſſion $+ \frac{m'e}{\delta'^2}$; or, à cauſe de $m' = \varpi'$, & de $\frac{1}{\delta'} = \frac{1-m}{\varrho} = \frac{m}{\Delta'+\alpha'} = \frac{\varpi'-1}{\varpi'\varrho} = \frac{1}{\varpi'\left(\frac{\varrho}{2(\varpi'-1)}+\alpha'\right)}$,

cette quantité $\frac{m'e}{\delta'^2}$ eſt $= \varpi'\, e \times \left[\frac{\varpi'-1}{\varpi'\varrho} - \frac{1}{\varpi'\left[\frac{\varrho}{2(\varpi'-1)}+\alpha'\right]}\right]^2$; donc il faudra ajouter (art. 531.) au terme $- C'\lambda'$ le terme $- \frac{\varpi.2(\varpi-1)e}{R}$

$\times \left[\frac{\overline{\varpi'-1}^2}{\varpi'^2\varrho^2} \times \left(\frac{\varrho}{2(\varpi'-1)}+\alpha'\right) = \frac{2\varpi'-1}{\varpi'^2\varrho} + \frac{1}{\varpi'^2\left[\frac{\varrho}{2(\varpi'-1)}+\alpha'\right]}\right]$

616. Donc en mettant pour e sa valeur $\dfrac{\lambda^2}{4\,\varrho}$.

$$= \frac{a^2\,(\Delta'+a')^2\cdot 4\cdot\overline{\varpi-1}^2}{4\,R^2\cdot\varrho}\,,$$ la quantité qu'il faut ajouter à $-\,C'\lambda'$ sera $-\,\dfrac{8\,\omega^3\cdot\overline{\varpi-1}^3}{4\,R^2\,\varrho}\times\Big[\dfrac{\overline{\varpi'-1}^2}{\varpi'^2\,\varrho^2}$

$\times\Big(\dfrac{\varrho}{2\,(\varpi'-1)}+a'\Big)^3 - \dfrac{2\,(\varpi'-1)}{\varpi'^2\,\varrho}\times\Big(\dfrac{\varrho}{2\,(\varpi'-1)}$

$+a'\Big)^2 + \dfrac{1}{\varpi'^2}\times\Big(\dfrac{\varrho}{2.(\varpi'-1)}+a'\Big)\Big].$

617. Soit donc supposé $\dfrac{(\varpi'-1)^2}{4\,\varpi'^2}=\Omega\,;\;-\dfrac{2\,(\varpi'-1)}{4\,\varpi'^2}$

$=V\,;\;\dfrac{1}{4\,\varpi'^2}=T\,;$ il faudra dans les formules de l'aberration (art. 602 & suiv.) ajouter à Π la quantité Ω, à Γ la quantité V, & à Σ la quantité T.

618. On aura donc $\Pi+\Omega=\dfrac{\varpi'-1}{4\,\varpi'}\,(2-\varpi'-4\,\varpi'^2$

$+4\,\varpi'^3+\dfrac{(\varpi-1)}{\varpi'}) = \dfrac{\varpi'-1}{4\,\varpi'}\,(3-\varpi'-4\,\varpi'^2$

$+4\,\varpi'^3-\dfrac{1}{\varpi'})\,;$

$\Gamma+V=\dfrac{\varpi'-1}{4\,\varpi'}\,(4-6\,\varpi'\,\varpi'+2\,\varpi'-\dfrac{2}{\varpi'})\,;$

$\Sigma+T=\dfrac{\varpi'-1}{4\,\varpi'}\,(3\,\varpi'+2)+\dfrac{1}{4\,\varpi'^2}.$

619. Ces formules font voir que l'effet de l'épaisseur de l'oculaire peut n'être pas à négliger dans l'aberration, puisque cette épaisseur donne dans l'expression de l'aberration des quantités à peu près de même ordre;

que celles qui font données par l'ouverture de l'oculaire.

620. Si l'oculaire étoit compofé de différentes matieres, alors reprenant les formules générales de l'aberration données Chap. I V, il faudroit mettre dans l'aber-
ration de l'oculaire au lieu de $\frac{1}{\delta}$, la quantité $\frac{1}{\varrho + \alpha'}$,
& au lieu de ω la quantité $\frac{\omega \cdot \overline{\varrho + \alpha'}}{R}$, ρ étant la diftance
focale inconnue de l'oculaire, & R celle de l'objectif.

621. De plus comme on fuppofe l'oculaire conformé
de façon qu'il n'y a point d'aberration pour les rayons
moyens, il eft vifible que dans l'aberration de l'oculaire tous les termes où n'entre point α' fe détruiront,
ce qui fimplifiera le calcul. Nous ne nous étendrons
pas davantage fur cette confidération, parce que la
petiteffe des oculaires les rend vraifemblablement difficiles à former de différentes matieres. Il fuffit d'avoir
remarqué que la théorie peût encore fournir des vûes
utiles fur ce fujet.

§. XI. *Simplification de la théorie précédente, & application de cette théorie aux cas les plus ordinaires.*

622. Comme l'aberration la plus ordinaire, celle qu'il
eft le plus difficile de détruire, vient de la fphéricité,
& que cette aberration eft proportionnelle au quarré
du demi-diametre de l'ouverture, nous la fuppoferons

(art. 606.) $= \dfrac{\omega^2}{\imath\,R}$. Nous fuppoferons de plus $\dfrac{\omega\,p}{R}$ $= 6\,a$, ou $\nu\,p = 6\,a =$ environ $\frac{1}{3}$ de ligne (art. 537.). D'où il eſt aiſé de voir qu'en faiſant (art. 539.) 6 poſitif ou négatif, on aura $\zeta = \dfrac{\imath\,a\,6}{\nu^4\,R}$ & $\dfrac{\imath}{\zeta} = \dfrac{\nu^4\,R}{\imath\,a\,6}$; donc (art. 613.) $-\dfrac{\imath}{Z} = -\dfrac{\nu^4\,R}{a\,\imath\,6} - \dfrac{5\,\nu^3}{12}$; dans cette équation on aura $\dfrac{\imath}{Z} = \dfrac{d\,\varpi\,.\,400}{221} = $ à peu près $\dfrac{\imath}{55}$.

623. On réfoudra cette équation en faiſant fucceſſivement la quantité $6\,\imath$ poſitive & négative. Il eſt à remarquer qu'on doit toujours & dans tous les cas trouver une valeur poſitive pour ν, ou $\dfrac{\omega}{R}$, puiſque ω & R font toujours poſitives; & que cette valeur doit être une fraction aſſez petite. Toute valeur négative de ν, ou toute valeur poſitive trop grande doit être rejettée.

624. Lorſque l'aberration eſt nulle pour les rayons moyens, elle doit alors être de ſignes contraires, pour les rayons rouges & pour les violets; & elle eſt dans ce cas à peu près de la même valeur pour chacun de ces rayons. Or il faut alors que le même oculaire dont le rayon ou diſtance focale eſt p, puiſſe ſervir dans les deux cas. Voyons ce que le calcul donnera ſur cet objet.

625. Si on veut que le même oculaire p puiſſe ſatisfaire à deux aberrations différentes & de ſigne contraire,

traire, dans l'une defquelles ϵ fera pofitif, & dans l'autre négatif; il faudra, par l'équation $\dfrac{\zeta \, v^4 \, R}{6 \, a \, \epsilon} = \rho$, que ζ & ϵ foient tous deux de même figne ou de figne contraire, afin que ρ dans les deux cas ait la même valeur, pofitive ou négative, felon qu'on aura pris 6 pofitive ou négative.

626. Comme on eft le maître (art. 603.) de faire $\dfrac{1}{Z}$ pofitif ou négatif; fi on met dans le premier membre de l'équation de l'art. 622, $+\dfrac{1}{Z}$ au lieu de $-\dfrac{1}{Z}$, & qu'on fuppofe ϵ & 6 de tel figne qu'on voudra, on aura en général $\mp\dfrac{1}{Z} = -\dfrac{v^4 \, R}{\epsilon \, 6 \, a} - \dfrac{5 \, v^3}{12}$.

627. Dans cette équation v devant être néceffairement pofitif, il n'eft pas poffible que $\rho = \dfrac{6 \, a}{v}$, ait la même valeur dans le cas de ϵ pofitif & de ϵ négatif, excepté dans un feul cas, c'eft celui où le terme $\dfrac{5 \, v^3}{12}$ pourra être négligé; car alors on n'aura qu'à prendre pour le cas de ϵ pofitif (6 étant de tel figne qu'on voudra) $\mp\dfrac{1}{Z} = -\dfrac{v^4 \, R}{\epsilon \, 6 \, a}$, favoir $-$ fi 6 eft pofitif, & $+$ fi 6 eft négatif; & pour le cas de ϵ négatif, on prendra $\pm\dfrac{1}{Z} = -\dfrac{v^4}{\epsilon \, 6 \, a}$; ce qui donnera dans les deux cas la même valeur pofitive pour v; après quoi

ν étant connu, on aura ρ par l'équation $\rho = \dfrac{\mathfrak{C}\,a}{\nu}$,
dans laquelle $\mathfrak{C} = \frac{1}{3}$, & $a = 1$ ligne.

628. Mais si dans le cas où le terme $- \dfrac{5\,\nu^3}{12}$ sub-
sistera, on fait successivement le nombre ε positif & né-
gatif dans le terme $- \dfrac{\nu^4\,R}{\varepsilon\,\mathfrak{C}\,a}$, ($\mathfrak{C}$ étant toujours de
tel signe qu'on voudra) & qu'on mette aussi successive-
ment $\overline{+\dfrac{1}{Z}}$ & $\underline{+\dfrac{1}{Z}}$ dans le premier membre,
les valeurs de ρ ne seront pas les mêmes dans les deux
cas. Car alors les valeurs de ν ne seront pas les mêmes
dans ces deux cas.

629. En effet qu'on suppose à la fois

$$\dfrac{5\,\nu^3}{12} + \dfrac{\nu^4\,R}{\varepsilon\,\mathfrak{C}\,a} = \dfrac{1}{Z},$$

$$\& \; \dfrac{5\,\nu^3}{12} - \dfrac{\nu^4\,R}{\varepsilon\,\mathfrak{C}\,a} = \underline{+}\;\dfrac{1}{Z},$$

Il est évident que cette supposition ne peut avoir
lieu que dans le cas où $\dfrac{1}{\varepsilon} = 0$; autrement il fau-
droit qu'on eût $\dfrac{\nu^4\,R}{\varepsilon\,\mathfrak{C}\,a} = \dfrac{2}{Z}$; & $\dfrac{5\,\nu^3}{12} = - \dfrac{1}{Z}$;
ce qui est impossible, ν devant toujours être positif.

630. Il est donc évident, que supposant successivement ε de différens signes, & lui conservant d'ailleurs
la même valeur, on ne sauroit trouver dans les deux
cas la même valeur pour ν, & par conséquent pour ρ;

mais nous verrons plus bas (art. 633.) qu'il n'eſt pas néceſſaire que les valeurs de v ſoient en effet les mêmes dans les deux cas.

631. Pour rendre les réflexions précédentes encore plus applicables à l'aberration de ſphéricité qui reſte dans les objectifs après en avoir détruit la plus grande partie; au lieu de ſuppoſer comme ci-deſſus $a' = \dfrac{\omega^2}{4R}$, ſuppoſons $a' = \dfrac{\omega^2\,dP'}{4R}$ s étant de tel ſigne qu'on voudra, & $d\,P'$ étant ſucceſſivement poſitif & négatif; & mettons ſucceſſivement (art. 603.) $-\dfrac{1}{2}$ & $+\dfrac{1}{2}$, dans l'un des membres de l'équation.

632. Il faudra de plus, ſi on ne juge pas à propos de négliger le terme $-\,2\,v\,d\,\varpi$ (art. 583.) y mettre le ſigne convenable, c'eſt-à-dire, que ſi $a' = \dfrac{\omega^2}{4R} \times +\,d\,P'$ (enſorte que a' ſoit l'aberration des rayons dont le ſinus de réfraction eſt $P' + d\,P'$) il faudra mettre $-\,2\,v\,d\,\varpi$, & que ſi $a' = -\dfrac{\omega^2}{4R} \times -\,d\,P'$, il faudra mettre $+\,2\,v\,d\,\varpi$. Mais comme nous avons vû qu'on peut négliger ce terme, au moins tant que v eſt un très-petit nombre, nous n'y aurons point d'égard dans les calculs ſuivans.

633. Il faut d'abord remarquer que quand on a ſatisfait à l'équation $\dfrac{\overline{}}{v} - \dfrac{1}{2} = -\dfrac{v\,R\,d\,P'}{16\,a} - \dfrac{5\,v^3}{12}$;

il n'eſt pas néceſſaire qu'en changeant les ſignes de dP' on ait $+\dfrac{v^4\,R\,dP'}{16a}-\dfrac{5v^3}{12}=\mp\dfrac{1}{Z}$; il ſuffit que la quantité $+\dfrac{v^4\,R\,dP'}{16a}-\dfrac{5v^3}{12}$ ſoit moindre que $\mp\dfrac{1}{Z}$ (art. 614.).

634. Par la même raiſon, ſi après avoir réſolu l'une des deux équations $\dfrac{5v^3}{12}\pm\dfrac{v^4\,R\,dP'}{16a}=\mp\dfrac{1}{Z}$, il ſe trouve que l'autre donne $\dfrac{5v^3}{12}\mp\dfrac{v^4\,R\,dP'}{16a}>\mp\dfrac{1}{Z}$; il eſt aiſé d'en conclure que la valeur de v trouvée par la ſolution ne ſauroit ſervir.

635. De-là il eſt aiſé de tirer les conſéquences ſuivantes ſur la maniere dont on doit réſoudre l'équation $\dfrac{5v^3}{12}\mp\dfrac{v^4\,R\,dP'}{16a}=\mp\dfrac{1}{Z}$.

636. D'abord il eſt évident qu'il ne faut pas réſoudre l'équation $\dfrac{5v^3}{12}+\dfrac{v^4\,R\,dP'}{16a}=-\dfrac{1}{Z}$, dans laquelle on ſuppoſe $+\dfrac{v^4\,R\,dP'}{16a}$ poſitif, puiſqu'il en réſulteroit une valeur négative pour v.

637. Si on réſout l'équation $\dfrac{5v^3}{12}+\dfrac{v^4\,R\,dP'}{16a}=\dfrac{1}{Z}$; v ſera poſitif, ce qui eſt évident ; mais alors on aura $\dfrac{v^4\,R\,dP'}{16a}=-\dfrac{5v^3}{12}+\dfrac{1}{Z}$, & par conſéquent $\dfrac{5v^3}{12}-\dfrac{v^4\,R\,dP'}{16a}=\dfrac{5v^3}{12}-\dfrac{1}{Z}$,

638. Donc $\frac{5v^3}{6} - \frac{1}{Z}$ ne doit pas être plus grand que $+\frac{1}{Z}$; donc $\frac{5v^3}{6}$ ne doit pas être plus grand que $\frac{2}{Z}$.

639. Or c'est en effet ce qui a lieu ici; car puisque $\frac{5v^3}{12} + \frac{v^4 R \, d P'}{16 a} = \frac{1}{Z}$; donc $\frac{5v^3}{12} < \frac{1}{Z}$ & $\frac{5v^3}{6} < \frac{2}{Z}$.

640. Voyons maintenant ce qui résultera de la solution de l'équation $\frac{5v^3}{12} - \frac{v^4 R \, d P'}{16 a} = +\frac{1}{Z}$, qui donne $\frac{v^4 R \, d P'}{16 a} = \frac{5v^3}{12} - \frac{1}{Z}$, & $\frac{5v^3}{12} + \frac{v^4 R \, d P'}{16 a} = \frac{5v^3}{6} - \frac{1}{Z}$.

641. Donc $\frac{5v^3}{6}$ doit être plus petit que $\frac{1}{Z}$, ou tout au moins plus petit que $\frac{2}{Z}$; par conséquent si on suppose en général $\frac{5v^3}{12} = \frac{2m}{Z}$, (m étant une fraction quelconque positive) il faudra que l'on ait $m - \frac{12 \, m \, v R \, d P'}{16 a} = 1$; équation impossible, puisque m est < 1.

642. Donc on ne doit point résoudre l'équation $\frac{5v^3}{12} - \frac{v^4 R \, d P'}{16 a} = +\frac{1}{Z}$.

643. Si on réfout l'équation $\dfrac{5\,v^3}{12} - \dfrac{v^4\,R\,d\,P'}{16\,a}$
$= -\dfrac{1}{Z}$, on aura $\dfrac{v^4\,R\,d\,P'}{16\,a} = \dfrac{5\,v^3}{12} + \dfrac{1}{Z}$; & $\dfrac{5\,v^3}{12}$
$+ \dfrac{v^4\,R\,d\,P'}{16\,a} = \dfrac{5\,v^3}{6} + \dfrac{1}{Z}$; or cette quantité étant
plus grande que $\dfrac{1}{Z}$, il eft vifible que la préfente fo-
lution feroit illufoire.

644. Donc la feule équation qu'il faille réfoudre eft
(art. 639.) $\dfrac{5\,v^3}{12} + \dfrac{v^4\,R\,d\,P'}{16\,a} = \dfrac{1}{Z}$, en prenant le
terme $+ \dfrac{v^4\,R\,d\,P'}{16\,a}$ pofitif.

645. Il eft vifible auffi que quand on aura trouvé
une valeur de v propre à réfoudre l'équation $\dfrac{5\,v^3}{12} +$
$\dfrac{v^4\,R\,d\,P'}{16\,a} = + \dfrac{1}{Z}$; fi on augmente tant foit peu cette
valeur, enforte que v devienne v', on aura $\dfrac{5\,v'^3}{12} +$
$\dfrac{v'^4\,R\,d\,P'}{16\,a} > \dfrac{1}{Z}$, & que par conféquent la lunette
commencera à être confufe.

646. Si l'aberration de l'objectif étoit nulle, on auroit
à peu près (art. 591 & 599.) $\dfrac{5\,v^3}{12} = \dfrac{1}{Z}$; & il eft
évident que v feroit plus grande alors que dans le cas
de $\dfrac{5\,v^3}{12} + \dfrac{v'\,R\,d\,P'}{16\,a} = \dfrac{1}{Z}$.

647. Par conféquent fi l'aberration de l'objectif eft

abſolument nulle, l'ouverture, ſans être arbitraire, &
ſans pouvoir être plus grande que $V'\sqrt{\dfrac{12}{5 Z}}$, ſera plus
grande que ſi l'aberration de l'objectif n'étoit pas nulle.

648. En conſidérant l'aberration d'une maniere plus
générale, ſi au lieu de placer le foyer de l'oculaire
(comme on l'a ſuppoſé juſqu'ici) au foyer des rayons
moyens de l'objectif qui donne $d P' = \frac{1}{10}$, on le place
au foyer des rayons les moins réfractés de l'objectif,
qui donne $d P' = \frac{1}{50}$, on aura

$$\mp \frac{1}{Z} = - \frac{v^4 R}{50 \, e \, 6 \, a} - \frac{5 \, v^3}{12},$$

au lieu que ſi on le plaçoit au foyer des rayons moyens,
on auroit

$$- \frac{1}{Z} = \mp \frac{v^4 R}{100 \, e \, 6 \, a} - \frac{5 \, v^3}{12};$$

D'où l'on voit qu'on aura dans chacun de ces deux
cas deux valeurs très-différentes pour v, & par conſéquent pour $\rho = \frac{6 \, a}{v}$.

649. Mais il eſt viſible que des deux équations $\mp$
$\frac{1}{Z} = \mp \frac{v^4 R}{50 \, e \, 6 \, a} + \frac{5 \, v^3}{12}$, il ne faut prendre que
celle qui a $+ \frac{1}{Z}$; autrement la valeur de v ſeroit
négative. Il eſt viſible de plus que la valeur de v
qui réſulte de cette équation eſt plus petite que celle
qui réſulte de l'équation $\frac{5 \, v^3}{12} + \frac{v^4 R}{100 \, e \, 6 \, a} = \frac{1}{Z}$,

qui convient à un oculaire placé au foyer des rayons moyens.

650. Il y a donc de l'avantage à placer le foyer de l'oculaire au foyer des rayons moyens plutôt qu'au foyer des rayons les moins réfractés. Examinons maintenant s'il y a plus d'avantage à le placer au foyer des rayons moyens, qu'au foyer des rayons les plus réfractés.

651. En plaçant le foyer de l'oculaire au foyer des rayons les plus réfractés, dont on suppose que l'aberration est nulle, on a d'abord l'équation $\frac{5\,v^2}{12} = \frac{1}{Z}$, qui donneroit la valeur de l'ouverture ω ou $v\,R$, s'il n'y avoit point d'autres rayons à considérer ; mais l'aberration pour les rayons les moins réfractés sera $\frac{5\,v^2}{12} - \frac{v^4\,R}{50\,t\,6\,a}$ qui ne doit pas être plus grande que $+\frac{1}{Z}$.

652. Il faut donc que $\frac{5\,v^3}{12} - \frac{v^4\,R}{50\,t\,6\,a}$, ou $\frac{5\,v^3}{12} - \frac{v^4\,Q\cdot12\cdot12}{50\,t\,6} = +\frac{m}{Z}$, m n'étant pas plus grand que l'unité. Donc puisque $\frac{5\,v^3}{12} = \frac{1}{Z}$, on aura $1 - \frac{12^3\,v\,Q}{50.5\,t\,6} = +m$. Donc $v = \frac{50.5\,t\,6\,(1\mp m)}{12^3\cdot Q}$; donc $\frac{5\,v^3}{12}$ ou $\frac{1}{Z} = \frac{5^4\cdot50^3\cdot t^3\,6^3\,(1\mp m)^3}{12^1\,Q}$, m étant tout au plus égal à l'unité, & plus petit si on a $-m$.

653. Telle est l'équation de condition à laquelle la
quantité

quantité ε doit satisfaire, pour qu'on puisse placer avec avantage le foyer de l'oculaire au foyer des rayons les plus réfractés. Donc mettant pour $\frac{1}{Z}$ sa valeur $\frac{400}{100 \cdot 221}$, & pour G sa valeur $\frac{4 \cdot 221}{13 \cdot 200}$, il faudra que ε soit $=$

$$\frac{Q \cdot 123}{50 \cdot 56 (1 + m)} \times \sqrt[3]{\frac{12}{5 Z}} \; ; \text{ donc si } m = +1,$$

on aura $\varepsilon =$

$$\frac{Q \cdot 123}{2 \cdot 50 \cdot 56} \sqrt[3]{\frac{12}{5 Z}} \; ; \text{ c'est - à - dire, } =$$

$$\frac{13 \, Q \cdot 123}{2 \cdot 221} \sqrt[3]{\frac{12 \cdot 4}{5 \cdot 221}} \, .$$

654. Il faut de plus que v soit une quantité assez petite ; & que par conséquent $\sqrt[3]{\frac{12}{5 Z}}$ soit une assez petite quantité. Or comme $Z =$ environ 55, on aura $v = \frac{2}{3}$ à peu près (art. 599.). Mais il est souvent à craindre (art. 600.) que cette valeur de v ne soit trop grande ; & d'ailleurs en ce cas il ne seroit pas permis de négliger le terme $- 2 \, v \, d \, \varpi'$, qui ne seroit pas alors assez petit par rapport aux autres, pour qu'on ne fût pas obligé d'en tenir compte. C'est pourquoi l'équation $\frac{5 \, v^3}{12} = \frac{1}{Z}$ devra être rarement employée pour déterminer v, & il faudra presque toujours prendre v au-dessous de la valeur qui résulte de cette équation.

655. En général si on place le foyer de l'oculaire au foyer des rayons qui donnent la différence du sinus de réfraction $= d \, \pi$, $d \, \pi$ étant une fraction quelconque

plus petite que $\frac{1}{50}$; on auroit d'abord $\frac{5\,v^3}{12}$ pour l'aberration de ces rayons, s'il n'y en avoit point d'autres; donc $\frac{5\,v^3}{12}$ devroit être tout au plus $= \frac{1}{Z}$; mais de plus on aura $\frac{5\,v^3}{12} + \frac{v^4\,R\,d\,\pi}{6\,a} = \frac{1}{Z}$; donc v doit être plus petit que $\sqrt{\frac{12}{5\,Z}}$. Il faut maintenant, en prenant $d\,\varpi + d\,\pi = \frac{1}{50}$, que l'on ait $\frac{5\,v^3}{12} - \frac{v^4\,R\,d\,\varpi}{6\,a}$ pour l'aberration des rayons restans, laquelle ne doit pas être plus grande que $\pm \frac{1}{Z}$.

656. Si donc il y a des inconvéniens à placer le foyer de l'oculaire au foyer des rayons les plus réfractés, il faudra le placer au foyer des rayons dont la différence réfractive est $d\,\pi$, ou $\frac{n}{50}$, telle que l'on ait

$$\frac{5\,v^3}{12} + \frac{v^4\,n\,R}{50 \cdot 6\,a} = \frac{1}{Z};$$

Et $\dfrac{5\,v^3}{12} - \dfrac{v^4\,R\,(1-n)}{50 \cdot 6\,a} = \pm \dfrac{1}{Z};$

Ou, ce qui est la même chose,

$$\frac{5\,v^3}{12} + \frac{v^4\,n\,R}{50 \cdot 6\,a} = \frac{1}{Z};$$

Et $\dfrac{5\,v^3}{12} + \dfrac{v^4\,n\,R}{50 \cdot 6\,a} - \dfrac{v^4\,R}{50 \cdot 6\,a} = \pm \dfrac{1}{Z}.$

Or comme on ne sauroit avoir à la fois,

$$\frac{5\,v^3}{12} + \frac{v^4\,n\,R}{50\cdot6\,a} = \frac{1}{Z},$$

Et $\dfrac{5\,v^3}{12} + \dfrac{v^4\,n\,R}{50\cdot6\,a} - \dfrac{v^4\,R}{50\cdot6\,a} = \dfrac{1}{Z}.$

Il est clair qu'il faudra que l'on ait

$$\frac{5\,v^3}{12} + \frac{v^4\,n\,R}{50\cdot6\,a} = \frac{1}{Z},$$

Et $\dfrac{5\,v^3}{12} + \dfrac{v^4\,n\,R}{50\cdot6\,a} - \dfrac{v^4\,R}{50\cdot6\,a} = -\dfrac{1}{Z};$

Donc $\dfrac{v^4\,R}{50\cdot6\,a} = \dfrac{2}{Z}.$

657. Donc (art. 652 & 653.) si en prenant $\dfrac{5\,v^3}{12} = \dfrac{1}{Z}$, on a $\dfrac{5\,v^3}{12} - \dfrac{v^4\,R}{50\cdot6\,a}$ égal ou moindre que $+\dfrac{1}{Z}$, on pourra essayer la supposition de $\dfrac{5\,v^3}{12} = \dfrac{1}{Z}$, & voir si la valeur de v donnée par cette équation, n'est pas à peu près telle qu'on peut la désirer pour la netteté de la lunette, ce qui à la vérité arrivera rarement (art. 654.); sinon il faudra prendre v plus petit que cette valeur, ou même $\dfrac{v^4\,R}{100\cdot6\,a} = \dfrac{1}{Z};$ & placer le foyer de l'oculaire au foyer des rayons dont la différence de réfraction est $\dfrac{n}{50}$, n étant plus petit que $\dfrac{1}{2}$, & tel que $\dfrac{5\,v^3}{12} + \dfrac{2\,n}{Z} = \dfrac{1}{Z}$, ou $\dfrac{5}{12} \times \left(\dfrac{100\cdot6\,a}{R\cdot Z}\right)^{\frac{1}{4}} = \dfrac{1-2\,n}{Z}.$

658. Comme n doit être poſitif, & $\dfrac{1 - 2n}{Z}$ poſitif, il eſt viſible que non-ſeulement n doit être $< \frac{1}{2}$; mais encore que $\dfrac{5}{12} \left(\dfrac{100 + 6\,a}{R\,Z} \right)^{\frac{1}{4}}$ doit être $< \dfrac{1}{Z}$, ou $\left(\dfrac{5}{12} \right)^{\frac{4}{5}} \times \dfrac{100 + 6\,a}{R} < \left(\dfrac{1}{Z} \right)^{\frac{5}{5}}$. Sans cette condition il ne faudra pas prendre l'équation $\dfrac{v^4\,R}{100 + 6\,a} = \dfrac{1}{Z}$; & avec cette condition même, il ne faut pas que la valeur de v qui réſultera de l'équation ſoit trop grande, ſans quoi la lunette pourroit être confuſe.

659. Si toutes ces conditions ne peuvent être remplies en faiſant $\dfrac{v^4}{100 + 6\,a} = \dfrac{1}{Z}$, alors il faudra ſuppoſer $\dfrac{5\,v^3}{12} + \dfrac{v^4\,n\,R}{50 + 6\,a} = \dfrac{2}{Z}$, & $\dfrac{5\,v^3}{12} + \dfrac{v^4\,n\,R}{50 + 6\,a} - \dfrac{v^4\,R}{50 + 6\,a} = \mp \dfrac{m}{Z}$, m étant un nombre plus petit que l'unité; en ce cas on aura $\dfrac{v^4\,R}{50 + 6\,a} = \dfrac{1 \pm m}{Z}$; & $\dfrac{5}{12} \times \left(\dfrac{50 + 6\,a}{R\,(1 \pm m)\,Z} \right)^{\frac{1}{4}} = \dfrac{1 - n\,(1 \pm m)}{Z}$; équation qui doit avoir lieu, en ſuppoſant n & m tous deux moindres que l'unité.

660. On peut remarquer en paſſant que ſi on prend $\dfrac{v^4\,R}{100 + 6\,a} = \dfrac{1}{Z}$, alors on retombera (art. 545.) dans la régle commune adoptée par les Opticiens, de faire les longueurs des foyers des oculaires proportionnels

aux produits de l'aberration longitudinale par l'ouverture, divisée par la longueur du foyer de l'oculaire.

661. Cette même formule $\dfrac{v^4\,R}{100 \cdot 16\,a} = \dfrac{1}{Z}$, qui peut être employée quelquefois (art. 657.) pour les lunettes dioptriques dont l'objectif aura peu d'aberration, ne sauroit être pour les Télescopes catoptriques ; par la raison que dans l'objectif de ces Télescopes, il n'y a point, comme dans les lunettes dioptriques perfectionnées, une double aberration $+\dfrac{\omega^2\,d\,P'}{8\,R}$ venant tout-à-la-fois de la sphéricité de l'objectif & de la réfrangibilité des rayons, mais une seule & unique aberration $\dfrac{\omega^2}{8\,R'}$ venant de la sphéricité ; de sorte qu'on n'a besoin de satisfaire qu'à la seule équation de l'art. 621. $\dfrac{1}{Z} = \dfrac{v^4\,R}{16\,a} + \dfrac{5\,v^3}{12}$. Donc alors on ne peut jamais supposer $\dfrac{1}{Z} = \dfrac{v^4\,R}{16\,a}$; & par conséquent tout ce que nous avons dit dans le §. VIII. sur l'imperfection de la formule admise jusqu'ici par les Opticiens, pour les ouvertures des Télescopes catoptriques, subsiste en son entier.

662. Dans une lunette dioptrique ordinaire dont l'objectif est d'une seule matiere & sujet à l'aberration de réfangibilité ; si on place le foyer de l'oculaire au foyer des rayons moyens de l'objectif, je dis qu'on aura un oculaire plus petit que si on plaçoit le foyer de l'oculaire

au foyer des rayons les plus réfrangibles : car en plaçant le foyer de l'oculaire au foyer des rayons les plus réfrangibles, & nommant en ce cas ω' le diametre de l'ouverture, & ρ' le rayon de l'oculaire, on a (art. 527.)
$$HG = - \frac{\omega' \omega'}{R \rho'} = - \frac{2 \omega'}{50 \rho'} \; ;$$
& en le plaçant au foyer des rayons moyens, on aura $HG = - \frac{2 \omega}{100 \rho} = - \frac{\omega}{50 \rho}$; donc puisque $\omega \rho = \omega' \rho'$, on a $\rho = \frac{\rho'}{\sqrt{2}}$, & $\omega = \omega' \sqrt{2}$; donc l'augmentation des surfaces qui est comme $\frac{RR}{\rho\rho}$, deviendra double, & la surface de l'ouverture qui est comme $\omega \omega$ deviendra aussi double.

663. Nous avons supposé dans toute la théorie ci-dessus $6a = \frac{1}{3}$ ligne, comme cela a lieu dans les lunettes dioptriques, ou plus exactement $6a = \frac{4 \cdot 211}{13 \cdot 100}$ ligne ou $\frac{1 \cdot 48}{54}$ pouce. Dans les Télescopes catoptriques on a par les Tables des Opticiens $6a = \frac{0 \cdot 87}{36}$ pouc. ou $\frac{1 \cdot 46}{61}$; ainsi on voit que $6a$ dans les Télescopes catoptriques est un peu plus petit que dans les lunettes dioptriques ordinaires. On pourra, si l'on veut, avoir égard à cette considération dans le calcul des oculaires des Télescopes catoptriques ; mais il seroit auparavant nécessaire de savoir (art. 577.) sur quoi cette différence entre les deux espéces de lunettes peut être fondée.

§. XII. *Remarques sur les Théories de l'aberration,
données jusqu'ici par les Opticiens.*

664. Une petite partie de la théorie que nous venons de donner sur l'aberration des Télescopes, avoit
déja été ébauchée par M. Smith dans son Optique;
mais il semble que la nôtre est beaucoup plus simple,
plus précise & plus générale; car 1°. nous n'avons pas
besoin, comme M. Smith, de recourir à l'aberration
latitudinale $A'O$ (*fig.* 5.) & de regarder cette aberration comme un objet que l'œil voit du point B; considération peu exacte, puisque les rayons ne partent point
de O, mais de a'. 2°. M. Smith d'ailleurs ne démontre
pas rigoureusement, comme nous l'avons démontré, dans
quels cas on peut négliger l'aberration de l'oculaire,
& dans quels cas on est obligé d'y avoir égard. 3°. Enfin cet habile Géometre non-seulement ne donne pas
le moyen, comme nous l'avons fait, de comparer les
aberrations des Télescopes catoptriques avec celles des
lunettes dioptriques; mais encore en comparant les
aberrations des Télescopes catoptriques entr'elles, il
suppose que dans les Télescopes catoptriques le rayon
de l'oculaire doit toujours être comme le produit de
l'ouverture par l'aberration divisé par la distance focale
de l'objectif; supposition qui n'est pas exacte (art. 558.)
dans ces sortes de Télescopes.

665. Dans toute notre théorie, nous avons supposé
que les rayons les plus réfrangibles qui tombent sur

l'ouverture de la lunette, peuvent tous entrer dans la prunelle; fuppofition en effet très-naturelle, puifqu'autrement il y auroit une partie de l'ouverture qui feroit inutile; d'après cette fuppofition, nommant ω le diametre de l'ouverture, on doit avoir (art. 527.) $\frac{\omega}{R} \times (\rho + \alpha') = \lambda'$, λ' exprimant le diametre *utile* de l'ouverture de l'oculaire, lequel doit être fuppofé égal au diametre de la prunelle; ou, pour nous exprimer plus exactement, λ' eft le diametre de la partie de la prunelle qui reçoit les rayons les plus réfrangibles.

666. Or fi on confulte les tables des ouvertures des lunettes, on trouvera que l'ouverture *utile* de l'oculaire eft en effet beaucoup plus petite dans la plûpart que le diametre de la prunelle, & que par conféquent la prunelle eft affez grande pour recevoir tous les rayons les plus réfrangibles.

667. Cependant fi on augmentoit confidérablement les lunettes en longueur, il pourroit fe faire, fuivant la table connue des proportions des ouvertures & des foyers de l'oculaire, que l'on eût $\frac{\omega\,(\rho + \alpha')}{R} >$ que le diametre de la prunelle, c'eft-à-dire > 2 lignes. Car, fuivant cette table $\frac{\omega}{\rho} =$ environ $\frac{1}{1 + \frac{1}{10}}$; $\frac{\omega\,\omega}{R}$ eft conftant & $= \frac{4}{13}$ ligne; $\frac{\alpha'}{R} = \frac{1}{55}$; donc $\frac{\omega\,(\rho + \alpha')}{R} = \frac{24}{55} \times \frac{\nu\,Q}{\nu\,13} + \frac{4}{13} \times \frac{15}{10}$. Or cette quantité va tou-

jours

jours en augmentant, à mesure que R ou Q augmentent, & par conséquent pourra paffer deux lignes, qui font le diametre de la prunelle. Il eft vrai qu'il faudroit pour cela qu'on eût $\frac{24}{33} \cdot \frac{\sqrt{Q}}{\sqrt{13}} =$ ou $> 2 - \frac{44}{130}$, c'eft-à-dire, que Q fût $=$ ou plus grand que $13 \cdot \frac{(216)^2}{(130)^2} \times \frac{(15)^2}{(14)^2}$; donc puifque Q exprime le nombre de pieds que contient R, il faudroit que la longueur Q de la lunette fût $=$ ou > 207 pieds.

668. C'eft pourquoi la régle ordinaire des Téléfcopes, de faire l'ouverture réciproquement proportionnelle au rayon de l'oculaire, n'eft pas bonne dans les cas où $\frac{\omega(\varrho + a')}{R}$ eft plus grand que deux lignes; ce qui n'arrive à la vérité que dans de fort grandes lunettes.

669. Il faut remarquer de plus qu'en ce cas $A'a'$ (*fig.* 5.) diminue auffi, parce que les rayons qui paffent par a' ou proche de a' n'entrent pas dans la prunelle; de forte que prenant ν pour une fraction, on a $\lambda' = \frac{\omega}{R} \times (\nu a' + \varrho)$; & $A'a' = \nu a'$. Donc puifque $a' = R d \omega$, & que HG eft proportionnel à $\dfrac{\lambda' a'}{\varrho \cdot \varrho + a'\nu}$ (art. 493.); il s'enfuit que HG eft comme $\frac{\omega \nu}{\varrho}$; donc c'eft alors $\frac{\omega \nu}{\varrho}$ qui doit être conftant; & ce nombre ν doit être

déterminé par la condition que $\frac{\omega}{R}(\nu\alpha' + \bar{\rho})$ foit $= 2$ lignes.

670. Prenons donc le dernier Télefcope où il n'y a point de rayons de perdus, c'eft celui où $\nu = 1$; & foient ω', R' ρ', les dimenfions de ce Télefcope; & ω, R, ρ, celles d'un Télefcope plus grand; on aura

$$\frac{\omega'}{\rho'} = \frac{\omega\,\nu}{\rho},$$

$$\frac{\omega'}{55} + \frac{\omega'\rho'}{R'} = \frac{\omega\,\nu}{55} + \frac{\omega\,\rho}{R} = 2 \text{ lignes};$$

$$\frac{\omega'\,R}{\rho} = \frac{\omega\,R'}{\rho'};$$

Equations dans lefquelles il n'y a d'inconnues que ω, ν & ρ.

671. Soit pour abréger $\delta = 2$ lignes; on aura d'abord $\nu = \frac{R'\rho\rho}{R\rho'\rho'}$; de plus $\frac{\omega\,\nu}{\rho} = \frac{\omega'}{\rho'} = \frac{10}{11}$; donc $\omega = \frac{10\,R\,\rho'\rho'}{11\,R'\rho}$; & $\frac{10\,\rho}{11\cdot 55} + \frac{10\,\rho'\rho'}{11\,R'} = \delta$; d'où l'on tire la valeur de ρ, & de-là celles de ν & de ω.

672. Dans le calcul de l'art. 667. on a fuppofé le foyer de l'oculaire coincident avec le foyer des rayons moyens de l'objectif; & c'eft en effet la fuppofition qui paroît la plus conforme à la conftruction ufitée des lunettes dioptriques ordinaires. Mais fi en général on fuppofe le foyer de l'oculaire placé à un foyer quelconque de l'ob-jectif, c'eft-à-dire, à un foyer, dont la différence de réfraction d'avec les rayons les plus ou les moins ré

frangibles soit $= \frac{\lambda}{100}$, on aura $a' = \frac{R\,d\varpi}{2(\varpi-1)^2}$ $= \frac{R\lambda}{100\,.\,2(\varpi-1)^2}$; donc supposant l'objectif & l'oculaire de même matiere, c'est-à-dire $\varpi' = \varpi$, on aura (art. 605.) l'équation $\frac{400}{221} \times \frac{1}{100} = \frac{aR\,.\,8\lambda}{100\,.\,13\,\varrho\varrho}$; donc $\varrho\varrho = \frac{221\lambda\,.\,2R}{13\,.\,100}$; donc $\varrho = $ à peu près $\frac{2\sqrt{aR\lambda}}{\sqrt{13}} \times \frac{11}{10}$.

Donc à cause de $\frac{\varpi\varrho}{R} = \frac{4\,.\,11}{13\,.\,10}$, & de $\varrho = \frac{2\sqrt{R}}{\sqrt{13}} \times \frac{11\sqrt{\lambda}}{10}$, l'équation $\frac{\varpi\varrho + \varpi a'}{R} = 2$ lignes, deviendra alors $\frac{4\,.\,11}{13\,.\,10} + \frac{24\sqrt{Q\lambda}}{55\sqrt{13}} = 2$.

673. On aura donc en ce cas $Q\lambda = $ à peu près 207; & $Q = \frac{207}{\lambda}$; d'où l'on voit que si λ est plus grand que 1, on aura ϱ exprimé en lignes $> \frac{12\sqrt{Q} \times 11}{5\,.\,\sqrt{13}}$; & il faudra de plus que Q soit $< \frac{207}{\lambda}$.

674. Or λ est toujours > 1, quand le foyer n'est pas placé aux rayons moyens; car si le foyer de l'oculaire est placé par rapport au spectateur, au-delà du foyer des rayons moyens, on a $\lambda > 1$, par rapport au foyer des rayons les moins réfrangibles ; & si le foyer de l'oculaire est placé par rapport au spectateur en-deçà du foyer des rayons moyens, on a $\lambda > 1$, par rapport au foyer des rayons les plus réfrangibles. De plus

la valeur de $\rho = \dfrac{12 \sqrt{Q} \cdot 11}{5 \sqrt{13}}$ est à peu près celle
que donnent les Tables ; car si $Q = 13$, on trouve $\rho = $ à
peu près 2 pouces, comme les tables le donnent. Donc
comme la lunette est d'autant meilleure que ρ peut être
plus petit, il s'ensuit que le foyer de l'oculaire est mieux
placé au foyer des rayons moyens que par tout ailleurs.

675. Suppofons maintenant le foyer de l'oculaire au
foyer des rayons de moyenne réfrangibilité, comme
les Opticiens le pratiquent, puifque la valeur qu'ils
donnent à ρ, fuivant les tables, est (art. précéd.) celle
qui réfulte de cette fuppofition ; en ce cas il faudra
non-feulement que $\dfrac{\omega \, (\varrho + \alpha')}{R}$, ne foit pas plus grand

que 2 lignes, mais encore que $\dfrac{\omega \, (\alpha' - \varrho)}{R}$ ne foit pas

plus grand que 2 lignes, c'est-à-dire que $\dfrac{\omega}{55} - \dfrac{\omega \varrho}{R}$

ne foit pas $>$ 2 lignes ; d'où l'on tire $\dfrac{12 \sqrt{Q}}{55 \sqrt{13}} -$

$\dfrac{2 \cdot 11}{13 \cdot 10} =$ ou < 1.

Or il est vifible que fi on a déja $\dfrac{12 \sqrt{Q}}{55 \sqrt{13}} + \dfrac{2 \cdot 11}{13 \cdot 10}$
$=$ ou < 1, comme l'exige la premiere condition (art.
672.) on aura à plus forte raifon $\dfrac{12 \sqrt{Q}}{55 \sqrt{13}} - \dfrac{2 \cdot 11}{13 \cdot 10}$
< 1, comme la feconde condition l'exige. Il fuffira
donc que la lunette fatisfaffe à cette condition, que
$\dfrac{12 \sqrt{Q}}{55 \sqrt{13}} + \dfrac{2 \cdot 11}{13 \cdot 10}$ foit $=$ ou < 1.

676. Les mêmes remarques que nous avons faites sur la valeur de la quantité $\frac{\omega}{R\varrho} (\rho + \alpha')$ qui doit être très-petite dans les lunettes dioptriques ordinaires, doivent avoir lieu (art. 590.) dans une lunette quelconque. Il faut donc que dans une lunette dioptrique dont l'aberration est diminuée, $\frac{\omega}{R\varrho} (\rho + \alpha')$ soit une quantité très-petite, & de-là il s'enfuit que $\frac{\omega \alpha'}{R\varrho}$ ou $\frac{v^4 n R}{50.6 a}$ doit être une quantité très-petite, ainsi que $\frac{v^4 (1-n) R}{50.6 a}$, n étant < 1; or c'est d'abord ce qui aura lieu, si on fait $\frac{v^4 R}{50.6 a} = \frac{1}{Z}$. Mais si on suppose $\frac{5 v^3}{12} = \frac{1}{Z}$, il faudra que $\frac{v^4 R}{50.6 a} = \frac{Q.12.12}{50.6} \times \left(\frac{12}{5 Z} \right)^{\frac{4}{3}}$ soit une quantité fort petite.

677. Nous avons supposé dans toutes ces recherches que l'œil étoit appliqué immédiatement contre l'oculaire; s'il ne l'étoit pas, il faudroit mettre $\Delta + \zeta$ au lieu de Δ dans nos formules de l'art. 521, ζ étant la distance de l'œil à l'oculaire. Mais comme les rayons sortent parallèles ou à peu près parallèles de l'oculaire, cette considération est ici de fort peu d'importance, ζ étant alors très-petite par rapport à Δ.

§. XIII. *De l'aberration des Microscopes ; avec quelques remarques qui en résultent.*

678. Toute la théorie que nous avons donnée jusqu'ici sur les aberrations, n'appartient qu'aux Télescopes : pour l'appliquer aux Microscopes, il y a quelques modifications à y donner.

1°. La quantité de lumiere n'est pas seulement alors proportionnelle à l'ouverture, mais à l'ouverture divisée par la distance de l'objet ; c'est pourquoi les quantités qui représentent l'aberration, doivent être divisées par la distance δ.

2°. La quantité de lumiere $\dfrac{\omega}{\delta}$ doit être comme l'augmentation ; or suivant les principes de l'Optique, l'augmentation des Microscopes est d'abord en raison composée de $\dfrac{1}{\dfrac{2\omega-2}{R}-\dfrac{1}{\delta}}$ à δ, ou de R à $\delta - R$; elle est de plus en raison de 7 à 8 pouces, ou en général de ϵ (qui est la plus petite distance à laquelle un œil bien conformé peut voir distinctement) à la distance focale ρ du verre oculaire ; d'où il s'enfuit que l'augmentation est comme $\dfrac{R}{\delta - R} \times \dfrac{\epsilon}{\rho}$. Donc dans les Microscopes $\dfrac{\omega}{\delta} \times \dfrac{\rho(\delta - R)}{R\,\epsilon}$ doit être constant.

679. Soit C la valeur de cette quantité, qu'on connoîtra par les Tables des Microscopes, en cherchant les

valeurs de ω, ρ, qui répondent à des valeurs données de δ & de R. Donc 1°. si on cherche un autre Microscope dans lequel les dimensions de ω', ρ' soient inconnues, celles de δ & de R étant données, on trouvera facilement l'ouverture ω', en faisant $\dfrac{\omega' \times \rho' \times \overline{\delta - R}}{\delta\, R\, \iota}$ $= C$, C étant (*hyp.*) une quantité connue.

2°. Par le moyen de cette formule on a le rapport de ω', ρ', dans les formules générales de l'aberration ; & multipliant de plus par $\dfrac{1}{\delta}$ la formule générale de l'art. 602, on aura les formules propres aux Microscopes.

680. Si on veut faire le calcul plus simplement, on nommera R, non le rayon, mais la distance du foyer de l'objectif du Microscope, & on aura l'augmentation proportionnelle à $\dfrac{R}{\delta} \times \dfrac{\iota}{\rho}$, & $\dfrac{\omega\,\rho}{R\,\iota} = C$. Or dans le Microscope de Huyghens (art. 517.) on a $\delta = \frac{2}{9}$; $R = 7$, $\omega = \frac{1}{10}$, $\rho = 2$, & $\iota = 8$ à peu près. Donc $C = \dfrac{1}{5 \cdot 8 \cdot 7}$.

681. On mettra donc dans les formules d'aberration des Télescopes $\dfrac{1}{5 \cdot 8 \cdot 7}$ au lieu de C ; au lieu de ω, $\dfrac{C\,R\,\iota}{\rho}$ (ou à cause de $\iota = 8$ pouces) $\dfrac{1\ pouce}{5 \cdot 7} \times \dfrac{R}{\rho}$, & enfin on multipliera la formule de l'art. 602. par $\dfrac{1}{\delta}$.

682. La formule générale de l'aberration des Microscopes sera donc d'abord,

$$- \frac{a'\omega}{R\varrho\delta} - \frac{2\omega d\varpi'}{R\cdot\varrho\delta} \times (\rho + a') - \frac{\Pi\omega^3}{\varrho^3 K^3 \delta}$$

$$(\rho + a')^3 - \frac{\Sigma\omega^3}{\varrho\delta R^3}(\rho + a') - \frac{\Gamma\omega^3}{\varrho\varrho\delta R^3} \times$$

$$(\rho + a')^2 ;$$

On se souviendra que $\Pi = \frac{5}{3\cdot 4}$; $\Sigma = \frac{13}{4\cdot 3\cdot 2}$;

& $\Gamma = -\frac{13}{4\cdot 3\cdot 2}$.

Dans cette formule, 1°. on mettra au lieu de ω sa

valeur $\frac{12\,R\ \text{lignes}}{5\cdot 7\cdot\varrho}$, ou au lieu de ρ sa valeur $= \frac{12\,R\ \text{lignes}}{5\cdot 7\cdot\omega}$

$= \frac{12\ \text{lignes}}{5\cdot 7}$. 2°. On supprimera, si on le juge à propos,

le terme $-\frac{2\omega a' d\varpi'}{R\varrho\delta}$ qui est nul par rapport au terme

$-\frac{a'\omega}{R\varrho\delta}$. 3°. Dans les termes affectés de Π, Σ, Γ ;

on supprimera de même les termes affectés de $\frac{a'\omega^3}{R^3\varrho\delta}$;

lesquels sont aussi très-petits par rapport au terme $-$

$\frac{a'\omega}{R\varrho\delta}$.

683. En faisant donc sur cette formule de l'aberration des Microscopes, les mêmes raisonnemens & les
mêmes hypothèses que sur l'aberration des Télescopes,
c'est-à-dire, supposant $\rho = \frac{\zeta a'\omega}{R}$, & remarquant (art.
590.) que ζ est une assez grande quantité, on la ré-
duira (art. 542.) à $-\frac{1}{\zeta\delta} - \frac{5\varpi^3}{12\delta}$; qui sera la
formule

formule approchée & suffisante de l'aberration des Microscopes ; & dans cette formule on mettra encore au lieu de ζ sa valeur $\dfrac{c_i}{\nu^2 \alpha'} = \dfrac{\text{1 pouce}}{5 \cdot 7\, \nu^2 \alpha'}$.

684. Il faut de plus remarquer, que dans les Microscopes (en appellant R' le rayon), on a l'aberration $\alpha' = \dfrac{2\, d\, \varpi}{R'} \times R^2$, comme on l'a vû ci-dessus art. 515 ; & si l'objectif n'est qu'un verre plan convexe, on aura $\alpha' = \dfrac{d\, \varpi}{R'} \times R^2 = ($ dans le Microscope de Huyghens $)$ $\dfrac{1}{100} \times \dfrac{20}{7} \times 49 \cdot 12\, a$.

685. Donc dans le Microscope de Huyghens, par exemple, on a $-\dfrac{1}{\zeta\, \delta} - \dfrac{5\, \nu^3}{12\, \delta} = \dfrac{-\,49 \cdot 9}{(70)^2 \cdot 7 \cdot 12\, a}$ $= -\dfrac{5 \cdot 9}{(70)^3 \cdot 12 \cdot 7\, a \cdot 12}$; & à cause que le premier terme du second membre est très-considérable par rapport au premier, cette quantité se réduit à $-\dfrac{3}{100 \cdot 7 \cdot 4\, a}$; on aura donc

$$-\dfrac{3}{100 \cdot 7 \cdot 4\, a} = -\dfrac{\nu^2 \alpha' \cdot 5 \cdot 7}{\delta \cdot 12\, a} - \dfrac{5\, \nu^3}{12\, \delta} ;$$

Equation générale par laquelle on connoîtra $\nu = \dfrac{\varpi}{R}$; dès que δ sera donnée ; & ν étant connue, on aura $\rho = \dfrac{\text{12 lignes}}{5 \cdot 7\, \nu}$.

686. Il n'est pas inutile de remarquer, à l'occasion de l'aberration des Microscopes, que quoique dans les Té-

lefcopes on fuppofe l'objet infiniment éloigné, & par conféquent qu'on n'ait aucun égard à la diftance δ, cependant il pourroit y avoir des cas où il feroit néceffaire d'avoir égard à cette diftance. Car il eft certain qu'en général deux objets étant très-éloignés & également lumineux, la quantité de lumiere qu'ils envoyent au Télefcope, eft en raifon inverfe de leurs diftances, & que la vivacité de l'aberration doit être proportionnelle à cette quantité de lumiere. Ainfi on doit à la rigueur divifer par δ la quantité trouvée pour l'aberration, même dans les Télefcopes.

687. Au refte la confidération de la diftance, foit dans les Microfcopes, foit dans les Télefcopes, n'eft ou ne peut être néceffaire que dans les cas où il s'agit de comparer l'aberration produite par des objets placés à différentes diftances de deux objectifs différens. Dans tout autre cas, lorfque les objets font fuppofés également diftans du Télefcope, cette confidération peut être négligée.

§. XIV. *De l'aberration des rayons dont le point de reunion eft hors de l'axe.*

688. C'eft une chofe très-digne de remarque, & dont la confidération ne doit pas être négligée dans la matiere que nous traitons, qu'un rayon *A D* (*fig.* 6.) qui part de l'axe d'une lentille convexe, a proprement deux foyers différens.

Le premier de ces foyers eft le point *G* où le rayon

rompu DG coupe l'axe AC; en effet tous les rayons qui partent du point A, & qui tombent fur la circonférence du cercle dont le rayon eſt DO, fe réuniſſent tous au point G.

Le ſecond foyer eſt le point V, où ſe réuniſſent les rayons rompus infiniment proches DG, dg. Ce point V varie à meſure que le point D change de place fur la circonférence décrite du rayon DO; enſorte que le *lieu* de tous les points V eſt un cercle décrit du rayon VR; & ſi on prend L pour le foyer des rayons infiniment proches de l'axe, & parrant du point A, il eſt aiſé de prouver que $GR = 2LG$.

Le premier foyer G eſt évidemment beaucoup plus vif que le ſecond, puiſque le premier réunit tous les rayons qui tombent fur la circonférence décrite du rayon DO, & que l'autre les diſperſe.

689. Il ſemble d'abord qu'on doive avoir égard à ces deux foyers (pris féparément ou enſemble) pour déterminer avec préciſion le degré de confuſion de l'image. Mais il eſt aiſé de voir que le point G eſt le ſeul auquel on doive avoir égard pour déterminer l'image du point A au fond de l'œil. En effet tous les rayons DG qui ſe réuniſſent en u, produiſent au fond de l'œil un cercle dont le rayon eſt Fe; & ce rayon eſt $= \frac{Fu \times LK}{LF}$. Or les rayons infiniment proches VK, Vk, concourent au point i, de maniere que $el = \frac{Kk \times ei}{Lk}$

$= \dfrac{Kk \cdot ei}{LF}$ à très-peu près ; donc $e\,l$ est très-petite par rapport à $F\,e$; d'où l'on voit que $F\,l$ & $F\,e$ ne différent que d'une quantité réellement infiniment petite par rapport à elles ; & qu'ainsi le cercle dont le rayon est $F\,e$, est le seul vrai cercle d'aberration qu'il y ait à considérer.

En un mot le point G est la réunion de tous les rayons qui tombent sur la circonférence décrite du rayon $D\,O$; & le point V n'est au contraire que la réunion des rayons qui tombent sur l'arc $D\,d$; l'image du point G est représentée par un cercle, & celle du point V ne l'est que par un point physique infiniment proche de ce cercle, & qui s'y confond sensiblement.

On voit de plus qu'il suffit de considérer (dans le calcul de l'aberration) le seul point G qui est le foyer des rayons extrêmes $A\,D$, c'est-à-dire, des rayons qui tombent sur les bords de la lentille. Car en supposant, comme il est naturel, que les rayons qui partent du point L (foyer des rayons infiniment proches de l'axe) se réunissent sensiblement au fond de l'œil, tous les foyers placés entre L & G donneront au fond de l'œil des cercles d'aberration plus petits que le cercle d'aberration donné par le point G ; & par conséquent le cercle d'aberration donné par ce point étant le plus grand de tous, sera celui auquel il faudra avoir égard par préférence.

§. XV. *Autres considérations sur l'aberration des rayons dans l'œil.*

690. Nous avons supposé dans la théorie précédente, que les rayons partis du foyer de l'objectif, de celui qui est formé par les rayons infiniment proches de l'axe ; se réunissoient (après avoir traversé l'oculaire) exactement au fond de l'œil ; & c'est d'après cette hypothèse que nous avons déterminé l'aberration des autres rayons au fond de l'œil. Mais il pourroit se faire que l'oculaire & l'objectif fussent tellement placés, que les rayons qui se réunissent exactement au fond de l'œil, ne fussent point ceux du foyer (qui sont infiniment près de l'axe) mais d'autres rayons placés à une distance quelconque de l'axe. En ce cas la théorie de l'aberration seroit plus compliquée ; c'est ce que nous allons discuter.

En général soit R la distance focale de l'objectif pour une certaine espéce de rayons ; $R + a$ la distance du foyer d'une autre espéce de rayons quelconques ; p la distance focale de l'oculaire, dont je suppose le foyer placé à la distance b du foyer de l'objectif ; on aura $R + b + p$ pour la longueur de la lunette ; $p + b - a =$ à la distance de l'oculaire au foyer des rayons supposés ; soit ensuite r' le rayon de cet oculaire, & on trouvera (art. 534 & 615.) que les rayons, partis de la distance $p + b - a$, & ayant ϖ' pour sinus de réfraction, se réuniront à la distance $(p + b - a) : \left[\left(\frac{2\varpi' - 2}{r'} \right) \times \right.$

$$(\rho + b - a) - 1 + \frac{\omega^2}{4 R^2 r'} \times (\rho + b - a) \times \left(\frac{\varpi' - 1}{\varpi'} \right)$$

$$(3 \varpi' + 2) + \frac{\omega^2}{4 R^2 r'^2} \times (\rho + b - a)^2 \times \frac{\varpi' - 1}{\varpi'} \times$$

$$(4 - 6 \varpi' \varpi' + 2 \varpi') + \frac{\omega^2}{4 R^2 r'^3} \times (\rho + b - a)^3$$

$$\times \frac{\varpi' - 1}{\varpi'} \times (2 - \varpi' - 4 \varpi'^2 + 4 \varpi'^3) + \frac{\omega^2 \, \varpi'}{4 r' R^2}$$

$$\times (\rho + b - a)^3 \times \left(\frac{\varpi' - 1}{\varpi' r'} - \frac{1}{\varpi' (\rho + b - a)} \right]^2 \Big) ;$$

Cette formule fe réduit aifément à une formule plus fimple, fi on confidere, 1°. que $\rho = \dfrac{r'}{2 \varpi' - 2}$; 2°. que $a = \lambda \, d \, \varpi . R + \dfrac{\omega^2}{\iota R}$, λ & ι étant des coëfficiens connus.

Dans cette formule on a fuppofé, comme dans l'art. 615, que la quantité $\dfrac{\omega^2}{4 r'} \times \dfrac{\overline{\rho + b - a}^2}{R^2}$ étoit l'épaif-feur de l'oculaire ; & plus exactement, fi on appelle $\varkappa$ l'aberration des rayons dont le foyer eft le plus éloigné du foyer de l'oculaire, & Ω l'ouverture de l'objectif qui convient à cette efpéce de rayons, il faudra mettre dans le dernier terme de la formule, au lieu de $\dfrac{\varpi' \omega^2 . \overline{\rho + b - a}^2}{4 R^2 r'}$, la quantité $\dfrac{\varpi' \Omega^2 (\rho + b - \varkappa)^2}{4 R^2 r'}$; quantité dans laquelle Ω eft le diametre de l'ouverture de la lunette, & $\varkappa = \mu \, d \, \varpi . R + \dfrac{\Omega^2}{\iota R}$.

691. Maintenant, fi on reprend le calcul des art. 494

& 519, en faisant $\Delta = \dfrac{1}{A' + \dfrac{B'}{\Delta'} + G'}$; $\Delta + a_{,} = \dfrac{1}{A'' + \dfrac{B'}{\Delta' + a'} + G''}$; on aura par l'art. 520, l'aberration dans l'axe de l'œil $= \dfrac{a' B'}{\Delta'(\Delta' + a')} + G' - G'' + A' - A''$.

Dans cette formule, si on appelle γ l'aberration des rayons qui ne se réunissent pas au fond de l'œil, & dont on suppose que le sinus de réfraction soit ϖ'' (l'ouverture correspondante ayant pour diametre ϖ') & a celle des rayons qui se réunissent au fond de l'œil, & dont on suppose que le sinus de réfraction soit ϖ' (l'ouverture ayant ω pour diametre) on aura $B = - 1$; $\Delta' = \rho + b - a$; $\Delta' + a' = \rho + b - \gamma$; $a' = a - \gamma$; $A' - A'' = \dfrac{2\,\varpi' - 2\,\varpi''}{r'}$; & enfin $G' - G'' =$

$$\dfrac{\varpi' - 1}{\varpi'} \Big[\dfrac{\omega^2}{4\,R^2\,r'}(3\,\varpi' + 2) + \dfrac{\omega^2}{4\,R^2\,r'^2}(\rho + b - a)$$

$$(4 - 6\,\varpi'\,\varpi' + 2\,\varpi') + \dfrac{\omega^2}{4\,R^2\,r'^3} \times (\rho + b - a)^2$$

$$(2 - \varpi' - 4\,\varpi'^2 + 4\,\varpi'^3) - \dfrac{\omega'^2}{4\,R^2\,r'} \times (3\,\varpi' + 2)$$

$$+ \dfrac{\omega'^2}{4\,R^2\,r'^2} \times (\rho + b - \gamma)(4 - 6\,\varpi'\,\varpi' + 2\,\varpi') +$$

$$\dfrac{\omega'^2}{4\,R^2\,r'^3}(\rho + b - \gamma)^2 \times (2 - \varpi' - 4\,\varpi'^2 + 4\,\varpi'^3) \Big]$$

$$+ \dfrac{\varpi'\,\Omega^2\,(\varrho + b - a)^2}{4\,R^2\,v!} \times \Big[- \dfrac{2(\varpi' - 1)}{\varpi'\,\varpi'\,r!} \Big(\dfrac{1}{\varrho + b - a}$$

$$- \frac{1}{\varrho + b - \gamma} \Big) + \frac{1}{\varpi' \varpi'} \Big(\frac{1}{(\varrho + b - \alpha)^2} - \frac{1}{(\varrho + b - \gamma)^2} \Big) \Big].$$

Il faudra enfuite multiplier la quantité $\dfrac{\alpha' B'}{\Delta' (\Delta' + \alpha')}$ $+ G' - G'' + A' - A''$ par $\dfrac{\varpi' (\varrho + b - \gamma)}{R}$ pour avoir l'aberration au fond de l'œil (art. 495.) & fuppofer enfin le réfultat $=$ (art. 603.) à $\pm \dfrac{d\varpi . 400}{221}$ ou à peu près $\pm \frac{1}{55}$.

Par ce moyen ϖ & b étant fuppofés donnés, on déterminera r' par l'équation précédente, en fe fouvenant que $\varrho = \dfrac{r'}{2 \varpi' - 2}$; & que $\dfrac{\varpi' r'}{(\varpi' - 1)} \times \dfrac{\varpi - 1}{R} =$ (art. 604.) $\dfrac{4 . 221 \, a}{13 . 200}$, a exprimant la longueur d'une ligne.

692. Il eft à remarquer que fi ϖ eft donnée, on doit fuppofer $\varpi' = \Omega =$ à la plus grande ouverture de la lunette; en effet cette ouverture eft alors la vraie inconnue; & fi ϖ eft fuppofée inconnue & $= \Omega$, alors il faudra trouver d'abord ϖ' telle que la quantité $\Big[\dfrac{\alpha' B'}{\Delta' (\Delta' + \alpha')}$ $+ G' - G'' + A' - A'' \Big] \times \dfrac{\varpi' (\varrho + b - \gamma)}{R}$ foit la plus grande qu'il eft poffible, & faire enfuite cette quantité égale à $\pm \frac{1}{55}$. On remarquera de plus que b eft indéterminée; & elle devra être telle, que l'ouverture qui donnera l'aberration $= \pm \frac{1}{55}$; foit la plus grande qu'il fera poffible.

On peut obferver encore, pour fimplifier le calcul, que,

que, suivant la remarque de l'art. 590, $\dfrac{\omega\,(\varrho + b - a)}{R\,\varrho}$ doit être une quantité fort petite; d'où il s'enfuit que $\dfrac{\alpha\,\omega}{R\,\varrho}$, $\dfrac{\gamma\,\omega'}{R\,\varrho}$, $\dfrac{n\,\Omega}{R\,\varrho}$ font des quantités très-petites; ce qui fervira à fimplifier les formules, comme dans l'article 542.

Mais avec cette fimplification même, le réfultat des équations reftera encore très-compliqué. Nous pourrons revenir dans une autre occafion fur ce calcul, s'il nous paroît qu'il en doive réfulter des vérités curieufes & utiles. En attendant nous croyons pouvoir nous en tenir à la théorie donnée dans les §. VII & X, & dans laquelle on fuppofe $b = o$, & de plus $\alpha = o$; ou, ce qui eft la même chofe, $\omega = o$, & $G' = o$.

693. Terminons toute cette théorie de l'aberration dans l'œil, par une remarque fur l'aberration des rayons qui ne partent pas d'un point pris dans l'axe de l'œil. Nous avons vû (art. 451.) qu'on ne peut jamais détruire cette aberration, lorfque les rayons, après avoir traverfé la lentille, repaffent dans l'air d'où ils étoient venus. Mais il n'en eft pas de même dans l'œil (article 110.); cette circonftance ne pourroit-elle pas faire que l'équation de l'art. 451. devînt alors poffible ? C'eft ce que nous allons examiner.

Suppofons donc que le rayon après avoir traverfé la lentille compofée, ne repaffe pas dans l'air; alors nommant l, l', l'', ce qu'on a appellé M, M', M'', dans les arti-

cles 20 & 21, c'eft-à-dire, les rapports du finus de réfraction au finus d'incidence, en paffant de l'air dans les
différens milieux dont la lentille eft compofée, on auroit (art. 21.) $m\,m'\,m''\,m''' = r''$; & alors l'équation de
l'art. 426 ne recevroit d'autre changement, qu'en ce
que les termes y devroient être multipliés par r''; d'où
l'on voit qu'elle demeureroit encore la même que l'équation (B) de l'art. 429.

On a vû de plus (art. 453.) que dans les lentilles
compofées, lorfque les rayons repaffent dans l'air après
avoir traverfé les lentilles, l'équation (C) de l'article
430 ne peut jamais avoir lieu; parce que cette équa-
tion fe réduit alors (art. 451.) à $\dfrac{P-1}{2\lambda} + \dfrac{P'-1}{2\lambda'}$

$+ \dfrac{P''-1}{2\lambda''} = 0$, ou $\dfrac{1}{2R} = 0$, R étant la diftance

focale. Or fi on fuppofe, fuivant l'art. 437, pour employer plus commodément les formules, qu'il y ait
une lame d'air infiniment petite entre l'humeur aqueufe
& le cryftallin, ce qui ne change rien à l'effet de la
réfraction; on aura $m' = \dfrac{1}{m}$, & $m\,m' = 1$; B' ou

$\dfrac{1}{\delta'''} = \dfrac{P-1}{\lambda} - \dfrac{1}{\delta}$; B'' ou $\dfrac{1}{\delta'''} = \dfrac{1-m''}{r''} + m''$

$\left(\dfrac{P-1}{\lambda} - \dfrac{1}{\delta}\right)$; on remarquera de plus que $r' = r''$;

& l'équation (C) de l'art. 430. fe changera en celle-ci;

$$\dfrac{P-1}{2\lambda} + \dfrac{m''}{2r'} = \left(\dfrac{P-1}{2\lambda} - \dfrac{1}{2\delta}\right) = \dfrac{m''^2}{\delta}$$

$$\left[\frac{1}{r'} - \left(\frac{P-1}{\lambda} - \frac{1}{\delta} \right) \right] + m'' \left[\frac{m'''}{2\,r''} - m''' \right.$$

$$\left(\frac{P-1}{2\,\lambda} - \frac{1}{2\,\delta} \right) - \left(\frac{1-m''}{2\,r'} \right) \left. \right] - \frac{m''\,m'''\,2}{2}$$

$$\left[\frac{1}{r'''} - \left(\frac{1-m''}{r'} \right) - m'' \left(\frac{P-1}{\lambda} - \frac{1}{\delta} \right) \right] = 0.$$

Ou en mettant r'' au lieu de r' (car il n'y a ici proprement que trois rayons r, r', r''), & en ôtant d'ailleurs ce qui fe détruit

$$\frac{P-1}{2\,\lambda} + m''\,m''' \left(\frac{1-m'''}{2\,r''} + \frac{m''' - m''\,m'''}{2\,r'} \right)$$

$$+ \left(\frac{P-1}{2\,\lambda} - \frac{1}{2\,\delta} \right) \left(-1 + m''2\,m'''2 \right) = 0.$$

Or la diftance focale étant R, on a $\dfrac{1}{R} - \dfrac{m''\,m'''}{\delta}$

$$= \frac{1-m'''}{r''} + m''' \left[\frac{1-m''}{r'} + m'' \left(\frac{P-1}{\lambda} - \frac{1}{\delta} \right) \right] ;$$

Donc on aura en réduifant

$$+ m''\,m''' \left(\frac{1}{2\,R} \right) + \frac{1}{2\,\delta} \times \left(1 - m''2\,m'''2 \right) = 0.$$

Il eft à remarquer que dans cette formule m'' eft le rapport du finus de réfraction au finus d'incidence, en paffant de l'air dans le cryftallin, & m''' le rapport des mêmes finus, en paffant du cryftallin dans l'humeur vitrée.

694. Donc fi on fuppofe λ infinie, hypothèfe qui ne s'éloigne pas beaucoup du vrai (art. 160.) lorfqu'il eft queftion de la réfraction dans l'œil ; on aura $m''\,m'''$

$$\left(\frac{1}{2\,R} \right) = 0, \text{ou } \frac{1}{R} = 0 ; \text{ ce qui ne fe peut. Donc}$$

l'œil ne réunit pas exactement les rayons qui partent

d'un point pris hors de l'axe ; au moins fi on fait abf-
traction de l'épaiffeur du cryftallin & de l'humeur aqueufe. La réunion ne pourroit fe faire que dans un cas
particulier ; fçavoir celui où $\frac{1}{d}$ fera $= \frac{1}{R} \times (m'' m'''^2$
$- \frac{1}{m'' m'''})$; encore faudroit-il, pour que d fût pofitif
(car il eft néceffaire qu'il le foit toujours, lorfqu'il eft
queftion de l'œil) que l'on eût $m''^2 m'''^2 > 1$; or puifque l'humeur vitrée a plus de denfité que l'air, on a
$m''' < \frac{1}{m''}$, & par conféquent $m'' m''' < 1$. Donc
dans aucun cas le fond de l'œil ne réunit exactement
les rayons partis d'un point qui n'eft pas dans l'axe.

Mais, comme nous avons vû (art. 454.) que l'aberration latitudinale de ces fortes de rayons eft peu confidérable, quand l'ouverture eft fort petite, il eft clair
que cette aberration fera peu de chofe dans l'œil, &
que fon effet pourra être regardé comme infenfible. Il
peut fe faire d'ailleurs que cet effet foit encore détruit ;
au moins en grande partie, par l'épaiffeur du cryftallin
& de l'humeur aqueufe, dont nous avons fait abftrac-
tion dans cette recherche, & dont la confidération ap-
porteroit ici trop de complication à nos calculs, l'épaiffeur de ces humeurs n'étant pas très-petite (art. 123.)
par rapport aux rayons de leurs courbures. Nous laiffons cette difcuffion à ceux qui voudront l'entreprendre, nous contentant de remarquer que l'effet de l'aberration latitudinale, s'il y en a quelqu'une au fond de
l'œil, y doit être regardé comme nul.

DIX-NEUVIÉME MÉMOIRE.

Suite des Recherches fur les Verres Optiques.

CHAPITRE VII.

Application de la Théorie précédente à différens cas.

§. I. *Rapport de la réfraction dans les différentes matieres.*

695. Dans les recherches fuivantes je fuppoferai que les deux matieres dont la lentille eft formée, foient celles que M. Dollond dans fon Mémoire de 1758. (V. les Tranfact. Philof. de la même année) appelle *Crownglaff* & *Flintglaff*; & que ces matieres font telles;

1°. Que dans le paffage du *Crownglaff* dans l'air le rapport de réfraction pour les rayons rouges eft 1, 53, ce qui differe peu du verre commun, qui, fuivant M. Newton, donne pour ces rayons le rapport 1, 54.

2°. Que dans le *Flintglaß* le rapport de réfraction pour les rayons rouges foit 1, 583 ;

3°. Que dans le *Crownglaß*, l'excès du rapport de réfraction des rayons violets fur les rayons rouges foit à peu près comme dans le verre commun; or dans le verre commun cet excès eft $\frac{1}{50}$, fuivant M. Newton, le finus de réfraction pour les rayons rouges étant $\frac{77}{50}$, & pour les violets $\frac{78}{50}$; donc pour les rayons moyens l'excès fera $\frac{1}{100}$; donc dans le *Crownglaß* le rapport de réfraction pour les rayons moyens fera 1, 54;

4°. Que dans le *Flintglaß* l'excès du rapport de réfraction des rayons violets fur les rouges foit au pareil excès dans le *Crownglaß*, comme 3 eft à 2 ; donc dans le *Flintglaß* cet excès fera pour les rayons moyens $\frac{3}{200}$ $=$ 0, 015.

696. Donc dans le *Flintglaß* on aura pour les rayons moyens le rapport de réfraction $=$ 1, 583 $+$ 15 $=$ 1, 598.

Dans le *Crownglaß*, pour les rayons moyens le rapport fera 1, 54.

697. Si l'une des matieres étoit du verre commun ; & l'autre de l'eau, alors la différence de réfraction des rayons extrêmes dans le verre & dans l'eau feroit comme 5 à 4, fuivant les expériences de M. Dollond ; or on a, dans le verre, pour les rayons rouges le rapport de réfraction $=$ 1, 54, pour les rayons moyens 1, 55 ; & dans l'eau pour les rayons moyens, l'expérience donne $\frac{4}{3}$;

Donc dans l'eau on auroit pour les rouges $\frac{4}{5} + \frac{1}{100} \times \frac{4}{5}$;

Au reste ces dernieres déterminations sont contestées par quelques-uns ; d'autres observations ayant donné un rapport fort différent de celui de 5 à 4, que trouve M. Dollond. Voyez les Mémoires de l'Acad. de 1757.

§. II. *Dimensions d'une lentille composée de deux matieres & de trois surfaces.*

698. Supposons d'abord une lentille composée de deux matieres & de trois surfaces ; de telle maniere que l'on ait :

1°. $\dfrac{d\,P}{d\,P'}$ ou $k = \frac{3}{4}$;

$P = 1,598,\ \&\ m = 0,6257$;

$P' = 1,54,\ \&\ M = 0,6493$,

Ou bien

$P = 1,583,\ \&\ m = 0,6317$,

$P' = 1,53,\ \&\ M = 0,6536$,

2°. $\dfrac{d\,P}{d\,P'}$ ou $k = \frac{2}{3}$;

$P = 1,54,\ m = 0,6493$;

$P' = 1,598,\ M = 0,6257$,

Ou bien

$P = 1,53,\ m = 0,6536$,

$P' = 1,583,\ M = 0,6317$,

On aura

Si $k = \frac{3}{4}$, $P = 1,598$, $P' = 1,54$

$$- \frac{0,5155}{r\,r} - \frac{0,5464}{r\,\lambda} - \frac{0,0575}{\lambda\,\lambda} = 0\,;$$

Si $k = \frac{1}{2}$, $P = 1,583$, $P' = 1,53$,

$$- \frac{0,5146}{r\,r} - \frac{0,5362}{r\,\lambda} - \frac{0,0573}{\lambda\,\lambda} = 0\,;$$

Si $k = \frac{2}{3}$, $P = 1,54$, $P' = 1,598$,

$$+ \frac{0,3438}{r\,r} - \frac{0,1229}{r\,\lambda} - \frac{0,0111}{\lambda\,\lambda} = 0\,;$$

Si $k = \frac{2}{3}$, $P = 1,53$, $P' = 1,583$,

$$+ \frac{0,3432}{r\,r} - \frac{0,1273}{r\,\lambda} - \frac{0,0097}{\lambda\,\lambda} = 0.$$

699. Suppoſons qu'on compare à l'objectif cherché, un objectif d'une feule matiere, dans lequel la diſtance focale foit R, on aura (art. 38.)

$$(P - 1)\left(\frac{1}{r} - \frac{1}{r'}\right) + (P' - 1)\left(\frac{1}{r'} - \frac{1}{r''}\right)$$

$$= \frac{1}{R}\,; \text{ ou (art. 51 \& 54.) en faifant } \frac{1}{r} - \frac{1}{r'} = \frac{1}{\lambda}\,;$$

$$(P - 1)\left(\frac{1}{\lambda}\right) - (P' - 1)\,\frac{k}{\lambda} = \frac{1}{R}.$$

Donc fi $P = 1,583$, $P' = 1,530$, on trouvera $\lambda = R \times - 0,212.$

700. Si on avoit $P = 1,530$, $P' = 1,583$; On auroit $\lambda = R \times 0,141.$

701. Si on a $P = 1,598$, $P' = 1,540$, on trouveroit de même,

$\lambda = R \times - 0,212.$

702. Et fi $P = 1,540$, \& $P' = 1,598$, on auroit $\lambda = R \times 0,141.$

703.

703. Prenons la premiere & la troisiéme formule qui répondent à $P = 1,598$, & $P' = 1,540$, ou $P = 1,540$, & $P' = 1,598$, & on aura

$$0,0575\, rr + 0,5464\, r\,\lambda + 0,5155\,\lambda\lambda = 0,$$
$$\&\ 0,0121\, rr + 0,1229\, r\,\lambda - 0,3438\,\lambda\lambda = 0.$$

704. Dans le premier cas on a

$$\lambda = R \times - 0,212,$$
$$r = - 8,4402\,\lambda,$$
ou $r = - 1,0622\,\lambda$;
donc $r = + R \times 1,7893$;
ou $r = + R \times 0,2252$;

D'où l'on tire r' par l'équation $\dfrac{1}{r'} = \dfrac{1}{r} - \dfrac{1}{\lambda}$;

$\&\ r''$ par l'équation $\dfrac{1}{r'} - \dfrac{1}{r''} = - \dfrac{2}{2\,\lambda}$.

705. Dans le second cas on a

$$\lambda = R \times 0,1410,$$
$$r = - 12,4429\,\lambda,$$
ou $r = + 2,2839\,\lambda$;
d'où l'on tire

$$r' = \frac{r\,\lambda}{\lambda - r},$$

$\&\ r''$ par l'équation. $\dfrac{1}{r'} = \dfrac{1}{r''} = - \dfrac{2}{3\,\lambda}$;

706. Donc dans le premier cas on aura

$$\frac{1}{\lambda} = - \frac{4,7170}{R}.$$

$$\frac{1}{r} = \frac{1}{R} \times 0,5588;$$

$$\frac{1}{r'} = \frac{1}{R} \times 5,2758,$$

$$\frac{1}{r''} = -\frac{1}{R} \times 1,7997,$$

ou bien $\dfrac{1}{r} = \dfrac{1}{R} \times 4,4405,$

$$\frac{1}{r'} = \frac{1}{R} \times 9,1575,$$

$$\frac{1}{r''} = \frac{1}{R} \times 2,0820.$$

707. Dans le second cas on aura

$$\frac{1}{\lambda} = \frac{1}{R} \times 7,0923,$$

$$\frac{1}{r} = -\frac{1}{R} \times 0,5708,$$

$$\frac{1}{r'} = -\frac{1}{R} \times 7,6731;$$

$$\frac{1}{r''} = -\frac{1}{R} \times 2,9449;$$

ou bien

$$\frac{1}{r} = \frac{1}{R} \times 3,1053,$$

$$\frac{1}{r'} = -\frac{1}{R} \times 3,9870,$$

$$\frac{1}{r''} = +\frac{1}{R} \times 0,7412.$$

708. Dans le 1er cas où $P = 1,598$, $P' = 1,540$, on a
$r = $ à environ le double de R,
$r' = $ à environ $\frac{1}{7}$ de R,
$r'' = $ à environ la moitié de R;
 ou bien

$$r = \text{à environ } \frac{R}{5},$$

$$r' = \text{à environ } \frac{R}{9},$$

$r'' = $ à environ la moitié de R ;

D'où l'on voit que la premiere combinaison doit donner une lentille plus parfaite (art. 206.) parce que les
rayons des furfaces y font en général plus grands que
dans la feconde.

709. Dans le fecond cas on a

$r = $ à environ le double de R,

$r' = $ à environ $\frac{1}{8}$ de R,

$r'' = $ à environ la moitié de R ;

ou bien

$r = $ à environ $\frac{1}{3}$ de R,

$r' = $ à environ $\frac{1}{3} R$,

$r'' = $ à environ $\frac{4}{2} R$;

D'où l'on voit que la feconde combinaison eft préférable à la premiere, & qu'elle paroît même préférable
à celle de l'art. précédent.

710. Dans la lentille ainfi compofée de trois furfaces & de deux matieres, on ne détruit jamais en entier
l'aberration de fphéricité pour tous les rayons ; on ne la
détruit que pour les rayons moyens, ou pour telle autre
couleur qu'on voudra ; il refte une partie de l'aberra-
ration proportionnelle à $\omega^2\, d\, P'$; fi on veut la détruire,
il faut employer quatre furfaces & deux matieres, de la
maniere que nous le dirons ci-après.

N n ij

711. Nous avons fuppofé $P = 1,598$, $P' = 1,540$; au lieu de $P = 1,583$, & $P' = 1,53$, comme ont fait d'autres Géometres; c'eft-à-dire, que nous avons cherché à détruire l'aberration des rayons moyens, au lieu de celle des rayons rouges. Car nous avons vû (art. 472 & 473.) que l'aberration des rayons moyens eft celle qu'on doit chercher à détruire par préférence. En effet, quand on a détruit l'aberration de fphéricité dans les rayons moyens, fi l'aberration des rayons rouges eft $A \omega^2 d P'$, celle des rayons violets fera à peu près — $A \omega^2 d P'$; donc fi le foyer des rayons moyens eft au fond de l'œil même, le foyer des rayons rouges & celui des rayons violets feront, l'un un peu en-deçà, l'autre un peu au-delà du fond de l'œil (art. 471 & 472.) à diftances à peu près égales; ainfi le cercle d'aberration produit par les rayons rouges couvrira à très-peu près au fond de l'œil le cercle d'aberration produit par les rayons violets; d'où il réfultera une aberration beaucoup moins forte & moins vive. Au contraire fi on anéantiffoit l'aberration des rayons extrêmes, l'aberration reftante feroit $\pm 2 \omega \omega A d P'$ (art. 472.) & occuperoit au fond de l'œil une efpace double de la précédente.

712. Donc en anéantiffant dans ces fortes de lentilles l'aberration des rayons moyens par préférence, on réduira l'aberration reftante à la moitié de ce qu'elle feroit, fi on anéantiffoit feulement l'aberration des rayons extrêmes; ce qui fournit un moyen de rendre les lu-

nettes de M. Dollond encore plus parfaites; puifque par la confidération précédente, l'aberration eft encore diminuée de la moitié, & qu'ainfi on peut adapter à l'objectif un oculaire plus petit, & faire que la lunette groffiffe davantage fans changer de longueur.

§. III. *Dimenfions de la même lentille en fuppofant que l'aberration n'y foit pas entiérement détruite, mais feulement diminuée en raifon donnée.*

713. Si on ne veut pas détruire entiérement l'aberration de réfrangibilité, mais feulement la diminuer dans la raifon de θ à 1, on trouvera (§. VI. Chap. I.)

$$\lambda = R \times \frac{-0,212}{1000 - 1080\,\theta} ;$$

Ou bien $\lambda = \dfrac{R \times 0,141}{1000 - 1196\,\theta}$.

Pour parvenir à ces équations il n'y a qu'à fuppofer dans les formules des art. 47 & 48. $P = 1, 598$, $P' = 1, 54$, $\frac{dP}{dP'} = \frac{1}{2}$, $\varpi = \frac{1}{2}$, $d\varpi = dP'$;

Ou bien $P = 1, 540$, $P' = 1, 598$, $\frac{dP}{dP'} = \frac{1}{3}$; $\varpi = \frac{1}{2}$, $d\varpi = dP'$.

714. On voit par-là que fi θ eft pofitif, λ fera plus grand que quand $\theta = 0$, & au contraire plus petit fi θ eft négatif.

715. D'un autre côté, comme les formules qui expriment l'aberration de fphéricité doivent être multi-

pliées par $\dfrac{\omega^2}{2.4}$, & que l'aberration d'une lentille fimple eft à peu près $\dfrac{5\,\omega^2}{3.4.R^3} \times R^2$ (art. 229.); fi on veut
que l'aberration de fphéricité foit diminuée en raifon
donnée, à même ouverture, il faudra au lieu de zéro,
mettre $\dfrac{5}{3\,R^3} \times 2\,\vartheta$ dans le fecond membre des formules qu'on a trouvées (Chap. IV.) pour détruire l'aberration de fphéricité dans différens objeƈtifs.

716. C'eft pourquoi fi on trouvoit que les formules
données ci-deffus, dans le cas où les deux aberrations
font détruites, rendiffent les valeurs de r, r', r'', &c.
trop petites, on pourroit beaucoup augmenter ces valeurs, en ne cherchant pas à détruire entiérement les
deux aberrations; & on conftruiroit des lunettes qui
auroient encore beaucoup d'avantage fur les lunettes
dioptriques ordinaires.

717. Si la fraƈtion ϑ n'eft pas extrêmement petite,
alors nommant ω' le diametre de l'ouverture, ρ' le rayon
de l'oculaire, on aura (art. 501.) $\dfrac{\omega}{\varrho} = \dfrac{\omega'\vartheta}{\varrho'}$ & (art.
502.) $\omega\,\rho = \omega'\,\rho'$; & par conféquent $\rho'\,\rho' = \rho\,\rho\,\vartheta$.

718. Donc fi, par exemple $\vartheta = \dfrac{1}{4}$, on aura $\rho' = \dfrac{\varrho}{2}$;
d'où il eft aifé de voir, en jettant les yeux fur les
tables des lunettes dioptriques & de leur augmentation,
qu'une lunette de 1 pied, dans laquelle l'aberration de
réfrangibilité aura été diminuée en raifon de 1 à 4,

équivaudra à une lunette ordinaire de 4 pieds; une de deux pieds à une lunette ordinaire de 8; une de trois pieds à une lunette ordinaire de 12, &c.

719. En effet, puisque dans une lunette dioptrique ordinaire on a $R = a\,\rho\,\rho$, (a étant une quantité constante) & que dans la lunette dioptrique corrigée on aura $R' = \frac{a\,\rho'\,\rho'}{\theta}$, il s'enfuit que pour que les augmentations foient les mêmes, c'eft-à-dire, pour que $\frac{\rho'\,\rho'}{R'\,R'} = \frac{\rho\,\rho}{R\,R}$, il faut que $\frac{\theta}{R'} = \frac{1}{R}$; c'eft-à-dire, qu'une lunette dioptrique corrigée fuivant les art. précédens, & de la longueur de N pieds, fera équivalente à une lunette dioptrique ordinaire de $\frac{N}{\theta}$ pieds.

§. IV. *De l'épaiffeur d'une lentille compofée de deux matieres & de trois furfaces.*

720. Nous avons donné dans l'art. 103. l'équation d'où réfulte le rapport des épaiffeurs e, e' des deux parties dont cette lentille eft compofée. Suppofons donc, feulement pour donner un exemple du calcul qu'il faut faire dans cette occafion, que l'on ait, comme dans les Mémoires de l'Académie de 1756, $P = 1,583$, $P' = 1,53$, $dP = \frac{1}{2}\,dP'$, $\frac{1}{\Gamma} = \frac{21200}{14006\,R}$, $\frac{1}{F''} = -\frac{35994}{14006\,R}$; on aura

$$\frac{1}{2} e \left(1 - \frac{1}{P^2}\right) - \frac{e'}{P'^2} \times \left(\frac{21200}{14006} + \frac{53}{100} \times -\frac{35994}{14006}\right)^2 + \frac{2e'}{P'} \times -\frac{35994}{14006} \times \left(\frac{21200}{14006} + \frac{53}{100} \times -\frac{35994}{14006}\right) = 0.$$

Ou bien en supposant, comme dans ces mêmes Mémoires, $\frac{1}{\Gamma} = \frac{21200}{91067\, r}$, $r'' = \frac{182134\, r}{82134}$, on aura

$$\frac{1}{2} e \left(1 - \frac{1}{P^2}\right) - \frac{e'}{P'^2} \times \left(\frac{21200}{91067} + \frac{53}{100} \times \frac{82134}{182134}\right)^2 + \frac{2e'}{P'} \times \frac{82134}{182134} \times \left(\frac{21260}{91067} + \frac{53}{100} \times \frac{82134}{182134}\right) = 0.$$

Cette seconde formule ne pourra servir, parce que les coëfficiens de e & de e' y seront positifs, & qu'ainsi le rapport de e à e' ne pourra être positif, comme cela est nécessaire (art. 94.)

721. Mais on pourra employer la premiere équation qui donne à peu près

$$\frac{1}{2} e \left(1 - \frac{1}{P^2}\right) - \frac{e'}{P'^2} \times \frac{(2124)^2}{(14006)^2} + \frac{2e'}{P'} \times -\frac{35994 \cdot 2124}{(14006)^2} = 0;$$

Ou à très-peu près en supposant $P = 1,6$, & $P' = \frac{1}{2}$;

$$\frac{3e \cdot 40}{2 \cdot 64} = \frac{e' \cdot 4 \cdot 4000 \cdot 3 \cdot 700 \cdot 3}{14000 \cdot 14000};$$

Donc $\frac{15 e}{16} = \frac{e'}{2}$ à peu près.

Donc l'épaisseur e de la partie antérieure de la lentille doit être à peu près la moitié de l'épaisseur e' de la partie postérieure.

$\S.\ V.$

§. V. *Comparaison des lentilles à double matiere & à
trois surfaces avec les lentilles & les miroirs
ordinaires.*

722. En nommant ω' le diametre de l'ouverture de
la lunette formée de deux matieres & de trois surfaces,
& R sa distance focale, on trouve dans les Mémoires
de l'Académie des Sciences de 1756, que l'aberration de
cette lunette est $\dfrac{687500}{(106)^3} \times \dfrac{\omega'^2}{4\,R^3}$. Or (art. 546.) l'aberration d'un Télescope catoptrique de même foyer seroit
$\dfrac{\omega'^2}{32\,R^3}$. Donc la seconde est à la premiere comme
1181016 est à 5500000, c'est-à-dire, qu'elle est environ
quatre fois moindre ; donc si on s'en tenoit à la régle
commune des Opticiens, de faire les foyers des oculaires
proportionnels aux aberrations (les distances focales des
objectifs étant supposées les mêmes) le Télescope devroit grossir quatre fois plus que la lunette à même ouverture.

723. Et pour trouver le rayon de l'oculaire qu'on
devroit appliquer à la lunette de M. Dollond, il faudroit,
suivant cette même Régle, supposer $\rho' . \rho :: \dfrac{687500 \times \omega'^3}{(106)^3\,R}$
$: \dfrac{\omega^3}{8\,R}$; & $\omega' \rho' = \omega \rho$; d'où l'on tireroit $\dfrac{\rho'}{\rho} =$ environ
$\dfrac{147}{100}$.

Donc une lunette de M. Dollond, dont la longueur seroit

de 5 pieds ; par exemple, devroit groffir moins qu'un Télefcope catoptrique de 5 pieds, dans la raifon de 2 à 3 à peu près, c'eft-à-dire, feulement 135 fois. Or on trouve que les lunettes dioptriques de 45 pieds font cet effet ; donc, fuivant la régle communément reçue des Opticiens pour les oculaires, une lunette de cinq pieds formée de deux matieres & de trois furfaces, devroit faire autant d'effet qu'une lunette aftronomique de 45 pieds ; ce qui eft contraire à l'expérience, puifque la lunette dont il s'agit, ne fait l'effet que d'une lunette ordinaire de 15 pieds.

724. Et fi on conftruifoit la lentille fuivant l'art. 712 ; c'eft - à - dire, fi on détruifoit l'aberration des rayons moyens, au lieu de celle des rayons rouges, l'aberration des rayons violets & rouges feroit la moitié moindre, c'eft-à-dire, $\frac{687500}{2(106)^3} \times \frac{\omega'^2}{4R}$; & la lunette devroit encore être meilleure. Car on auroit $\frac{\varphi'}{\varphi} = \frac{117}{100}$ à très-peu près.

Donc alors la lunette de M. Dollond groffiroit moins que le Télefcope catoptrique en raifon de 100 à 117 ; donc une lunette de 5 pieds groffiroit environ 168 fois, c'eft-à-dire, équivaudroit à une lunette dioptrique ordinaire d'environ 70 pieds. Donc puifqu'il s'en faut bien que les lentilles formées de deux matieres & de trois furfaces ayent un fi grand avantage, il eft évident que le principe vulgaire, de faire les foyers des oculaires proportionnels aux aberrations, n'eſt pas plus applicable aux lunettes dioptriques compoſées de deux matieres, qu'il ne l'eſt (art. 575.) aux Téleſcopes catoptriques.

725. Nous avons cependant remarqué (art. 660.) que ce principe pouvoit avoir lieu dans les lunettes dioptriques perfectionnées; du moins aux conditions exprimées dans l'article 658; or ces conditions paroiſſent avoir lieu dans les lunettes de M. Dollond. En effet puiſque $\dfrac{w^2}{2\,R \times 100}$ eſt l'aberration de ces lunettes, & que cette aberration $=$ (art. 724.) $\dfrac{687500}{(106)^3} \times \dfrac{w^2}{2\,.\,4\,R}$; donc (à cauſe de $\varsigma = \dfrac{1}{3}$ & $\dfrac{a}{R} = \dfrac{1}{Q\,.\,12\,.\,12}$) on aura $\dfrac{100\,.\,\varsigma\,a}{R} = \dfrac{(106)^3}{Q\,.\,687500}$; donc $\left(\dfrac{1}{12}\right)^4 \times \left(\dfrac{100\,.\,\varsigma\,a}{R}\right)^3$ $= \left(\dfrac{9}{12}\right)^4 \times \dfrac{(106)^9}{(54)^3\,(687500)^3\,Q^3}$: or cette quantité eſt évidemment beaucoup plus petite que $\dfrac{1}{2}$ ou $\dfrac{1}{55}$, comme on l'exige dans l'art. 658.

726. Pourquoi donc, comme on l'a prouvé art. 724, les lunettes dioptriques perfectionnées ſuivant la méthode de M. Dollond, ne donnent-elles pas l'équation $\dfrac{1}{3} = \dfrac{v^4\,R}{100\,.\,\varsigma\,a}$, qui néanmoins par l'article précédent paroît pouvoir être employée dans ces lunettes? Cela dépend peut-être de quelques circonſtances Phyſiques, dont la diſcuſſion mérite l'attention des Opticiens;

peut-être auſſi d'une autre raiſon que nous avons tou-
chée dans les art. 453 & 454; peut-être enfin d'une
troiſiéme raiſon que nous toucherons dans un moment,
art. 727; & ſur-tout de celles que nous expoſerons plus
bas, art. 791 & 792.

Je ne doute point au reſte, que ſi au lieu d'employer
cette équation, on employoit la formule générale des
aberrations (art. 613.) & les dimenſions qui en réſul-
tent pour les oculaires & les ouvertures des objeĉtifs,
on ne trouvât un réſultat beaucoup plus conforme à
ce que l'expérience nous apprend; comme on a vû (art.
589.) qu'en employant la vraie formule d'aberration
pour les Téleſcopes catoptriques, on ſe rapprochoit
beaucoup des dimenſions données par l'obſervation.

727. Mais quand le réſultat de ce nouveau calcul
ſeroit encore éloigné de ce que la pratique a donné
juſqu'ici, il ne faudroit pas l'attribuer à l'imperfeĉtion
de la théorie. Car nous avons vû (art. 451.) que pour
détruire, autant qu'il eſt poſſible, les aberrations dans
un objeĉtif de deux différentes matieres, c'eſt-à-dire,
pour détruire les aberrations des rayons qui partent d'un
point placé hors de l'axe, il faut au moins quatre inconnues; encore y a-t il une partie de ces aberrations
(art. 453.) qu'on ne ſauroit détruire. Or dans un objeĉtif à trois ſurfaces, il n'y a que trois inconnues. L'aberration produite par les points placés hors de l'axe, ſub-
ſiſtera donc en ſon entier.

728. Nous allons donner dans le §. ſuivant, les moyens

que la théorie fournit pour remédier à ce dernier inconvénient, le plus qu'il eft poffible, dans les objectifs à
trois furfaces. Ces moyens font fournis par l'épaiffeur
même de l'objectif que nous avons négligée jufqu'ici,
& dont nous pouvons faire ufage pour diminuer la partie reftante de l'aberration.

§. VI. *Sur l'aberration qui provient des épaiffeurs,*
combinée avec celle qui vient de la fphéricité.

729. Nous avons donné dans le §. IV, la maniere
de détruire dans les objectifs à trois furfaces, l'aberration
de réfrangibilité qui vient de l'épaiffeur, pour les rayons
qui partent de l'axe. Mais il faut remarquer, 1°. qu'il
refte à détruire, pour ces mêmes rayons qui partent de
l'axe, une partie de l'aberration qui provient de la
fphéricité, & qui eft proportionnelle à $\omega^2\, dP'$, 2°. qu'il
refte encore à détruire outre cela l'aberration de fphéricité pour les rayons qui partent des points placés hors
de l'axe, laquelle aberration eft de l'ordre de ω^2, & par
conféquent beaucoup plus grande que la précédente.

730. Quant au premier objet, la partie de l'aberration qu'on a détruite dans le §. IV, eft de l'ordre de
$\epsilon\, dP'$ (art. 103.); & comme ϵ peut être de l'ordre de
ω^2, & en fera même pour l'ordinaire, l'aberration dont
il s'agit, eft de l'ordre de $\omega^2\, dP'$. D'où l'on voit que
par les formules du §. IV, on ne détruit qu'une partie
des aberrations de l'ordre de $\omega^2\, dP'$. Mais on peut alors

combiner l'aberration $e\,dP'$ qui vient des épaisseurs &
de la réfrangibilité, avec l'aberration $\omega^2\,dP'$ qui vient
de la fphéricité & de la réfrangibilité; & chercher à
rendre ces aberrations combinées, ou nulles, ou tout
au moins les plus petites qu'il eft poffible. Voyons d'abord
comment on peut remplir ce premier objet; nous vien-
drons enfuite au fecond, c'eft-à-dire, à l'aberration des
rayons qui ne partent point de l'axe.

731. Suppofons donc que $B\,e + Q\,e'$ foit l'aberration
qui provient de l'épaiffeur, & $K\,\omega^2$ celle qui vient de
la différente réfrangibilité combinée avec la fphéricité;
K étant une quantité de l'ordre de dP', & B, Q, étant
auffi des quantités de l'ordre de dP';

1°. Il faut que les deux valeurs de e, e' foient toutes
deux pofitives.

2°. Il faut de plus que $\dfrac{\omega^2}{2\,r'} + e - \dfrac{\omega^2}{2\,r}$ foit $= 0$
ou pofitif; afin que la furface dont le rayon eft r' foit réel-
lement au-deffous de celle dont le rayon eft r, comme
on le fuppofe;

3°. Il faut de même & par une raifon femblable,
que $\dfrac{\omega^2}{2\,r''} + e' - \dfrac{\omega^2}{2\,r'}$ foit auffi pofitif ou $= 0$.

732. Soit $B\,e + Q\,e' + K\,\omega^2 = 0$, & $e + e' = a$;
Donc $e' = \dfrac{-\,B\,a - K\,\omega^2}{Q - B}$,

& $e = \dfrac{K\,\omega^2 + Q\,a}{Q - B}$.

733. La plus petite valeur que a puiffe avoir eft —

$\dfrac{K\omega^2}{Q}$ ou $- \dfrac{K\omega^2}{B}$; puifque e' & e ne fauroient être plus petits que o. D'où l'on voit que pour lors e ou e' doit être $= o$. Ce qui fe peut encore prouver par la Géométrie. Car foit l'angle BAC (*fig. 7.*) de 45^d; AB la ligne des e, BM celle des e', on aura CM ou α $= e + e'$; or le lieu de tous les points M eft une ligne droite MO, puifque l'équation entre e & α eft à une ligne droite; d'où il eft aifé de voir que la plus petite valeur de $e + e'$, e & e' n'étant point négatives, doit fe trouver au point où MO coupe la ligne AB.

734. Au refte dans le cas même où l'on a $Be\omega + Qe'\omega + K\omega^3 = o$, l'aberration n'eft pas anéantie pour cela; il eft bien vrai qu'elle eft nulle pour le cas de $\omega = o$, & pour celui de $\omega =$ au diametre entier de l'ouverture; mais fi l'on prend une partie quelconque de l'ouverture ω', alors l'aberration n'eft pas nulle.

735. Or en ce cas on aura pour la plus grande valeur de $Be\omega' + Qe\omega' + K\omega'^3$, l'équation $Be + Qe' + 3K\omega'^2 = o$; & la plus grande aberration $Be\omega' + Qe'\omega' + K\omega'^3 = - 2K\omega'^3$.

736. Suppofons l'aberration $= o$, lorfque $\omega =$ le diametre entier de l'ouverture, & foit alors $K\omega^3 = k$, on aura $Be\omega + Qe'\omega + k = o$; & la plus grande aberration fera au point où l'ouverture ω' fera telle que $3K\omega'^2 + Be + Qe' = o$; donc alors la plus grande aberration fera $-2K\omega'^3 = -2K \times \left(\dfrac{-Be - Qe'}{3K} \right)^{\frac{1}{2}}$;

& on aura $3 K \omega'^2 = - B e - Q e' = K \omega^2$ (à caufe de $B c + Q e' + K \omega^2 = 0$); donc $\omega' = \dfrac{\omega}{\sqrt{3}}$. Donc la plus grande aberration eft $(B e + Q e') \dfrac{\omega}{\sqrt{3}} + \dfrac{K \omega^3}{3 \sqrt{3}} = - \dfrac{2 k}{3 \sqrt{3}}$ laquelle eft $< - \dfrac{k}{2}$ & $> \dfrac{3 k}{8}$.

737. Donc en faifant $B e + Q e' + K \omega^2 = 0$, l'aberration fera encore diminuée de plus de·moitié; ou pour parler plus exactement, elle fera réduite à moins de la moitié de ce que feroit l'aberration de fphéricité, envifagée indépendamment de l'épaiffeur de la lentille; puifque cette derniere aberration feroit $= k$; on voit auffi qu'alors la plus grande aberration fera $\dfrac{2 K \omega^3}{3 \sqrt{3}}$; donc on pourroit par ce moyen rendre la lunette encore plus parfaite.

738. Venons maintenant au fecond objet, à celui d'employer l'épaiffeur de la lentille pour diminuer le plus qu'il eft poffible, l'aberration des rayons qui ne partent point de l'axe; pour cela nous remarquerons d'abord (en retenant les noms de l'art. 454.) que la plus grande valeur de $\dfrac{\alpha}{\delta}$ eft $= \dfrac{\omega}{2 R}$, c'eft-à-dire, égale à la moitié du champ de la lunette. En fecond lieu, mettant pour $\dfrac{\alpha}{\delta}$ fa valeur $\dfrac{\omega}{2 R}$, & pour *n* fa plus grande valeur $\dfrac{\omega}{2}$, nous aurons;

1°. (art. 445.) $\frac{\omega\omega}{2R}\left(\mu+\mu'-\frac{\nu'}{\delta'}\right)+\sigma e+\sigma' e'$
$-\frac{\pi' e'}{\delta'}+\frac{m' e'}{\delta'\delta'}=0.$

2°. (art. 449.) $-\frac{\omega\omega}{4}\left(\mu+\mu'-\frac{\nu'}{\delta'}\right)-\frac{\omega\omega}{4R}$

$$(\rho+\rho')-\frac{e\left(\frac{1-m}{r}\right)^2}{-\frac{1}{\lambda}+\frac{m}{r}}+\frac{\frac{e}{r'}\left(\frac{1-m}{r}\right)}{-\frac{1}{\lambda}+\frac{m}{r}}$$

$$-\frac{e'\left(\frac{1-m'}{r'}\right)^2}{-\frac{1}{\lambda'}+m'\left(\frac{1}{r'}-\frac{1}{\delta'}\right)}+\frac{\frac{e'}{r''}\left(\frac{1-m'}{r'}\right)}{-\frac{1}{\lambda'}+m'\left(\frac{1}{r'}-\frac{1}{\delta'}\right)}$$

$=0.$

739. Par le moyen de ces deux équations on pourra déterminer e & e'; mais il eſt aiſé de voir que par-là on ne détruira encore que très-imparfaitement l'effet de l'aberration; puiſqu'on ne la détruira que pour les rayons extrêmes qui tombent ſur les bords de la lentille. Il faut donc avoir recours à d'autres ſuppoſitions, & prendre un objectif composé de quatre ſurfaces. C'eſt l'objet des §. ſuivans.

740. Avant que d'y paſſer, nous ferons encore deux remarques.

1°. Non-ſeulement les épaiſſeurs e & e' doivent être toutes deux poſitives & très-petites; il faut encore que ω' diviſé par un rayon quelconque r, ou r', ou r'' &c. ſoit une fraction aſſez petite; enſorte que cette fraction ſoit tout au plus égale à un très-petit nombre de dégrés.

2°. Puifque dans les lunettes dioptriques ordinaires on a $\frac{\omega\omega}{R}=$ environ $\frac{1}{3}$ ligne; donc fuppofant $R=Q$ pieds $=Q\cdot 12\cdot 12$ lignes, on aura $\frac{\omega\omega}{4RR}=\frac{1}{Q\cdot 12^3}$; Donc $\frac{\omega}{2R}=\frac{\sqrt{12}}{144\sqrt{Q}}$. C'eft pourquoi fi on diminuoit un des rayons jufqu'à n'être plus, par exemple, que $\frac{1}{12}$ de R, le rapport de $\frac{\omega}{2}$ à ce rayon ne feroit plus que $\frac{1}{\sqrt{12\,Q}}$; & ce rapport pourroit être trop confidérable, à moins que Q ne fût fort grand.

§. VII. *Dimenfions d'une lentille compofée de quatre furfaces & de deux matieres, avec d. l'air entre deux.*

741. Suppofons maintenant une lentille formée de quatre furfaces, difpofées de maniere qu'il y ait de l'air entre deux;

Soit $P=1,598$; $P'=1,54$; $k=\frac{1}{2}$; $\frac{1}{\lambda}=\frac{1}{r}-\frac{1}{r'}$; r'' le rayon de la troifiéme furface; on aura par la théorie du Chap. IV (art. 270.)

$$\frac{1,3466}{rr}-\frac{2,5092}{r\lambda}+\frac{0,0432}{\lambda\lambda}-\frac{1,7614}{\lambda r''}-\frac{1,8621}{r''r''}=0.$$

Soit $P=1,583$, $P'=1,53$, $k=\frac{1}{2}$, on aura

$$\frac{1,3196}{rr}-\frac{2,4287}{r\lambda}+\frac{0,0008}{\lambda\lambda}-\frac{1,7759}{\lambda r''}-\frac{1,8341}{r''r''}=0.$$

Soit $P = 1,54, P' = 1,598, k = \frac{2}{3}$, on aura

$$\frac{1,2414}{r\,r} - \frac{2,2032}{r\,\lambda} + \frac{1,1706}{\lambda\,\lambda} + \frac{0,2851}{r''\,\lambda} - \frac{0,8976}{r''\,r''} = 0.$$

Soit $P = 1,53, P' = 1,583, k = \frac{2}{3}$, on aura

$$\frac{1,2228}{r\,r} - \frac{2,1518}{r\,\lambda} + \frac{1,1352}{\lambda\,\lambda} + \frac{0,2653}{r''\,\lambda} - \frac{0,8796}{r''\,r''} = 0.$$

Et il eft à remarquer que l'on a le rayon r''' de la quatriéme furface par l'équation $\frac{1}{r''} - \frac{1}{r'''} = -\frac{k}{\lambda}$ (art. 84.).

742. Si l'on cherche les valeurs de r'' & de r propres à rendre nulles à la fois les deux équations trouvées dans le cas de $k = \frac{1}{2}$, ou les deux trouvées dans le cas de $k = \frac{2}{3}$, ces valeurs de r'' & de r feront telles, fi elles font réelles, que l'aberration de fphéricité pour les rayons de toutes les couleurs, fera prefqu'entiérement détruite; je dis *prefqu'entiérement;* car il faut mettre à cette Propofition quelque reftriction, comme nous le verrons plus bas.

743. Comme le terme $+\dfrac{0,008}{\lambda\,\lambda}$ eft très-petit par rapport aux autres dans la feconde équation, on peut négliger ce terme dans la comparaifon de la feconde équation avec la premiere, ce qui fimplifiera le calcul; mais l'équation finale en r ou en r'' fera toujours du quatriéme dégré, comme elle le feroit dans le cas où on ne voudroit pas négliger le terme $+\dfrac{0,008}{\lambda\,\lambda}$.

744. Si on retranche l'une de l'autre la premiere &
la seconde équation de l'art. 741, on aura

$$+ \frac{0,0170}{rr} - \frac{0,0805}{r\lambda} + \frac{0,0414}{\lambda\lambda} + \frac{0,0145}{r''\lambda}$$

$$- \frac{0,0279}{r''r''} = 0.$$

De plus la seconde équation, en retranchant ou né-
gligeant le terme $+ \dfrac{0,008}{\lambda\lambda}$ qui est nul par rapport aux

autres, fournit une valeur de $\dfrac{1}{\lambda}$ qui étant mife dans

l'équation ci-deffus, donnera une équation du quatriéme

dégré en $\dfrac{r''}{r}$.

745. Comme le terme $+ \dfrac{0,0432}{\lambda\lambda}$ dans la premiere

des quatre équations de l'art. 741, est très-petit par
rapport aux autres, il femble d'abord qu'on puiffe né-
gliger ce terme, comme on a fait le terme $+ \dfrac{0,008}{\lambda\lambda}$

dans la feconde ; auquel cas l'équation en $\dfrac{r''}{r}$ ne mon-
teroit qu'au troifiéme degré. Mais il faut remarquer que
les deux équations ne different pas beaucoup l'une de
l'autre quant à la valeur numérique de leurs termes,
& qu'il est néceffaire que l'équation $o = + \dfrac{0,0170}{rr}$

&c. de l'art. 744. &c. qui exprime cette différence, ait
lieu ; or dans cette équation on ne pourroit négliger

le terme $+ \dfrac{0,0414}{\lambda\lambda}$ qui n'est point du tout nul par rapport aux autres ; par conféquent on ne fçauroit non plus négliger dans la premiere des équations de l'art. 741. le terme $+ 0,0432$ qui l'a produit. On ne peut même négliger dans la feconde équation le terme $+ 0,008$, que parce que ce terme eft exceffivement petit, & refte encore très-petit, même par rapport à la diffé-rence des deux équations ; car en négligeant ce terme $+ 0,008$ dans la feconde équation, le terme $+ 0,0424$ de l'équation des différences devient $+ 0,0432$ qui en differe peu.

746. Au lieu de chercher les valeurs de r & de r'' en λ, propres à rendre nulles à la fois les deux équa-tions, on pourroit chercher dans l'une de ces équations la valeur de r'' propre à rendre égales les deux valeurs de r ; ce qui ne donnera que des équations du fecond dégré fort fimples à réfoudre ; au lieu que dans l'autre cas, les équations font du quatriéme : & il pourra arriver fouvent que les valeurs de r, r'' qui viendront de cette fuppofition, produifent à peu près un auffi bon effet que fi le calcul avoit été fait fur des équations du qua-triéme dégré. Il eft du moins certain (art. 310.) que dans ce cas l'aberration des rayons moyens fera parfai-tement détruite, quand même on commettroit quelque petite erreur dans la valeur de r ; & que cette erreur fera d'autant moins à craindre, que la valeur de r'' fera plus exacte.

747. Dans cette hypothèfe, les deux premieres équa-tions de l'art. 741. pour les quatre furfaces, donnent

la valeur de $\frac{1}{r''}$ tirée de l'art. 324. imaginaire; ainsi dans ce cas on ne peut avoir deux valeurs égales pour r.

748. A l'égard des deux autres équations de l'art. 741. suppofons qu'on choififfe la premiere, celle où $P = 1,54$, $P' = 1,598$, $k = \frac{2}{3}$, on aura

$$\lambda = R \times 0,1410,$$

$$\frac{1}{r} \text{ ou } - \frac{B}{2\,A\,\lambda} = + \frac{1}{\lambda} \times 0,8873,$$

$$\frac{1}{r''} = + \frac{1}{\lambda} \times 0,6488,$$

$$\text{ou } - \frac{1}{\lambda} \times 0,3314.$$

749. On aura de plus (art. 741.)

$$r' = \frac{r\,\lambda}{\lambda - r}, \& r''' = \frac{3\,r''\,\lambda}{3\,\lambda + 2\,r''}.$$

750. Donc
$$\begin{aligned}
r &= + R \times 0,1589 \\
r' &= - R \times 1,2511 \\
r'' &= + R \times 0,2173 \\
r''' &= + R \times 0,1072;
\end{aligned}$$

Ou bien en confervant les deux mêmes valeurs de r & de r',
$$\begin{aligned}
r'' &= - R \times 0,4254 \\
r''' &= + R \times 0,4206
\end{aligned}$$

751. Suivant les Mém. Acad. de 1756. on a dans le cas de quatre furfaces & de $P = 1,583$, $P' = 1,532$, $k = \frac{1}{2}$, l'équation

$$- \frac{91}{20.367\,\lambda\lambda} - \frac{717}{2.367\,r''\,\lambda} - \frac{483}{367\,r\,\lambda} - \frac{1}{r''\,r'''} + \frac{11911}{45.367\,r^2} = 0,$$

Cette équation multipliée par 2, se change en

$$\frac{1,4424}{r\,r} - \frac{2,6320}{r\,\lambda} - \frac{0,0248}{\lambda\,\lambda} - \frac{1,9524}{r''\,\lambda} - \frac{2,0000}{r''\,r''} = 0 ;$$

Et la nôtre pour le même cas est $\dfrac{1,3196}{r\,r} - \dfrac{2,4287}{r\,\lambda}$

$$+ \frac{0,0008}{\lambda\,\lambda} - \frac{1,7759}{r''\,\lambda} - \frac{1,8342}{r''\,r''} = 0.$$

La différence qui est assez considérable (puisqu'il y a jusqu'à des signes contraires dans les deux équations) vient des quantités que l'Auteur a négligées dans son premier calcul, qu'il a réformé depuis dans les Mémoires de 1757.

752. De plus, en employant l'équation des Mémoires de 1756, pour anéantir la réfraction des rayons violets, laquelle est $\dfrac{1}{r\,r} - \dfrac{45}{17\,r\,\lambda} + \dfrac{91}{68\,\lambda\,\lambda} + \dfrac{7}{34\,r''\,\lambda} -$

$\dfrac{1}{r''\,r''} = 0$; & la combinant avec celle du même Géomètre, pour anéantir la réfraction des rayons rouges, qui est $\dfrac{1,4424}{r\,r} - \dfrac{2,6320}{r\,\lambda} - \dfrac{0,0248}{\lambda\,\lambda} - \dfrac{1,9534}{r''\,\lambda}$

$- \dfrac{2,0000}{r''\,r''} = 0$; on auroit

$$\frac{0,4424}{r\,r} + \frac{0,0150}{r\,\lambda} - \frac{1,3630}{\lambda\,\lambda} - \frac{2,1592}{r''\,\lambda} - \frac{1,0000}{r''\,r''} = 0.$$

Or cette équation ne s'accorde point avec celle de l'art. 744; ce peu d'accord vient aussi des quantités négligées par le même auteur dans son premier calcul.

753. En effet par ce premier calcul il fuppofoit d'abord dans la formule de l'aberration $m = \frac{1}{2} + \rho$, $M = \frac{1}{2} + \rho'$; pour les rayons rouges, ρ étant $= 0,083$, & $\rho' = 0,030$, & il négligeoit le quarré de ρ & celui de ρ'; enfuite pour trouver l'aberration des rayons violets, il fubftituoit dans cette derniere formule à la place de ρ', la quantité $\frac{2}{7}\rho$; or cette fubftitution revient au même que fi on fuppofoit $m = \frac{1}{2} + \rho + \nu$, $M = \frac{1}{2} + \rho' + \nu'$, & $\nu' = \frac{2}{7}\nu$, & qu'on négligeât dans la fubftitution les quantités fuivantes; 1°. le quarré de $\rho\,\rho$ & de $\rho'\rho'$; 2°. le produit de ρ & de ρ' par ν; 3°. le quarré de $\nu\,\nu$; en ayant égard aux feuls termes où ρ, ρ' & ν fe ttouveroient d'une feule dimenfion.

754. Or le quarré de $\rho\,\rho$, fur-tout quand il fe trouve multiplié par 3, comme il le doit être dans le cube de m, eft à peu près $\frac{3 \cdot 4}{(25)^2} = $ à peu près $\frac{1}{50}$; fraction affez grande pour produire une erreur très-fenfible dans les chiffres des décimales. D'ailleurs dès qu'on ne néglige pas les termes où ν fe trouve feule, on ne doit pas négliger non plus ceux où fe trouve $\rho\,\rho$, puifque $\rho\,\rho$ ou $\frac{(83)^2}{(1000)^2}$, où à peu près $\frac{1}{144}$, eft très-comparable à ν ou $\frac{30}{1000} = $ environ $\frac{1}{33}$, ces deux quantités étant entr'elles à peu près comme 1 eft à 4.

755. De plus la grande différence qui fe trouve entre les équations dans les calculs des Mémoires de 1756 & dans les nôtres, non-feulement (art. 751.) quant à
l'équation

l'équation de l'aberration pour les rayons moyens, mais encore (art. 752.) quant à la différence d'aberration des rayons moyens fur les rouges, fait voir que dans les calculs on auroit tort non-feulement de négliger les termes de l'ordre de ρ^2, qui s'évanouiffent dans la différence des équations pour les rayons violets & pour les rouges, mais encore ceux de l'ordre de $r\nu$ auxquels nous avons eu égard, & que l'Auteur avoit négligés par fon premier calcul.

756. Au refte, je le répete, le même Auteur a réformé ce calcul dans les Mém. de 1757, en ne négligeant plus que le quarré de $\nu\nu$, ce qui eft beaucoup plus exact; auffi n'ai-je fait les remarques précédentes fur fes premiers calculs, que pour faire fentir aux Géometres la néceffité d'être en garde fur les quantités qu'ils pourroient négliger dans la folution de ces fortes de Problêmes.

757. Qu'on me permette à cette occafion une légere remarque fur les Mémoires de 1757, pag. 547, où l'Auteur, après avoir trouvé une quantité de cette forme $R^2 \omega^2 \varphi\, d\,m$ pour l'aberration des rayons extrêmes, φ étant une fonction de m & de M, dit qu'il faut fubftituer dans R fa valeur $= \dfrac{m-1}{f} + \dfrac{M-1}{g} + \dfrac{d\,m}{f}$ $+ \dfrac{d\,M}{g}$. Or il me femble que dans cette fubftitution l'emploi des termes $\dfrac{d\,m}{f} + \dfrac{d\,M}{g}$ feroit illufoire; puifque cette fubftitution introduiroit dans la formule des

termes de l'ordre de $d\,m^2$, & que ces termes ont été
négligés dans la quantité $\varphi\,d\,m$. On peut remarquer aussi
que si les formules des Mémoires de 1756, page 433.
pour trouver l'aberration des rayons rouges, ne sont
pas exactes, ce n'est pas précisément, comme l'Auteur
le dit dans les Mémoires de 1757, parce qu'il suppo-
soit mal-à-propos que le sinus de la réfraction moyenne
étoit $\frac{1}{2}$; mais parce qu'en supposant avec raison ce sinus
$= 1, 583$ dans une matiere, & $1, 53$ dans l'autre,
il négligeoit le quarré de $0,083$, & de $0,03$, & les
puissances plus hautes. Quant à nous, nous n'avons pas
même négligé le quarré de $v\,v$, pour rendre nos formules les plus exactes qu'il nous a été possible.

758. Jusqu'ici nous avons donné les moyens de détruire le plus parfaitement qu'il est possible les aberrations de réfrangibilité & de sphéricité pour les rayons
de toutes couleurs qui partent d'un point pris dans l'axe.
Si on vouloit détruire l'aberration de sphéricité pour les
rayons moyens qui partent d'un point pris hors de l'axe,
δ étant ∞, on feroit (art. 451.) $\mu + \mu' - \dfrac{v'}{\delta'} + \mu'' -$

$\dfrac{v''}{\delta''} = o$. Or dans le cas présent, on a $\dfrac{1}{\delta'} = \dfrac{P-1}{\lambda}$;

$\dfrac{1}{\delta''} = \dfrac{1}{\delta'} = \dfrac{P-1}{\lambda}$; $\mu = \dfrac{1-m}{2\,\lambda\,r} + \dfrac{P-P^2}{2\,\lambda\,\lambda}$; $\mu' = o$;

$v' = o$; enfin à cause que $\dfrac{1}{r''} - \dfrac{1}{r'''} = -\dfrac{1}{\Lambda}$, ou $-$

$\dfrac{k}{\lambda}$ (art. 304.), on aura $\mu'' = -\dfrac{1-M}{2\,\Lambda\,r''} + \dfrac{P'-P'^2}{2\,\Lambda\,\Lambda}$

$$= -\left(\frac{1-M}{2\,r''}\right) \times \frac{k}{\lambda} + \left(\frac{P'-P'^2}{2}\right) \times \frac{k^2}{\lambda\lambda}\,;$$

$$r'' = -\left(\frac{P-M}{2}\right) \times \frac{k}{\lambda}.$$

759. On aura donc

$$\frac{1-m}{2\lambda r} = \frac{P-P^2}{2\lambda\lambda} + \frac{(M-1)k}{2\lambda r''} + \frac{(P'-P'^2)k^2}{2\lambda\lambda}$$

$$+ \frac{(P'-M)k}{2\lambda} \times \frac{(P-1)}{\lambda} = 0.$$

Cette équation étant combinée avec l'équation $\dfrac{A}{r\,r}$

$+ \dfrac{B}{r\,\lambda} + \dfrac{C}{\lambda\lambda} + \dfrac{D}{r''\lambda} + \dfrac{E}{r''\,r''}$ de l'art. 307. donne les valeurs de r & de r'' propres à faire évanouir l'aber-
ration de fphéricité pour les rayons moyens, tant dans
l'axe que hors de l'axe.

760. Si la diftance δ n'étoit pas infinie, on auroit
à ajouter à l'équation de l'art. 759. les termes

$$\frac{P-m}{2\lambda\delta} + \frac{(P'-M)k}{2\lambda} \times - \frac{1}{\delta}\,;$$ ce qui donneroit
l'équation

$$\frac{1-m}{r} + \frac{(M-1)k}{r''} + [P-P^2+(P'-P'^2)k^2$$

$$+ k(P'-M)(P-1)]\,\frac{1}{\lambda} + [P-m-k \times$$

$$(P'-M)] \times \frac{1}{\delta} = 0.$$

On voit de plus, que comme dans cette équation
r'' & r ne fe trouvent qu'au premier dégré, l'équation
finale en r ou en r'' ne fera que du fecond dégré, & par
conféquent très-facile à réfoudre.

Q q ij

761. En faifant donc fucceffivement fur P, P' & k les quatre fuppofitions déja faites dans l'art. 741, ou plutôt fuppofant feulement pour les rayons moyens $P = 1,598$, $P' = 1,54$, & $k = \frac{1}{2}$; ou $P = 1,54$, $P' = 1,598$, & $k = \frac{2}{3}$; on aura deux différentes combinaifons qui donneront chacune une double valeur de r & de r''. Nous fuppoferons ici pour plus de fimplicité $\delta = \infty$.

762. On aura donc en même temps;

1°. Pour la fuppofition de $P = 1,598$, $P' = 1,54$; $k = \frac{1}{2}$, les deux équations

$$\frac{1,3466}{r\,r} - \frac{2,5092}{r\,\lambda} + \frac{0,0432}{\lambda\,\lambda} - \frac{1,7614}{\lambda\,r''} - \frac{1,8611}{r''\,r''} = 0.$$

$$\&\ \frac{0,3743}{r} - \frac{2,0279}{\lambda} - \frac{0,5260}{r''} = 0.$$

2°. Pour la fuppofition de $P = 1,54$, $P' = 1,598$; $k = \frac{2}{3}$, les deux équations

$$\frac{1,2414}{r\,r} - \frac{2,2032}{r\,\lambda} + \frac{1,1706}{\lambda\,\lambda} + \frac{0,2851}{\lambda\,r''} - \frac{0,8976}{r''\,r''} = 0.$$

$$\&\ \frac{0,3507}{r} - \frac{0,9064}{\lambda} - \frac{0,2496}{r''} = 0.$$

D'où l'on tirera très-facilement les valeurs de r & de r'' en λ; & comme on a déja (art. 706 & 707.) la valeur de λ en R, on aura celles de r & de r'' en R.

763. Si $P = 1,598$, $P' = 1,54$, $k = \frac{1}{2}$, on aura

$$\lambda = -R \times 0,212$$

$$\frac{1}{r} = -\frac{1}{\lambda} \times 18,6630$$

$$\frac{1}{r^!} = + \frac{1}{\lambda} \times 19,6630$$

$$\frac{1}{r''} = - \frac{1}{\lambda} \times 17,1360$$

$$\frac{1}{r'''} = - \frac{1}{\lambda} \times 15,6360;$$

Ou bien

$$\frac{1}{r} = + \frac{1}{\lambda} \times 2,7455$$

$$\frac{1}{r^!} = - \frac{1}{\lambda} \times 1,7455$$

$$\frac{1}{r^{!!}} = - \frac{1}{\lambda} \times 1,9015$$

$$\frac{1}{r'''} = - \frac{1}{\lambda} \times 0,4015$$

Si $P = 1,54$, $P' = 1,598$, $k = \frac{2}{3}$, on aura
$\lambda = R \times 0,1410$

$$\frac{1}{r} = \frac{1}{\lambda} \times 12,0120$$

$$\frac{1}{r^k} = - \frac{1}{\lambda} \times 11,0120$$

$$\frac{1}{r^{!!}} = \frac{1}{\lambda} \times 20,5090$$

$$\frac{1}{r'''} = \frac{1}{\lambda} \times 21,1756;$$

Ou bien

$$\frac{1}{r} = \frac{1}{\lambda} \times 1,8338$$

$$\frac{1}{r^!} = - \frac{1}{\lambda} \times 0,8338$$

$$\frac{1}{r''} = \frac{1}{\lambda} \times 6,2079$$

$$\frac{1}{r'''} = \frac{1}{\lambda} \times 6,8745.$$

De ces quatre différentes combinaisons, la plus favorable est la seconde, qui donne des surfaces moins courbes que les trois autres ; & c'est celle qu'il faut essayer par préférence.

764. Il n'est pas inutile de remarquer en finissant, que les deux lentilles doivent nécessairement être de matiere différente, pour anéantir l'aberration. Car si elles étoient de même matiere, on auroit les deux équations

$$(P' - 1)\left(\frac{1}{r} - \frac{1}{r'}\right) + (P' - 1)\left(\frac{1}{r''} - \frac{1}{r'''}\right)$$
$$= \frac{1}{R} ;$$

$$\text{Et } dP'\left(\frac{1}{r} - \frac{1}{r'}\right) + dP'\left(\frac{1}{r''} - \frac{1}{r'''}\right) = 0 ;$$

$$\text{D'où l'on tire } \frac{1}{r} - \frac{1}{r'} = -\frac{1}{r''} + \frac{1}{r'''} \;\&\; \frac{1}{R}$$

$= 0$; c'est-à-dire, la distance focale nulle, condition impossible, ou plutôt illusoire.

Il est donc impossible, avec deux lentilles contigues & de même matiere, de détruire l'aberration de réfrangibilité ; celles dont M. Euler a donné la combinaison dans les Mém. de l'Acad. des Sciences de Paris, de 1756, ne sont faites que pour détruire l'aberration de sphéricité, beaucoup moins considérable que l'autre.

§. VIII. *Dimensions d'une lentille à quatre surfaces,
& formée de deux matieres, dont l'une est renfermée
au-dedans de l'autre.*

765. Si la lentille est formée de quatre surfaces &
de deux matieres différentes renfermées l'une au-dedans
de l'autre; en ce cas soit (art. 277.) $\frac{A}{rr} + \frac{B}{pr} + \frac{C}{r\lambda} + \frac{D}{pp} + \frac{E}{rp} + \frac{F}{\lambda\lambda} = o$, l'équation de l'aberration : voici d'abord comme on trouvera la valeur
numérique des coëfficiens.

Soit $\frac{1}{p} = \frac{1}{\lambda}$, l'équation se réduira au cas de deux
matieres & de trois surfaces ; or soit dans ce dernier cas
$\frac{a}{rr} + \frac{b}{r\lambda} + \frac{\gamma}{\lambda\lambda} = o$, l'équation de l'aberration ;
on aura
$$A = a$$
$$B + C = b$$
$$D + E + F = \gamma ;$$
Maintenant soit $P = 1,598$, $P' = 1,54$, $k = \frac{1}{2}$;
on aura
$$B = - 0,2814, D = - 0,2577, E = - 0,3951 ;$$
Et soit $P = 1,54$, $P' = 1,598$, $k = \frac{2}{3}$, on aura
$$B = + 0,1251, D = - 0,1171, E = - 0,0763 ;$$
Donc dans le premier cas C ou $b - B = - 0,2650$,
parce que $b = - 0,5464$,
$$F \text{ ou } \gamma - D - E = + 0,5953 ;$$

Et dans le second cas

$$C = - 0,2480,$$
$$F = + 0,1813.$$

766. Donc on aura dans le premier cas

$$- \frac{0,5155}{r\,r} - \frac{0,2814}{p\,r} - \frac{0,2650}{\lambda\,r} - \frac{0,8577}{p\,p} -$$

$$\frac{0,3951}{\lambda\,p} + \frac{0,5953}{\lambda\,\lambda} = 0.$$

Et dans le second $+ \dfrac{0,3438}{r\,r} + \dfrac{0,1251}{r\,p} - \dfrac{0,2480}{\lambda\,r}$

$$- \frac{0,1171}{p\,p} - \frac{0,0763}{\lambda\,p} + \frac{0,1813}{\lambda\,\lambda} = 0.$$

767. Par le moyen de ces deux équations on peut détruire affez exactement dans l'axe l'aberration de fphéricité pour les rayons de toutes les couleurs. Mais fi on vouloit détruire hors de l'axe l'aberration de fphéricité pour les rayons moyens, il faudroit alors employer, comme dans l'art. 451, l'équation $\mu + \mu' - \dfrac{v'}{\delta'} + \mu''$

$- \dfrac{v''}{\delta''} = 0$; & fe reffouvenir que dans le cas préfent ;

on a $\mu = \left(\dfrac{1-m}{2\,r} \right) \left(\dfrac{1}{r} - \dfrac{1}{r'} \right) + \left(\dfrac{P - P^2}{2} \right)$

$\left(\dfrac{1}{r} - \dfrac{1}{r'} \right)^2$; $\mu' = \dfrac{1-M}{2\,r'} \left(\dfrac{1}{r'} - \dfrac{1}{r''} \right) + \left(\dfrac{P' - P'^2}{2} \right)$

$\left(\dfrac{1}{r'} - \dfrac{1}{r''} \right)^2$; $v' = \left(\dfrac{P' - M}{2} \right) \left(\dfrac{1}{r'} - \dfrac{1}{r''} \right)$;

$\dfrac{1}{\delta'} = (P - 1) \left(\dfrac{1}{r} - \dfrac{1}{r'} \right)$; $\dfrac{1}{\delta''} = (P' - 1)$

$\left(\dfrac{1}{r'} - \dfrac{1}{r''} \right) + \dfrac{1}{\delta'} = (P - 1) \left(\dfrac{1}{r} - \dfrac{1}{r'} \right)$

$+$

$$+ (P' - 1) \left(\frac{1}{r'} - \frac{1}{r''} \right) ; \; \mu'' = \left(\frac{1 - m}{2 \, r''} \right) \left(\frac{1}{r''} - \frac{1}{r'''} \right) + \left(\frac{P - P^2}{2} \right) \times \left(\frac{1}{r''} - \frac{1}{r'''} \right)^2 ; \; \nu'' = \left(\frac{P - m}{2} \right) \left(\frac{1}{r''} - \frac{1}{r'''} \right).$$

768. Donc puisque (art. 269.) $\frac{1}{r} - \frac{1}{r'} + \frac{1}{r''} - \frac{1}{r'''} = \frac{1}{\lambda}$; $\frac{1}{r'} - \frac{1}{r''} = - \frac{k}{\lambda}$; $\frac{1}{r} - \frac{1}{r'} = \frac{1}{p}$; on aura l'équation

$$\frac{1 - m}{2 \, r p} + \frac{P - P^2}{2 \, p^2} + \left(\frac{1 - M}{2} \right) \left(\frac{1}{r} - \frac{1}{p} \right) \times - \frac{k}{\lambda} + \left(\frac{P' - P'^2}{2} \right) \frac{k^2}{\lambda^2} - \left(\frac{P' - M}{2} \right) \times - \frac{k}{\lambda} \times \frac{P - 1}{p} + \left(\frac{1 - m}{2} \right) \left(\frac{k}{\lambda} + \frac{1}{r} - \frac{1}{p} \right) \left(- \frac{1}{p} + \frac{1}{\lambda} \right) + \left(\frac{P - P^2}{2} \right) \left(- \frac{1}{p} + \frac{1}{\lambda} \right)^2 - \left[\frac{P - 1}{p} - \frac{(P' - 1) k}{\lambda} \right] \times \left(\frac{P - m}{2} \right) \left(\frac{1}{\lambda} - \frac{1}{p} \right) = 0.$$

769. Si dans cette équation on fait successivement ; 1°. $P = 1,598$, $P' = 1,54$, & $k = \frac{3}{2}$; 2°. $P = 1,54$, $P = 1,598$, & $k = \frac{2}{3}$; on aura deux équations, qui étant combinées avec les deux de l'art. 766, chacune avec sa correspondante, donneront les valeurs de r & de p ; on remarquera de plus que dans l'équation de l'art. 768, r ne monte qu'au premier dégré ; d'où il est

aisé de trouver une valeur de $\frac{1}{r}$, qui etant substituée dans les équations de l'art. 766, il viendra une équation d'où l'on tirera la valeur de $\frac{1}{p}$ en $\frac{1}{\lambda}$, & par conséquent en $\frac{1}{R}$.

770. L'équation de l'art. 768 étant réduite, donne

$$\frac{1}{r\lambda}\,[\,1-m-k\,(1-M)\,]+\frac{1}{p}\,(P-P^2+)\,\frac{1}{p\lambda}\times$$
$$\overline{[\,1-m}\,.\,kP-P'k\,(1-m)-P+P^2\,]+\frac{1}{\lambda\lambda}\times$$
$$[(P'-P'^2)\,k^2+P-P^2+\overline{1-m}\,.\,k+(P-m)\times$$
$$k\,(P'-1)\,]=0.$$

Donc si $P=1,598$, $P'=1,54$, $k=\frac{1}{2}$, on aura

$$-\frac{0,1517}{r\lambda}-\frac{0,9556}{pp}+\frac{0,9315}{p\lambda}-\frac{1,4778}{\lambda\lambda}=0\,;$$

& si $P=1,54$, $P'=1,598$, $k=\frac{1}{3}$, on aura

$$+\frac{0,1011}{r\lambda}-\frac{0,8316}{pp}+\frac{0,8424}{p\lambda}-\frac{0,6675}{\lambda\lambda}=0.$$

Ces deux équations étant combinées avec les deux de l'art. 766, on aura dans le premier cas en chassant r,

$$\frac{1}{p^4}-\frac{3,2270}{p^3\lambda}+\frac{6,4327}{p^2\lambda^2}-\frac{4,9202}{p\lambda^3}+\frac{3,4582}{\lambda^4}=0\,;$$

Dont la réduite du troisiéme dégré est

$$y^6+5,0546\,y^4-3,2332\,y^2-1,5921=0.$$

En faisant évanouir le second terme de cette équation ; le troisiéme terme de la réduite aura le signe — ; d'où il s'enfuit que toutes ses racines sont réelles ; de plus la combinaison des signes montre que de ces trois racines réelles, il y en a deux négatives ; d'où il suit que la proposée a toutes ses racines imaginaires. Donc dans ce premier cas le Problême est impossible.

Dans le second cas on aura, en chassant r, l'équation,

$$\frac{1}{p^4} - \frac{1,9818}{p^3\,\lambda} + \frac{2,0908}{p^2\,\lambda^2} - \frac{1,5049}{p\,\lambda^3} - \frac{0,7066}{\lambda^4} = 0;$$

Dont la réduite est

$$y^6 + 2,2368\,y^4 + 6,6976\,y^2 - 0,1649 = 0.$$

En faisant évanouir le second terme de cette équation, la transformée aura $+$ à son troisième terme. Donc y^2 aura deux valeurs imaginaires. Donc $\frac{1}{p}$ aura deux racines réelles.

Le calcul fait, on trouvera

$$\lambda = R \times 0,1410$$

$$\frac{1}{p} = - \frac{0,7835}{\lambda};$$

Et par conséquent

$$\frac{1}{r} = + \frac{5,1216}{\lambda}$$

$$\frac{1}{r'} = + \frac{5,9061}{\lambda}$$

$$\frac{1}{r''} = + \frac{6,5727}{\lambda}$$

$$\frac{1}{r'''} = + \frac{4,7892}{\lambda};$$

Ou bien

$$\frac{1}{p} = + \frac{1,9307}{\lambda}.$$

$$\frac{1}{r} = + \frac{53,3510}{\lambda}$$

$$\frac{1}{r'} = + \frac{51,4203}{\lambda}$$

$$\frac{1}{r''} = + \frac{42,0869}{\lambda}$$

$$\frac{1}{r'''} = + \frac{53,0176}{\lambda} :$$

De ces deux combinaisons, la premiere eft la plus favorable ; il eft à craindre que la feconde ne donne des furfaces d'une trop grande courbure ; peut - être même cet inconvénient aura-t-il lieu dans la premiere combinaifon ; puifque r'', par exemple, fera $< \dfrac{R}{40}$.

Ainfi jufqu'à préfent la combinaifon la plus favorable paroît être la feconde des quatre de l'art. 763, qui confifte à employer deux lentilles avec de l'air entre-deux, dont la premiere foit de *Flintglaß*, & la feconde de verre commun ; & à donner aux rayons r, r', r'', r''' les valeurs qui réfultent de cette feconde combinaifon.

771. Nous avons donc donné, dans ce paragraphe & dans le précédent, les formules néceffaires, ou pour anéantir prefqu'entiérement l'aberration dans l'axe pour toutes fortes de rayons, ou pour anéantir l'aberration des rayons moyens, tant dans l'axe que hors de l'axe. Les circonftances & l'ufage auquel on voudra employer la lunette, décideront lequel des deux fera le plus avantageux ; il feroit peut-être utile d'avoir des lunettes conftruites d'après ces deux fuppofitions. Les premieres

feront utiles pour les obfervations d'un feul objet, lorfque cet objet fera très-petit & placé dans l'axe ; les autres feront utiles pour l'obfervation de deux objets à la fois, dont l'un fera placé hors de l'axe.

772. Au refte, nous avons vû (art. 454.) que l'aberration hors de l'axe ne peut jamais être entiérement détruite ; mais nous avons remarqué en même-tems que la partie reftante de cette aberration eft toujours peu confidérable ; d'ailleurs on peut encore employer l'épaiffeur de la lentille à diminuer cette partie reftante, comme on le verra dans le §. fuivant.

§. IX. *Détermination de l'épaiffeur d'une lentille à quatre furfaces.*

773. On peut employer ici l'épaiffeur de la lentille, ou (comme on a fait dans les §. IV & VI) à diminuer encore l'aberration de réfrangibilité dans les rayons qui partent de l'axe, ou à diminuer, dans l'aberration de fphéricité des rayons qui ne viennent point de l'axe, la partie de cette aberration qui ne fauroit jamais être entiérement détruite. Nous allons traiter fucceffivement ces deux objets.

774. Pour remplir le premier, nous aurons d'abord recours aux formules de l'art. 122.'relatives à une lentille compofée de quatre furfaces & de deux matieres, avec de l'air entre deux. Faifant donc $P = \frac{1}{2}$, $dP = \frac{2}{3} dP'$, $\frac{1}{r} - \frac{1}{r!} = \frac{\Omega}{\epsilon}$, $P' = 1,600 = \frac{8}{5}$, on aura

$$\frac{2\,e}{3\,r^2}\left(1 - \frac{4}{9}\right) + \frac{2\,e'\,\Omega^2}{3\,r^2} - \frac{25\,e''}{64}\left(\frac{1}{\Gamma} + \frac{1}{2\,r'''}\right)^2$$

$$+ \frac{10\,e''}{8\,r''}\left(\frac{1}{\Gamma} + \frac{1}{2\,r'''}\right) = 0.$$

775. Et si on suppose $P' = \frac{1}{2}$, $P = \frac{8}{5}$, & $dP = \frac{1}{2}\,dP'$, on aura

$$\frac{3\,e}{2\,r^2}\left(1 - \frac{25}{64}\right) + \frac{9\,e'\,\Omega^2}{5} - \frac{2\,e''}{3}\left(\frac{1}{\Gamma} + \frac{3}{5\,r'''}\right)^2$$

$$+ \frac{2\,e''}{r'''}\left(\frac{1}{\Gamma} + \frac{3}{5\,r'''}\right) = 0.$$

De ces formules & des valeurs de r, Ω, r''', &c. trouvées ci-dessus (art. 763.) on tirera les valeurs de l'un des rapports $\frac{e}{e'}$, $\frac{e}{e''}$, l'autre étant pris à vo- lonté.

776. Quand la lentille est composée de quatre sur- faces & de deux matieres, dont l'une est renfermée au- dedans de l'autre, alors supposant $P = \frac{1}{2}$, $P' = \frac{8}{5}$, $dP = \frac{1}{2}\,dP'$; ou bien $P = \frac{8}{5}$, $P' = \frac{1}{2}$, $dP = \frac{1}{2}\,dP'$, la formule de l'art. 118 donnera deux équations différentes pour les épaisseurs e, e', e'', dont il restera toujours deux à volonté, ainsi que dans les équations des art. 774, 775; avec les deux seules conditions; 1°. que chacune des épaisseurs e, e', e'', soit très-petite; 2°. qu'elles soient toutes trois positives.

777. Voyons maintenant de quelle maniere on peut employer l'épaisseur pour diminuer la partie de l'aber- ration latitudinale qui (art. 454.) ne peut être détruite.

Pour cela nous observerons; 1°. que la plus grande

valeur de n (art. 400.) est $\frac{\omega}{2}$; 2°. que la plus grande valeur de $\frac{a}{\delta}$ est $\frac{\omega}{2R}$; 3°. que $p + p' + p'' = \frac{1}{2R}$; 4°. que $\delta = \infty$. D'où il s'ensuit qu'on aura en général (art. 450.) pour une lentille à quatre surfaces,

$$-\frac{\omega\omega}{4RR} + e\left(\frac{1-m}{r}\right) + e'\left(\frac{1-m'}{r'} + \frac{m'}{\delta'}\right)$$
$$+ e''\left(\frac{1-m''}{r''} + \frac{m''}{\delta''}\right) = 0.$$

Cette formule se trouve en faisant égale à zéro la somme des termes qui comprennent $\alpha n, e, e', e''$, & en remarquant que dans le cas d'une lentille à quatre surfaces, on a $r'' = r'$, $r''' = r''$, dans la formule de l'art. 450.

778. Si la lentille est à quatre surfaces avec de l'air entre deux, on aura $m = \frac{1}{P}$; $m' = 1$; $m'' = \frac{1}{P'}$;

$$\frac{1}{\delta'} = \frac{P-1}{\lambda} \; ; \; \frac{1}{\delta''} = \frac{P-1}{\lambda}.$$

779. Si la lentille est formée de quatre surfaces & de deux matieres, dont l'une soit contenue au-dedans de l'autre, on aura $m = \frac{1}{P}$, $m' = \frac{1}{P'}$, $m'' = \frac{1}{P}$;

$$\frac{1}{\delta'} = \frac{P-1}{\lambda} \; ; \; \frac{1}{\delta''} = \frac{P-1}{\lambda} + \frac{P'-1}{\lambda'}.$$

Par le moyen de ces substitutions on trouvera aisément le rapport du diametre ω de l'ouverture avec les épaisseurs e, e', e'', dont deux seront toujours à volonté, mais très-petites.

*§. X. Considérations plus particulieres sur l'aberration
des lentilles.*

780. Quelques mesures que l'on prenne pour détruire l'aberration, il y en aura toujours une partie qu'on ne pourra anéantir, & cette partie sera proportionnelle à $\omega\, d\,P^2$; c'est ce qui sera démontré si on prouve que dans l'équation par laquelle on fait l'aberration de réfrangibilité $= o$, il peut & doit se trouver des erreurs de l'ordre de $d\,P^2$.

781. En effet cette équation suppose évidemment que les différences $d\,P'$, $d\,P$, que nous supposons entre la réfraction des différens rayons & des rayons moyens, sont en proportion arithmétique; ou du moins que ces différences sont en raison constante dans deux milieux différens. Or la premiere de ces suppositions est fausse, & l'autre n'est appuyée sur aucun fondement.

782. Car en premier lieu M. Newton a prouvé dans son Optique, que dans le verre, les rayons de différente réfrangibilité donneront successivement pour les valeurs de P,

$$\frac{77}{50},\ \frac{77\frac{1}{6}}{50},\ \frac{77\frac{1}{5}}{50},\ \frac{77\frac{1}{3}}{50},\ \frac{77\frac{1}{2}}{50},\ \frac{77\frac{2}{3}}{50},$$
$$\frac{77\frac{7}{9}}{50},\ \frac{78}{50};$$

& il est évident que ces valeurs ne sont pas en progression arithmétique exacte. Car les valeurs que donneroit la progression arithmétique, seroient

$$\frac{77}{50},\ \frac{77\frac{3}{14}}{50},\ \frac{77\frac{5}{14}}{50},\ \frac{77\frac{1}{2}}{50},\ \frac{77\frac{9}{14}}{50},\ \frac{77\frac{11}{14}}{50},$$
$$\frac{77\frac{13}{14}}{50};$$

Et

Et les différences font

$$\frac{1}{8.50} - \frac{1}{14.50} = \frac{3}{8.7.50}$$

$$\frac{1}{5.50} - \frac{3}{14.50} = - \frac{1}{5.14.50}$$

$$\frac{1}{3.50} - \frac{5}{14.50} = - \frac{1}{3.14.50}$$

$$\frac{1}{2.50} - \frac{1}{2.50} = 0$$

$$\frac{2}{3.50} - \frac{9}{14.50} = \frac{1}{3.14.50}$$

$$\frac{7}{9.50} - \frac{11}{14.50} = - \frac{1}{9.14.50}$$

$$\frac{1}{50} - \frac{13}{14.50} = \frac{1}{14.50}.$$

783. Or il est visible que ces différences font au moins de l'ordre de dP^2, puisque $dP = \frac{1}{100}$, ou tout au plus $\frac{1}{50}$. Donc puisque l'équation dont on se sert pour anéantir l'aberration de réfrangibilité, n'a lieu que pour les couleurs extrêmes, il s'ensuit qu'elle n'est pas propre à détruire entiérement l'aberration de réfrangibilité pour les autres couleurs ; & qu'il restera dans la distance focale des termes de l'ordre de dP^2 qui ne sauroient être détruits.

784. Ce n'est pas tout. On suppose dans cette équation que si $+ dP'$, par exemple, est la différence du violet au verd, & $- dP'$ la différence du verd au rouge dans un milieu quelconque, on aura aussi les quantités égales & de signe contraire $+ dP$ & $- dP$ pour

les différences des mêmes couleurs dans un autre milieu ; ou en général que si $d\varpi$ exprime la différence du violet au verd, & $d\pi$ la différence du verd au rouge dans un même milieu, on aura toujours $\dfrac{d\pi}{d\varpi}$ exactement constant, quelque soit le milieu ; or cette supposition est gratuite.

785. Car soit BD (*fig.* 8.) l'espace où sont répandus les rayons, depuis le rouge B jusqu'au violet D ; soit C la place du verd, & soient BF, CG, DE les sinus de réfraction pour les différens rayons ; il est clair, que puisque ces sinus ne sont pas en progression arithmétique (art. 782.) les points E, G, F seront à une courbe qu'on pourra regarder sensiblement comme un arc de cercle à cause de son peu d'étendue ; donc supposant d'abord le point C au milieu de BD, & tirant la tangente HGK, il est aisé de voir que $DE - BF$, sera $= 2OK$, & que KE ou HF sera $= a.OK^2$, a étant une quantité constante à très-peu près. Donc si on fait $OK = dR$, & $CG = P'$, on aura $P' + dR + adR^2 = DE$; & $P' - dR + adR^2 = BF$.

786. Donc si on suppose dans un autre milieu, (*fig.* 9.) $cb = cd$; $cg = P$; $ok = dR'$; on aura $de = P + dR' + a'dR'^2$; & $bf = P - dR' + a'dR'^2$.

787. Donc supposant $dR + adR^2 = dP'$, $dR' + a'dR'^2 = dP$, on aura à très-peu près

$$DE = P' + dP'$$
$$BF = P' - dP' + 2adP'^2$$

$$d\,e = P + d\,P$$
$$b\,f = P - d\,P + 2\,a'\,dP^2.$$

788. Donc fi on fait $d\,P = \lambda\,d\,P'$, on aura

$$d\,e = P + \lambda\,d\,P'$$
$$b\,f = P - \lambda\,d\,P' + 2\,a'\,\lambda^2\,dP'^2$$

Il faudroit donc pour que l'aberration de réfrangibilité fût entiérement anéantie, que l'on eût

$$\frac{\lambda\,d\,P'}{d\,P'} = \frac{-\lambda\,d\,P' + 2\,a'\,\lambda^2\,dP'^2}{-d\,P' + 2\,a\,dP'}\,;$$

équation qui ne peut avoir lieu que dans le cas où a feroit $= a'\,\lambda$.

789. Si dans la fig. 8, on prend le point C, non au milieu de la ligne $B\,D$, mais tel que $C\,G$ foit exactement moyen arithmétique entre $D\,E$ & $B\,F$, de maniere que $O\,E = d\,P' = F\,L$, que $D\,E = P' + d\,P'$, & $B\,F = P' - d\,P'$; & qu'enfuite dans la fig. 9. on prenne c pour le point fur lequel tombent les rayons de la même nuance de couleur que ceux qui tombent en C, & qu'on faffe $c\,g = P$, $d\,e = P + d\,P$, on aura $b\,f = P - d\,P + \rho\,d\,P^2$, rien n'obligeant à fuppofer $\rho = 0$; or il eft vifible qu'à moins que ρ ne foit $= 0$, $\dfrac{d\,P}{dP'}$ ne fera pas $= \dfrac{-d\,P + \rho\,d\,P^2}{-d\,P'}$.

790. Il eft donc évident par les raifons apportées ci-deffus, que dans l'expreffion de l'aberration des rayons caufée par la diverfe réfrangibilité, on néglige, fans pouvoir faire autrement, des quantités de l'ordre de $d\,P'^2$.

D'un autre côté (& cette confidération eft encore affez

importante) la difficulté de mesurer exactement le vrai rapport de dP à dP', laissera toujours quelque erreur dans la valeur de k qui exprime ce rapport, & par conséquent dans les valeurs de r, r' &c. qui en résulteront; & cette erreur sera de l'ordre de dP'; puisqu'il est évident que les erreurs dans les mesures de dP & dP' seront au moins de l'ordre de dP'^2 ou $\frac{1}{10000}$, quantité fort au-dessous de la précision à laquelle l'expérience peut atteindre en cette matiere.

791. De-là il résulte, que dans l'équation qui exprime (art. 33, 64, &c.) le rapport des rayons r, r', r'', &c. pour détruire l'aberration de réfrangibilité, le premier membre $\frac{dP}{dP'}$ est sujet par toutes les raisons que nous venons de dire à des erreurs de l'ordre de $\frac{dP'^2}{dP'}$ ou dP', & que par conséquent les valeurs de r, r', r'' &c. seront nécessairement sujettes à ces mêmes erreurs. Donc puisque ces erreurs dans les valeurs de r, r', r'', &c. influeront sur l'aberration de sphéricité dans laquelle ces valeurs enttent nécessairement, il est visible qu'on ne pourra jamais se flatter de détruire ni la partie de l'aberration de sphéricité qui est de l'ordre de $\omega^2 dP'$, ni la partie de l'aberration qui provient de l'épaisseur, & qui est de l'ordre de $e\, dP$. Il est donc plus à propos de se borner à détruire autant qu'il est possible, l'aberration de sphéricité pour les rayons moyens qui partent d'un point quelconque pris dans l'axe ou hors de l'axe;

Problême dont nous avons donné la folution dans les art. 763 & 770.

792. Puifque dans l'aberration de réfrangibilité on ne peut détruire les quantités de l'ordre de $d\,P'^2$, il eft facile de voir que la partie reftante de l'aberration eft de même ordre, au moins, que l'aberration de fphéricité dans une lentille fimple; en effet dans une lentille fimple on a $\dfrac{\omega\,\omega}{R\,R} = \dfrac{4}{13 \cdot Q \cdot 12 \cdot 12}$; donc $\dfrac{\omega\,\omega}{4\,R\,R}$ eft $= \dfrac{1}{13 \cdot 12 \cdot 12 \cdot Q}$, & par conféquent $< d\,P'^2$, ou $\dfrac{1}{10000}$, tant que Q eft $> \dfrac{10000}{144 \times 13}$. A plus forte raifon $\dfrac{\omega\,\omega}{4\,R\,R}$ eft plus petit que $d\,P'^2$, en fuppofant $d\,P' = \frac{1}{50}$; & plus petit auffi que $\dfrac{9}{4 \cdot (50)^2} = \dfrac{9}{10000}$, tant que Q eft $> \dfrac{10000}{144 \cdot 13 \cdot 9}$.

793. Au refte dans le cas même où le rapport $\dfrac{d\,P}{d\,P'}$ feroit très-exactement connu, & où ce rapport feroit exactement le même pour toutes les couleurs; fi on fait l'aberration des rayons rouges & celle des rayons moyens $= o$, l'aberration des rayons violets ne fera pas rigouteufement nulle; il reftera encore dans cette aberration une petite partie qui fera de l'ordre de $\omega\,\omega\,d\,P'^2$. En effet foit $\omega^2\,\alpha$ l'aberration des rayons moyens, celle des rayons rouges fera $\omega^2\,(\alpha + \mathcal{C}\,d\,P' + \gamma\,d\,P'^2 + \iota\,d\,P'^3, \&c.)$ & celle des rayons violets $\omega^2\,(\alpha - \mathcal{C}\,d\,P' + \gamma\,d\,P'^2$

— $\iota\, d\, P'_3$, &c.). Donc faifant les deux premieres égales à zéro, il reftera encore dans la troifiéme une partie non détruite, laquelle fera $= - \omega^2 (2\, \gamma\, d\, P' + 2\, \iota\, d\, P'_3\ \&c.).$

794. Si on anéantit l'aberration des rayons rouges & celle des violets, on aura des équations de cette forme

$$\alpha + \zeta\, d\, P' + \gamma\, d\, P'_2 + \iota\, d\, P'_3\ \&c. = o.$$
$$\alpha - \zeta\, d\, P' + \gamma\, d\, P'_2 - \iota\, d\, P'_3\ \&c. = o.$$

Donc $2\, \zeta\, d\, P' + 2\, \iota\, d\, P'_3\ \&c. = o.$

Donc $\alpha + \gamma\, d\, P'_2 + \&c. = o.$

Ainfi dans l'aberration $\omega^2\, \alpha$ des rayons moyens, il reftera encore une partie non détruite, & égale à $- \omega^2\, \gamma\, d\, P'_2.$

795. D'où l'on voit qu'il n'eft pas poffible de détruire les aberrations de l'ordre de $\omega^2\, d\, P'_2$; & qu'ainfi il feroit illufoire de chercher une plus grande précifion dans la conftruction des objectifs.

796. On a vû même (art. 791 & 792.) qu'il eft comme impoffible de fe flatter de détruire dans l'aberration les quantités de l'ordre de $\omega^2\, d\, P'$, & même de l'ordre de $d\, P'_2$. Mais au moins eft-il bien certain qu'on ne fauroit fe flatter de parvenir à détruire dans l'aberration les quantités de l'ordre de $\omega^2\, d\, P'_2$.

797. Puifqu'il eft impoffible de faire évanouir les quantités de l'ordre de $\omega^2\, d\, P'_2$ dans l'aberration, en ce cas au lieu de fuppofer (art. 322.) $\dfrac{A}{r\, r} + \dfrac{B}{r\, \lambda} + \dfrac{C}{\lambda\, \lambda} + \dfrac{D}{r''\, \lambda} + \dfrac{E}{r''\, r''} = o$, on ne fera pas mal de

fuppofer cette quantité $= \Omega \, d P'^2$, Ω étant un coëfficient qui doit être petit, & qu'on peut d'ailleurs fuppofer à volonté. Ce qui donnera plus de latitude pour la détermination des quantités r & r''.

798. On peut remarquer encore que fi un des coëfficiens eft très-petit par rapport aux autres, on pourra traiter l'équation comme fi ce coëfficient n'y étoit pas; car il n'y a qu'à fuppofer l'aberration $= \Omega \, d \, P'^2 = \dfrac{\Omega}{10000}$, & faire ce terme $\dfrac{\Omega}{10000}$ égal à celui qui eft très-petit par rapport aux autres; il eft vifible que par ce moyen ce terme difparoîtra entiérement; ce qui pourra fimplifier les équations.

799. Voici encore de nouvelles remarques qu'on peut faire fur la matiere que nous traitons.

Pour que les rayons moyens & les rouges n'ayent point d'aberration, il faut qu'on ait,

$$a = 0,$$
$$a + \zeta \, d \, P' + \gamma \, d \, P'^2 + \iota \, d \, P'^3 , \; \&c. = 0.$$

Or la condition pour anéantir l'aberration des rayons violets, feroit

$$a - \zeta \, d \, P' + \gamma \, d \, P'^2 - \iota \, d \, P'^3 , \; \&c. = 0.$$

En ce cas (art. 793.) il refte dans l'aberration des rayons violets une partie $= 2 \, \gamma \, \omega^2 \, d \, P'^2$ qui ne peut être détruite.

Or fi on négligeoit le terme $+ \gamma \, d \, P'^2$ dans l'aberration des rayons rouges & des violets, on n'auroit que $\gamma \, d \, P'^2$ de part & d'autre pour l'aberration reftante des rayons rouges & violets.

800. Comme cette partie reſtante d'aberration eſt de même ſgne dans les deux cas, il s'enſuit qu'en ce cas les deux images des aberrations ſe couvriront (du moins à peu près) au fond de l'œil; & ne ſeront chacune que la moitié de ce qu'eût été l'aberration $2\gamma\,dP'^2$ du violet, ſi on n'eût pas négligé dans l'aberration du rouge la quantité $\gamma\,dP'^2$.

801. Il y a donc de l'avantage, toutes choſes égales d'ailleurs, à négliger dans l'aberration des rayons rouges ou violets le quarré de dP'; paradoxe qui peut paroître ſingulier, mais qui n'en eſt pas moins vrai.

802. Soit encore, comme on vient de le ſuppoſer dans les art. précéd. l'aberration des rayons moyens $= a$; & ſoit $a \pm \mathfrak{C}\,dP' + \gamma\,dP'^2$ celle des rayons extrêmes (en négligeant les autres termes); c'eſt-à-dire, $a + \mathfrak{C}\,dP'$ pour les rayons violets, & $a - \mathfrak{C}\,dP'$ pour les rayons rouges. Il eſt clair que ſi on fait $a = 0$ & $\mathfrak{C} = 0$, l'aberration reſtante ſera $+\gamma\,dP'^2$ pour les rayons rouges & les violets. Mais ſi on fait $a = -\dfrac{\gamma\,dP'^2}{2}$, & $\mathfrak{C} = 0$; alors l'aberration reſtante ſera $-\dfrac{\gamma\,dP'^2}{2}$ pour les rayons moyens, & $+\dfrac{\gamma\,dP'^2}{2}$ pour les rayons extrêmes, c'eſt-à-dire, ſera réduite à la moitié.

803. C'eſt pourquoi au lieu de faire l'aberration des rayons moyens $= 0$, & celle des rayons extrêmes $= 0$, voici ce qu'on peut eſſayer pour donner plus de perfection à l'objectif; ſoit a l'aberration des rayons moyens;

α' celle des violets, α'' celle des rouges ; il n'y a qu'à faire $\alpha'' = \alpha'$, & $\alpha = -\alpha'$; on réduira la partie reſtante de l'aberration à la moitié de ce qu'elle auroit été ſi on eût fait $\alpha = o$, & $\alpha'' = \alpha'$.

804. Il ne ſera peut-être pas inutile de faire voir en terminant cette théorie, comment on peut trouver l'aberration des rayons rouges & violets (l'aberration des rayons moyens étant donnée) en négligeant dans l'aberration des rayons extrêmes les quantités de l'ordre de dP'^3 ou de dP'^4 ou au-delà. Pour cela on remarquera d'abord que l'aberration α des rayons moyens eſt une fonction de P' & de P, dans laquelle il faudra mettre $P' \pm dP'$ au lieu de P', & $P \pm dP$ au lieu de P, pour avoir l'aberration des rayons extrêmes.

805. Soit donc propoſé de trouver la valeur de $\varphi(x+\xi, \zeta+\zeta)$ c'eſt-à-dire, d'une fonction donnée de $x+\xi$ & de $\zeta+\zeta$, ξ & ζ étant très-petites. J'ai démontré ailleurs (a), qu'en ſuppoſant $\zeta+\zeta$ conſtant, on auroit

$$\varphi(x+\xi, \zeta+\zeta) = \varphi(x, \zeta+\zeta) + \frac{\xi\, d\varphi(x, \zeta+\zeta)}{d\,x}$$
$$+ \frac{\xi^2}{2} \times \frac{dd(\varphi, x, \zeta+\zeta)}{d\,x^2} + \frac{\xi^3}{2 \cdot 3} \times \frac{d^3 \varphi(x, \zeta+\zeta)}{d\,x^3} \,\&c.$$

806. Maintenant en faiſant x conſtant, & $\zeta+\zeta$ variable, on aura

$$\varphi(x, \zeta+\zeta) = \varphi\, x, \zeta, + \frac{\zeta\, d(\varphi x, \zeta)}{d\,\zeta} + \frac{\zeta^2}{2} \times$$

(a) *Recherch. ſur le Syſtême du Monde*, premiere Partie, article 39.

$$\frac{dd(\varphi,x,z)}{dz^2} + \frac{\zeta^3 d^3 \varphi(x,z)}{dz^3};$$

$$\frac{d\varphi(x,z+\zeta)}{dx} = \frac{d(\varphi x,z)}{dx} + \frac{\zeta\, dd(\varphi x,z)}{dx\,dz} + \frac{\zeta^2}{2} \times$$

$$\frac{d^3(\varphi x,z)}{dx\,dz^2} + \frac{\xi^3}{3} \times \frac{d^4(\varphi x,z)}{dx\,dz^3}, \&c.$$

$$\frac{dd\varphi(x,z+\zeta)}{dx^2} = \frac{dd(\varphi x,z)}{dx^2} + \frac{\zeta\, d^3(\varphi x,z)}{dx^2\,dz} + \frac{\zeta^2}{2} \times$$

$$\frac{d^4(\varphi x,z)}{dx^2\,dz^2}, \&c.$$

807. Dans ces formules il faut remarquer que $\frac{dd\varphi x,z}{dx\,dz}$, marque la différence de $\varphi x, z$ en faisant varier x feule, enfuite la différence de cette différence, en faifant varier z feule, le tout divifé par $dx\,dz$; de même $\frac{d^3 \varphi x,z}{dx\,dz^2}$ défigne la différence de $\varphi x, z$ en faifant varier d'abord x feule, puis en faifant varier deux fois de fuite z feule; & en général $\frac{d^{m+n} \varphi x,z}{dx^m\,dz^n}$ défigne la différence de $\varphi x, z$, prife $m+n$ fois, d'abord en faifant varier x feule m fois de fuite, puis en faifant varier z feule n fois de fuite.

808. Donc $\varphi(x+\xi, z+\zeta) = \varphi x, z + \dfrac{\xi d(\varphi x,z)}{dx}$

$$+ \frac{\zeta d(\varphi x,z)}{dz} + \frac{\xi^2}{2} \times \frac{dd(\varphi,x,z)}{dx^2} + \frac{\zeta^2}{2} \times$$

$$\frac{dd(\varphi x,z)}{dz^2} + \frac{\xi\zeta\, d^2(\varphi x,z)}{dx\,dz} + \&c.$$

809. Donc en général on aura

$$\varphi(x + \xi, \zeta + \xi) \text{ égale à}$$

$$\varphi(x,\zeta) + \frac{\zeta\, d\varphi x,\zeta}{d\zeta} + \frac{\zeta^2\, d^2 \varphi x,\zeta}{2\, d\zeta^2} + \frac{\zeta^3\, d^3 \varphi x,\zeta}{2.3\, d\zeta^3} + \&c.$$

$$+ \frac{\xi\, d\varphi x,\zeta}{dx} + \frac{\xi\zeta\, dd\varphi x,\zeta}{dx\, d\zeta} + \frac{\xi\zeta^2\, d^3 \varphi x,\zeta}{2\, dx\, d\zeta^2} + \&c.$$

$$+ \frac{\xi^2\, dd\varphi x,\zeta}{2\, dx^2} + \frac{\xi^2\zeta\, d^3 \varphi x,\zeta}{2\, dx^2\, d\zeta} + \&c.$$

$$+ \frac{\xi^3\, d^3 \varphi x,\zeta}{2.3.\, dx^3} + \&c.$$

Et ainſi de ſuite.

810. Donc a étant l'aberration des rayons moyens, celle des rayons rouges ſera $a - \dfrac{dP'\, da}{dP'} - \dfrac{dP\, da}{dP}$

$$+ \frac{dP'^2\, dd a}{2\, dP'^2} + \frac{dP'\, dP\, dd a}{dP'\, dP} + \frac{dP^2\, dd a}{2\, dP^2}, \&c. =$$

(en ſuppoſant $dP = k\, dP'$) $a - dP'\left(\dfrac{da}{dP'} + \right.$

$\left.\dfrac{k\, da}{dP}\right) + dP'^2\left(\dfrac{dd a}{2\, dP'^2} + \dfrac{k\, dd a}{dP'\, dP} + \dfrac{k^2\, dd a}{dP^2}\right) \&c.$

Et pour les rayons violets l'aberration ſera $a + dP'$.

$\left(\dfrac{da}{dP'} + \dfrac{k\, da}{dP}\right) + dP'^2\left(\dfrac{dd a}{2\, dP'^2} + \dfrac{k\, dd a}{dP'\, dP} + \right.$

$\left.\dfrac{k^2\, dd a}{dP^2}\right) \&c.$

811. On peut donc par le moyen des art. 802 & 803, réduire l'aberration de ſphéricité à n'être que $\dfrac{a^2\, dP'^2}{2} \times$

$\left(\dfrac{dd a}{2\, dP'^2} + \dfrac{dd a.\, k^2}{2\, dP^2} + \dfrac{k\, dd a}{dP\, dP'}\right).$

812. Donc après avois déterminé les quantités r & r^u par les équations

$$\frac{A}{r\,r} + \frac{B}{r\,\lambda} + \frac{C}{\lambda\,\lambda} + \frac{D}{r''\lambda} + \frac{E}{r''\,r''} = 0,$$

$$\text{Et } \frac{1}{r\,r}\left(\frac{d\,A}{d\,P'} + \frac{k\,d\,A}{d\,P}\right) + \frac{1}{r\,\lambda}\left(\frac{d\,B}{d\,P'} + \frac{k\,d\,B}{d\,P}\right)$$

$$+ \frac{1}{\lambda\,\lambda}\left(\frac{d\,C}{d\,P'} + \frac{k\,d\,C}{d\,P}\right) + \frac{1}{r''\lambda}\left(\frac{d\,D}{d\,P'} + \frac{k\,d\,D}{d\,P}\right)$$

$$+ \frac{1}{r''\,r''}\left(\frac{d\,E}{d\,P'} + \frac{k\,d\,E}{d\,P}\right) = 0;$$

On aura (art. 803.) l'aberration reſtante exprimée par la quantité

$$\frac{\omega^2\,R\,R}{2.8\,\lambda}\Bigg[\frac{1}{r\,r}\left(\frac{d\,d\,A}{2\,d\,P'^2} + \frac{k\,d\,d\,A}{d\,P'\,d\,P} + \frac{k^2\,d\,d\,A}{2\,d\,P'^2}\right) +$$

$$\frac{1}{r\,\lambda}\left(\frac{d\,d\,B}{2\,d\,P'^2} + \frac{k\,d\,d\,B}{d\,P'\,d\,P} + \frac{k^2\,d\,d\,B}{2\,d\,P^2}\right) + \frac{1}{\lambda\,\lambda}\left(\frac{d\,d\,C}{2\,d\,P'^2}\right.$$

$$+ \frac{k\,d\,d\,C}{d\,P'\,d\,P} + \frac{k^2\,d\,d\,C}{2\,d\,P^2}\bigg) + \frac{1}{r''\lambda}\left(\frac{d\,d\,D}{2\,d\,P'^2} + \frac{k\,d\,d\,D}{d\,P'\,d\,P}\right.$$

$$+ \frac{k^2\,d\,d\,D}{2\,d\,P^2}\bigg) + \frac{1}{r''\,r''}\left(\frac{d\,d\,E}{2\,d\,P'^2} + \frac{k\,d\,d\,E}{d\,P'\,d\,P} + \frac{k^2\,d\,d\,E}{2\,d\,P^2}\right)\Bigg].$$

813. Nous ſuppoſons ici que les différences des ſinus de réfraction des rayons extrêmes, au ſinus des rayons moyens, ſoient exactement égales dans le même milieu, & que dans différens milieux elles ſoient en raiſon conſtante ; cette ſuppoſition ſans doute n'eſt pas rigoureuſement exacte ; il le ſeroit davantage (art. 785.) de mettre dans l'aberration des rayons violets au lieu de $- d\,P', -d\,P' + a\,d\,P'^2$, & au lieu de $- d\,P$ ou $- k\,d\,P', - k\,d\,P' + a'\,k^2\,d\,P'^2$. Mais comme on ne connoît exactement ni k, ni a, ni a', le réſultat de ce calcul ſeroit en pure perte.

814. Nous terminerons ces réflexions par une re-

cherche qui n'y a pas un rapport immédiat, mais qui pourra être utile à d'autres égards. On fait l'utilité des Télescopes catoptriques pour diminuer l'aberration; on fait de plus que dans ces Télescopes on fait aujourd'hui usage de deux miroirs. On demande si on peut par la combinaison de ces deux miroirs rendre l'aberration encore plus petite. Voici quelques vûes sur cette question.

815. Soit r le rayon du grand miroir, ρ celui du petit, Δ la distance des miroirs. L'aberration dans les miroirs est en général (art. 162 & 177.)

$$\frac{c^2}{2}\left[-\frac{1}{\delta}\left(\frac{1}{\delta}+\frac{1}{r}\right)^2+\frac{1}{r}\left(\frac{1}{\delta}+\frac{1}{r}\right)^2+\left(\frac{1}{\delta}+\frac{1}{r}\right)^3\right]$$

$$=\frac{c^2}{2}\times\left(\frac{1}{\delta}+\frac{1}{r}\right)^2\times\frac{2}{r}\,;$$

donc la distance du foyer des deux miroirs sera

$$1:\left[\frac{2}{\rho}+\cfrac{1}{-\frac{r}{2}+\Delta+\frac{c}{4r}}+\frac{4c^2}{2rr_{,}}\left(-\frac{r}{2}\right.\right.$$

$$\left.\left.+\Delta\right)^2\times\frac{2}{\rho}\times\left(\frac{1}{\rho}+\cfrac{1}{-\frac{r}{2}+\Delta}\right)^2\right];$$

Dans cette formule ρ est supposé positif, c'est-à-dire, que le second miroir a sa convexité du même côté que le grand; on suppose que $\Delta-\frac{r}{2}$ est la distance du foyer du premier miroir au second miroir, & que cette distance est positive, ensorte que $\Delta-\frac{r}{2}=\delta'$.

816. Or si $\Delta - \frac{r}{2} = \delta'$, la distance du foyer sera

$$1 : \left[\frac{2}{\rho} + \frac{1}{\delta' + \frac{c^2}{4r}} + \frac{c^2}{\rho}\left(\frac{2\delta'}{r\rho} + \frac{2}{r} \right) \right];$$

Donc $-\dfrac{1}{4r\delta'^2} + \dfrac{4}{\rho r^2}\left(-\dfrac{\delta'}{\rho} + 1 \right)^2 = 0.$

Donc $r = \dfrac{16\,\delta'^2}{\rho}\left(\dfrac{\delta'}{\rho} + 1 \right)^2.$

817. Donc puisque $\delta' = -\frac{r}{2} + \Delta$, il est clair que connoissant 1 & Δ, on aura ρ. Soit $\dfrac{\delta'}{\rho} + 1 = \varpi$; donc $r = 16\,\delta'\,\varpi^2\,(\varpi - 1)$; donc faisant $\varpi - \frac{1}{3} = k$, on aura $k^3 - \frac{1}{3}k = \dfrac{r}{16\,\delta'} + \dfrac{2}{27}.$

818. Puisque dans les Télescopes de *Gregori* & de *Cassegrain*, on a $+ \varpi - 1 = \dfrac{r}{16\,\delta'\,\varpi^2}$; donc $\varpi - 1$ est positif dans les Télescopes Grégoriens, car r & δ' le font dans ces Télescopes; dans ceux de *Cassegrain* au contraire δ' est négatif & r positif; donc $\varpi - 1$ est négatif; donc $\rho = \dfrac{\delta'}{-1+\varpi}$ doit être positif dans les deux cas; or dans les Télescopes Grégoriens ρ est négatif; donc on ne sauroit détruire entièrement l'aberration de sphéricité, au moins dans les Télescopes Grégoriens.

819. A l'égard des Télescopes de *Cassegrain*, la question se réduit à savoir, si la valeur de $\rho' = \dfrac{\delta'}{\varpi - 1}$

$$= \frac{16\,\omega^2}{r},$$ qui réfulte de l'anéantiffement de l'aberration, convient aux autres conditions néceffaires à la
conftruction de ce Télefcope. Comme cet objet n'a
qu'un rapport éloigné à la matiere que nous traitons,
nous l'abandonnons aux recherches des Opticiens, à
qui les formules qu'on vient de donner, fourniront
peut-être des vûes pour la perfection des Télefcopes
catoptriques.

§. XI. *De la combinaifon d'un objectif fimple avec*
un oculaire de matiere différente.

820. Avant que de finir nos recherches fur l'aberration des lunettes dioptriques, examinons fi en employant deux lentilles, chacune formées d'une feule
matiere, mais différentes entr'elles quant à la matiere
qui les compofe, on ne pourroit pas parvenir à corriger
l'aberration qui provient de la diverfe réfrangibilité.

821. Si on a un objectif également convexe des deux
côtés, fur lequel les rayons de lumiere tombent parallèles, & dont le rayon foit R, la diftance focale de
cet objectif fera $\dfrac{R}{2\,P - 2}$, P étant le rapport des finus
en paffant de cet objectif dans l'air. Donc fi on appelle L la longueur de la lunette, P' le rapport des
finus, en paffant de l'oculaire dans l'air, & ρ le rayon
de l'oculaire, on aura la diftance du foyer de l'oculaire

$$= 1 : \left[\frac{2\,P' - 2}{\rho} - \frac{1}{L - \dfrac{R}{2\,P - 2}} \right].$$

822. Or il faut 1°. que cette distance soit $=$ à l'infini, afin que les rayons sortent parallèles ; d'où $\dfrac{\varsigma}{2P'-2} = L - \dfrac{R}{2P-2}$. 2°. Pour qu'il n'y ait point d'aberration, il faut qu'en mettant $P \pm dP$ au lieu de P, & $P' \pm dP'$ au lieu de P', la distance du foyer soit encore infinie ; d'où l'on tire $\dfrac{2\,dP'}{\varsigma} + \dfrac{dP.R}{2(P-1)^2}\left[L - \dfrac{R}{2P-1}\right]^2 = 0$; ou $\dfrac{2\,dP'}{\varsigma} + \dfrac{R\,dP}{2(P-1)^2} \times \dfrac{4(P'-1)^2}{\varsigma\varsigma} = 0.$

823. Donc p est négatif & $= - \dfrac{R \times dP\,(P'-1)^2}{dP'\,(P-1)^2}.$

824. De-là il est aisé de conclure que si on fait coincider ensemble le foyer moyen d'un objectif convexe, & le foyer moyen d'un oculaire concave formé d'une autre matiere réfractive (telle que les sinus de réfraction, en passant des deux matieres réfractives dans l'air, soient au sinus d'incidence comme P & P' sont à l'unité) & que le rayon p de l'oculaire soit au rayon R de l'objectif en raison de $\dfrac{dP}{(P-1)^2}$ à $\dfrac{dP'}{(P'-1)^2}$; une lunette formée de ces deux verres sera exempte de l'aberration causée par la réfrangibilité.

825. Au reste, comme l'effet de la lunette, pour augmenter les objets, dépend du rapport des distances focales de l'objectif & de l'oculaire, c'est-à-dire, du rapport de $\dfrac{R}{P-1}$ à $\dfrac{\varsigma}{P'-1}$, qui doit être un assez

grand

grand nombre, pour que la lunette groffiffe confidérablement; il s'enfuit qu'une telle lunette fera peu utile
à moins que le rapport de $\dfrac{d\,P'}{(P'-1)^2\cdot(P-1)}$ à
$\dfrac{d\,P}{(P-1)^2\,(P'-1)}$, ne foit un affez grand nombre,
c'eft-à-dire, à moins que $\dfrac{d\,P'\cdot(P-1)}{d\,P\cdot(P'-1)}$ ne foit une affez
grande quantité.

826. Et quand on n'exigeroit pas que la lunette groffît
confidérablement, il faudroit au moins, pour qu'elle
groffît fenfiblement, que $\dfrac{d\,P'(P-1)}{d\,P\,(P'-1)}$ fût fenfiblement
plus grand que l'unité.

827. En général, fi l'objectif eft formé de deux furfaces dont les rayons foient r, r', & l'oculaire de deux
furfaces dont les rayons foient ρ, ρ', on trouvera facilement, que pour détruire l'aberration, l'oculaire doit

être tel que l'on ait $\dfrac{\dfrac{1}{\rho}-\dfrac{1}{\rho'}}{\dfrac{1}{r}-\dfrac{1}{r'}}=\dfrac{-d\,P\,(P'-1)^2}{d\,P'\,(P-1)^2}$.

Donc puifque les diftances focales font entr'elles comme
$1:\left[(P-1)\left(\dfrac{1}{r}-\dfrac{1}{r'}\right)\right]$ à $1:\left[(P'-1)\left(\dfrac{1}{\rho}\right.\right.$
$\left.\left.-\dfrac{1}{\rho'}\right)\right]$, il faudra toujours que $\dfrac{d\,P'\cdot(P-1)}{d\,P\,(P'-1)}$ foit
une quantité fenfiblement plus grande que l'unité, pour
que la lunette groffiffe fenfiblement.

828. Il eft donc clair que ce moyen de corriger l'aberration des lunettes, eft très-imparfait, puifque les deux

Opufc. Math. Tome III. V u

matieres étant données, on n'eft pas le maître d'avoir une lunette qui groffiffe tant qu'on voudra, & qu'il pourroit même fe faire que la lunette diminuât au lieu de groffir, fi $\frac{dP'(P-1)}{dP(P'-1)}$ fe trouvoit plus petit que l'unité.

829. Il eft vrai que dans le cas où $\frac{dP'(P-1)}{dP(P'-1)}$ feroit plus petit que l'unité, alors $\frac{dP.(P'-1)}{dP'(P-1)}$ feroit plus grand ; & qu'ainfi on pourroit former l'objectif, non avec la matiere où le rapport des finus feroit P, mais avec celle où le rapport des finus feroit P' ; pour lors cette lunette groffiroit : mais il eft encore certain qu'elle groffiroit peu fi $\frac{dP'(P-1)}{dP(P'-1)}$ étoit peu différent de l'unité.

830. Si $\frac{P-1}{P'-1} = \frac{598}{540}$, & que $dP = \frac{1}{2} dP'$, on aura $\frac{dP'.(P-1)}{dP(P'-1)} = \frac{2}{1} . \frac{598}{540}$, & fi on renverfe ces valeurs on aura $\frac{1 . 540}{2 . 598}$; ainfi la lunette diminue dans le premier cas, & groffit peu dans le fecond.

831. Si $P = \frac{4}{3}$, & $P' = \frac{3}{2}$, on aura, fuivant M. Dollond, $\frac{dP}{dP'} = \frac{4}{5}$; donc $\frac{dP'(P-1)}{dP(P'-1)}$ & $\frac{dP(P'-1)}{dP'(P-1)}$ feront $\frac{5}{4} . \frac{1}{3} . \frac{2}{1}$, ou $\frac{4 . 3 . 1}{5 . 1 . 2}$. Ainfi même inconvénient ; & fi on faifoit avec d'autres Obfervateurs $\frac{dP}{dP'} = \frac{2}{3}$; l'inconvénient feroit encore plus grand. On tireroit donc peu d'avantage en grand de ces fortes de lunettes.

832. Dans les lunettes dioptriques, dont l'objectif &
l'oculaire feroient fimples l'un & l'autre, mais formés
de différentes matieres, on a en général (art. 605.)

$$ \pm \frac{d\varpi \cdot 400}{111} = \pm \frac{R\,dP \cdot 16 \cdot \overline{P' - 1}^2 \cdot a}{13\varrho\varrho \cdot 2 \cdot \overline{P - 1}^2}. $$

833. Donc pour un même objectif de foyer donné
$\dfrac{R}{2(P-1)}$, $\dfrac{\varrho\varrho}{4(P'-1)^2}$ eft d'autant plus grand ou
plus petit que $\dfrac{dP}{P-1}$ eft plus grand ou plus petit.

834. Donc P reftant le même, il eft vifible que plus
P' fera petit, plus auffi ρ le fera ; ainfi, par exemple,
puifque dans l'eau on a $P' = \frac{4}{3}$, & dans le verre $P' = \frac{1}{2}$,
il eft clair qu'un oculaire d'*eau*, formé fuivant l'art. 60,
devra être d'un plus petit rayon qu'un oculaire de verre ;
l'objectif étant d'ailleurs donné & le même dans les
deux cas. Et dans ce cas ρ' pour un oculaire d'eau fera
à ρ pour un oculaire de verre, comme $\frac{1}{3}$ eft à $\frac{1}{2}$; c'eft-
à-dire, comme 2 à 3.

835. De même P' reftant conftant, c'eft à-dire, la
matiere de l'oculaire étant donnée, il eft vifible que ρ
fera d'autant plus petit (pour un objectif de foyer donné) que $\dfrac{dP}{P-1}$ le fera. Par exemple, fi on a deux objectifs de même foyer, l'un de *Crownglaß*, l'autre de
Flintglaß, on aura $\dfrac{dP}{P-1}$ dans le premier cas à $\dfrac{dP}{P-1}$
dans le fecond, comme $\dfrac{1}{540}$: $\dfrac{3}{2 \cdot 598}$ :: 598 à 810 ;

donc dans le premier cas il faudra un oculaire d'un foyer plus court que dans le second cas, en raison de $\sqrt{598}$ à $\sqrt{810}$, c'est-à-dire, à peu près en raison de $\sqrt{3}$ à 2.

836. Les lunettes à deux verres de différente matiere, l'un objectif, l'autre oculaire, dont nous venons de donner la théorie, pourroient n'être pas fort utiles dans l'Astronomie; mais elles pourroient l'être d'avantage pour voir les objets qui font plus près de nous, lorsqu'il fera moins question de les augmenter, que de les voir fort nettement. Nous exhortons les Praticiens à en faire l'essai.

VINGTIÉME MÉMOIRE.

Suite des Recherches précédentes.

CHAPITRE VIII.

Méthodes pour déterminer la réfraction des différentes matieres dont les lentilles sont formées.

837. NOUS nous proposons présentement d'examiner dans ce Chapitre de quelle maniere on peut déterminer les quantités P', P, $-\frac{d\,P'}{d\,P}$, qui entrent dans les équations nécessaires pour corriger l'aberration de la sphéricité & celle de la réfrangibilité.

En premier lieu il est évident qu'on ne peut déterminer que par la seule expérience les quantités, P', P & $d\,P'$ ou $d\,P$, c'est-à-dire, la réfraction des rayons moyens dans deux matieres différentes, & la réfraction des rayons extrêmes dans l'une des deux matieres; mais on demande fi connoiffant par l'expérience les trois quantités P', P, $P' + d\,P'$, ou P', P, $P + d\,P$, on pourroit déterminer par la théorie la quatriéme $P + d\,P$, ou $P' + d\,P'$.

§. I. *Examen des différens moyens que peut donner la théorie pour déterminer la quantité de la réfraction; & premiérement de la théorie Newtonienne.*

838. M. Newton a cru qu'on avoit toujours en gé-néral $\frac{P'-1}{P-1}$ = à une conftante, & par conféquent $\frac{d\,P'}{d\,P} = \frac{P'-1}{P-1}$; M. Dollond avoit d'abord fuivi la même idée, mais il l'a abandonnée depuis, par les rai-fons que nous dirons dans la fuite.

839. M. Euler penfe qu'on aura toujours l'équation $P = P'^a$, ou $\frac{Log.\ P}{Log.\ P'} = a$, a étant un nombre qu'il fuppofe conftant; & il foutient que l'équation $\frac{P'-1}{P-1}$ = à une conftante, ne fauroit avoir lieu. V. les Mém. de Berlin de 1747 & 1753.

840. D'autres Géometres ont attaqué également l'équation de M. Newton & celle de M. Euler. Je me propofe de faire voir ici qu'on ne peut, ni établir, ni attaquer folidement *par la théorie*, ni l'équation de M. Newton, ni celle de M. Euler; & que l'expérience eft le feul moyen parfaitement fûr de déterminer non-feu-lement les quantités P', P, & $P' + d\,P'$, mais encore

la quantité $P + dP$, lorsqu'on connoît les trois autres.

841. Pour parvenir à cet objet, je m'attacherai d'abord à la théorie Newtonienne, qui est celle de toutes où l'on explique de la maniere la plus nette & la plus simple, les phénomènes de la réfraction ; & j'examinerai les conséquences qui résultent de cette théorie.

842. Soit g la vîtesse d'un rayon, ou, pour parler plus exactement, d'un corpuscule de lumiere au moment de son passage d'un milieu dans un autre ; & soit X l'expression de la force attractive qui résulte de l'action combinée des deux milieux sur ce rayon, pendant qu'il décrit l'espace x, perpendiculairement à la surface qui sépare les deux milieux ; la vîtesse à la fin de cet espace sera par les principes de Méchanique, $\sqrt{gg + 2\int X\,dx}$, & ou aura $\dfrac{1}{m} = \dfrac{\sqrt{gg + 2\int X\,dx}}{g}$; car la vîtesse du corpuscule parallèlement à la surface réfringente n'étant point altérée, il est très-aisé de voir que les sinus d'incidence & de réfraction seront entr'eux en raison inverse des vîtesses avant & après le passage ; d'où il s'ensuit que l'on aura $1 : m :: \sqrt{gg + 2\int X\,dx} : g$. J'ignore (pour le dire en passant) par quelle raison d'habiles Géométres qui ont voulu commenter sur ce point M. Newton, ont employé un calcul infinitésimal assez compliqué pour la démonstration de cette proposition, assez simple en elle-même.

843. Quoi qu'il en soit, on tire de la proposition précédente $\dfrac{1}{m^2} - 1 = \dfrac{2\int X\,dx}{gg}$.

844. D'où il s'enfuit que fi m & m' expriment les raifons du finus de réfraction au finus d'incidence, telles qu'elles réfultent de la diverfe réfrangibilité de deux différens rayons, dont les vîteffes font fuppofées g, g'; on aura

$$\frac{1}{m^2} - 1 : \frac{1}{m'^2} - 1 :: \frac{2\int X\,dx}{g\,g} \cdot \frac{2\int X'\,dx'}{g'\,g'};$$

845. Donc fi $\int X\,dx$ eft à $\int X'\,dx'$ en raifon conftante, on aura

$$\frac{\frac{1}{m^2} - 1}{\frac{1}{m'^2} - 1} = \text{à une conftante.}$$

846. C'eft-à-dire, que fi, par exemple, $\int X\,dx$ exprime l'effet de l'action d'un certain milieu fur les rayons rouges, & $\int X'\,dx'$ l'effet de fon action fur les rayons violets, & que $\int \zeta\,d\zeta$ exprime l'effet de l'action d'un autre milieu fur les rayons rouges, & $\int \zeta'\,d\zeta'$ l'effet de fon action fur les rayons violets; & que M, M' foient les rapports du finus de réfraction au finus d'incidence

dans ce dernier milieu; on aura en général $\dfrac{\frac{1}{m^2} - 1}{\frac{1}{m'^2} - 1}$

$$= \frac{\frac{1}{M^2} - 1}{\frac{1}{M'^2} - 1}, \text{ pourvû que } \frac{\int \zeta\,dz}{\int \zeta'\,dz'} = \frac{\int X\,dx}{\int X'\,dx'};$$

847. On fuppofe ordinairement dans la théorie Newtonienne que le même milieu agit de la même maniere fur les rayons de différentes couleurs, de maniere que $\int X\,dx = \int X'\,dx'$, & $\int \zeta\,d\zeta = \int \zeta'\,d\zeta'$. Si la fuppofition étoit vraie, on auroit non-feulement $\dfrac{1}{m^2}$

$$\frac{\frac{1}{m} - 1}{\frac{1}{m'^2} - 1} = \frac{\frac{1}{M} - 1}{\frac{1}{M'^2} - 1} \; ;$$ mais on auroit encore

pour un seul & même milieu $\left(\frac{1}{m^2} - 1 \right) \times g\,g =$

$\left(\frac{1}{m'^2} - 1 \right) \times g'\,g'.$

848. C'est pourquoi la vîtesse des rayons violets seroit en rapport connu avec celle des rayons rouges; donc puisque $\frac{1}{m}$ par les expériences de M. Newton $= \frac{-7}{50}$, & que $\frac{1}{m'} = \frac{78}{50}$, (en passant de l'air dans le verre) on auroit $g\,g : g'\,g' :: 28 \times 128 : 27 \times 127$; & par conséquent $\frac{g}{g'} = 1 + \frac{1}{44}$ à peu près.

849. Or si Jupiter est supposé en quadrature avec le Soleil, tems auquel les Eclipses de ses satellites peuvent être le plus commodément observées; sa distance de la Terre étant alors à peu près égale à sa distance du Soleil, la lumiere met environ $41'$ à passer de Jupiter à la Terre; par conséquent, puisque par la théorie précédente la vîtesse des rayons violets est $\frac{1}{44}$ moindre que celle des rayons rouges, ils doivent arriver à l'œil $\frac{41'}{44}$, c'est-à-dire, $1'$ plus tard; donc les rayons violets que le satellite envoye immédiatement avant son immersion totale, doivent encore se faire sentir $1'$ de temps après qu'on n'apperçoit plus les rayons rouges, & au contraire on doit voir les rayons rouges une

minute avant les rayons violets, lorfque le fatellite fort
de l'ombre. Ce fatellite devroit donc paroître violet,
au moment de la difparition ou immerfion; & rouge,
au moment de l'émerfion ou de la réapparition. Or,
comme on n'a rien obfervé de pareil, quelques Géometres en ont conclu que la différente réfrangibilité des
rayons ne dépendoit point de leurs différentes vîteffes.
Voyez les Tranf. Phil. de 1753 & 1754.

850. Cependant comme la lumiere des fatellites de
Jupiter eft extrêmement foible, & que quand l'œil ne
reçoit qu'une lumiere foible, il a peine à diftinguer l'effet
des différentes fortes de rayons; il fe pourroit faire,
ce me femble, que la théorie Newtonienne fût vraie,
fans qu'on diftinguât bien nettement dans la lumiere du
fatellite les différentes couleurs dont il s'agit.

851. Mais je veux qu'en effet il réfulte inconteſta-
blement de l'expérience en queſtion que les rayons violets n'ont pas fenfiblement moins de vîteffe que les
rayons rouges; il me femble que tout ce qu'on peut
conclure de cette expérience c'eft que $\left(\dfrac{1}{m^2} - 1 \right) g\,g$
n'eft pas $= \left(\dfrac{1}{m'^2} - 1 \right) g'\,g'$, & par conféquent que
$\int X\,dx$ n'eft pas $= \int X'\,dx'$; c'eft-à-dire, que le milieu
réfringent n'agit pas de la même maniere fur les rayons
violets & fur les rayons rouges.

852. Cette fuppofition, que $\int X\,dx$ ne foit pas égal
à $\int X'\,dx'$, n'a au fond rien de révoltant; car les cor-

puſcules de lumiere de différente réfrangibilité peuvent différer entr'eux, non-ſeulement par la viteſſe, mais auſſi par la maſſe, par la figure, & par la nature de la matiere qui les compoſe; or n'eſt-il pas poſſible que ſi les rayons different de la ſorte, l'action que le milieu réfringent exerce ſur les corpuſcules de lumiere, ait une intenſité d'action différente pour les différentes ſortes de rayons; auquel cas on n'aura pas $\int X\, d\, x = \int X'\, d\, x'$?

853. M. Newton établit dans ſon Optique, d'après l'expérience (Liv. II. Part. III. Prop. X.) que $\int X\, d\, x$ eſt en général proportionnel à la denſité du corps, *excepté dans les corps ſulphureux* ou $\int X\, d\, x$ *eſt plus grand qu'en raiſon de la denſité.* N'eſt-il pas permis de conclure de-là, que ſi les corpuſcules lumineux different non-ſeulement en viteſſe, mais auſſi en nature de matiere, $\int X\, d\, x$ & $\int X'\, d\, x'$ peuvent être différens dans le même milieu? & que comme deux milieux de différente matiere ont une ſphere d'activité différente pour le même rayon, le même milieu peut avoir auſſi une ſphere d'activité, ou une intenſité d'action différente pour deux rayons de différente matiere?

854. Mais ſi la quantité $\int X\, d\, x$ ſans être égale à $\int X'\, d\, x'$, lui étoit toujours proportionnelle & en raiſon de k à 1, alors on auroit $\left(\dfrac{1}{m^2}-1\right)gg : \left(\dfrac{1}{m'^2}-1\right) \times g'g' :: \int X\, d\, x : \int X'\, d\, x' :: k \,.\, 1$, & par conſéquent

$$\frac{\dfrac{1}{m^2}-1}{\dfrac{1}{m'^2}-1} = \frac{g'g'k}{gg} = \text{à une conſtante.}$$

855. Par conséquent si on fait $\frac{1}{M} = P'$, $\frac{1}{M'} = P' + dP'$, $\frac{1}{m} = P$, & $\frac{1}{m'} = P + dP$, on aura $\frac{P'^2 - 1}{P'^2 - 1} =$ à une constante, c'est-à-dire, $\frac{P' dP'}{P'P' - 1} = \frac{P dP}{PP - 1}$, ou $\frac{P' dP'}{(P'+1)(P'-1)} = \frac{P dP}{(P+1)(P+1)}$, ce qui donneroit le rapport de dP' à dP, pourvû qu'on connût celui de P' à 1, & de P à 1.

856. Or si la régle de M. Newton énoncée ci dessus art. 853, a lieu dans le plus grand nombre des matieres réfringentes, ensorte que $\int X\,dx$ soit proportionnel à la densité de ces matieres, il est vraisemblable que $\int X'\,dx'$ sera aussi proportionnel à cette même densité; que par conséquent $\frac{\int X\,dx}{\int X'\,dx'}$ sera $= \frac{\int \zeta\,d\zeta}{\int \zeta'\,d\zeta'}$, au moins dans un grand nombre de corps réfringens. En ce cas on auroit $\frac{P'^2 - 1}{P^2 - 1} =$ à une constante, au moins dans ceux des corps transparens, où M. Newton a trouvé que $\int X\,dx$ est proportionnel à la densité.

857. Et quand même $\int X\,dx$ ne seroit pas exactement proportionnel à la densité, il pourroit encore se faire que $\frac{\int X\,dx}{\int X'\,dx'}$ fût $= \frac{\int \zeta\,d\zeta}{\int \zeta'\,d\zeta'}$. Par exemple, si $\int \zeta\,d\zeta$ est $= \Delta \int X\,dx$, Δ exprimant, non le rapport des densités, mais une fonction de ce rapport; il est assez vraisemblable, ou au moins il est possible qu'on ait aussi $\int \zeta'\,d\zeta' = \Delta \int X'\,dx'$, au moins dans un très-

grand nombre de corps; & par conséquent on auroit
$\dfrac{\int X\,dx}{\int X'\,dx'} = \dfrac{\int \zeta\,d\zeta}{\int \zeta'\,d\zeta'}$; & dans ce cas on auroit encore $\dfrac{P'^2 - 1}{P^2 - 1} = $ à une constante, quel que fût le mi-
lieu réfringent.

858. Il est donc évident qu'on peut faire un très-
grand nombre d'hypothèses, toutes différentes de $\int X\,dx$
$= \int X'\,dx'$, & dans lesquels on aura $\dfrac{P'^2 - 1}{P^2 - 1} = $ à une
constante; il suffit pour cela que le rapport de $\int X\,dx$
à $\int X'\,dx'$ soit constant, sans qu'il soit nécessaire que
ce rapport soit un rapport d'égalité.

859. Mais quoiqu'il soit très - vraisemblable par la
théorie Newtonienne, qu'au moins dans un grand nombre de milieux, on aura $\int X\,dx$ en raison constante
avec $\int X'\,dx'$; cependant comme la théorie ne fournit
pas par elle-même des lumieres suffisantes sur ce sujet,
on sera obligé d'avoir recours à l'expérience pour déterminer le rapport de P' à P dans les différens milieux. Nous donnerons dans la suite les moyens les plus
faciles & les plus sûrs de trouver ce rapport.

860. Au reste, quand même l'expérience feroit découvrir que la raison de $P'^2 - 1$ à $P^2 - 1$, ou de
$\int X\,dx$ à $\int X'\,dx'$ ne feroit pas constante, il ne faudroit pas se hâter d'en conclure que la théorie Newtonienne fût fausse; car cette théorie pourroit encore
subsister, quand même on ne supposeroit pas $\int X\,dx$
en raison constante avec $\int X'\,dx'$.

861. En effet, quand même $\dfrac{\int X\,dx}{\int X'\,dx'}$ ne feroit pas conftant, la raifon des finus le feroit toujours ; car il fuffit pour cela que $\int X\,dx$ & $\int X'\,dx'$ foient toujours les mêmes dans un même milieu, c'eft-à-dire, que l'action du milieu fur les rayons rouges, par exemple, foit toujours la même, quelqu'inclinaifon qu'on leur fuppofe, ou, ce qui revient au même, que la fphere d'activité de l'action du milieu fur un corpufcule de lumiere foit toujours la même, fous quelqu'angle que ce corpufcule entre dans le milieu réfringent. Or il eft évident que dans la théorie Newtonienne cette fphere d'activité ne change point, quelle que foit l'inclinaifon du rayon.

862. Suppofons pour un moment que l'équation $\dfrac{P'^2 - 1}{P^2 - 1} = $ à une conftante, foit exacte & conforme à l'expérience ; & examinons les conféquences qu'on en pourroit tirer ; cet examen nous fera utile dans la fuite, pour apprétier les objections qu'on a faites contre l'hypothèfe de M. Newton & contre celle de M. Euler fur la loi du rapport entre P' & P ; au moins en tant que ces objections font fondées fur la théorie.

863. Puifque $\dfrac{1}{m}$ eft le rapport du finus d'incidence au finus de réfraction, en paffant du milieu A dans le milieu B ; & que par la même raifon m eft le rapport du finus d'incidence au finus de réfraction, en paffant du milieu B dans le milieu A ; il femble d'abord qu'en

fuppofant $\dfrac{\frac{1}{m} - 1}{\frac{1}{m'^2} - 1} = $ à une conftante, on doive

avoir par la même raifon $\dfrac{m^2 - 1}{m'^2 - 1} = $ à la même conf-

tante, & par conféquent auffi $\dfrac{1 - m^2}{1 - m'^2}$ encore égal à

cette conftante.

864. Mais de ce que $\dfrac{\frac{1}{m^2} - 1}{\frac{1}{m'^2} - 1}$ feroit égal à une

conftante, il n'en faudroit pas conclure que $\dfrac{1 - m^2}{1 - m'^2}$

fût auffi égal à la même conftante; car il eft évident qu'on

auroit alors $\dfrac{(1 - m^2) \, m'^2}{(1 - m'^2) \, m^2} = \dfrac{1 - m^2}{1 - m'^2}$, & par confé-

quent $m'^2 = m^2$, ce qui ne fe peut; puifqu'on fuppofe

les deux milieux différemment réfringens, & les rayons

différemment réfrangibles.

865. On ne fauroit même conclure de $\dfrac{\frac{1}{m^2} - 1}{\frac{1}{m'^2} - 1}$

$ = $ à une conftante A, que $\dfrac{1 - m^2}{1 - m'^2}$ foit égal à une

autre conftante B; car alors on auroit $\dfrac{(1 - m^2) \, m'^2}{(1 - m'^2) \, m^2}$

$ = A$, & $\dfrac{1 - m^2}{1 - m'^2} = B$, & par conféquent $\dfrac{B m'^2}{m^2}$

$ = A$, ou $m'^2 = \dfrac{A m^2}{B}$; donc puifque $1 - m^2 = B$

$ - B m'^2$, on auroit $1 - m^2 = B - A m^2$, & par conféquent m feroit égale à une conftante ; c'eft-à-dire, que la réfraction dans tous les milieux feroit la même, ou, ce qui eft la même chofe, qu'un rayon paffant du milieu donné dans un milieu quelconque, fouffriroit toujours la même réfraction, quelque fût ce dernier milieu, ce qui eft abfurde.

On ne pourroit fauver l'abfurdité de cette conféquence qu'en fuppofant $A = 1$ & $B = 1$, ou $m'^2 = m^2$, c'eft-à-dire, en fuppofant que les rayons euffent tous la même réfrangibilité ; ce qui eft faux.

866. Suppofons encore pour un moment
$$\dfrac{\dfrac{1}{m^2} - 1}{\dfrac{1}{m'^2} - 1}$$
= à une conftante, c'eft-à-dire, à
$$\dfrac{\dfrac{1}{M^2} - 1}{\dfrac{1}{M'^2} - 1} \; ;$$
m étant le rapport des finus, en paffant du milieu A dans le milieu B, & M le rapport des finus en paffant du milieu A dans le milieu C. Il eft certain (art. 16.) que le rapport des finus, en paffant du milieu B dans le milieu C fera $\dfrac{M}{m}$, & $\dfrac{M'}{m'}$; or on demande fi l'on aura
$$\dfrac{\dfrac{m^2}{M^2} - 1}{\dfrac{m'^2}{M'^2} - 1}$$
= à la même conftante, c'eft-à-dire, à
$$\dfrac{\dfrac{1}{m^2} - 1}{\dfrac{1}{m'^2} - 1} ,$$
en fuppofant $m > M$?

867.

867. Soit fait $\dfrac{\frac{1}{m^2} - 1}{\frac{1}{m'^2} - 1} = a$, on aura $\dfrac{1}{m^2} - 1$

$= \dfrac{a}{m'^2} - a$: or si m est le rapport du sinus de réfraction au sinus d'incidence, en passant du milieu A dans le milieu B, & M le rapport des mêmes sinus, en passant du milieu A dans le milieu C; il est clair (art. 16.) que $\dfrac{M}{m}$ sera le rapport des sinus en passant du milieu B dans le milieu C; c'est. pourquoi de ce que $\dfrac{1}{m^2} - 1 = \dfrac{a}{m'^2} - a$, on seroit tenté d'en conclure que par la même raison $\dfrac{m^2}{M^2} - 1 = \dfrac{a\,m'^2}{M'^2} - a$;

mais on a (*hyp.*) $\dfrac{\frac{1}{M^2} - 1}{\frac{1}{M'^2} - 1} = a$; donc $\dfrac{1}{M^2} - 1 = \dfrac{a}{M'^2} - a$; donc $\dfrac{m^2}{M^2} - \dfrac{1}{M^2} = \dfrac{a\,m'^2 - a}{M'^2}$, ou $\dfrac{1 - m^2}{M^2} = \dfrac{(1 - m'^2)\,a}{M'^2}$. Or $\dfrac{1 - m^2}{m^2} = \dfrac{(1 - m'^2)\,a}{m'^2}$; donc $\dfrac{m^2}{M^2} = \dfrac{m'^2}{M'^2}$; donc si on a $\dfrac{m^2}{M^2} - 1 = \dfrac{a\,m'^2}{M'^2} - a$, on aura $1 - a = (1 - a)\dfrac{m^2}{M^2}$; & par conséquent $m = M$, ou $a = 1$, c'est-à-dire, $m = M$, ou $m = m'$, ce qui seroit également faux. Donc de ce que $\dfrac{1}{m^2} - 1$ seroit $= \dfrac{a}{m'^2} - a$, il ne s'ensuivroit pas que $\frac{m^2}{M^2} - 1$ fût $= \frac{a\,m'^2}{M'^2} - a$; ce qu'il faut bien remarquer. D'où il s'enfuit que la même loi de réfraction qui s'obferveroit en paffant du milieu A dans le milieu B, ou du milieu A dans le milieu C, n'auroit pas lieu en paffant du milieu B dans le milieu C.

868. Mais fi on a
$$\frac{\dfrac{1}{m^2}-1}{\dfrac{1}{m'^2}-1} = \frac{\dfrac{1}{M^2}-1}{\dfrac{1}{M'^2}-1} = \grave{a}$$
une conftante a, on pourra avoir
$$\frac{\dfrac{m^2}{M^2}-1}{\dfrac{m'^2}{M'^2}-1} = \grave{a}$$
une autre conftante C; car alors on auroit $\frac{1}{m^2}-1 = \frac{a}{m'^2}-a$; $\frac{1}{M^2}-1 = \frac{a}{M^2}-a$; & par conféquent $\frac{1}{m^2}-\frac{1}{M^2} = a\left(\frac{1}{m'^2}-\frac{1}{M'^2}\right)$; donc fi
$$\frac{\dfrac{m^2}{M^2}-1}{\dfrac{m'^2}{M'^2}-1} = C,$$
on aura auffi $\frac{1}{m^2}-\frac{1}{M^2} = \frac{C\,m'^2}{m^2}\left(\frac{1}{m'^2}-\frac{1}{M'^2}\right)$ & par conféquent $a = \frac{C\,m'^2}{m^2}$, & $C = \frac{a\,m^2}{m'^2}$; équation qui eft poffible; d'où l'on peut conclure que fi on a
$$\frac{\dfrac{1}{m^2}-1}{\dfrac{1}{m'^2}-1} = \frac{\dfrac{1}{M^2}-1}{\dfrac{1}{M'^2}-1} = a, \text{ on aura } \frac{\dfrac{m^2}{M^2}-1}{\dfrac{m'^2}{M'^2}-1}$$
$= \frac{a\,m^2}{m'^2}$, ou $\frac{1}{m^2} - \frac{1}{M^2} = a\left(\frac{1}{m'^2} - \frac{1}{M'^2}\right)$;

équation qui a lieu en effet, puisqu'elle résulte évidemment des équations $\frac{1}{m^2} - 1 = \frac{a}{m'^2} - a$, & $\frac{1}{M^2} - 1 = \frac{a}{M'^2} - a$.

869. Il faut pourtant remarquer que $\frac{\frac{m^2}{M^2} - 1}{\frac{m'^2}{M'^2} - 1}$ ne sera égal à la même constante $\mathfrak{C}$, que tant qu'on supposera les milieux *A* & *B* les mêmes, le milieu *C* variant d'ailleurs comme on voudra ; car comme $\frac{\mathfrak{C}}{a} = \frac{m^2}{m'^2}$, & que $\frac{m^2}{m'^2}$ n'est pas constant pour tous les milieux, il est visible que $\mathfrak{C}$ variera dès que *A* & *B* varieront, ou seulement l'un de ces deux milieux.

870. Il y a donc cette différence essentielle & très-remarquable, entre les équations $\frac{\frac{1}{m^2} - 1}{\frac{1}{m'^2} - 1} = \frac{\frac{1}{M^2} - 1}{\frac{1}{M'^2} - 1} = a$, & $\frac{\frac{m^2}{M^2} - 1}{\frac{m'^2}{M'^2} - 1} = \mathfrak{C}$, que dans la premiere *a* est supposée demeurer toujours la même, pourvû que le milieu *A* demeure le même, les milieux *B* & *C* étant tels qu'on voudra ; au lieu que dans la seconde, pour que $\mathfrak{C}$ reste la même, il faut que les milieux *A* & *B* demeurent les mêmes, le seul milieu *C* étant tel qu'on voudra.

871. Si l'équation supposée par M. Newton, & d'a-

bord fuivie par M. Dollond, étoit vraie, on auroit toujours

$$\frac{\frac{1}{m}-1}{\frac{1}{m'}-1}=\text{à une conftante } a;$$

& par conféquent

$$\frac{\sqrt{1+\frac{2\int X\,dx}{g\,g}}-1}{\sqrt{1+\frac{2\int X'\,dx'}{g'\,g'}}-1}=\text{à la même conftante } a;$$

mais alors $\dfrac{\int X\,dx}{\int X'\,dx'}$ ne feroit plus conftant.

872. En effet foit $2\int X'\,dx'=2\,k\int X\,dx$, $2\int X\,dx=n\,g\,g$, & $g'\,g'=Q'\,g\,g$, on auroit dans cette hypothèfe $\sqrt{1+n}-1=a\left(\sqrt{1+\dfrac{k\,n}{Q'}}\right)-a$; & $(\sqrt{1+n}-1+a)^2-a^2=\dfrac{a^2\,k\,n}{Q'}$; donc k feroit $=\dfrac{Q'}{n\,a^2}[2+n-2a+(2a-2)\sqrt{1+n}]$; donc puifque Q' & a font conftantes, & que n eft variable fuivant les différens milieux, il eft vifible que k ne feroit pas conftante; & que par conféquent $\dfrac{\int X\,dx}{\int X'\,dx'}$ ne feroit pas conftant.

873. M. Euler, dans les Mémoires de Berlin de 1753, attaque l'équation de M. Newton $\dfrac{\frac{1}{m}-1}{\frac{1}{m'}-1}=$ à une conftante a, par le raifonnement fuivant. Il foutient que

ſi on avoit $\dfrac{\frac{1}{m} - 1}{\frac{1}{m'} - 1} = a$, on devroit avoir par la

même raiſon $\dfrac{1 - m}{1 - m'} = a$, & $\dfrac{\frac{m}{M} - 1}{\frac{m'}{M'} - 1} = a$; con-

ſéquences dont M. Euler fait voir aiſément la fauſſeté. Mais on peut, ce me ſemble, répondre que ces conſé-quences ne ſont pas néceſſaires, & qu'on pourroit avoir $\frac{1}{m} - 1 = a \left(\frac{1}{m'} - 1 \right)$ ſans qu'on eût pour cela $1 - m = a (1 - m')$, ni $\frac{m}{M} - 1 = a \left(\frac{m'}{M'} - 1 \right)$; comme on a vû ci-deſſus (art. 864 & 867.) que quand on auroit $\frac{1}{m^2} - 1 = \left(\frac{1}{m'^2} - 1 \right) a$, on n'auroit pas pour cela $1 - m^2 = a (1 - m'^2)$, ni $\frac{m^2}{M^2} - 1 = a \left(\frac{m'^2}{M'^2} - 1 \right)$.

874. Si la loi exprimée par l'équation $\dfrac{\frac{1}{m} - 1}{\frac{1}{m'} - 1}$ $= a$ étoit vraie, on auroit $\dfrac{\frac{m}{M} - 1}{\frac{m'}{M'} - 1}$ égal non à la même quantité a, mais à une quantité $\zeta = \frac{a\,m}{m'}$; ce qui ſe prou-ve comme ci-deſſus, art. 868. & ſe voit d'ailleurs ai-ſément. Ainſi l'équation de M. Newton pourroit ſub-

fifter indépendamment des objections que M. Euler a tirées de la Théorie.

875. En un mot, pour réfuter M. Newton fur la loi dont il s'agit, M. Euler fuppofe gratuitement que fi on a, par exemple, une équation quelconque entre m & m', cette équation doit fubfifter la même, pour quelque paffage que ce foit d'un milieu dans un autre; c'eft au moins ce qu'il falloit démontrer directement, & c'eft ce qu'il n'a pas fait, & qu'il fe contente de fuppofer comme une vérité inconteftable. Or nous venons de voir que dans une hypothèfe très-fimple fur la réfraction, cette fuppofition ne pourroit pas avoir lieu; ce qui fuffit pour la réfuter.

876. Il eft vrai que fi on avoit $\frac{1}{m} - 1 = \alpha \left(\frac{1}{m'} - 1 \right)$, il feroit impoffible de remédier aux défauts des lunettes provenant de la diverfe réfrangibilité des rayons; car alors on auroit $\frac{P' - 1}{P - 1} =$ à une conftante; & par conféquent $\frac{d P'}{d P} = \frac{P' - 1}{P - 1}$. Or il eft aifé de voir (art. 45 & 46.) que les formules du §. V. Chap. 1. ne feront alors rien connoître; & la formule de l'art. 31. montre aifément que dans ce cas il n'eft nullement poffible de remédier à l'aberration de réfrangibilité; car alors

$$\delta'' = \frac{1}{(P - 1)\left(\frac{1}{r} - \frac{1}{r'} + \frac{\alpha}{r'} - \frac{\alpha}{r''} \right)}, \text{ quantité}$$

qui varie dès que P varie. M. Euler tire de-là un nouvel

argument contre M. Newton, prétendant que l'effet de
la diverse réfrangibilité des rayons est corrigé dans l'œil,
& qu'ainsi puisque la correction est possible, il s'enfuit
que $\frac{1}{m} - 1$ n'est pas $= a\left(\frac{1}{m'} - 1\right)$. Mais on pourroit répondre que pour la vision distincte, il n'est pas
nécessaire que l'effet de la diverse réfrangibilité soit
corrigé exactement dans les humeurs de l'œil; il suffit
qu'il le soit à peu près, c'est-à-dire, que les rayons de
diverse réfrangibilité se réunissent, sinon dans un point
exact, au moins dans un très-petit espace; or c'est en
effet ce qui paroît avoir lieu dans les humeurs de l'œil;
fur quoi voyez le §. II. Chap. III. art. 138.

877. On peut donc avancer que l'équation de M.
Newton $\frac{P - 1}{P' - 1} = a$, suivie d'abord par M. Dollond,
n'a point été suffisamment réfutée par la théorie, & ne
sauroit l'être. L'expérience seule peut en faire voir la
fausseté, & en effet elle a depuis convaincu M. Dollond
que cette équation n'avoit pas lieu dans la réfraction;
puisque ce savant Opticien est parvenu à faire des objectifs sensiblement exempts de l'aberration causée par
la diverse réfrangibilité de la lumiere.

878. Un savant Géometre, dans un écrit cité & adopté
par un autre (Mém. Acad. 1756. p. 405.) entreprend aussi
de réfuter par la théorie l'équation $\frac{P - 1}{P' - 1} = a$; mais
le raisonnement de cet habile Mathématicien porte sur la

fuppofition, que fi $\dfrac{\frac{1}{m} - 1}{\frac{1}{m'} - 1} = \dfrac{\frac{1}{M} - 1}{\frac{1}{M'} - 1} = a$,

on aura $\dfrac{\frac{m}{M} - 1}{\frac{m'}{M'} - 1} = a$. Or on vient de voir que cette

conclufion n'eft pas jufte.

879. Le même Savant fe trompe encore, ce me femble, dans le même écrit, lorfqu'il ajoute que la loi ou équation $\dfrac{P - 1}{P' - 1} = a$ peut être vraie dans de petites réfractions; à moins qu'on n'entende par-là le cas où le rapport des finus eft prefque égal à l'unité, & non pas celui où le finus d'incidence eft fort petit; car comme P' eft une quantité conftante, foit que le finus d'incidence foit petit ou non, il eft vifible que fi l'équation $\dfrac{P - 1}{P' - 1} = a$ n'eft pas vraie pour de grands angles d'incidence, elle ne le fera pas davantage pour de petits angles.

§. II. *De la Théorie de M. Euler.*

880. Selon M. Euler on a $\dfrac{Log.\ m}{Log.\ m'} = $ à une conftante a, ce qui donne $m = m'^a$, & $m' = m^{\frac{1}{a}}$; & par conféquent $m'^2 = m^{\frac{2}{a}}$; & (en fuivant toujours la théo-

rie

rie Newtonienne) $\dfrac{1}{m'^2}$ ou $1 + \dfrac{2 \int X' dx'}{g' g'} = \left(\dfrac{1}{m^2} \right)^{\frac{3}{2}}$

ou $V \sqrt{1 + \dfrac{i \int X dx}{g g}}$.

881. Donc en gardant les dénominations de l'art. 872. ci-deſſus, on auroit $1 + \dfrac{k n}{Q'} = \sqrt{1 + n}$; & réduiſant en

ſérie le ſecond membre, on auroit $\dfrac{k n}{P'} = A n + B n^2 + C n^3$, &c. ou $k = Q' (A + B n + C n^2, \&c.)$ A

étant $= \dfrac{1}{a}$, $B = \dfrac{1 \cdot 1 - a}{2 a^2}$, $C = \dfrac{1 \cdot 1 - a \cdot 1 - 2 a}{2 \cdot 3 a^3}$,

&c. Donc dans cette hypothèſe k n'eſt pas conſtante, non plus que dans celle de M. Newton.

882. Mais il eſt évident, que pourvû qu'on ne ſup-poſe pas $\dfrac{\int X dx}{\int X' dx'} = $ à une conſtante (ce qui eſt très permis), les deux hypothèſes de M. Newton & de M. Euler peuvent ſubſiſter avec la théorie Newtonienne de la réfraction, & qu'ainſi ni les objections de M. Euler contre M. Newton tirées de la théorie, ni celles que d'autres Géometres ont tirées de la théorie contre l'hypothèſe de M. Euler, ne ſont ſuffiſantes pour renverſer ces hypothèſes.

883. On a objecté à M. Euler dans les Mémoires de l'Académie de l'année 1756. que ſi P' étoit $= P$, cette équation devroit avoir lieu en ſuppoſant $\int X dx = \int X' dx'$; & on prouve aiſément que cela n'eſt pas. Il me ſemble que M. Euler peut répondre que l'équation

$P' = P^a$ ne suppose point nécessairement ni que $\int X\, dx$ soit $= \grave{a} \int X'\, dx''$, ni même que $\dfrac{\int X\, dx}{\int X'\, dx'}$ soit constant.

884. Quand M. Euler a supposé que l'équation $P' = P^a$ devoit être celle de la réfraction, il a bien vû sans doute qu'on pourroit imaginer des théories sur la réfraction, qui donneroient les sinus en raison constante, & dans lesquelles cependant l'équation $P' = P^a$ n'auroit pas lieu; ce n'est donc point en appliquant cette équation $P' = P^a$ à une théorie particuliere, qu'on peut la renverser; c'est par un raisonnement plus général & plus décisif; ou ce qui seroit encore plus sûr, par l'expérience.

885. L'hypothèse de M. Euler semble avoir un avantage sur lequel son illustre Auteur appuye beaucoup; c'est que si on a $\dfrac{\mathrm{Log.}\ m}{\mathrm{Log.}\ m'} = a = \dfrac{\mathrm{Log}\ M}{\mathrm{Log.}\ M'}$, on aura de même $\dfrac{\mathrm{Log.}\ \dfrac{1}{m}}{\mathrm{Log.}\ \dfrac{1}{m'}} = a$, $\dfrac{\mathrm{Log.}\ \dfrac{M}{m}}{\mathrm{Log.}\ \dfrac{M'}{m'}} = a$; & qu'ainsi la constante a ne change jamais, & que l'équation demeure toujours absolument la même, quels que soient les milieux que l'on compare; avantage qui n'a pas lieu dans les équations $\dfrac{P' - 1}{P - 1} = a$, & $\dfrac{P'^a - 1}{P^a - 1} = a$, où la quantité a change dans les différens cas, comme on l'a vû ci-dessus (art. 867 & 873.)

886. Mais quelqu'avantageuse que paroisse par sa forme l'équation de M. Euler; cependant l'expérience

feule peut déterminer à l'admettre ou à la rejetter ; car comme nous ne favons pas démonftrativement par quelle caufe eft produite la réfraction, nous ne pouvons pas non plus démontrer par la théorie, qu'en général *m* doive être égal à *m'*.

887. Si nous en croyons M. Dollond, l'expérience décide contre M. Euler ; car M. Dollond prétend que les objectifs travaillés d'après la théorie de M. Euler, n'ont point produit l'effet qu'on en efpéroit. Mais M. Euler répond que l'imperfection de ces objectifs vient de la grande courbure qu'on eft obligé de donner aux faces intérieures ; & il ajoute que ceux de ces objectifs qui ont le mieux réuffi, donnent l'intervalle entre le foyer des rayons rouges & celui des rayons violets, beaucoup plus petit que dans un objectif fimple de même foyer.

888. La feule maniere d'examiner la vérité de l'équation propofée par M. Euler, c'eft de voir fi en fuppofant vraie cette équation, & en donnant à r, r', r'' les valeurs néceffaires pour corriger à la fois l'effet de la réfrangibilité & celui de la fphéricité, on parviendra à faire des objectifs qui corrigent en effet cette double aberration, ou au moins qui la diminuent beaucoup.

889. On fçait que le Log. d'un nombre P' eft égal à la férie $P' - 1 - \dfrac{\overline{P'-1}^2}{2} + \dfrac{\overline{P'-1}^3}{3} + $ &c. Ainfi l'équation de M. Euler feroit

Zz ij

$$\left(\frac{P'-1}{P-1}\right) \times \frac{\left(1 - \frac{P'-1}{2} + \frac{\overline{P'-1}^2}{3} - \&c.\right)}{\left(1 - \frac{P-1}{2} + \frac{\overline{P-1}^2}{3} - \&c.\right)} = a ;$$

Celle de M. Newton feroit

$$\frac{P'-1}{P-1} = a ;$$

Et celle qu'on peut tirer de la théorie de l'attraction ;

$$\left(\frac{P'-1}{P-1}\right) \times \frac{P'+1}{P+1} = a.$$

On voit par-là d'un coup d'œil quelle différence il doit y avoir dans les réfultats de ces diverfes équations.

890. Jufqu'ici nous avons fuppofé comme vraie la théorie Newtonienne, & nous avons montré comment les équations $\frac{P'-1}{P-1} = a$, $\frac{P'^2-1}{P^2-1} = a$, & $\frac{Log.\ P'}{Log.\ P} = a$ pouvoient fubfifter, chacune en particulier, avec cette théorie. De ces équations il faut exclure la première $\frac{P'-1}{P-1} = a$, puifque l'expérience (art. 876.) a montré qu'elle n'a pas lieu ; l'expérience montrera de même laquelle des deux autres équations n'eft pas vraie, ou fi elles ne le font ni l'une ni l'autre.

891. Pour faire cet examen, il faut remarquer 1°. que $\frac{P'^2-1}{P^2-1} = a$. donne $\frac{P'\,dP'}{P'P'-1} = \frac{P\,dP}{PP-1}$, & par conféquent $\frac{dP'}{dP} = \frac{P\cdot(P'P'-1)}{P'\cdot(PP-1)}$.

892. Or il a été prouvé dans les Mémoires de l'Aca-

démie de 1756, & il est aisé de voir par un calcul très-simple, que si on fait $\frac{dP}{dP'} = \frac{3}{2}$, $P = 1,583$, $P' = 1,530$, comme l'expérience l'a donné à M. Dollond, cette équation n'aura pas lieu; donc l'équation $\frac{P'P'-1}{P^2-1} = a$ n'est pas vraie. Voyons si celle de M. Euler l'est davantage.

893. Suivant M. Newton on a dans le verre le nombre $P' = \frac{156}{100}$ pour les rayons violets, & $P' = \frac{154}{100}$ pour les rouges; or $\frac{\text{Log. } 156}{\text{Log. } 154} = \frac{2.1931246}{2.1875207}$; maintenant dans le *Flintglass* on a pour les rayons violets $P = 1598 + 15 = 1613$, & pour les rouges 1583; or $\frac{\text{Log. } 1613}{\text{Log. } 1583} = \frac{3.2076344}{3.1594809}$. Il faut donc que $\frac{\text{Log. } 156}{\text{Log. } 154} \times \text{Log. } 1583$ soit à peu près égal à Log. 1613, ou que $\frac{2.1931}{2.1875} \times 3.1995$ soit à peu près $= $ Log. 1613. Or

Log. 2 . 1931 $= 4$. 3410584
Log. 3 . 1995 $= 4$. 5050821
____
8 . 8461405
Log. 2 . 1875   4 . 3399481
____
diff. 4 . 5061924.

Ce dernier nombre est le Log. de 3 . 2077; donc $\frac{\text{Log. } 156}{\text{Log. } 154} \times \text{Log. } 1583 = 3.2077$; or 3 . 2077 est le Logarithme de 1,6135; quantité qui differe très-peu de $1,6130$. Ainſi l'équation de M. Euler paroît aſſez proche du vrai dans le cas dont il s'agit (a).

894. Dans l'eau, on a pour les rayons moyens $P' = \frac{4}{3}$; on a de plus, ſuivant M. Dollond, $dP' = \frac{4}{3} \times \frac{1}{100}$; &, ſuivant d'autres, $dP' = \frac{2}{3} \times \frac{1}{100}$. Dans le premier cas $P' = 1,325$ pour les rayons rouges, & $P' = 1,341$ pour les violets; & l'on trouvera, que pour que l'équation de M. Euler eût lieu, il faudroit que P' fût $= 1,349$ pour les rayons violets. Dans le ſecond cas on aura $P' = 1,3267$ pour les rayons rouges, & $P' = 1,3399$ pour les rayons violets; or, ſuivant l'équation de M. Euler, P' devroit être $1,3592$ pour les rayons violets. C'eſt pourquoi, ſi on s'en rapporte à l'une ou l'autre des deux valeurs de $\frac{dP}{dP'}$ trouvées par différens Obſervateurs, l'équation de M. Euler n'aura pas lieu trop exactement dans les lentilles d'eau comparées aux

---

(a) Ce réſultat ne s'accorde nullement avec celui de M. Dollond, rapporté & adopté dans les Mémoires de l'Académie de 1757; réſultat qui eſt contraire à l'hypothèſe de M. Euler, dans le cas dont nous parlons; mais le calcul de M. Dollond me paroît fondé ſur une ſuppoſition fauſſe. Soit R le ſinus de réfraction des rayons rouges dans un milieu, $R + V$ celui des rayons violets dans le même milieu, r & $r + v$ celui des rayons rouges & violets dans un autre milieu; & ſoit $r = R^{\alpha}$, on aura, ſuivant M. Euler, $r + v = \overline{R+V}^{\alpha} = R^{\alpha} + \alpha V R^{\alpha-1}$; donc puiſque $r + v = R^{\alpha} + v$, on aura $v = \alpha V R^{\alpha-1}$; donc $\frac{v}{V} = \alpha R^{\alpha-1}$; donc le rapport de la divergence des couleurs eſt $\alpha \times R^{\alpha-1}$, & non pas α ſeulement, comme M. Dollond le ſuppoſe dans l'endroit cité.

lentilles de verre. Il s'en faudra dans le premier cas environ $\frac{5}{1000}$ ou $\frac{1}{115}$, & dans le second $\frac{1}{50}$, que le finus de réfraction des rayons violets ne foit conforme à cette hypothèfe. Il eft donc douteux que l'équation de M. Euler foit vraie en général ; mais c'eft peut - être une queftion qui a befoin d'être difcutée par de nouvelles expériences.

895. Au refte, fi on abandonne la théorie de la réfraction donnée par M. Newton, & qu'on veuille expliquer la réfraction par de petites atmofpheres répandues autour des corps, comme je l'ai effayé dans mon *Traité des Fluides*, art. 330. alors l'équation de M. Euler $\frac{Log.\,m}{Log.\,m'} = a$ aura inconteftablement lieu, ainfi qu'il eft aifé de le voir par les formules que j'ai données art. 325. & fuiv. de l'Ouvrage cité. C'eft pourquoi cette équation de M. Euler, déja fi fimple par elle-même, a encore l'avantage de pouvoir fubfifter dans différentes théories. Mais d'un autre côté l'explication de la réfraction par de petites atmofpheres, quoiqu'elle fatisfaffe à la proportion conftante des finus, eft fujette à d'autres difficultés qui ne paroiffent pas aifées à réfoudre, comme je l'ai fait voir dans l'Ouvrage cité art. 330, auquel je renvoye le Lecteur.

§. III. *Maniere très-simple & très-exacte de déterminer par expérience la réfraction des différens rayons, par le secours des lentilles.*

896. Il réfulte des deux §. précédens, que pour connoître le rapport de M à M', en fuppofant que l'on connoiffe M, & le rapport de m à m', il n'y a de voie fûre que l'expérience. Elle feule peut donner véritablement les valeurs de m, & de $\frac{m}{m'}$, ainfi que celles de M, & de $\frac{M}{M'}$. Or c'eft à quoi on peut parvenir de différentes manieres.

897. En premier lieu il eft aifé de voir par les formules du Chap. I. §. III. qu'on peut déterminer m & M, ou, ce qui eft la même chofe, P & P' dans deux matieres réfractives quelconques, en examinant par expérience le foyer de deux lentilles de courbure connue, & formées de ces deux différentes matieres. Car foit Δ la diftance du foyer, & δ celle de l'objet, on aura $\frac{1}{\Delta}$

$$= (P - 1) \left(\frac{1}{r} - \frac{1}{r'} \right) - \frac{1}{\delta}.$$ Donc connoiffant Δ, δ, r, r' par obfervation, on connoîtra P pour une des lentilles; & par le même moyen on connoîtra P' pour l'autre lentille. Si l'une des deux matieres eft liquide, on a vû art. 60. comment on peut alors former une lentille folide qui faffe le même effet.

898. Cette formule fait voir que les déterminations
des

des foyers des lentilles par l'expérience, est un très bon moyen pour trouver la loi de réfraction, c'est-à-dire, le rapport du sinus d'incidence au sinus de réfraction, lorsque les rayons passent de l'air dans la matiere dont la lentille est formée. Car soient, par exemple, deux lentilles de même figure & de même rayon, dans l'une desquelles on ait $P = \frac{4}{3}$, & dans l'autre $P = \frac{4}{2}$; les sinus de réfraction, à égal sinus d'incidence, ne seront entr'eux que comme 8 à 9, & par conséquent ne différeront pas considérablement; mais les distances focales seront entr'elles comme 3 à 2; & par conséquent la différence en sera très-considérable.

899. Or la même méthode que nous venons de donner pour déterminer la réfraction des rayons moyens, peut être employée pour déterminer celle des rayons extrêmes. Soit, par exemple, $P' + dP'$ la valeur de P' pour les rayons les plus réfrangibles, & $P' - dP'$ celle qui convient aux rayons les moins réfrangibles; soit observé à la distance Δ', le foyer des rayons solaires les moins réfrangibles, c'est-à-dire, des rayons rouges, dans une lentille plane convexe, dont le foyer soit de plusieurs pieds, & dans laquelle le rayon de la convexité $= R$; & à la distance Δ'' le foyer des rayons les plus réfrangibles, c'est-à-dire, des rayons violets; on aura (art. 22.) $P' - dP' = \frac{R}{\Delta'} + 1$;

& $P' + dP' = \frac{R}{\Delta''} + 1$; d'où l'on tirera la valeur de $dP' = \dfrac{R}{\Delta''} - \dfrac{R}{\Delta'}$; & celle de P', qui convient

aux rayons moyens, fera fenfiblement $\dfrac{R}{2\,\Delta'} + \dfrac{R}{2\,\Delta''}$

$+\ 1.$

900. Il y a plus. La diftance du foyer étant en gé-
néral $\dfrac{1}{\dfrac{2\,\varpi-2}{R} - \dfrac{1}{\delta}}$ dans des lentilles convexes des

2 côtés & de convexités égales ; foit cette diftance $=\delta$, on
aura $\dfrac{\varpi-1}{R} = \dfrac{1}{\delta}$; c'eft-à-dire, qu'il faudra placer

l'objet à une diftance $= \dfrac{R}{\varpi-1}$; pour lors la diftance
de l'objet à la lentille, & celle du foyer à la même
lentille, feront chacune le double de la diftance focale
$\dfrac{R}{2\,\varpi-2}$, & la différence des foyers en fera encore

plus fenfible ; cette différence fera même d'autant plus
fenfible que la diftance δ fera plus petite, pourvû toutefois qu'elle ne foit pas moindre que $\dfrac{R}{2\,\varpi-2}$; ce-

pendant fi elle furpaffoit peu $\dfrac{R}{2\,\varpi-2}$, alors la diftance exceffive du foyer, & l'aberration confidérable
caufée par la différente réfrangibilité des rayons, em-
pêcheroit qu'on ne pût connoître avec affez d'exactitude le foyer des rayons moyens.

901. Cette méthode de mefurer la réfraction des différens rayons par le moyen des foyers des lentilles, en
fuppofant l'objet placé à la même diftance que le foyer,

a été employée par M. Newton dans son Optique, L. I. Part. I. Prop. VII.

902. L'expérience du rapport des sinus peut aussi se faire avec une exactitude suffisante, au moyen d'une lentille dont la surface tournée vers l'objet soit plane, & sur laquelle les rayons tombent parallèles. Car alors les rayons ne souffrant aucune réfraction à la premiere surface, l'épaisseur du verre n'altere absolument en rien la distance focale, qui se trouve d'ailleurs double de ce qu'elle seroit dans une lentille composée de deux pareilles surfaces convexes.

903. Ayant donc une lentille plane d'un côté, & convexe de l'autre, & dont le rayon de la convexité soit R; si l'on expose cette lentille perpendiculairement au Soleil par le côté plan, & qu'on remarque l'endroit où est le foyer moyen de la lentille, soit Δ la distance observée de ce foyer à la lentille, on aura $\Delta = \dfrac{R}{\varpi - 1}$, & $\varpi - 1 = \dfrac{R}{\Delta}$; & par conséquent le rapport ϖ du sinus d'incidence au sinus de réfraction $= \dfrac{R}{\Delta} + 1$.

§. IV. *Maniere de determiner la réfraction par le secours du Prisme.*

904. Nous allons maintenant donner les moyens de résoudre les mêmes questions par l'expérience, en employant le secours du Prisme, comme Mrs Newton & Dollond l'ont pratiqué. Pour cela nous aurons besoin

de quelques propoſitions préliminaires ſur la réfraction à travers un ſeul priſme, ou à travers pluſieurs priſmes de matieres différentes.

905. Soit (*fig.* 10.) un rayon FD qui tombe ſur un priſme triangulaire iſoſcele BAC, DE le rayon rompu, EI le même rayon rompu à ſa ſortie du priſme; ODH, DK, HEL, les perpendiculaires aux deux faces du priſme; ſoient auſſi l'angle $FDO = k$, $EDM = \mathfrak{C}$, $IEL = \omega$, $MDK = BAC = 2\alpha$; & ſoit le ſinus d'incidence au ſinus de réfraction, en paſſant de l'air dans le priſme, comme 1 eſt à m; on aura

$$\sin.\ \mathfrak{C} = m \sin.\ k,$$

$$\sin.\ \omega = \frac{1}{m} \sin.\ 2\alpha - \mathfrak{C} = \frac{1}{m} \sin.\ 2\alpha \cos.\ \mathfrak{C} - \frac{1}{m}$$

$$\sin.\ \mathfrak{C} \cos.\ 2\alpha = \frac{1}{m} \sin.\ 2\alpha \cos.\ \mathfrak{C} - \sin.\ k \cos.\ 2\alpha$$

$$= \frac{1}{m} \sin.\ 2\alpha \sqrt{1 - m^2 \sin.\ k^2} - \sin.\ k \cos.\ 2\alpha.$$

906. Il eſt aiſé de voir que l'angle FVI du rayon incident FD avec le rayon émergent EI dans un ſimple priſme (ou plutôt le complément IVZ de cet angle) eſt $= VDE + VED = FDO - EDM + LEI - HED = k - \mathfrak{C} + \omega - 2\alpha + \mathfrak{C} = k + \omega + 2\alpha$; par conſéquent, pour que cet angle fût conſtant, comme paroiſſent le croire quelques Auteurs d'Optique, il faudroit que $k + 2\alpha + \omega$ fût conſtant; & comme 2α eſt conſtant, il faudroit que $k + \omega$ fût conſtant. Or c'eſt ce qui n'eſt pas; car la condition

de $k + \omega$ conftant, donneroit fin. k cof. ω + fin. ω cof. k conftant; équation qui ne peut appartenir qu'à une certaine valeur déterminée de fin. k.

907. En effet, pour que fin. ω cof. k + fin. k cof. ω fût = à une conftante B, il faudroit qu'on eût $B^2 -$ 2 fin. ω cof. k + fin. ω^2 = fin. k^2, & par conféquent fin. ω = cof. $k \pm \sqrt{-BB + 1}$ = cof. $k + C$, C exprimant une conftante. Il faudroit donc que fin. $2\,\alpha\sqrt{\dfrac{1}{m^2} - \text{fin.} k^2}$ fût = fin. k cof. $2\,\alpha$ + cof. $k + C$; équation d'où l'on tireroit une valeur déterminée de fin. k.

908. Il n'y a que le cas où k & α font fort petites, dans lequel on a $\mathfrak{C} = m\,k$, $\omega = \dfrac{1}{m}\,(2\,\alpha - \mathfrak{C}) = \dfrac{2\,\alpha}{m} - k$, & par conféquent $k + \omega = \dfrac{2\,\alpha}{m}$, c'eft-à-dire conftant.

909. Si en tournant le prifme de B vers F, on augmente l'angle k de la quantité $d\,k$, on aura $d\,\mathfrak{C}$, ou
$$\frac{d\ \text{fin.}\ \mathfrak{C}}{\text{cof.}\ \mathfrak{C}} = \frac{m\,d\,k\ \text{cof.}\ k}{\text{cof.}\ \mathfrak{C}};$$
$$d\,\omega = \frac{d\ \text{fin.}\ \omega}{\text{cof.}\ \omega} = -\frac{1}{m} \times \frac{d\,\mathfrak{C}\ \text{cof.}\ 2\,\alpha - \mathfrak{C}}{\text{cofin.}\ \omega} = -$$
$$\frac{d\,k\ \text{cof.}\ k}{\text{cof.}\ \mathfrak{C}} \times \frac{\text{cof.}\ 2\,\alpha - \mathfrak{C}}{\text{cof.}\ \omega}.$$

910. Pour que le nouveau rayon émergent foit parallèle à $E\,I$, après ce petit mouvement du prifme, il faut que l'angle $F\,V\,I$ entre le rayon incident & le rayon émergent demeure le même; donc la différence

de cet angle, c'est-à-dire, de $k + \omega + 2\alpha$ doit être
$= 0$; donc puisque 2α est constant, il faut que la différence de $k + \omega$, c'est-à-dire, $d\omega + dk = 0$; d'où l'on

tire $\dfrac{\cos. k \times \cos. \overline{2\alpha - C}}{\cos. C \cdot \cos. \omega} = 1.$

911. Or c'est ce qui a lieu, lorsque $C = \alpha$; car alors
$2\alpha - C = C$, & $\omega = k$, comme il est aisé de le déduire des formules sin. $C = m$ sin. k, & sin. $\omega = \dfrac{1}{m} \times$
sin. $2\alpha - C$.

912. Pour voir s'il n'y a point d'autre cas possible,
ou en faisant tourner le prisme, le rayon émergent $E\,l$
demeure parallèle à sa premiere situation; il faut supposer $C = \alpha + \rho$, & on aura

$$\frac{\cos. k \cdot \cos. \overline{\alpha - \rho}}{\cos. \overline{\alpha + \rho} \cdot \cos. \omega} = 1.$$

Ou $\cos. \overline{k}^2 (\cos. \alpha \cos. \rho + \text{sin.}\, \alpha \, \text{sin.}\, \rho)^2 = \cos. \omega^2 \times$
$(\cos. \alpha \cos. \rho - \text{sin.}\, \alpha \, \text{sin.}\, \rho)^2$. Or $\cos. k^2 = 1 - \text{sin.}\, k^2$
$= 1 - \dfrac{1}{m^2}$ sin. $C^2 = 1 - \dfrac{1}{m^2}$ (sin. α cos. $\rho +$ sin. $\rho \times$
cos. α $)^2$;

Et $\cos. \omega^2 = 1 - \text{sin.}\, \omega^2 = 1 - \dfrac{1}{m^2}$ (sin. α cos. ρ
$-$ sin. ρ cos. α $)^2$;

Mettant ces valeurs dans l'équation précédente, &
ôtant ce qui se détruit, ou, ce qui revient au même,
doublant dans le premier membre les termes où sin. ρ
doit se trouver à une puissance impaire, & omettant

les autres, il vient 4 fin. ρ cof. ρ fin. α cof. $\alpha \times (\, 1 - \dfrac{1}{m^2}$ fin. α^2 cof. $\rho^2 - \dfrac{1}{m^2}$ fin. ρ^2 cof. $\alpha^2 - \dfrac{1}{m^2}$ cof. α^2 cof. $\rho^2 - \dfrac{1}{m^2}$ fin. ρ^2 fin. $\alpha^2\,) = 0$; c'eft-à-dire, fin. ρ cof. $\rho\,(\, 1 - \dfrac{\text{cof. } \varrho^2}{m^2} - \dfrac{\text{fin. } \varrho^2}{m^2}\,) = 0$, ou fin. ρ cof. $\rho\,(\, 1 - \dfrac{1}{m^2}\,) = 0$; & par conféquent fin. $\rho = 0$, ou cof. $\rho = 0$.

913. Le cas de fin. $\rho = 0$, donne $\mathfrak{C} = \alpha$, qui eft le cas de l'art. 911; & celui de cof. $\rho = 0$, donne $\rho = \pm\,90°$; c'eft-à-dire, le rayon rompu $D\,E$ perpendiculaire à la bafe $B\,C$. Or ce dernier cas doit être exclus, puifqu'alors le rayon $D\,E$ ne fortiroit pas du prifme par le côté $A\,C$, comme on le fuppofe.

914. Il n'y a donc que le feul cas de $\mathfrak{C} = \alpha$, dans lequel, fi l'on fait tourner le prifme fur fon axe, d'une quantité très-petite, le rayon rompu $E\,I$ demeurera parallèle à lui-même au fortir du prifme.

915. Soient tirées maintenant les lignes horifontales $D\,R$, $E\,S$, & foient les angles $F\,D\,R = h$, $I\,E\,S = h'$, $O\,D\,R = \lambda$, on aura $L\,E\,S = 2\alpha - \lambda$; on aura auffi $F\,D\,O$ ou $k = h + \lambda$, $I\,E\,L$ ou $\omega = I\,E\,S + L\,E\,S = h' + 2\alpha - \lambda$; donc $k + \omega = h + h' + 2\alpha$; donc lorfque $k = \omega$, comme il arrive dans le cas précédent de $\mathfrak{C} = \alpha$, on aura $k = \dfrac{h + h'}{2} + \alpha$. Il eft de plus aifé de voir que dans le cas de $\mathfrak{C} = \alpha$, le rayon rompu $D\,E$ fera parallèle à la bafe $B\,C$.

916. Le cas de $C = a$, & $k = o$, est celui d'après lequel M. Newton a fait dans son Optique les expériences sur la réfraction du prisme. En effet on a pour lors deux avantages. 1°. Comme le rayon émergent $E\,I$ reste alors parallèle à lui-même, l'image du spectre est stationnaire, c'est-à-dire, ne monte ni ne descend ; & par conséquent en cherchant (ce qui est très-facile) la position du prisme où l'image est stationnaire, c'est-à-dire, où elle s'arrête entre l'ascension & la descente ; on est sûr (art. 911. & 914.) qu'alors $C = a$, & $k = o$. 2°. Dans ce même cas pour avoir l'angle k, il n'est pas nécessaire de mesurer immédiatement l'angle des rayons incidens avec la surface du prisme ; il suffit, ce qui est plus facile, de mesurer l'angle h des rayons incidens avec l'horifon, ou, ce qui est la même chose, la hauteur du Soleil, & l'angle h' des rayons émergens $E\,I$ avec l'horifon $E\,S$; car alors on aura $k = \dfrac{h+h'}{2} + a$, a étant la moitié de l'angle $B\,A\,C$ que font entr'eux les côtés du prisme.

917. A l'égard de l'angle $2\,a$ du prisme, on peut le mesurer aisément, comme le propose M. Smith, en disposant sur une table bien polie deux régles qui fassent un angle entr'elles, & en rapprochant les deux régles jusqu'à ce qu'elles coincident avec les côtés du prisme.

918. Cela posé, soit $F\,D$ (*fig.* 11.) un rayon de lumiere hétérogene, tombant sur un prisme $B\,A\,C$; ensorte que le rayon rompu $D\,E$ soit parallèle à la base $B\,C$,

pour

pour les rayons de moyenne réfrangibilité; & soit EI le rayon émergent à fa fortie du prifme; on aura l'angle $CEI = FDB$; & l'angle HDE que les rayons rompus font avec la perpendiculaire, fera égal à la moitié de l'angle BAC. Soit maintenant, comme ci-deffus, l'angle FDO ou $IEL = k$, HDE ou HED $= a$, on aura fin. $k = \dfrac{\text{fin. } a}{m}$, $= P$ fin. a, P exprimant le rapport du finus d'incidence au finus de réfraction en paffant de l'air dans le prifme, pour les rayons de moyenne réfrangibilité. Soit $P - dP$ ce même rapport pour les rayons De de la plus petite réfrangibilité, & on aura fin. $k = (P - dP)$ fin. $(a + EDe)$ ou dP fin. $a = P \cdot EDe$ cof. a; on aura par la même raifon fin. $iel = (P - dP)$ fin. $(a - EDe) = P$ fin. $a - dP$ fin. $a - P \cdot EDe$ cof. $a = $ fin. $k - 2dP$ fin. a; & comme l'angle $LEI = k$, il eft aifé de voir que l'angle des rayons EI, ei, (c'eft-à-dire, l'angle des rayons moyens avec les rayons les moins réfrangibles) fera $= \dfrac{2\,dP \text{ fin. } a}{\text{cof. } k}$.

919. Par conféquent l'angle entre les rayons les plus réfrangibles, & les rayons les moins réfrangibles, fera $\dfrac{4\,dP \text{ fin. } a}{\text{cof. } k}$. Or le quart de cet angle $\dfrac{dP \text{ fin. } a}{\text{cof. } k}$, exprimera l'angle que feroient les rayons extrêmes avec les rayons de moyenne réfrangibilité, en paffant du Prifme dans l'air, fi leur commun angle d'incidence étoit a.

Opufc. Math. Tome III.   B b b

Car alors le finus de réfraction des rayons de moyenne réfrangibilité feroit k, & l'on auroit celui des rayons de la plus petite & de la plus grande réfrangibilité par la formule $(P \mp dP)$ fin. $a = P$ fin. $a \mp dP$ fin. a, qui donne pour l'angle cherché $\mp \dfrac{dP \text{ fin. } a}{\text{cof. } k}$.

920. Ces différentes propofitions peuvent fervir de Commentaire à la méthode dont M. Newton fe fert dans fon Optique, L. I. Part. I. Prop. VII. Théor. 6. pour mefurer la réfraction des différentes efpéces de rayons par le moyen du prifme.

921. Par cette méthode il s'eft affuré que le finus de l'angle commun d'incidence étant 50, les finus de réfraction des rayons les plus réfrangibles & les moins réfrangibles, en paffant du verre dans l'air, étoient 78 & 77; d'où il s'enfuit que le finus de réfraction des rayons moyens eft $77\frac{1}{2}$, qu'ainfi on a dans le verre $P = \dfrac{77 \cdot \frac{1}{2}}{50} = \dfrac{31}{20}$ & $dP = \dfrac{1}{100}$.

922. On peut employer la même méthode pour déterminer P & dP dans un prifme fait avec une autre matiere réfringente. Si la matiere eft flüide, par exemple, de l'eau commune, il faudra l'enfermer dans un prifme de verre creux en-dedans, & qui aura pour côtés deux glaces, dans chacune defquelles les furfaces feront parallèles. Car ce prifme (art. 29.) doit faire fenfiblément le même effet qu'un prifme d'eau pure.

923. Mais on peut encore déterminer P' & dP', lorf-

qu'on connoît déja P & dP, en employant une autre
méthode, qui confiste dans la combinaison de deux ou
trois prifmes. Cette méthode que M. Dollond a mis
en ufage le premier, demande d'être expofée plus en
détail.

§. V. *Maniere de déterminer la différence de réfraction
de deux milieux, par la combinaifon de deux ou
trois prifmes.*

924. Que l'on imagine donc préfentement, avec M.
Dollond, deux prifmes BAC, baC, combinés comme
on le voit dans la fig. 12, c'eft-à-dire, difpofés de maniere que l'angle A de l'un foit tourné en bas, & que
l'angle C de l'autre foit tourné en haut; & foit l'angle
$ACa = 2\varepsilon, aCb = 2\delta$, M le rapport du finus de
réfraction au finus d'incidence, en paffant de l'air dans
le prifme baC, IQ & NR perpendiculaires aux faces
de ce prifme; enfin les angles $QIN = \varpi$, $RNP = \rho$,
& le refte comme ci-deffus; on aura comme dans l'article 905,

fin. $\varsigma = m$ fin. k

fin. $\omega = \dfrac{1}{m}$ fin. $2a - \varsigma$

fin. $\varpi = M$ fin. $\omega - 2\varepsilon$

fin. $\rho = \dfrac{1}{M}$ fin. $2\delta - \varpi$

925. Quand même les deux prifmes ne fe touche-
roient pas en C, les mêmes formules auroient lieu,

B b b ij

pourvû que les côtés AC, aC prolongés, fiffent entre eux un angle égal à ι.

926. Si les angles ς, α, δ, ι font peu confidérables, on aura à peu près

$$\varsigma = mk - \frac{mk^3}{2\cdot3} + \frac{m^3k^3}{2\cdot3}$$

$$\omega = \frac{1}{m}(2\alpha - \varsigma) - \frac{1}{2m\cdot3}(2\alpha - \varsigma)^3 + \frac{1}{2\cdot3\,m^3} \times (2\alpha - \varsigma)^3$$

$$\varpi = M(\omega - 2\iota) - \frac{M}{2\cdot3}(\omega - 2\iota)^3 + \frac{M^3}{2\cdot3} \times (\omega - 2\iota)^3$$

$$\rho = \frac{1}{M}(2\delta - \varpi) + \frac{1}{2\cdot3\,M}(2\delta - \varpi)^3 + \frac{1}{2\cdot3\,M^3}(2\delta - \varpi)^3.$$

927. Si les côtés AC, aC tombent l'un fur l'autre, ou s'ils font parallèles, alors $\iota = 0$, & on aura

fin. $\varsigma = m$ fin. k,

fin. $\omega = \frac{1}{m}$ fin. $2\alpha - \varsigma$;

fin. $\varpi = M$ fin. ω,

fin. $\rho = \frac{1}{M}$ fin. $2\delta - \varpi$.

928. Et comme fin. ω peut être alors entiérement négligé, puifque le rayon ne paffe point du premier prifme dans l'air, mais immédiatement du premier prifme dans le fecond, on aura

fin. $\varsigma = m$ fin. k

fin. $\varpi = \frac{M}{m}$ fin. $2\alpha - \varsigma$

$$\sin. \rho = \frac{1}{M}\sin. 2\,\delta - \varpi = \frac{1}{M}\sin. 2\,\delta\,\cos.\varpi -$$

$$\frac{1}{M} \times \sin.\varpi\,\cos. 2\,\delta = \frac{1}{M}\sin. 2\,\delta\,\cos.\varpi - \frac{1}{m} \times$$

$$\cos. 2\,\delta\,\sin. 2\,\alpha - \mathfrak{C} = \frac{1}{M}\sin. 2\,\delta\,\cos.\varpi - \frac{1}{m} \times$$

$$\cos. 2\,\delta\,\sin. 2\,\alpha\,\cos.\mathfrak{C} + \frac{1}{m}\cos. 2\,\delta\,\sin.\mathfrak{C}\,\cos. 2\,\alpha =$$

$$\frac{1}{M}\sin. 2\,\delta\,\cos.\varpi - \frac{1}{m}\cos. 2\,\delta\,\sin. 2\,\alpha\,\cos.\mathfrak{C} +$$

$$\cos. 2\,\delta\,\sin. k\,\cos. 2\,\alpha.$$

929. Il est visible qu'on aura de même $\sin.\varpi = \frac{M}{m}$

$$\sin. 2\,\alpha\,\cos.\mathfrak{C} - \frac{M}{m}\sin.\mathfrak{C}\,\cos. 2\,\alpha = \frac{M}{m}\sin. 2\,\alpha$$

$$\sqrt{1 - m^2\sin. k^2} - M\sin. k\,\cos. 2\,\alpha; \ \&\ \cos.\varpi =$$

$$\sqrt{\Big[\,1 - \frac{M^2\sin. 2\,\alpha^2}{m^2} + M^2\sin. 2\,\alpha^2\sin. k^2 + MM\sin. k}$$

$$\sin. 4\,\alpha\sqrt{1 - m^2\sin. k^2} - M^2\sin. k^2\cos. 2\,\alpha^2\,\Big]}.$$

930. Si on veut que le rayon $N\,P$ forte parallèle à $F\,D$, on aura $\rho = k + 2\,\delta - 2\,\alpha$; & par conséquent

$$\frac{1}{M}\sin. 2\,\delta - \varpi = \sin.\,(k + 2\,\delta - 2\,\alpha);\ \text{donc}\ M =$$

$$\frac{\sin. 2\,\delta - \varpi}{\sin. k + 2\,\delta - 2\,\alpha};\ \text{donc}\ \sin.\varpi\ \text{ou}\ \frac{M}{m}\sin. 2\,\alpha - \mathfrak{C} =$$

$$\frac{\overline{\sin. 2\,\delta - \varpi}\cdot\overline{\sin. 2\,\alpha - \mathfrak{C}}}{m\,(\sin. k + 2\,\delta - 2\,\alpha)};\ \text{donc en faisant}\ \frac{\sin. 2\,\alpha - \mathfrak{C}}{m\,(\sin. k + 2\,\delta - 2\,\alpha)}$$

$$= \frac{1}{L},\ \text{on aura}\ L\sin.\varpi = \sin. 2\,\delta - \varpi = \sin. 2\,\delta$$

$$\cos.\varpi - \sin.\varpi\,\cos. 2\,\delta;\ \text{donc}\ \frac{\sin.\varpi}{\cos.\varpi}\ \text{ou tang.}\,\varpi\ \text{est}$$

égal à $\text{fin.}\,2\,\delta \times \dfrac{\text{fin.}\,2\,\alpha - c}{\text{fin.}\,c} \times \left(\dfrac{1}{1 + \dfrac{\text{cof.}\,2\,\delta\,\text{fin.}\,2\,\alpha - c}{\text{fin.}\,c}} \right) =$

$\dfrac{\text{fin.}\,2\,\alpha\,\text{fin.}\,2\,\alpha - c}{\text{fin.}\,c + \text{cof.}\,2\,\delta\,\text{fin.}\,2\,\alpha - c}$; équation où tout eſt connu dans le ſecond membre, dès qu'on connoîtra l'angle k, les angles $2\,\alpha$, $2\,\delta$ de chaque priſme, & le rapport m des ſinus pour le premier priſme $A\,B\,C$. Car alors on aura c par l'équation $\text{fin.}\,c = m\,\text{fin.}\,k$.

931. Nous avons donné dans l'art. 917. le moyen de connoître les angles $2\,\alpha$ & $2\,\delta$. A l'égard du rapport m, on le connoîtra par l'un des moyens donnés ci-deſſus art. 897 & 921 ; & quant à l'angle k on le connoîtra en meſurant l'angle que le côté $B\,A$ fait avec l'horiſon, & en retranchant de cet angle la hauteur du Soleil ; le reſte ſera l'angle $B\,D\,F$, dont le complément ſera k.

932. Pour meſurer l'angle du côté $B\,A$ avec l'horiſon, la maniere la plus ſimple eſt d'approcher de ce côté $B\,A$, après avoir fixé le priſme, le côté $C\,O$ (*fig.* 13.) d'un quart de cercle, juſqu'à ce que ce côté tombe exactement ſur le côté $B\,A$; alors meſurant l'angle $O\,C\,L$ fait par $O\,C$ & par le fil à plomb $C\,L$, on aura un angle dont le complément ſera l'angle du côté $A\,B$ avec l'horiſon.

933. Si l'on veut que les rayons $N\,P$ ſortent blancs ; il faut que $d\left(\dfrac{1}{M}\,\text{fin.}\,2\,\delta - \omega \right) = 0$, c'eſt-à-dire, que

$\dfrac{d\,M}{M} = - \dfrac{d\,\omega\,\text{cof.}\,2\,\delta - \omega}{\text{fin.}\,2\,\delta - \omega}$; de plus l'équation $\text{fin.}\,\omega$

$$= -\frac{M}{m} - \sin. 2\,\alpha - C, \text{ donne } d\,\omega = d\left(\frac{M}{m}\right) \times$$

$$\frac{\sin. 2\,\alpha - C}{\cos.\,\omega} - \frac{M}{m} \times \frac{d\,C \cos. 2\,\alpha - C}{\cos.\,\omega} ; \,\&\, \text{l'équation}$$

$\sin. C = m \sin. k$ donne $d\,C = \frac{d\,m \sin. k}{\cos. C}$; donc substituant,
on aura

$$\frac{d\,M}{m} = \frac{\cos. 2\,\delta - \omega}{\sin. 2\,\delta - \omega} \times \left[-d\left(\frac{M}{m}\right) \times \frac{\sin. 2\,\alpha - C}{\cos.\,\omega}\right.$$

$$\left. + \frac{M\,d\,m \sin. k}{m \cos. C} \times \frac{\cos. 2\,\alpha - C}{\cos.\,\omega}\right].$$

Cette équation donnera le rapport de $d\,M$ à $d\,m$,
ou de $d\,P'$ à $d\,P$, en mettant pour $d\,M$ & $d\,m$ leurs
valeurs $- \frac{d\,P'}{P'\,P'}$ & $- \frac{d\,P}{P\,P}$.

934. Soit $2\,\delta = 2\,\alpha$; c'est-à-dire, supposons que l'angle des deux prismes soit le même; l'angle des rayons $N\,P$, $D\,F$ sera $\rho - k$; donc $\rho = k + \omega$, en supposant que ω soit l'angle des rayons $N\,P$, $D\,F$, & que $N\,P$ fasse avec l'horison un plus grand angle que $D\,F$; sinon il faudra faire $\rho = k - \omega$; donc $M = \frac{\sin. 2\,\delta - \omega}{\sin. (k + \omega)}$.

935. Et si $2\,\delta$ n'est pas $2\,\alpha$, on aura l'angle des rayons $N\,P$, $D\,F = \rho - k - 2\,\alpha + 2\,\delta$, & par conséquent $\rho = k \pm \omega - 2\,\alpha + 2\,\delta$.

936. C'est pourquoi supposant connus par observation l'angle ω & l'angle k, on pourra par une seule expérience connoître M, & le rapport de $d\,M$ à $d\,m$; car on aura $M = \frac{\sin. 2\,\delta - \omega}{\sin. k + \omega - 2\,\alpha + 2\,\delta}$; donc sin. $\omega =$

$$\frac{\sin.(2\alpha - C)(\sin.2\delta - \omega)}{m\sin.k + \omega - 2\alpha + 2\delta};$$ d'où l'on tirera par une méthode semblable à celle de l'art 930. la valeur de ω, & par conséquent celle de *M*.

937. En effet nous avons donné ci-dessus le moyen de connoître l'angle *k*; à l'égard de l'angle ω, on le connoîtra en mesurant l'angle que les rayons blancs émergens *N P* font avec l'horison, & en retranchant de cet angle la hauteur du Soleil; ce qui donnera l'angle ω avec le signe qui lui convient, c'est-à-dire, positif ou négatif. L'angle ω & l'angle *k* étant connus, ainsi que les angles 2α & 2δ, on aura d'abord l'angle C par l'équation $\sin. C = m \sin. k = \dfrac{\sin. k}{P}$.

938. On aura ensuite
$$\frac{m\sin.k + \omega + 2\delta - 2\alpha\sin.\omega}{\sin.2\alpha - C} = \sin.2\delta\cos.\omega - \sin.\omega\cos.2\delta;$$

Et par conséquent tang. ω sera égal à la quantité
$$\frac{\sin.2\delta\,\sin.2\alpha - C}{m\sin.k + \omega + 2\delta - 2\alpha + \sin.2\alpha - C\cos.2\delta};$$

M ou $\dfrac{1}{P'} = \dfrac{\sin.2\delta - \omega}{\sin.k + \omega - 2\alpha + 2\delta}$;

Et (art. 933.) $-\dfrac{dP'}{P'} = \dfrac{\cos.2\delta - \omega}{\sin.2\delta - \omega} \times \Big(\dfrac{P\,dP'}{P'\,P'} \times$

$\dfrac{\sin.2\alpha - C}{\cos.\omega} - \dfrac{dP}{P'} \times \dfrac{\sin.2\alpha - C}{\cos.\omega} - \dfrac{dP}{P'\,P} \times$

$\dfrac{\sin.k.\cos.2\alpha - C}{\cosin.\omega.\cos.C}\Big)$;

D'où il s'ensuit que $\dfrac{dP'}{dP} = \Big[\dfrac{\sin.2\alpha - C}{\cos.\omega} + \dfrac{\sin.k}{P}$

×

$$\times \frac{\text{cof. 2 } a - \mathfrak{C}}{\text{cof. } \mathfrak{C} \text{ cof. } \varpi} \Big] : \Big[\text{tang. 2 } \delta - \varpi + \frac{P \text{ fin. 2 } a - \mathfrak{C}}{P' \times \text{cof. } \varpi} \Big].$$

939. Il est visible que ces équations, ainsi que celles de l'art. 930, deviendront un peu plus simples, si $2 a = 2 \delta$, c'est-à-dire, si l'angle des deux prismes est le même ; mais nous avons voulu pour plus de généralité & de simplicité, donner les formules de la valeur de ϖ, de M & de $\frac{d P'}{d P}$ dans le cas où les deux angles sont inégaux à volonté.

940. Si les angles a, δ, ϖ, k, $\mathfrak{C}$, &c. sont supposés petits, on aura sin. $k = k$, sin. $2 a - \mathfrak{C} = 2 a - \mathfrak{C}$; cof. $\varpi = 1$, cof. $\mathfrak{C} = 1$, cof. $2 a - \mathfrak{C} = 1$; & par l'art. 927. $\mathfrak{C} = m k = \frac{k}{P}$; $\varpi = \frac{M}{n} (2 a - \mathfrak{C})$; tang. $2 \delta - \varpi = 2 \delta - \varpi$.

941. Donc l'équation de l'art. 938. se réduira pour lors à

$$\frac{d P'}{d P} = \frac{2 a}{2 \delta}.$$

942. On pourroit encore déterminer M, mais non $\frac{d P'}{d P}$; par le moyen d'une autre expérience, qui consiste à regarder un objet F à travers les deux prismes $B A C$, $a C b$ unis ensemble, & à voir dans quelle situation du prisme l'image de l'objet paroît à la même hauteur que l'objet ; car alors les rayons $N P$ sortiront parallèlement aux rayons incidens $F D$; mesurant donc alors l'angle $F B D$ par une méthode semblable à celle de l'article

931. on aura k, & par conséquent ϖ & M, par les formules de l'art. 936.

943. Ces deux moyens d'avoir M, celui de l'article précédent & celui de l'art. 936, pourront se servir de vérification l'un à l'autre. On pourroit même, en faisant les deux expériences à la fois, celle où les rayons NP sortent parallèles à FD, & celle où ils sortent blancs, déterminer les trois inconnues M, m, $\frac{dM}{dm}$, ou ce qui revient au même P', P, $\frac{dP}{dP'}$. Car soit k' la valeur de k dans l'expérience où les rayons sortent blancs, & ϖ' la valeur de ϖ dans cette même expérience; on aura (art. 934.)

$$M = \frac{\sin. 2\delta - \varpi}{\sin. k + 2\delta - 2\alpha} = (\text{art. } 936.) \frac{\sin. 2\delta - \varpi'}{\sin. k' + \varpi + 2\delta - 2\alpha};$$

or on aura par les formules de l'art. 930. la valeur de sin. ϖ & cos. ϖ, exprimées en sin. k, M, m, & il en sera de même de celles de sin. ϖ' & cos. ϖ'; donc on aura deux équations

$$\sin. k + 2\delta - 2\alpha = \frac{\sin. 2\delta - \varpi}{M}$$

$$\text{Et } \sin. k' + \varpi + 2\delta - 2\alpha = \frac{\sin. 2\delta - \varpi'}{M};$$

dans chacune desquelles k, k' 2α, 2δ sont connus; & dont les seconds membres (en mettant pour sin. $2\delta - \varpi$ & sin. $2\delta - \varpi'$ leurs valeurs sin. 2δ cos. ϖ — sin. ϖ cos. 2δ, & sin. 2δ cos. ϖ' — sin. ϖ' cos. 2δ, & pour sin. ϖ & cos. ϖ leurs valeurs en m & en k) contiendront les inconnues M & m, qu'on pourra par conséquent déterminer par les méthodes analytiques connues.

944. Connoiffant par ce moyen M & m, ou ce qui revient au même P' & P, on connoîtra $\dfrac{d\,P'}{d\,P}$ par l'équation

$$\frac{d\,P'}{d\,P} = \left[\frac{\text{fin. }2\,\alpha - \zeta'}{\text{cof. }\omega'} + \frac{\text{fin. }k'}{P} \times \frac{\text{cof. }2\,\alpha - \zeta'}{\text{cof }\zeta'\,\text{cof. }\omega'}\right] : \left[\text{tang. }2\,\delta - \omega' + \frac{P\,\text{fin. }2\,\alpha - \zeta'}{P' \times \text{cof. }\zeta'}\right].$$

Dans cette équation ζ' eft l'angle de réfraction qui répond à l'angle k'.

945. Mais comme dans ce cas, le calcul pour trouver M & m feroit trop compliqué, les équations pour trouver M & m montant à plufieurs dégrés, il vaut mieux chercher d'abord m dans un des prifmes féparément par quelqu'une des méthodes de M. Newton expofées ci-deffus, & déterminer enfuite M & $\dfrac{d\,P'}{d\,P}$ par la méthode des art. 936 & 938.

946. Si comme M. Dollond l'a encore pratiqué, on a un troifiéme prifme de la même matiere que le premier, placé après le fecond dans une fituation contraire, on trouvera, en appellant ζ' & ω' les angles de réfraction dans ce troifiéme prifme,

$$\text{fin. }\zeta = m\,\text{fin. }k$$

$$\text{fin. }\omega = \frac{1}{m}\,\text{fin. }2\,\alpha - \zeta$$

$$\text{fin. }\varpi = M\,\text{fin. }\omega - 2\,\iota$$

$$\text{fin. }\rho = \frac{1}{M}\,\text{fin. }2\,\delta - \varpi$$

$$\text{fin. } \mathcal{C}' = m \text{ fin. } \rho - 2 \epsilon'$$

$$\text{fin. } \omega' = \frac{1}{m} \text{ fin. } 2 a' - \mathcal{C}'$$

947. Et fi ϵ, $\epsilon' = o$, c'eft-à-dire, fi les prifmes font contigus, on aura

$$\text{fin. } \mathcal{C} = m \text{ fin. } k$$

$$\text{fin. } \omega = \frac{M}{m} \text{ fin. } 2 a - \mathcal{C}$$

$$\text{fin } \mathcal{C}' = \frac{m}{M} \text{ fin. } 2 \delta - \omega$$

$$\text{fin. } \omega' = \frac{1}{m} \text{ fin. } 2 a' - \mathcal{C}'.$$

948. Dans ce dernier cas foient $2 a$, 2δ, $2 a'$, k des angles affez petits; on aura

$$\mathcal{C} = m k - \frac{m k^3}{2 \cdot 3} + \frac{m^3 k^3}{2 \cdot 3}$$

$$\omega = \frac{M}{m} (2 a - \mathcal{C}) - \frac{M}{2 \cdot 3 m} (2 a - \mathcal{C})^3 + \frac{M^3}{2 \cdot 3 m^3} (2 a - \mathcal{C})^3$$

$$\mathcal{C}' = \frac{m}{M} (2 \delta - \omega) - \frac{m}{2 \cdot 3 M} (2 \delta - \omega)^3 + \frac{m^3}{2 \cdot 3 M^3} (2 \delta - \omega)^3$$

$$\omega' = \frac{1}{m} (2 a' - \mathcal{C}') - \frac{1}{2 \cdot 3 m} (2 a' - \mathcal{C}')^3 + \frac{1}{2 \cdot 3 m^3} (2 a' - \mathcal{C}')^3.$$

949. Donc $\omega = \frac{M}{m} \left(2 a - m k + \frac{m k^3}{2 \cdot 3} - \frac{m^3 k^3}{2 \cdot 3} \right)$

$$- \frac{M}{2 \cdot 3 m} (2 a - m k)^3 + \frac{M^3}{2 \cdot 3 m^3} (2 a - m k)^3 ;$$

$$\mathcal{C}' = \frac{m}{M} \left[2 \delta - \frac{2 M a}{m} + 2 M k - \frac{2 M k^3}{2 \cdot 3} + \right.$$

$$\frac{2 M m^2 k^3}{2 \cdot 3} \Big) + \frac{M}{2 \cdot 3 \, m} (2 a - m k)^3 - \frac{M^3}{2 \cdot 3 \, m^3}$$

$$(2 a - m k)^3] - \frac{m}{2 \cdot 3 \, M} (2 \delta - \frac{2 M a}{m} + 2 M k)^3$$

$$+ \frac{m^3}{2 \cdot 3 \, M^3} \times (2 \delta - \frac{2 M a}{m} + 2 M k)^3 ;$$

$$\omega' = \frac{1}{m} 2 a' - \frac{2 \delta m}{M} + 2 a - 2 m k + \&c.$$

950. De-là il eſt aiſé de trouver les formules pour le cas où les rayons ſortent blancs de ce triple priſme ; par exemple, il faut pour cela que dans le cas de l'art. précédent on ait $d \omega' = o$, en ne faiſant varier que M & m ; & en traitant comme conſtantes les quantités k, a, δ, a' ; ce qui donne

$$d (P a' - P' \delta + P a) = o. \text{ Et } \frac{d P}{d P'} = \frac{\delta}{a + a'}.$$

951. Mais comme il paroît plus ſimple & plus commode d'employer deux priſmes joints enſemble, ou ce qui vaut peut-être mieux, deux priſmes ſéparément, pour déterminer les valeurs de P' & de P, ainſi que celles de $P' \pm d P'$ & $P \pm d P$ dans les deux matieres, nous croyons qu'on peut ſe paſſer ici des formules qui conviennent au cas de trois priſmes.

952. Dans les Mémoires de l'Académie des Sciences pour l'année 1756, on a donné par une méthode différente de la nôtre, les deux formules des art. 941 & 950. pour trouver le rapport $\frac{d P}{d P'}$; mais ces dernieres formules ſuppoſent que les angles des priſmes ſoient aſſez pétits, & que les rayons incidens & émergens

foient à peu près perpendiculaires aux faces de ces prifmes; les nôtres font beaucoup plus générales & moins
limitées, n'étant affujetties à aucune condition ; elles
ne fuppofent point d'ailleurs qu'on faffe varier l'angle
des prifmes à volonté, ce qui peut entraîner quelques
embarras dans l'exécution, fur-tout quand la matiere
du prifme eft fluide ; elle fuppofe les angles des prifmes
tels qu'on voudra, & n'exige autre chofe, finon qu'on
connoiffe l'angle que font avec l'horifon les faces de
ces prifmes. Nous ne nous bornons pas d'ailleurs à confidérer le cas où les rayons fortent blancs des prifmes
combinés, nous confidérons encore celui où ils fortent
parallèles ; ce qui nous donne de nouvelles formules,
qui peuvent être utiles dans la recherche de M & de m.
Il eft vrai que nos formules demandent un peu plus de
calcul que celles des art. 941 & 950. Mais auffi le réfultat en fera plus exact. Au refte nous le répétons encore ; nous ne fommes pas éloignés de penfer que la
mefure des réfractions, par le moyen d'une feule lentille ou d'un feul prifme, telle que nous l'avons expliquée d'après M. Newton dans les art. 897 & 920, pourroit bien être la plus commode & la plus exacte de
toutes.

§. VI. *Réflexions fur les effets de la réfraction dans les
prifmes, & fur les conféquences qui réfultent de la
Théorie Newtonienne par rapport à la lumiere.*

Nous partagerons cette queftion en différens articles

relatifs à différentes queſtions ou réfléxions concernant la lumiere.

I.

953. Les mêmes choſes étant ſuppoſées que dans l'art. 906. avec la différence ſeulement que l'angle C doit être ſuppoſé négatif, dans la figure 14; & nommant $A D$, x, on aura $D L = x$ tang. 2 a, $D K = x$ fin. 2 a; $K M = x$ fin. 2 $a \times$ tang. $(2 a + C)$; $A M = x$ fin. 2 $a \times$ tang. $(2 a + C) + x$ coſ. 2 a. Donc ſi on ſuppoſe un rayon $F D$ très-proche de $F D$, & parallèle à $F D$, on aura $M m = d x$ fin. 2 $a \times$ tang. $(2 a + C) + d C$ (tang. $2 a + C)^2 \times x$ fin. 2 $a + x d C$ fin. 2 $a + d x$ coſ. 2 a.

954. Or à cauſe de fin. $C = m$ fin. k, on a $d C = -\dfrac{d m\, \text{fin.}\, k}{\text{coſ.}\, C}$ (je mets $- d m$, parce que je ſuppoſe que $D M$ ſoit le rayon le moins réfrangible). Donc puiſque $1 +$ tang. $(2 a + C)^2 =$ ſec. $(2 a + C)^2$, $A m$ ſera plus grand, ou plus petit, ou égal à $A m$, ſelon que $d x$ (fin. 2 a. Tang. $(2 a + C) +$ coſ. 2 a) ſera plus grand, $=$ ou plus petit que

$$\dfrac{d m\, \text{fin.}\, k \cdot x\, \text{fin.}\, 2\, a \cdot (\text{ſec.}\, 2\, a + C)^2}{\text{coſ.}\, C}$$

$$= \dfrac{x\, d m\, \text{fin.}\, 2\, a \cdot \text{fin.}\, C\, \text{ſec.}\, \overline{2\, a + C}^2}{m\, \text{coſ.}\, C}.$$

955. Si le priſme ſe change en un verre plan de l'épaiſſeur e, on a x fin. 2 $a = e$; $a = 0$, & (à cauſe de ſec. $C = \dfrac{1}{\text{coſin.}\, C}$),

$$A m - A M = d x - \frac{e\, d\, m\ \text{fin. } \mathsf{6}}{m\ \text{cof. } \mathsf{6}^3}.$$

955. Soit $\dfrac{d\,m}{m\,m} = \dfrac{1}{8.50}$, qui eft (art. 782.) la différence entre la réfraction des rayons rouges & des orangés, on aura, à caufe de $m = \dfrac{50}{77}$, $\dfrac{d\,m}{m} = \dfrac{1}{8.77}$; donc, dans un verre plan, fi $\dfrac{d\,x}{e}$ (tout le refte d'ailleurs égal) eft plus petit que $\dfrac{\text{fin. } \mathsf{6}}{8.77\ \text{cof. } \mathsf{6}^3}$, & qu'il n'y ait pas de couleur moyenne entre le rouge & l'orangé; lès rayons orangés au fortir du verre plan feront féparés des rouges, & le rayon blanc fe trouvera divifé en fept faifceaux très-diftincts, entre chacun defquels il y aura de l'ombre; & comme $d\,x$ cof. k eft la largeur du faifceau $F\,D\,d\,f$, la largeur de chaque faifceau après fa fortie du verre plan fera auffi à peu près $d\,x$ cof. k; & la diftance obfcure entre chaque faifceau égale à peu près à $\left(-d\,x + \dfrac{e\,d\,m\ \text{fin. } \mathsf{6}}{m\ \text{cof. } \mathsf{6}^3} \right)$ cof. k.

956. Il eft donc évident que fi entre les rayons rouges & les rayons orangés, par exemple, il n'y avoit pas plufieurs nuances de couleurs intermédiaires, un rayon blanc pourroit, au fortir d'un verre plan, fe divifer en fept faifceaux de rayons tres-diftincts & féparés par des ombres; fur-tout fi l'épaiffeur du verre n'étoit pas fort petite, & fi l'angle k étoit un peu grand.

Ne doit-on pas conclure de-là que la lumiere, bien
loin

loin d'être formée, comme l'ont prétendu quelques Phyficiens, de trois couleurs feulement, eſt réellement compofée, non-feulement de fept couleurs primitives, mais d'un nombre prefqu'infini de couleurs différentes, qui s'étendent comme par dégrés infenfibles du rouge le plus clair au violet le plus foncé?

957. On prouvera de la même maniere (quoique par un calcul un peu plus compliqué) que dans la même hypothèfe le fpectre folaire au fortir du prifme, devroit être compofé de bandes colorées, féparées par des ombres; il y auroit feulement cette différence, que la largeur des ombres iroit toujours en augmentant à mefure qu'on s'éloignera du prifme, au lieu que les bandes colorées feroient toujours à peu près de la même largeur.

958. En effet, foit fuppofé pour fimplifier le calcul,

$$d\varpi = \frac{x\,dm\,\text{fin.}\,2\alpha\,.\,\text{fin.}\,C\,.\,(\text{fec.}\,2\alpha+C)^2}{m\,\text{cof.}\,C} - dx\,[\,\text{fin.}\,2\alpha$$

(tang. $2\alpha+C$) $+$ cof. 2α]; la largeur de l'ombre à la diftance δ du prifme fera $d\varpi + \frac{(\omega-\omega')\delta}{\text{cof.}\,\omega^2}$, en fuppofant fin. $\omega = \frac{1}{m}$ fin. $2\alpha+C$, & fin. $\omega' = \frac{1}{m-dm}$ fin. ($2\alpha+C+dC$); ce qui donne $\omega-\omega' = \frac{1}{\text{cof.}\,\omega} \times$

$$\left(-\frac{dm}{mm}\,\text{fin.}\,2\alpha+C - \frac{1}{m}\times - \frac{dm\,\text{fin.}\,k}{\text{cof.}\,C}\,\text{cof.}\,2\alpha+C\right);$$

d'où l'on voit que la largeur de l'ombre à la diftance δ feroit

$$d\varpi + \frac{d}{\text{cof. }\omega^3} \times \left[\frac{d\,m}{m\,m} \left(\text{cof. } 2\,a + \mathfrak{C} \times \frac{\text{fin. }\mathfrak{C}}{\text{cof. }\mathfrak{C}} - \text{fin. } 2\,a + \mathfrak{C} \right) \right];$$

& la largeur de chaque bande colorée feroit à très-peu près $d\,x$ (fin. $2\,a$. tang. $\overline{2\,a + \mathfrak{C}} + $ cof. $2\,a$).

Nous prenons ici la largeur parallèlement à la face du prifme par laquelle le rayon fort pour rentrer dans l'air. Si on vouloit prendre la largeur perpendiculairement au rayon, il faudroit multiplier les quantités précédentes par cof. ω.

959. Lorfqu'un rayon blanc $F\,D\,d\,f$ (Voyez *fig.* 15.) a traverfé un verre plan, le rayon réfraⷦé, à fa fortie du verre, eft de la largeur $m\,N = d\,x + M\,N = d\,x + \frac{e\,d\,m\,\text{fin. }\mathfrak{C}}{m\,\text{cof. }\mathfrak{C}^3}$. D'où l'on voit que la largeur du rayon $F\,D\,d\,f$ fera fort augmentée par la réfraⷦion, fi l'épaiffeur e & l'angle $\mathfrak{C}$ font un peu confidérables.

960. Or je demande fi cette dilatation du rayon doit fimplement produire l'effet d'affoiblir la couleur blanche, ou celle de démêler (fur-tout vers les extrémités de l'image) les couleurs ou une partie des couleurs dont il eft formé, ou enfin produire ces deux effets à la fois? Il eft au moins certain que fi le rayon blanc n'étoit réellement compofé que de fept couleurs, l'image $m\,N$ devroit paroître rouge vers m, & violette vers N, la largeur de chaque bande étant $\dfrac{e\,d\,m\,\text{fin. }\mathfrak{C}}{m\,\text{cof. }\mathfrak{C}^3} = \dfrac{e\,\text{fin. }\mathfrak{C}}{2 \cdot 77\,\text{cof. }\mathfrak{C}^3}$.

961. Ce que nous venons de dire d'un verre plan, on pourroit le dire de même d'une caiffe de verre remplie d'eau, à laquelle il feroit facile de donner tel dégré d'épaiffeur qu'on voudroit, pour varier les expériences, & pour en voir le réfultat.

962. On peut remarquer que la largeur du rayon réfraété, prife perpendiculairement à fa direétion, eft

$$d x \operatorname{cof.} k + \frac{e\, d\, m \operatorname{fin.} \mathfrak{C} \operatorname{cof.} k}{m \operatorname{cof.} \mathfrak{C}^3}$$

; d'où en mettant pour fin. $\mathfrak{C}$ fa valeur m fin. k, il fera aifé de déterminer l'angle k qui donne la plus grande largeur du rayon réfraété, & par conféquent le cas le plus favorable pour l'expérience dont il s'agit.

I I.

963. Si la réfraétion eft différente pour les rayons de différentes couleurs, un œil placé dans l'air ne doit-il pas voir colorés les objets placés dans l'eau; & réciproquement un œil placé dans l'eau ne doit-il pas voir colorés les objets placés dans l'air, fur-tout fi l'œil eft dans l'un & l'autre cas à une affez grande diftance de la furface réfringente, pour que l'écartement des rayons produife un effet fenfible ?

964. Si la différence de couleur confifte dans la différence de vîteffe des rayons, & fi l'effet des milieux plus denfes eft d'augmenter cette vîteffe (comme le fuppofe la Théorie Newtonienne) par l'attraétion qu'ils exercent fur le rayon à fon entrée; les rayons qui paf-

fent, par exemple, de l'air dans l'eau, ne devroient-ils
pas être entiérement dénaturés à leur paffage, enforte
que les rayons rouges deviendroient plus rouges ou
d'une couleur différente, & que les rayons violets deviendroient rouges, & même d'un rouge plus foncé que
ne l'étoient les rayons rouges, avant que d'entrer dans
l'eau ? Car foit la vîteffe des rayons violets $= g'$, celle des
rayons rouges $= g$, m le rapport des finus pour les rayons
rouges, & m' pour les rayons violets en paffant de l'air
dans le milieu dont il s'agit ; la vîteffe des rayons violets
après leur entrée dans ce milieu fera $\dfrac{g'}{m'}$, qui fera beaucoup plus grand que g ; puifque dans la Théorie New-
tonienne on a $\dfrac{g\,g}{m\,m} - g = \dfrac{g'\,g'}{m'\,m'} - g'\,g'$, & par
conféquent $\dfrac{g'}{g} = \dfrac{m'\sqrt{1 - m\,m}}{m\sqrt{1 - m'\,m'}} > m'$; m' & m étant
des fractions qui ne different pas beaucoup l'une de
l'autre.

965. Seroit-ce pour cette raifon ou pour quelqu'autre
femblable, que les Plongeurs voyent dans l'eau les objets de couleur rouge, du moins fuivant ce qui eft rapporté par M. Newton dans fon Optique, L. I. Part. II.
Prop. X ?

966. Ceux qui ont calculé la gradation de la lumiere, & fon affoibliffement à travers différens milieux,
n'auroient-ils pas dû avoir égard (toujours en fuppofant
la Théorie Newtonienne) à l'augmentation de vîteffe

qu'elle reçoit en paſſant de l'air dans un milieu plus denſe? Il faut cependant remarquer que cette augmentation de vîteſſe n'aura plus lieu, quand le rayon aura repaſſé dans l'air, parce que dans ce nouveau paſſage la vîteſſe des rayons ſouffrira une diminution égale à l'augmentation qu'elle avoit d'abord reçûe.

967. Cette augmentation de vîteſſe de la lumiere n'a-t-elle pas lieu dans ſon paſſage à travers l'Atmoſphere, & ne devroit-elle pas dénaturer la couleur des rayons, telle qu'elle eſt au ſortir du corps du Soleil?

I I I.

968. Dans la Théorie Newtonienne, en ſuppoſant que a ſoit le rayon de la ſphére d'activité du milieu réfringent ſur les rayons de lumiere, on trouve aiſément qu'à des diſtances égales & très-petites x, en-deſſus & en-deſſous d'une ſurface plane, l'attraction exercée ſur le rayon eſt la même; la même vérité a encore ſenſiblement lieu, lorſque la ſurface réfringente eſt courbe, & d'un rayon conſidérablement plus grand que a, parce qu'alors cette ſurface peut être regardée comme ſenſiblement plane par rapport à l'action du milieu ſur la lumiere. Mais ſi la ſurface réfringente a beaucoup de courbure, & que le rayon de cette ſurface ſoit comparable à a; alors il eſt aiſé de prouver que l'action du milieu ne ſera plus la même à deux diſtances égales x au-deſſus & au-deſſous de cette ſurface; donc ſi g eſt

la vîteffe du rayon, fa valeur $\sqrt{gg + 2\int X\,dx}$ après la réfraction ne fera t-elle pas fort différente de ce qu'elle feroit, toutes chofes d'ailleurs égales, fi la furface réfringente étoit plane, ou n'avoit pas une très-grande courbure ?

969. Ce n'eft pas tout. Soit $m\,a$ le rayon de la furface, le rayon de lumiere ceffera de décrire une courbe, lorfqu'il aura pénétré au-dedans de la furface courbe réfringente à une diftance du centre de cette furface, égale à $m\,a - a$; & il fera aifé de montrer par la Théorie des Trajectoires, que le rapport du finus d'incidence au finus de réfraction fera celui de $\dfrac{1}{g\,m\,a}$ à $\dfrac{1}{(m\,a - a)\sqrt{gg + 2\int X\,dx}}$. Or fi la furface étoit plane, ou n'avoit pas une très-grande courbure, ce rapport feroit celui de $\dfrac{1}{g}$ à $\dfrac{1}{\sqrt{gg + 2\int \xi\,dx}}$, $\int \xi\,dx$ étant différent de $\int X\,dx$. Ne peut-on pas conclure de-là que le rapport des finus, toutes chofes d'ailleurs égales, devroit être fort différent dans une furface réfringente plane, ou d'une courbure médiocre, & dans une furface réfringente, de même matiere, dont la courbure feroit fort grande ? Et ne réfulteroit-il pas de-là beaucoup de difficultés, (fuppofé que la Théorie Newtonienne fût vraie) à déterminer la loi de la réfraction dans les lentilles d'une grande courbure, ou, ce qui eft la même chofe, d'un très-petit foyer ?

I V.

970. Si h eſt le ſinus d'incidence, on conçoit aiſément que le ſinus de réfraction (quelqu'hypothèſe qu'on
admette ſur la cauſe qui la produit) peut être exprimé par la ſuite indéfinie $h\,a + h^m\,a' + h^n\,a''$, &c.
a, a', a'' étant des fonctions qui dépendent de la vîteſſe & de la maſſe du corpuſcule de lumiere, & de
la différence de denſité des deux milieux; & m, n, &c.
des nombres poſitifs plus grands que l'unité. Cette formule peut ſervir à faire connoître pourquoi les ſinus
d'incidence & de réfraction ſont en raiſon ſenſiblement
conſtante, lorſque h eſt fort petit; car alors le ſinus de
réfraction ſe réduit ſenſiblement à $h\,a$; ſoit que la réfraction vienne de l'attraction du milieu, ou de ſa ré-
ſiſtance. Ce qui s'accorde avec ce que nous avons démontré d'ailleurs dans le *Traité des Fluides*, art. 277.

971. Il paroît donc aſſez bien établi par la théorie
que le rapport des ſinus d'incidence & de réfraction
doit être conſtant, lorſque ces angles ſont aſſez petits.
Il n'en eſt pas de même, lorſque ces angles ſont grands;
l'expérience alors peut ſeule nous aſſurer de l'invariabilité de ce rapport. Mais les expériences qui ont ſervi
à établir cette invariabilité, ſont-elles bien exactes, &
aſſez nombreuſes pour ne laiſſer aucun ſujet de doute?
Et n'auroit-on pas été un peu trop prompt à regarder
ce rapport conſtant, comme une régle générale & in-
dubitable? N'auroit-on pas été entraîné à cette aſſertion,

d'un côté par la Théorie Newtonienne, qui n'eſt pas
à l'abri de toute objection (comme il réſulte du §. I. de
ce Mémoire) de l'autre par l'accord qu'on a trouvé
entre cette ſuppoſition & la théorie de la réfraction
dans les lentilles ; théorie dans laquelle on n'a preſque
jamais égard qu'aux angles d'incidence très-petits , dans
leſquels ce *rapport conſtant* des ſinus paroît en effet
devoir ſe trouver ? Ne ſeroit-il pas à déſirer que l'expérience du rapport des ſinus fût faite très-exactement
& à différentes repriſes ſur de fort grands angles, pour
ſavoir ſi en effet ce rapport eſt conſtant dans tous les cas ?

V.

972. J'ai démontré dans l'Encyclopédie , au mot
Emiſſion , que ſi d'un côté un corpuſcule de lumiere
(conſidéré comme ſphérique) partoit du Soleil avec la
vîteſſe V, & parcouroit uniformément un eſpace quelconque , & ſi de l'autre la vîteſſe V de ce même corpuſcule paſſoit ſucceſſivement à un nombre n de pareilles boules, répandues en ligne droite dans le même
eſpace ; la différence des temps dans leſquels le mouvement parviendroit à l'extrêmité de cet eſpace ſeroit
$n d - n x$, d étant le diametre de chaque boule , &
x l'eſpace que parcourt le point de contact de deux
boules pendant le temps que leur reſſort met à ſe bander
& à ſe débander. J'ai tiré de-là , comme on le peut
voir dans l'article cité de l'Encyclopédie , des conſé-
quences

quences favorables au syftême de l'*Emiffion* des cor-
pufcules lumineux; ces conféquences paroiffent d'autant plus plaufibles, que fi la lumiere fe répand par
preffion, il femble qu'on ne puiffe mieux repréfenter la
propagation uniforme de cette preffion, que par le mouvement qui fe communique d'une maniere très-fimple
& très-uniforme dans une fuite de boules égales, qui
fe tranfmettent les unes aux autres la même vîteffe;
ce qui n'arriveroit pas, fi les boules étoient inégales
fuivant une loi quelconque; car le mouvement s'y pro-
pageroit d'une maniere très-peu réguliere, très-com-
pofée, & nullement uniforme, & paroîtroit reffembler
peu à celui de la lumiere.

Cependant il ne faut point diffimuler que cette hypothèfe, d'une fuite de boules égales, pour repréfenter
la propagation de la lumiere en tant qu'elle fe feroit
par preffion, eft purement arbitraire, & par conféquent
peu concluante à la rigueur. Il y a plus : fi on s'en rapporte à la favante & ingénieufe Théorie que le célébre
M. de la Grange a donnée de la propagation du mouvement dans les Fluides Elaftiques (*a*), il paroît que
la vîteffe *uniforme*, avec laquelle le mouvement fe répand dans une étendue quelconque d'un pareil fluide,
eft égale à la vîteffe particuliere de vibration de chaque
particule; ce qui annulleroit entiérement la conféquence
qu'on a voulu tirer, en faveur du fyftême de l'émiffion;

(*a*) Mém. de la Société des Sciences de Turin, Tom. I. pag. 90.

Opufc. Math. Tome III. E e e

de l'identité de la viteffe de la lumiere déduite de la
théorie de l'aberration, avec la vîteffe de la lumiere déduite des Eclipfes des fatellites de Jupiter. Il me refte,
il eft vrai, fur la favante Analyfe de M. de la Grange
quelques doutes, que je n'ai pas encore fuffifamment
éclaircis, & que je foumettrai à fon jugement, fi un
plus férieux examen les confirme.

973. Quoi qu'il en foit, la propagation de la lumiere
ferviroit au moins, s'il en étoit befoin, à établir le mouvement de la terre, & l'immobilité des Etoiles. En
effet fi la lumiere employe, par exemple, fix minutes
à venir du Soleil jufqu'à nous, elle employeroit douze
heures à venir des Etoiles, en fuppofant feulement que
les Etoiles ne fuffent que 120 fois plus éloignées de
nous que le Soleil; & 24 heures, fi elles étoient 240
fois plus éloignées que cet aftre. D'où il eft aifé de
conclure que dans le premier cas (en fuppofant la Terre
immobile, & le Ciel en mouvement) les Etoiles qu'on
croiroit fur l'horifon, & qu'on y verroit, feroient réellement au-deffous; & que dans le fecond cas, l'état apparent du Ciel à nos yeux feroit, non l'état aĉuel &
réel, mais celui du jour précédent. Si la parallaxe an-
nuelle des Etoiles étoit fuppofée feulement de 15″
(& il eft très-vraifemblable qu'elle eft beaucoup plus
petite) la diftance des Etoiles à la Terre feroit 57 ×
6 × 60 fois plus grande que celle du Soleil; & la lumiere (qui vient du Soleil en 7 $\frac{1'}{2}$ à peu près) met-

troit environ 57 × 60 × 60 minutes d'heure à venir des Etoiles à nous, c'eſt-à-dire, environ 140 jours; ainſi l'état apparent du Ciel à nos yeux feroit celui qu'il avoit réellement 140 jours auparavant; ce qui feroit bien étrange à ſuppoſer. Je ne fais ſi aucun Phyſicien a fait juſqu'ici cette remarque.

Fin du Tome troiſiéme.

APPENDICE.

CET Ouvrage étoit preſque fini d'imprimer, lorſ-que j'ai appris par le Journal Encyclopédique du premier Avril 1764, la découverte de M. Zeiher de l'Acadé-mie de Péterſbourg, qui doit fournir des moyens in-faillibles de perfectionner encore les Lunettes Dioptri-ques, ſelon la Théorie expoſée dans ce troiſiéme Vo-lume de mes Opuſcules.

M. Zeiher, en mêlant, ſuivant différentes proportions, du minium avec du caillou, a produit différentes eſpé-ces de verres, où la réfraction moyenne & la diſper-ſion ſont plus ou moins grandes, à proportion que le minium y domine plus ou moins.

Suppoſant $P = 155 : 100$ pour la réfraction moyenne dans le verre commun, & $dP = \frac{1}{100}$, ſuivant M. Newton, dans cette même matiere, M. Zeiher a compofé fucceffivement par différens mêlanges de minium & de caillou, différentes fortes de verres dans lefquels il a eu

$$P' = 1,664, \ \& \ \frac{dP'}{dP} = 1,354,$$

$$P' = 1,724, \ \& \ \frac{dP'}{dP} = 1,800,$$

$$P' = 1,732, \ \& \ \frac{dP'}{dP} = 2,207;$$

$$P' = 1,787, \ \& \ \frac{dP'}{dP} = 3,259,$$

$$P' = 1,830, \ \& \ \frac{dP'}{dP} = 3,550;$$

$$P' = 2,018, \ \& \ \frac{dP'}{dP} = 4,800.$$

En ajoutant à la matiere du verre une certaine quantité d'alkali, M. Zeiher a remarqué que cette matiere diminue la réfraction, fans prefque rien changer à la difperfion; & il a trouvé une efpéce de verre où $P' = 1,61$, & $\frac{dP'}{dP} = 3$ à très-peu près.

D'après ces dernieres valeurs de P', & de $\frac{dP'}{dP}$, M. Euler trouve que fi on fuppofe la diftance focale $R = 20$, & qu'on conftruife un objectif compofé de deux lentilles très-proches, dont la premiere foit de verre commun, & la feconde de la derniere efpéce de verre dont on vient de parler (de celle où $P' = 1,61$, & $\frac{dP'}{dP} = 3$.) on aura

$$r = + 10$$
$$r' = - 19,930$$
$$r'' = - 9,722$$
$$r''' = - 21,262.$$

L'ouverture, felon M. Euler, peut être de 4 pouces, & l'oculaire de $\frac{11}{100}$ pouces de foyer, fi $R = 20$ pouces. Mais à caufe des petites aberrations inévitables, M. Euler ne prend le foyer de l'oculaire que de $\frac{1}{2}$ pouce.

Ce grand Géometre ne nous dit point dans quelle fuppofition il a déterminé ces quatre rayons; fi c'eft en ayant égard à la réfraction des rayons qui ne partent point de l'axe, comme dans l'art. 758, ou en détruifant l'aberration de fphéricité de tous les rayons qui partent de l'axe. Il paroît auffi que M. Euler propofe de déterminer par un fimple tatonnement le rapport des épaiffeurs e, e', e'' des trois parties dont cet objectif eft compofé. On trouve dans ce troifiéme volume de nos Opufcules, des méthodes pour les déterminer géométriquement.

La découverte de M. Zeiher donne lieu à plufieurs conféquences.

1°. On voit qu'il y a des matieres où $P' > 2$; ce qui n'avoit été obfervé jufqu'ici dans aucune matiere réfractive. Or nous avons fuppofé dans l'art. 96, que P' eft toujours < 2; ainfi la démonftration donnée dans cet article n'eft pas générale. Cependant la propofition démontrée ne fouffre jufqu'à préfent aucune reftriction;

car la plus grande valeur de $\dfrac{dP'}{dP}$ (trouvée par M.
Zeiher) étant 4, 8, la plus petite valeur de $\dfrac{2\,dP}{dP'}$
eft $\dfrac{2}{4,8}$; or puifque la plus petite valeur de P' eft
$P = 1,55$, la plus grande valeur de $\dfrac{P-1}{P'}$ eft $\dfrac{P-1}{P}$
$= \dfrac{55}{155}$; donc $\dfrac{P-1}{P'}$ eft toujours $< \dfrac{2\,dP}{dP'}$.

Au refte, s'il arrivoit qu'on eût deux matieres qui
donnaffent $\dfrac{P-1}{P'} > \dfrac{2\,dP}{dP'}$, alors il faudroit mo-
difier relativement à ces matieres la propofition de
l'art. 98 ; ce qui ne nuiroit en rien à notre Théorie, &
feroit même avantageux dans la conftruction des Lunettes.

2°. On voit auffi que dans l'art. 352, Π n'eft pas
néceffairement < 4 ; & que par conféquent on pourroit
avoir $\Pi\,\Pi + 5 - 6\,\Pi > 0$, fi Π étoit > 5. Il eft vrai
que dans les matieres tranfparentes formées jufqu'ici par
M. Zeiher, la plus grande valeur de Π ou $2\,P$ eft $2 \times$
$2,018 = 4,036$. Mais enfin fi on pouvoit parvenir
à former une matiere tranfparente dans laquelle Π fût
> 5, ou $P > \tfrac{5}{2}$, cette matiere pourroit (art. 354.) donner des lentilles fimples, qui contiendroient de l'air dans
leur intérieur, & qui étant également convexes en-de-
hors & également concaves en-dedans, feroient exemptes de l'aberration de fphéricité. Mais ces lentilles (art.
764.) ne pourroient détruire l'aberration de réfrangibilité.

3°. Puisque M. Zeiher a découvert que P' restant le même ou à peu près, dP' peut augmenter à volonté, ne pourroit-on pas en conclure que P' augmentant, dP' peut diminuer? C'est en effet ce qui a lieu dans la premiere espéce de verre de M. Zeiher, comparée au *Flintglaß*; car dans cette espéce $P' = 1,664$, & $\frac{dP'}{dP} = 1,354$; tandis que dans le *Flintglaß* $P' = 1,598$, ou tout au plus $1,6$, & $\frac{dP'}{dP} = \frac{3}{2} = 1,500$.

4°. Cette conclusion, que dP' n'augmente pas toujours, quand P' augmente, apporte encore quelques modifications à la démonstration de l'art. 96; mais encore une fois la proposition démontrée subsiste toujours. Voyez ci-dessus n°. 1. de cette Appendice.

5°. Puisque P augmentant, dP peut ne pas augmenter, & peut même diminuer, il est aisé d'en conclure que $\frac{\text{Log. } P + dP}{\text{Log. } P}$ n'est point égal à une constante a, comme M. Euler le suppose. En effet il faudroit pour cela que $P + dP$ fût $= P^a = P^{1+k}$, k exprimant un très-petit nombre positif; donc dP seroit à peu près $= P(P^k - 1)$, quantité qui augmente évidemment quand P augmente; puisque P est > 1, & que k est une fraction positive.

Ainsi la supposition de $P + dP = P^a$, qui n'étoit pas suffisamment détruite (art. 894.) par les expériences connues jusqu'ici, paroît l'être entiérement par les expériences de M. Zeiher.

6°. Puifque dP peut diminuer lorfque P augmente ; ne feroit-il pas poffible qu'il devînt $= 0$, c'eft-à-dire, qu'on eût une matiere qui ne produifît aucune difperfion dans les rayons ?

7°. Au refte, quand on parviendroit à former des matieres dans lefquelles la difperfion des rayons fût abfolument nulle ; les lentilles fimples formées de ces matieres feroient bien exemptes de l'aberration de réfrangibilité, mais non (art. 168.) de celle de fphéricité. Mais on pourroit (art. 362.) détruire les deux aberrations dans une pareille lentille, en fuppofant que l'intérieur en fût vuide, & en fe conformant d'ailleurs aux conditions énoncées dans cet article 362.

8°. La découverte de M. Zeiher peut être fort utile pour la conftruction des lunettes dont nous avons parlé §. XI. Chap. VII. En effet dans une des dernieres efpéces de verre, formées par M. Zeiher, on a trouvé $P' = 2,018$, & $\dfrac{dP'}{dP} = 4,8$; donc $\dfrac{dP'(P-1)}{dP(P'-1)} =$

$\dfrac{48 \times 550}{10 \times 1018} = \dfrac{2640}{1018}$; & dans une autre efpéce, on a $P' = 1,61$, & $\dfrac{dP'}{dP} = 3$; donc $\dfrac{dP'(P-1)}{dP(P'-1)} =$

$\dfrac{3 \times 55}{64} = \dfrac{165}{61}$; ce qui donne une augmentation affez confidérable pour les lunettes dont il s'agit.

9°. Mais ce qui rend fur-tout importante la découverte de M. Zeiher, c'eft que les quantités P' & dP' ; & même P & dP pouvant être rendues telles qu'on

veut,

veut (ou à peu près) on pourra donner à ces quantités des valeurs telles, que les valeurs de r, r', r'', &c. qui en réfultent, foient les plus avahtageufes qu'il fe puiffe. Or il faut pour cela, 1°. que les rayons r, r' r'', &c. foient les plus grands qu'il eft poffible; ce qui donnera (art. 206.) le moyen d'augmenter l'ouverture; 2°. que les équations qui donnent les valeurs de r, r', r'' &c. en R, ayent des racines égales autant qu'il fe pourra; ce qui (art. 746.) rendra moins à craindre les petites erreurs qu'on pourroit commettre dans la courbure qu'il faut donner aux verres.

L'équation finale du fecond dégré à laquelle on arrive (art. 205 & 762.) dans le cas de deux matieres & de trois furfaces, ou dans le cas de deux matieres & de quatre furfaces avec de l'air entre deux, & l'équation finale du quatriéme dégré à laquelle on arrive (art. 770.) dans le cas de quatre furfaces & de deux matieres dont l'une foit renfermée au-dedans de l'autre, font telles, que ces équations étans une fois réfolues, les valeurs de r', r'', r''' fe déduifent de celle de r ou de p en λ (& par conféquent en R) par des équations du premier dégré; d'où il eft aifé de conclure que dès qu'une des quantités r, r', r'', &c. aura deux ou plufieurs valeurs égales, les autres auront auffi chacune autant de valeurs égales; il fuffira donc de chercher les conditions propres à donner deux valeurs égales à la feule quantité r. Cela pofé,

Il y a ici trois indéterminées P, P' & $\frac{dP}{dP'}$ ou k. Suppofons quatre rayons r, r', r'', r'''. Pour que les quantités qui les expriment foient les plus grandes qu'il eft poffible, il faut différencier leurs valeurs, en faifant varier P, P' & k, ce qui donnera quatre équations, defquelles chaffant $\frac{dP'}{dP}$ & $\frac{dk}{dP}$, on aura deux équations en P, P', k.

Or pour que r ait deux valeurs égales, on aura encore une nouvelle équation en P, P', k; ainfi ces trois équations donneront les valeurs de P, P', k, les plus propres à rendre l'objectif auffi parfait qu'il eft poffible.

Comme il y a quatre rayons r, r', r'', r''' dans deux cas; favoir dans celui d'un objectif formé de deux matieres avec de l'air entre deux, & dans celui d'un objectif formé de deux matieres, dont l'une foit renfermée au-dedans de l'autre; on cherchera les trois équations indiquées ci-deffus en P, P', k, pour chacun de ces deux cas; & on verra quel eft celui d'où il réfulte les valeurs de r, r', r'', r''', les plus favorables à la conftruction.

Ce n'eft pas tout. Comme la condition qui doit donner à r deux valeurs égales, n'eft pas effentielle à la nature du Problême, mais feulement utile pour faciliter la conftruction des lentilles, on pourra (fi l'on fe croit affez fûr de fon exactitude dans la conftruction de ces lentilles) négliger cette condition, & y en fubfti-

tuer une autre ; favoir celle qui confifte à détruire l'aberration de fphéricité de tous les rayons qui partent de
l'axe.

S'il n'y a que deux matieres & trois furfaces, la
condition de r, r', r'', chacun égaux à un *minimum* don-
nera trois équations en P, P', k, $\frac{d\,P'}{d\,P}$, $\frac{d\,k}{d\,P}$, &
par conféquent une équation finale en P, P', k; la con-
dition que l'aberration de fphéricité foit anéantie dans
les rayons qui ne partent point de l'axe, donnera une
nouvelle équation en P, P', k; enfin la condition que
r ait deux valeurs égales, ou la condition que l'aberration de fphéricité foit détruite dans tous les rayons
qui partent de l'axe, donnera une nouvelle équation.

De ces deux conditions qui font au choix du Cal-
culateur, on choifira celle d'où il réfultera les valeurs
de r, r', r'', &c. les plus avantageufes, c'eft-à-dire, en
général le moins de courbure aux furfaces.

Si les valeurs de P, P', k, qui réfulteront de ces
équations, étoient, ou imaginaires, ou négatives, ou telles enfin que l'on ne pût trouver des matieres réfractives qui y fatisfiffent, alors il faudroit fuppofer aux
quantités P, P', k, différentes valeurs, toutes compri-
fes entre les limites que l'expérience a données jufqu'ici
ou pourra donner par la fuite ; après quoi on formeroit des
tables des valeurs de r, r', &c. qui réfulteroient de ces
différentes fuppofitions, & on verroit quelles feroient
les valeurs de r, r', &c. les plus avantageufes.

F ff ij

Au refte, puifque la découverte de M. Zeiher donne le moyen de compofer des matieres réfractives, dans lefquelles la réfraction moyenne & la difperfion foient à peu près telles qu'on voudra; pourquoi ne pourroit-on pas conftruire un objectif avec trois matieres différentes ou peut-être davantage, en laiffant, fi l'on vouloit, un très-petit intervalle entre les portions de l'objectif formées de ces différentes matieres? Par exemple, fi un objectif étoit compofé de trois parties, chacune de matiere différente, & féparées par une petite lame d'air, on auroit fix inconnues, $r, r', r'', r''', r^{\text{iv}}, r^{\text{v}}$; & on pourroit fatisfaire à toutes les conditions fuivantes à la fois; 1°. que l'aberration de réfrangibilité fût détruite; 2°. que l'aberration de fphéricité fût détruite pour les rayons de toutes couleurs qui partent de l'axe. 3°. Que l'aberration de fphéricité fût détruite, autant qu'il feroit poffible, pour les rayons de toutes couleurs, qui partiroient d'un point pris hors de l'axe. Ces cinq conditions, jointes avec l'équation de r, r', r'', &c. en R, donneroient les valeurs de r, r', r'', &c. propres à la conftruction de la lentille; & on pourroit de plus déterminer d'après les vûes propofées plus haut, quelles feroient les valeurs de P, P', P'', k, k', qui donneroient les valeurs de r, r', &c. les plus avantageufes.

En effet on aura pour lors fix équations pour les fix inconnues, r, r', r'' &c; & fuppofant les valeurs égales à un *maximum*, on aura fix autres équations en P.

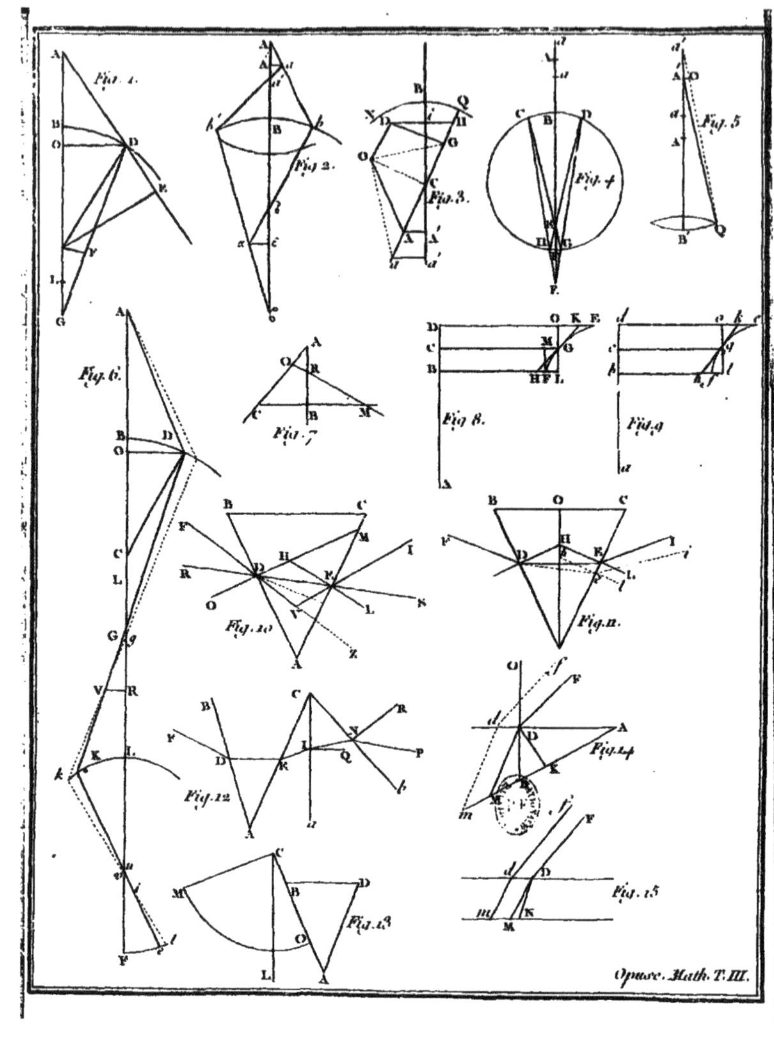

Fig. 1.
Fig. 2.
Fig. 3.
Fig. 4.
Fig. 5.
Fig. 6.
Fig. 7.
Fig. 8.
Fig. 9.
Fig. 10.
Fig. 11.
Fig. 12.
Fig. 13.
Fig. 14.
Fig. 15.
Opusc. Math. T. III.

P', P'', k, k', $\dfrac{d\,k}{d\,P}$, $\dfrac{d\,k'}{d\,P'}$; d'où l'on tirera quatre équations finales en P, P', P'', k, k' ; la condition que r ait deux valeurs égales, donnera encore une autre équation entre P, P', P'', k, k' ; & par ce moyen on aura cinq équations pour les cinq inconnues P, P', P'', k, k', telles que les valeurs de r, r', &c. feront les plus avantageufes qu'il fera poffible.

Le peu de tems qui me refte, ne me permet que d'indiquer ces différentes vûes, que je crois pouvoir être utiles pour la perfection des Lunettes Dioptriques.

Fin de l'Appendice.

ADDITION pour l'art. 969.

On peut ajouter qu'en fuppofant la Théorie Newtonienne vraie (quelle que foit la loi de l'attraction pour chaque rayon en particulier), le principe de Dioptrique que nous avons adopté dans l'art. 16. avec tous les Opticiens, n'auroit pas lieu dans les furfaces d'une très-grande courbure & de rayons différens ; ce qui paroît très-digne d'être remarqué, & pourroit donner lieu à des conféquences importantes.

FAUTES A CORRIGER.

Il s'est glissé dans cet Ouvrage (& sur-tout dans les feuilles R, S, T, V, X, Y, Z, imprimées pendant que l'Auteur étoit en Allemagne) un très-grand nombre de fautes d'impression, qu'on prie le Lecteur de vouloir bien réformer.

Page 38, ligne 12, *au lieu de* $>$, lisez $<$.

Page 46, lig. 6, à compter d'en bas, au lieu de $m'm'$, lisez $m'm''$.

Page 49, lig. 2, à compter d'en bas, au lieu de $d(P$, lisez $d(P'$.

Page 73, lig. seconde, au lieu de $\dfrac{1}{2m}$, lisez $\dfrac{1}{2m\lambda}$.

Page 81, lig. 7, *mettez* une virgule avant n, après la parenthèse.

Page 84, lig. 14, au lieu de $\dfrac{1}{r''}\Big)$, lisez $\dfrac{1}{r''}\Big)^{2}$.

Page 88, lig. 3, au lieu de $-\dfrac{1}{2m}$, lisez $-\dfrac{1}{2M}$.

Même pag. lig. 6, au lieu de $+\dfrac{3}{2Mm^{2}}$, lisez $+\dfrac{1}{Mm}-\dfrac{3}{2Mm^{2}}$.

Page 128, lig. 6, à compter d'en bas, au lieu de $\dfrac{N}{R}$, lisez $\dfrac{N}{r}$.

Même page, lig. derniere, au lieu de dP, lisez dP'.

Page 129, lig. 8, à compter d'en bas, *au lieu de* très-petite, *lisez* très-petit.

Page 130, lig. 1, 5, 6, 7, 10 & derniere, au lieu de P', lisez P.

Page 131, lig. 5, au lieu de HH & QQ, lisez FHH & MQQ.

Page 132, lig. 1, 3, 6, 14, 15, au lieu de P', lisez P.

Ibid. lig. 16, mettez $\dfrac{V}{S}-\dfrac{K}{G}$ entre deux parenthèses.

Page 134, lig. derniere, au lieu de $\dfrac{A}{r\lambda}$ lisez $\dfrac{A}{rr}$.

Page 135, lig. 7, à compter d'en bas, *au lieu de* celles, *lisez* celle.

Page 137, ligne derniere, *au lieu de* 305, *lisez* 306.

Page 138, lig. 3, *au lieu de* $3P$, *lisez* $(3P'$.

Même page, lig. 4, *au lieu de* 2 P, *lisez* 2 P'.

Page 139, lig. 11, au lieu de $\dfrac{1}{r} = - \dfrac{D}{2 E \lambda}$, lisez $\dfrac{1}{r''} = - \dfrac{D}{2 E \lambda}$.

Page 140, lig. 9, au lieu de $r'' = - r$, lisez $r'' = - r'$.

Page 141, ligne derniere, au lieu de $\dfrac{1}{M}$, lisez $\dfrac{1}{m}$.

Page 144. lig. 7, *au lieu de* 350, *lisez* 351.
Même page, lig. 9, *au lieu de* 3, *lisez* 4.
Même page, lig. 3, à compter d'en bas, *au lieu de* 346, *lisez* 347.
Page 145, lig. 8, 9, 10 & 11, au lieu de P, lisez P'.
Même page, lig. 17, *au lieu de* 303, *lisez* 204.

Même page, lig. 19, après $\dfrac{k}{\lambda}$, mettez une virgule.

Page 146, lig. 4 & 6, à compter d'en bas, *au lieu de* 351 & de 345, *lisez* 354 & 348.
Page 147, lig. 7, *au lieu de* l'extérieur, *lisez* l'intérieur.
Page 151, lig. premiere, *au lieu de* $C^2 \varrho$, *lisez* $C^2 \varrho'$.
Même page, lig. 2, *à la fin*, mettez une virgule.
Même page, lig. 6, *au lieu de* par, *lisez* pour.
Page 152, lig. premiere, *effacez* &.
Même page, lig. 10, à compter d'en bas, *effacez* ne.
Page 154, lig. 7 & 16, *au lieu de* 300, *lisez* 296.
Même page, ligne derniere, *après* deux, *mettez* une virgule.
Page 156, lig. 5, *après* termes, *mettez* une virgule.
Page 158, lig. 9, à compter d'en bas, *au lieu de* 369, *lisez* 372.
Même page, lig. 1 & 3, à compter d'en bas, *au lieu de* 391, *lisez* 390.
Page 159, lig. 1, *au lieu de* 390, *lisez* 391.
Même page, lig. 3, *au lieu de* 395, *lisez* 396.
Même page, lig. 9, à compter d'en bas, au lieu de A C', lisez A' C.
Même page lig. derniere, au lieu de $o\,a$, lisez $O\,a$.
Page 160, mettez par-tout D, au lieu de N, & r au lieu de v *.
Page 167, lig. 2, *après* 405, *ajoutez*, & 406.

---

* *N. B.* Depuis l'art. 401. inclusivement jusqu'à l'art. 450 inclusivement, mettez par-tout r au lieu de v, r' au lieu de v', &c. Il en faut excepter la ligne 7, pag. 179, l'art. 447, & les v, v', v'', &c. qui dans l'art 450 se trouvent aux numérateurs des fractions.

Même page 167, lig. 10, à compter d'en bas, *après* **employées,** *ôtez* la virgule.

Page 168, lig. 8 & 9, *au lieu de* m' & m, *lisez* m' & m.

Même page, ligne 7, à compter d'en bas, *au lieu de* $-$ (B, *mettez* ($-$ B.

Même page, ligne derniere, *au lieu de* 413, *lisez* 415.

Page 169, lig. 3, 4, 5 & 6, les lettres M, $M m'$, M' & M doivent être au-dessus de la barre, au numérateur de la fraction.

Même page, lig. 4, au lieu de $\dfrac{1}{r'}$ au dénominateur, mettez $\dfrac{1}{r}$.

Page 170, lig. 9, à compter d'en bas, *au lieu de* $-$ $m\ m'$ (*mettez* $-$ $m\ m'$ [.

Même page, lig. 8, à compter d'en bas, *effacez* la parenthèse qui est après $\dfrac{\mu''}{m''}$; & avant $-$ $m\ m'\ m''$ *mettez* un crochet en cette sorte].

Même page, après $-$ $m\ m'\ m''$, *au lieu de* (*mettez* [; *effacez* la parenthèse qui est à la fin de la ligne, & à la ligne suivante, *mettez*] avant le signe $=$.

Page 171, lig. 2, à compter d'en bas, *au lieu de* $\dfrac{1}{\delta'}$, *lisez* $\dfrac{1}{\delta''}$.

Page 174, lig. 3, après $\dfrac{Z\,e}{\delta^2}$, *ôtez* la parenthèse.

Même page, lig. 8, après lentille, *au lieu* du point, *mettez* une virgule.

Même page, lig. 10, *au lieu de* $\dfrac{1}{\delta'}$, *lisez* $\dfrac{1}{\delta}$.

Page 176, lig. 5, au lieu de P, lisez P''.

Même page, lig. 7, *au lieu de* $\dfrac{1}{\lambda'}$, *lisez* $\dfrac{P'-1}{\lambda'}$.

Même page, lig. 9, *au lieu de* v''', au dénominateur, *lisez* r^{iv}.

Page 177, lig. 9, entre P & m'' mettez une virgule.

Page 178, ligne derniere, *mettez* $\times$ *au lieu de* $+$.

Page 180, lig. 10, *au lieu de* v'', *lisez* r'.

Même page, lig. derniere, après $\dfrac{a\,\delta''}{\delta'}$, *au lieu de* (*mettez* [; & *effacez* la parenthèse qui est au bout de la ligne.

Page 181, lig. 1, avant le signe $=$ *mettez*].

Même page, lig. 6, *au lieu de* ϱ'' (, *mettez* ϱ'').

Page 183 ;

Page 183, lig. 4, à compter d'en bas, *au lieu de* plus petit, *lisez* plus petits.

Page 185, ligne antepénultiéme, *au lieu de* feroit, *lisez* feroit.

Page 187, lig. 7, à compter d'en bas, *au lieu de* λ' B, *lisez* λ' b.

Page 238, lig. 4, *après* — 1 au dénominateur, *mettez* une parenthèse.

Page 283, lig. 13, à compter d'en bas, *au lieu de* $\frac{1}{3}$, *lisez* $\frac{1}{9}$.

Page 360, lig. derniere, *au lieu de* $\frac{1}{\alpha}$, *lisez* $\frac{2}{\alpha}$.

Fautes à corriger dans les Figures.

Dans la *fig.* 1. mettez un C au centre de l'arc B D.

Dans la *fig.* 6. mettez un d à côté de D, à l'extrêmité de la ligne ponctuée.

Dans la *fig.* 10. mettez un K à l'extrémité de la ligne ponctuée qui se termine au côté $A C$; & remarquez de plus que dans cette figure les lignes $R D$ & $E S$ qui doivent être supposées horisontales, ne sont point nécessairement dans le prolongement de la ligne $D E$.

Dans la *fig.* 11. mettez un A au sommet du prisme.

On prie le Lecteur d'excuser cette énorme quantité de fautes d'impression, qui doivent presque toutes être imputées à l'absence de l'Auteur.

EXTRAIT DES REGISTRES

DE L'ACADÉMIE ROYALE DES SCIENCES;

Du 12 Mai 1764.

MESSIEURS LE MONNIER & BEZOUT, qui avoient été nommés pour examiner le Troifiéme Volume des Opufcules de M. D'ALEMBERT, en ayant fait leur rapport, l'Académie a jugé cet Ouvrage digne de l'impreffion; en foi de quoi j'ai figné le préfent Certificat. A Paris, le 12 Mai 1764.

GRANDJEAN DE FOUCHY,
Secrétaire perpétuel de l'Académie Royale des Sciences.

PRIVILÉGE DU ROI.

LOUIS, par la grace de Dieu, Roi de France & de Navarre, à nos amés & féaux Conseillers, les Gens tenans nos Cours de Parlement, Maîtres des Requêtes ordinaires de notre Hôtel, Grand-Conseil, Prévôt de Paris, Baillifs, Sénéchaux, leurs Lieutenans Civils, & autres nos Justiciers qu'il appartiendra, SALUT. Nos bien amés LES MEMBRES DE L'ACADÉMIE ROYALE DES SCIENCES de notre bonne Ville de Paris, nous ont fait exposer qu'ils auroient besoin de nos Lettres de Privilége pour l'impression de leurs Ouvrages : A CES CAUSES, voulant favorablement traiter les Exposans, nous leur avons permis & permettons par ces Présentes, de faire imprimer, par tel Imprimeur qu'ils voudront choisir, toutes les Recherches ou Observations journalieres, ou Relations annuelles de tout ce qui aura été fait dans les Assemblées de ladite Académie Royale des Sciences, les Ouvrages, Mémoires ou Traités de chacun des Particuliers qui la composent, & généralement tout ce que ladite Académie voudra faire paroître, après avoir fait examiner lesdits Ouvrages, & jugé qu'ils sont dignes de l'impression, en tels volumes, forme, marge, caractères, conjointement ou séparément, & autant de fois que bon leur semblera, & de les faire vendre & débiter par tout notre Royaume, pendant le tems de vingt années consécutives, à compter du jour de la date des Présentes ; sans toutefois qu'à l'occasion des Ouvrages ci-dessus spécifiés, il puisse en être imprimé d'autres qui ne soient pas de ladite Académie : faisons défenses à toutes sortes de personnes, de quelque qualité & condition qu'elles soient, d'en introduire d'impression étrangere dans aucun lieu de notre obéissance ; comme aussi à tous Libraires & Imprimeurs, d'imprimer ou faire imprimer, vendre, faire vendre & débiter lesdits Ouvrages, en tout ou en partie, & d'en faire aucunes traductions ou extraits, sous quelque prétexte que ce puisse être, sans la permission expresse & par écrit desdits Exposans, ou de ceux qui auront droit d'eux, à peine de confiscation des Exemplaires contrefaits, de trois mille livres d'amende contre chacun des contrevenans ; dont un tiers à Nous, un tiers à l'Hôtel-Dieu de Paris, & l'autre tiers ausdits Exposans, ou à celui qui aura droit d'eux, & de tous dépens, dommages & intérêts ; à la charge que ces Présentes seront enregistrées tout au long sur le Registre de la Communauté des Libraires & Imprimeurs de Paris, dans trois mois de la date d'icelles ; que l'impression desdits Ouvrages sera faite dans notre Royaume, & non ailleurs, en bon papier & beaux caractères, conformément aux Réglemens de la Librairie ; qu'avant de les exposer en vente, les Manuscrits ou Imprimés qui auront servi de copie à l'impression desdits Ouvrages, seront remis ès mains de notre très-cher & féal Chevalier le sieur D'AGUESSEAU, Chancelier de France, Commandeur de nos Ordres, & qu'il en sera ensuite remis deux Exemplaires dans notre Bibliothéque publique, un en celle de notre

Château du Louvre, & un en celle de notre-dit très cher & féal Chevalier le Sieur d'Aguesseau, Chancelier de France ; le tout à peine de nullité desdites Présentes : du contenu desquelles vous mandons & enjoignons de faire jouir lesdits Exposans & leurs ayans cause, pleinement & paisiblement, sans souffrir qu'il leur soit fait aucun trouble ou empêchement. Voulons que la copie des Présentes, qui sera imprimée tout au long au commencement ou à la fin desdits Ouvrages, soit tenue pour dûement signifiée, & qu'aux copies collationnées par l'un de nos amés féaux Conseillers & Secrétaires, foi soit ajoutée comme à l'Original. Commandons au premier notre Huissier ou Sergent sur ce requis, de faire pour l'exécution d'icelles, tous actes requis & nécessaires, sans demander autre permission, & nonobstant Clameur de Haro, Charte Normande & Lettres à ce contraires ; Car tel est notre plaisir. Donné à Paris le dix-neuviéme jour du mois de Mars, l'an de grace mil sept cens cinquante, & de notre Régne le trente-cinquiéme. Par le Roi en son Conseil. MOL.

Registré sur le Registre XII. de la Chambre Royale & Syndicale des Libraires & Imprimeurs de Paris, No. 430. fol. 309. conformément au Réglement de 1723, qui fait défenses, article IV, à toutes personnes, de quelque qualité qu'elles soient, autres que les Libraires & Imprimeurs, de vendre, débiter & faire afficher aucuns Livres pour vendre, soit qu'ils s'en disent les Auteurs ou autrement ; à la charge de fournir à la susdite Chambre huit Exemplaires de chacun, prescrits par l'art. CVIII. du même Réglement. A Paris le 5 Juin 1750.

Signé, LE GRAS, Syndic.

De l'Imprimerie de CHARDON, rue Galande. 1764.

BIBLIOTHEQUE   NATIONALE

SERVICE DES NOUVEAUX SUPPORTS

58, rue de Richelieu, 75084 PARIS CEDEX 02   Téléphone   266 62 62

Acheve de micrographier le   14 / 11 / 1977

Défauts constatés sur le document original

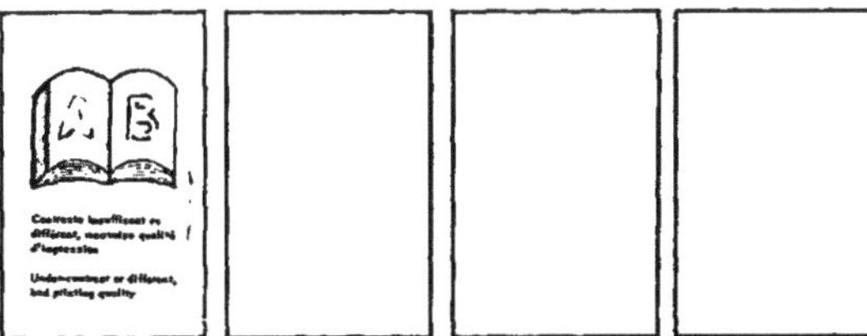

www.ingramcontent.com/pod-product-compliance
Ingram Content Group UK Ltd.
Pitfield, Milton Keynes, MK11 3LW, UK
UKHW021939200726
13856UKWH00005B/176